国家社科基金
后期资助项目
GUOJIA SHEKE JIJIN HOUQI ZIZHU XIANGMU

本·阿格尔生态马克思主义思想及其建设美丽中国启示研究

On Ben Agger's Ecological Marxism
and Its Enlightenment to the Building of Beautiful China

申治安 著

天津出版传媒集团
天津人民出版社

图书在版编目（ＣＩＰ）数据

本·阿格尔生态马克思主义思想及其建设美丽中国启示研究 / 申治安著. -- 天津：天津人民出版社，2024.4

ISBN 978-7-201-20175-7

Ⅰ.①本… Ⅱ.①申… Ⅲ.①马克思主义—生态学—研究②生态环境建设—研究—中国 Ⅳ.①A811.693 ②X321.2

中国国家版本馆 CIP 数据核字(2024)第 044690 号

本·阿格尔生态马克思主义思想及其
建设美丽中国启示研究
BEN·AGEER SHENGTAI MAKESI ZHUYI SIXIANG JI QI
JIANSHE MEILI ZHONGGUO QISHI YANJIU

出　　版	天津人民出版社
出 版 人	刘锦泉
地　　址	天津市和平区西康路35号康岳大厦
邮政编码	300051
邮购电话	（022）23332469
电子信箱	reader@tjrmcbs.com

责任编辑	佐　拉
装帧设计	汤　磊

印　　刷	天津新华印务有限公司
经　　销	新华书店
开　　本	710毫米×1000毫米　1/16
印　　张	21
插　　页	1
字　　数	370千字
版次印次	2024年4月第1版　2024年4月第1次印刷
定　　价	99.00元

版权所有　侵权必究
图书如出现印装质量问题，请致电联系调换（022-23332469）

目　录

导　论

　　肇始于西方资本主义国家的现代化，既创造了高度发达的工业文明，也造成了日益严重的生态环境问题，诱发了全球性生态危机。20世纪30年代以来，全球性生态危机囊括了以下形形色色的问题：全球变暖、臭氧层遭到破坏、热带雨林消失、珊瑚礁死亡、过度捕捞、物种灭绝、遗传多样性减少、环境与食物毒性增加、沙漠化、水资源日趋短缺、洁净水不足以及放射性污染等，不胜枚举。[①]这一长长的清单还在继续，并且影响范围也在日益扩大。困扰着世界的这些环境问题，已经引起人们的高度重视。我国是世界上最大的发展中国家，面临经济社会现代化发展的艰巨任务。目前，"生态环境保护任务依然艰巨"[②]。从20世纪八九十年代以来，国内外学界日益注重生态马克思主义研究。在此过程中，对作为生态马克思主义主要代表人物之一的阿格尔（Ben Agger, 1952—2015）加以应有关注，是题中应有之义，也取得了值得肯定的研究成果。但从目前的研究现状看，仍需在通读阿格尔全部著述、完整把握其整个学术思想的基础上，更加系统地梳理其生态马克思主义思想，进而探讨其生态马克思主义思想对我们建设美丽中国的重要启示。

第一节　阿格尔生平简介及其学术思想概要

　　本书题旨在研究阿格尔从20世纪70年代中后期直至去世的40多年间的整个生态马克思主义思想及其对建设美丽中国的重要启示。一般来说，不管是探讨一个学者的某一方面学术思想，还是从某一视角来考察其整个的或某一方面的学术思想，都应该尽力做到"知人论事"。因此，简要介

---

① [美]约翰·贝拉米·福斯特：《生态危机与资本主义》，耿建新等译，上海：上海译文出版社，2006年，第4页。

② 习近平：《高举中国特色社会主义伟大旗帜 为全面建设社会主义现代化国家而团结奋斗——在中国共产党第二十次全国代表大会上的报告》，北京：人民出版社，2022年，第14页。

绍阿格尔的生平[①]，概括地叙述其学术思想，对研究阿格尔生态马克思主义思想及其启示而言，是必不可少的先决条件，并非一件无关宏旨的小事。

一、阿格尔生平简介

1952年，阿格尔出生于美国，是美籍加拿大人。阿格尔自幼受过良好的家庭教育，他的父亲（Robert Agger）是一位从事量化经验主义研究的大学教授，也是一名政治科学家，还是一名自由主义的社会激进主义者，曾积极参加20世纪60年代美国的公民权利运动和反战争运动，担任过种族平等地方分会的主席。因此阿格尔从其父亲那里学到了激进政治，熟悉了教授的生活方式。阿格尔在13岁时，随父亲去过苏联。在这次游历中，阿格尔的父亲告诉他，尽管当时的苏联是一个集权国家，人民缺少应有的自由，但列宁与布尔什维克是勇敢的，并极力创造一个不同于资本主义社会的新世界。

1969年，在美国出现了反对越南战争、公民权运动和"反文化"等社会运动。这一年也是阿格尔高中的最后一年，他后来追忆说这是很愉快的一年，不仅因为这一年出现了很多意义重大的政治事件和文化事件，也因为这一年意味着他结束高中生活而进入大学生活。高中毕业后，阿格尔到加拿大开始了本科和研究生阶段的学习、生活。在奥尼尔等人的精心培育下，勤奋好学的阿格尔于1973年在约克大学（York University）以优异的成绩获得政治科学与社会学专业的学士学位，1974年获得社会学专业的硕士学位，1976年获得多伦多大学的政治经济学专业博士学位。

1976年，阿格尔博士毕业后到加拿大魁北克省的主教大学（Bishop's University，Quebec）任教，成为该校的社会学助理教授，正式开启其教学生涯。1977年又转到安大略省的滑铁卢大学，在该校工作到1980年。当年又加盟了纽约州立大学水牛城分校（SUNY-Buffalo），阿格尔在这里度过了15年的教学生活，并获得了社会学教授和比较文学教授的职称。1994年，阿格尔辗转到德克萨斯大学，并长期居住在德克萨斯州的阿林顿，直至2015年去世。

阿格尔之所以成为一名教授和批判的社会理论家，主要与其早期的生活经历与后来在大学的教学科研密切相关。如果说新左派的经历塑造了阿

---

① 以下关于阿格尔生平简介的内容，可以重点参见 Ben Agger，*Postponing the Postmodern*：*Sociological Practices*，*Selves and Theories*.Lanham，MD：Rowman & Littlefield，2002，pp.32-38；Ben Agger，*The Virtual Self*：*A Contemporary Sociology*.Boston：Blackwell，2004，pp.4-10。

格尔在知识上、社会上、人格上的敏感性,那么他的政治立场、生活方式及价值观则是在社会变革、文化批判、知识分子旨趣及四处旅游的严酷考验中磨炼而成。阿格尔在其整个学术生涯中形成了丰富的学术思想。除对生态马克思主义有深刻论述之外,阿格尔在重建法兰克福学派的批判理论等方面也颇有建树。

二、阿格尔学术思想概要

阿格尔学术思想丰富,撰写并出版了 18 部独著、2 部合著,共同编辑 1 本纸质著作和 1 种电子期刊,发表学术论文近 30 篇。国内已有诸多学者较为集中地关注到阿格尔的生态马克思主义思想和文化研究理论,取得了较为丰硕的研究成果,但概要阿格尔整体学术思想的研究成果尚不多见。这就导致对阿格尔的某一时期理论或某一方面思想的学术探讨难免出现零碎的介绍、孤立的研究、片面的评价、武断的结论。因此,从整体上把握阿格尔的整个学术思想的内在主线、研讨重点、发展阶段、建构方法、核心论题,将有助于推动阿格尔相关思想的再研究。笔者在此试图把阿格尔的整个学术思想概括为"贯穿一条主线、紧扣两个重点、历经三个阶段、整合四类资源、探讨五大问题"。

(一)"贯穿一条主线"

所谓"贯穿一条主线",是指阿格尔毕生致力于马克思主义北美化时代化。换而言之,基于法兰克福学派批判理论的马克思主义北美化时代化,是贯穿阿格尔的整个学术思想的一条主线。当然,这里所说的马克思主义北美化时代化, 在严格的意义上主要是指西方马克思主义的北美化时代化,尽管也兼及东欧马克思主义的北美化时代化。

在《西方马克思主义导论》(1979)①中提出自己的马克思主义观时,阿格尔就明确写道:"虽然这是一本不带偏见地介绍理论和历史材料的教科书,但它也是一本关于马克思主义前途的书。因此,运用过去的材料,对之进行新的综合,从而提出我们关于马克思主义前途的观点,是我们义不容辞的责任。特别重要的是,我们将涉及北美的马克思主义观点。在前面探讨马克思主义理论家的过程中,已经隐含了对他们著作以欧洲为中心的特征的批判。"②阿格尔的论证,是以提出一种恰当的危机理论来揭示社会主义

---

① 该书名英文为"Western Marxism:An Introduction",1991 年的中译本名为"西方马克思主义概论"。

② Ben Agger, *Western Marxism:An Introduction*. Santa Monica:Goodyear, 1979, p.269.

革命的可能性为依据的。但阿格尔的论证并非分析各种危机理论就结束了,而是要致力于提出一种适合于北美情况、能促进激进行动的新意识和新观点。在他看来,马克思主义就其本质来说,并不是被动决定论的,因此它需要人类从事自我解放的斗争。由此可见,阿格尔强调马克思主义的北美化时代化,以便让马克思主义能够在北美生根开花结果,而不是让北美人民对之误解或抛弃。这种本心一直伴随着阿格尔的学术生涯,从未改变。

马克思主义在发展的过程中,"必须结合具体情况并根据现存条件加以阐明和发挥"①。因此,无论是从马克思主义的存在基础、发展动力,还是从它的形态演进来看,都要求马克思主义本土化时代化,从而不断发展。这不仅关系到运用马克思主义作指导的具体实践成功与否,也关系到马克思主义在相应国家或地区的前途。阿格尔的整个学术思想,始终根植于马克思主义的北美化时代化。他不但反对把马克思主义当作现成的教条或公式来生硬地"裁剪"北美活生生的经济社会现实,而且积极根据北美社会实际来发展具有北美特色的当代马克思主义。阿格尔把马克思主义与北美实际相结合的做法,尽管在理解马克思的辩证方法和马克思主义基本原理上存在一些不当之处,但总体上合乎马克思主义的发展要求。

(二)"紧扣两个重点"

所谓"紧扣两个重点",是指阿格尔始终将阐释、运用马克思的辩证方法,以及继承、发展法兰克福学派的批判理论作为其学术研究的两个重点。②

在《西方马克思主义导论》(1979)的开篇专章,阿格尔解读了马克思的辩证方法,认为"这种辩证方法是由异化理论、矛盾理论以及危机与相应的阶级斗争理论构成的"③。同时,"只有在把异化理论、内在矛盾理论和危机模式结合起来时,马克思的辩证方法才是完整的"④。这就是说,马克思的辩证方法既是关于资本主义社会多重异化、内在矛盾、各种危机的理论,也是关于资本主义社会变革,进而走向社会主义的理论。不过,阿格尔在解读与运用马克思辩证方法时,更多地是对马克思异化理论、危机理论、内在矛盾理论、社会变革理论的修正。如果说阿格尔除了在 20 世纪 70 年代用生态危机理论来修正马克思的经济危机理论、用资本主义生产过程与生态系统之间存在难以根除的外在矛盾来补充马克思所指出的资本主义生产的内

---

① 《马克思恩格斯全集》(第 27 卷),北京:人民出版社,1972 年,第 433 页。

② 参见本·阿格尔给中译本《作为批评理论的文化研究》(张喜华译,河南大学出版社,2010 年)写的《致中国学者和读者的信》。

③ Ben Agger, *Western Marxism:An Introduction*. Santa Monica:Goodyear,1979,p.12.

④ Ben Agger, *Western Marxism:An Introduction*. Santa Monica:Goodyear,1979,p.9.

在矛盾,从而认为当代资本主义社会生态危机日益凸显,并与其他危机并存之外,后来鲜有关于当代资本主义危机与内在矛盾的专门论述,那么,对马克思异化理论、资本主义社会变革理论、社会主义理论的发展则是阿格尔一直关注的重要论题。

阿格尔整个学术思想的另一特质,是对法兰克福学派批判理论的继承与发展。包括其生态马克思主义思想在内的整个学术思想,都与法兰克福学派密不可分。阿格尔接受并继承了批判理论的"激进性""批判性""综合性""开放性""人道主义"特征,从而塑造了政治上的左派立场,确立了理论上的批判基调、交叉学科研究取向、综合性研究方法、民主价值诉求。对于批判理论,阿格尔不仅继承了它的基本精神和理论传统,还积极地把自己的思想融入其重建之中。[1]这种贯穿于阿格尔学术生涯的持续重建,主要表现为:超越霍克海默和阿多诺的悲观主义,1977 年提出了"辩证的敏感性"和"新的理智性"[2];综合西方马克思主义的多种危机理论,1979 年提出了"生态马克思主义"[3];针对美国主流社会学的实证主义霸权,1989 年提出了"关于意义的批判理论"[4];重建哈贝马斯的交往理论,1991 年提出了"关于公共生活的批判理论"[5];重建法兰克福学派的文化研究理论,1992 年先后提出了"基于生活世界的批判理论"[6]、"作为交叉学科的批判理论的文化研究"[7];把后现代主义、女权主义的敏锐洞见补充到批判理论中,1993 年提出了"女权主义后现代批判理论"[8];综合各种批判性的社会理论,1998

---

① 申治安:《阿格尔对法兰克福学派的继承与发展——兼论阿格尔作为第三代批判理论家何以可能》,《内蒙古大学学报》(哲学社会科学版)2012 年第 6 期。

② Ben Agger, Dialectical Sensibility I:Critical Theory, Scientism and Empiricism, *Canadian Journal of Political and Social Theory*, Vol. 1, No. 1, pp.3-34. Ben Agger, Dialectical Sensibility II:Towards a New Intellectuality, *Canadian Journal of Political and Social Theory*, Vol. 1, No. 2, pp.47-57.

③ Ben Agger, *Western Marxism:An Introduction*. Santa Monica:Goodyear, 1979, p.316.

④ Ben Agger, *Fast Capitalism:A Critical Theory of Significance*. Champaign:University of Illinois Press, 1989, p.1.

⑤ Ben Agger, *A Critical Theory of Public Life:Knowledge, Discourse and Politics in an Age of Decline*. London/ Philadelphia:Falmer Press, 1991, p.1.

⑥ Ben Agger, *The Discourse of Domination:From the Frankfurt School to Postmodernism*. Evanston:Northwestern University Press, 1992, p.11.

⑦ Ben Agger, *Cultural Studies as Critical Theory*. London/Philadelphia:Falmer Press, 1992, p.1.

⑧ Ben Agger, *Gender, Culture and Power:Toward a Feminist Postmodern Critical Theory*. Westport, CT:Praeger Publishers, 1993, p.2.

年提出了"批判社会理论"①；以快餐理论、慢餐理论补充批判理论，2004 年提出了超越"快速资本主义"的"舒缓现代性理论"②；不满于当代资本主义社会的教育制度和模式，尤其是青少年受教育的状况，2007 年提出了"关于教育的批判理论"③；对久坐少动生活方式的反思，2010 年提出了"身体批判理论"④；对时间异化的批判，2013 年提出"关于社会加速的时间批判理论"⑤。因此，我们对阿格尔自称为"新法兰克福学者"⑥，不应该感到诧异。

　　总的说来，如果总体察看阿格尔的整个学术思想，就可以发现马克思的辩证方法是其"源"，法兰克福学派的批判理论是其"流"，二者水乳交融、密不可分。

　　(三)"历经三个阶段"

　　所谓"历经三个阶段"，是指综观阿格尔的学术生涯，根据其理论视角的转换和主要观点的演进，大致可以将其学术思想历程划分为三个阶段。

　　第一个阶段(1976—1984 年)。阿格尔该阶段学术思想的要义，是从学术史的角度探讨西方马克思主义的发展历程与未来走势。阿格尔该时期出版了独著《西方马克思主义导论》(1979)、合著《冲突与秩序中的社会问题》(1982)。其中，前者是阿格尔早期学术思想的代表作，也是其整个学术思想的奠基石，还是阿格尔生态马克思主义思想的诞生地。阿格尔这一时期公开发表的重要文章有：《论幸福和被毁的生活》(1976)、《马尔库塞与哈贝马斯对新科学的论述》(1976)、《辩证的感性 I：批判理论、科学主义及经验主义》(1977)、《辩证的感性 II：走向一种新的智性》(1977)、《马尔库塞所提出的个人与阶级之间的辩证法的日益重要性》(1979)、《工作与权威：马尔库塞和哈贝马斯的比较》(1979)、《资产阶级的马克思主义》(1980)、《关于对话的批判理论》(1981)、《欲望的辩证法：大屠杀、垄断资本主义和激进的记忆》(1983)、《左翼学术：学术产品的当代矛盾》(1984)。这些学术论文着重

---

① Ben Agger, *Critical Social Theories：An Introduction*.Boulder：Westview Press,1998,p.8.

② Ben Agger, *Speeding Up Fast Capitalism：Cultures，Jobs，Families，Schools，Bodies*.Boulder：Paradigm Publishers,2004,p.131.

③ Ben Agger & Beth Anne Shelton, *Fast Families，Virtual Children：A Critical Sociology of Families and Schooling*.Boulder：Paradigm Publishers,2007,p.1.

④ Ben Agger, *Body Problems：Running and Living Long in Fast-Food Society*. London：Routledge,2010,p.1.

⑤ Ben Agger, *Texting Toward Utopia：Kids，Writing，Resistance*. Boulder：Paradigm Publishers,2013,p.111.

⑥ Ben Agger, *Gender，Culture and Power：Toward a Feminist Postmodern Critical Theory*. Westport，CT：Praeger Publishers,1993,p.34.

围绕对法兰克福学派批判理论的阐释,指出西方左翼学者必须不断推动马克思主义的发展。

第二阶段(1985—2000 年)。阿格尔该阶段的学术思想,着重探讨了当代资本主义社会意识形态的新变化,并展开对之加以批判的文化研究。阿格尔该时期共出版 10 部独著,其中较具代表性的著作有《快速资本主义:关于意义的批判理论》(1989)、《关于公共生活的批判理论:衰落时代中的知识、话语和政治》(1991)、《支配的话语:从法兰克福学派到后现代主义》(1992)、《作为批判理论的文化研究》(1992)、《性别、文化和权力:走向女权主义后现代批判理论》(1993)、《批判社会理论导论》(1998)。在这些专著中,后两本尤为重要。之所以这样说,是因为前者典型代表了阿格尔该阶段所重建的批判理论,后者集中体现了阿格尔该阶段的学术思想。此外,阿格尔该时期发表的重要论文有:《批判理论、后结构主义和后现代主义》(1991)、《美国社会学理论的帕森斯化》(1991)、《马克思主义、女权主义和解构》(1992)、《马尔库塞和后现代性》(1994)。概而言之,阿格尔该时期的著述,反映了他坚持马克思主义的总体性、主体性、历史性,吸收后现代主义者、后结构主义者和女权主义者的相关思想,探究经济与文化之间的辩证联系,扩大批判理论在辩证法研究、意识形态批判、新社会运动开展等方面的研究议程,实质性地转换了马克思主义者对科学、文本、性别的思考方式。

第三阶段(2001—2015 年)。阿格尔该阶段的学术思想,意在研究基于互联网的信息技术、交往技术、娱乐技术对个体自我、文化、工作、家庭、教育、身体等经济社会诸多方面的双重影响。阿格尔该时期出版了 7 本独著、1 本合著,其中具有代表性的著作有专著《快速资本主义的再加速:文化、工作、家庭、学校和身体》(2004)、《40 年后的 60 年代:领导者和激进者的回忆与展望》(2009)、《身体问题:快餐社会中的跑步与长寿》(2010)、《朝向乌托邦的短消息:孩子、写作和抵制》(2013)、合著《快速的家庭,虚拟的孩子:关于家庭和教育的批判社会学》(2007)。虽然这 5 本著作的论题各有侧重,但第一本著作因其内容的承前启后、论题的提纲挈领而更显重要。阿格尔该时期发表的重要文章有:《后现代主义背景下的社会学写作》(2001)、《留住美好时光:对知识、权力和人的反思》(2005)、《网络社会中的时间与短暂性》(2007)等。另外,2005 年阿格尔还担任了自己创办的电子杂志《快速资本主义》①的编辑,这份杂志是关于文化研究与社会批判的刊物。概而言之,阿格尔该时期侧重于探讨 21 世纪高新技术对大众自我、社会及文化

---

① 详见网站 www.fastcapitalism.com。

的影响,着力形成跨学科、综合性的社会理论分析,以凸显重建的批判理论的公共话语特质和民主政治意蕴。

当然,尽管可以把阿格尔的整个学术思想大致划分为三个阶段,但这并不是说阿格尔各个阶段的学术思想可以截然分开,毫无关联,而只是说其思想内容在不同阶段有所侧重而已。

(四)"整合四种资源"

所谓"整合四种资源",是指就其整个学术思想及相应理论成果而言,阿格尔吸收并整合了经典马克思主义、"西方马克思主义"、东欧马克思主义、西方非马克思主义的思想资源,利用其所说的"综合法"①,构建了新的批判的社会理论。

在经典马克思主义方面,阿格尔着重吸收了马克思关于异化劳动批判和共产主义构想的理论。阿格尔高度赞扬马克思对异化劳动的系统批判,认为异化已经超出劳动领域,扩展到了当代资本主义经济社会的各个方面。如果说阿格尔在 20 世纪 70 年代侧重于考察作为异化劳动伴生物的异化消费②,八九十年代侧重于探讨异化科技、异化交往、异化写作,那么他在 21 世纪初则侧重于探讨当代资本主义社会不断加速后所造成的家庭异化、教育异化、身体异化、餐饮异化、时间异化等诸多新型的异化现象,将马克思的异化理论拓展到更广的研究领域。此外,阿格尔认为,马克思在其早期思想中指出异化存在的同时,也强调了可以存在不再异化的美好社会制度,而且这些制度能够通过旨在实现社会结构改造的日常生活斗争来达到;马克思的人性概念,建立在社会主义制度下解放出来的人的潜能基础之上。其实,这种非异化的社会制度,也就是马克思和恩格斯所说的共产主义社会。到那时,"人化自然"将同人的劳动一起获得解放,使人类能够恢复他们与自然界的创造的、自主的关系。③阿格尔对马克思共产主义理论的吸收,服务于他对未来社会主义的构想。

在"西方马克思主义"方面,阿格尔着重吸收了"批判的"西方马克思主义的思想资源。在德国马克思主义者柯尔施、意大利马克思主义者科莱蒂、法国马克思主义者梅洛-庞蒂、南斯拉夫马克思主义者马尔科维奇、美国哲学家古尔德纳等人看来,西方马克思主义大致可以分成两种不同倾向:一种把马克思主义理解为"批判",另一种则把它理解为某种社会"科学"。这

---

① Ben Agger, *Critical Social Theories : An Introduction*. Boulder : Westview Press, 1998, p.3.

② Ben Agger, *Western Marxism : An Introduction*. Santa Monica : Goodyear, 1979, p.272.

③ Ben Agger, *Western Marxism : An Introduction*. Santa Monica : Goodyear, 1979, p.18.

样,人们可以把这两种倾向的马克思主义分别称作"批判的"西方马克思主义和"科学的"西方马克思主义。前者大体上就是阿格尔在其早期专著《西方马克思主义导论》(1979)中所讨论的黑格尔主义的马克思主义、个人主义的马克思主义和"新马克思主义"。我们只要通读此书,就可以清晰地发现:阿格尔当时的学术思想是建立在对"批判的"西方马克思主义者思想资源开挖基础之上的,而其中的重点又是法兰克福学派的批判理论和法国的存在主义马克思主义。之所以如此,是因为他明确反对科莱蒂等人的新实证主义马克思主义,批评它具有实证主义特质而把批判理论当作黑格尔的唯心主义加以抛弃;[1] 拒绝罗默等人的分析的马克思主义,认为其理论基础是分析哲学而具有实证主义色彩;[2] 除了承认阿尔都塞关于意识形态与理论实践方面的有意义探讨外,强烈反对其结构主义的马克思主义关于无主体历史的主张,批评其制造两个"马克思"[3];对于福柯、德里达、鲍德里亚、利奥塔等后现代主义的马克思主义者,阿格尔虽然借鉴了他们的相关批判思想,但是明确否定他们对主体性和总体性的怀疑;[4] 虽然同情拉克劳和墨菲的后马克思主义对重新定义民主政治所做出的积极努力,但是特别不同意他们对马克思主义的抛弃;[5] 至于"科学的"西方马克思主义者的其他思想,除涉及普兰查斯的国家理论外,论及不多,更遑论从他们那里吸收理论养分。阿格尔的这种学术倾向,是一以贯之的。简而言之,阿格尔的整个学术思想主要借鉴了西方马克思主义中法兰克福学派的批判理论、存在主义马克思主义理论、后现代主义马克思主义理论、女权主义马克思主义理论。

在东欧马克思主义方面,阿格尔着重吸收了南斯拉夫、波兰、捷克斯洛伐克等原东欧社会主义国家中具有人道主义倾向的马克思主义者的相关思想。在专著《西方马克思主义导论》(1979)中,阿格尔独立成章地介绍了20世纪六七十年代东欧马克思主义者克拉西、沙夫、马尔科维奇、斯托杨

---

① Ben Agger, *Gender, Culture and Power: Toward a Feminist Postmodern Critical Theory*. Westport, CT: Praeger Publishers, 1993, p.25.

② Ben Agger, *The Discourse of Domination: From the Frankfurt School to Postmodernism*. Evanston: Northwestern University Press, 1992, pp.41-42.

③ Ben Agger, *Socio (onto)logy: A Disciplinary Reading*. Champaign: University of Illinois Press, 1989, p.16、46、79、144 etc.

④ Ben Agger, *Gender, Culture and Power: Toward a Feminist Postmodern Critical Theory*. Westport, CT: Praeger Publishers, 1993, p.1.

⑤ Ben Agger, *The Discourse of Domination: From the Frankfurt School to Postmodernism*. Evanston: Northwestern University Press, 1992. p.297.

洛维奇等人的马克思主义的人道主义思想。①阿格尔指出,这些东欧马克思主义者不赞同苏联模式的社会主义,而赞成实行更为民主、由工人直接参与管理生产的做法;强调共产主义最重要的方面就是克服异化和创造一个自由实践的非异化社会,这种自由实践意味着人们从事自我表现和自我创造的非异化劳动;肯定人们的公民权,反对国家控制,希望东欧社会主义国家能采用一种更加民主的、分散化的、非官僚化的社会主义模式,以区别于高度集权的苏联模式;关注马克思1844年巴黎手稿中关于人与自然密不可分的深刻思想,提出若建立马克思主义伦理学就必须恢复马克思关于人的解放同自然解放不可分割的观点,强调要把人类实践看成一种艺术、尊重自然界的美学和伦理权利。阿格尔高度评价了东欧马克思主义的实践观、自然观、劳动观、民主观和社会主义观,并将其整合到自己的相关理论之中。

　　在西方非马克思主义理论方面,阿格尔积极从中吸收合理因素,以建构新理论。择其要者而言之,阿格尔在提出"生态马克思主义"②时就吸收了生态学理论、系统论、舒马赫的技术理论等思想资源;在解构"快速资本主义"社会的各种弥散而隐蔽的意识形态时,吸收了伽达默尔等人的诠释学理论,并希望通过把政治关照补充到一般诠释学理论中而使之成为一种政治批判模式的激进诠释;③在建构关于公共生活的批判理论时,吸收自由主义者阿克曼的公共政治交谈思想,重建了哈贝马斯的交往理论;④为了让批判理论更好地扎根于日常生活,吸收了胡塞尔的现象学理论、加芬凯尔的人种学方法论;⑤沿着法兰克福学派实证主义批判的路向,吸收了巴赫金的复调理论,驳斥了实证主义的逻辑中心主义、欧洲中心主义、男性中心主义等隐性特征;⑥在探讨后现代资本主义中大众自我的生存时,阿格尔吸收了梭罗关于人们为了寻找意义就必须从烦琐生活中退出过上简朴生活的

①　Ben Agger, *Western Marxism : An Introduction*. Santa Monica : Goodyear, 1979, p.189.

②　Ben Agger, *Western Marxism : An Introduction*. Santa Monica : Goodyear, 1979, p.326.

③　Ben Agger, *Fast Capitalism : A Critical Theory of Significance*. Champaign : University of Illinois Press, 1989, p.83.

④　Ben Agger, *A Critical Theory of Public Life : Knowledge , Discourse and Politics in an Age of Decline*. London/ Philadelphia : Falmer Press, 1991, p.156.

⑤　Ben Agger, *The Virtual Self : A Contemporary Sociology*. Boston : Blackwell, 2004, pp.27—28.

⑥　Ben Agger, *Critical Social Theories : An Introduction*. Boulder : Westview Press, 1998, p.36.

思想;①在异化身体批判时,吸收了希恩的跑步理论;②在指出现代性的未来走向时,阿格尔吸收了佩特里尼和施洛瑟等人的慢餐理论③,等等。总之,阿格尔善于吸纳西方非马克思主义的理论资源,为己所用。

在上述四种思想资源中,马克思的辩证方法和法兰克福学派的批判理论,又是阿格尔整个学术思想的两大主要渊源和理论基石。对于阿格尔学术思想而言,如果说马克思的辩证方法为之保证了马克思主义的底色,那么法兰克福学派的批判理论为之凸显了思想取向的特色。从一定意义上说,如果抽去这两块基石,阿格尔的整个思想大厦就会轰然倒塌。

(五)"探讨五大问题"

所谓"探讨五大问题",是指综观阿格尔的整个学术思想,尽管其内容丰富、论题繁多,但总体上看它是围绕马克思主义前途、当代资本主义命运、社会主义未来而多角度、多领域展开。其中,对当代资本主义命运的探讨,又是阿格尔着墨较多的地方。基于此,我们可以把阿格尔的整个学术思想概括为对五个大问题的探讨,即探讨马克思主义前途、当代资本主义社会危机、当代资本主义社会批判、当代资本主义社会变革、社会主义未来。

如前文所述,阿格尔始终关注马克思主义的前途。众所周知,马克思主义在欧美资本主义社会并非主流意识形态,长期遭受各种反马克思主义者的诋毁。阿格尔指出,在北美大学中很少有立场坚定的马克思主义者。虽然马克思主义的一些洞见也进入诸多学科,但这些洞见随之失去了政治特色,变为了研究"工具"。更为致命的是,许多马克思主义者没有开放地借鉴其他理论,忽视来自于批判理论、女权主义及后现代主义等外部思想的挑战。④阿格尔长期思考这些问题后,认为只有通过既纠偏"正统的"马克思主义,也驳斥"正统的"反马克思主义,才能让马克思主义重新焕发生机。这一任务的完成,最好借助于把马克思主义创造性地应用于当下社会环境。这是因为,"正统的"马克思主义者固守马克思主义不可修正的错误信条;一些马克思主义者错误地把马克思主义转换成实证主义科学,将其归结为科

---

① Ben Agger, *Postponing the Postmodern: Sociological Practices, Selves and Theories*. Lanham, MD: Rowman & Littlefield, 2002, p.13.

② Agger, *Body Problems: Running and Living Long in Fast-Food Society*. London: Routledge, 2010, p.40.

③ Ben Agger, *Texting Toward Utopia: Kids, Writing, Resistance*. Boulder: Paradigm Publishers, 2013, p.98.

④ Ben Agger, *Gender, Culture and Power: Toward a Feminist Postmodern Critical Theory*. Westport, CT: Praeger Publishers, 1993, p.1.

学主义;统治美国社会学的正统反马克思主义者把马克思社会学化,欺骗性地把马克思同化到资产阶级社会学理论的典范中;一些后现代主义者完全抛弃了马克思主义,把马克思主义看作19世纪思想家的无效激情。①阿格尔则把自己的身份始终定位于"正统的"马克思主义与后马克思主义之间。

阿格尔对马克思主义前途的关注,首先是为了用不断发展的马克思主义来分析不断变化的当代资本主义社会。基于当代资本主义社会内在矛盾的各种危机,是阿格尔分析当代资本主义社会的切入点。当代资本主义社会,尤其是北美发达资本主义社会,在其发展的过程中出现了多种危机。如同包括马克思在内的很多理论家,阿格尔也认为资本主义的内在矛盾必然表现为各种危机。阿格尔在20世纪70年代系统地指出,西方工业社会出现了种类繁多的经济社会危机。他不仅认同奥康纳关于资本主义存在财政危机的看法,也同意哈贝马斯、米利班德等人关于资本主义存在合法性危机的观点,还肯定马尔库塞、莱易斯等人关于资本主义必然产生生态危机的灼见。②虽然阿格尔此时认为生态危机日益凸显,大有取代经济危机的趋势,但他并没有像有些批评者认为的那样,说生态危机完全取代了经济危机。阿格尔在90年代又指出,在遭受能源短缺、生态破坏、国内外不平衡发展困扰的发达资本主义社会中,日益出现了三种明显的危机:"首先,付酬劳动日益沿着技术、工会化、工作方式的轴线,被等级化、裂碎化。其次,当经济压力与生活不满殖民化了家务及人格领域时,支配被大量地内投或外化为愤怒,表现为日益暴力地反对妇女、同性恋和少数族裔。最后,当权力之柄逐步转向那些人们相信能摆脱经济危机的技术精英时,强化了科学主义及技术神话。在我看来,这些危机是马克思所没有预见的。"③我们由此可以发现,当代资本主义社会的危机涉及经济、政治、生态、文化、意识形态、社会等多个方面,它们相互交织,密不可分。这些社会危机交叠共生,表现为各种社会倒退现象的相互伴生。

对当代资本主义社会的全面批判,是阿格尔深入探讨包括生态危机在内的各种危机的社会根源,曝光当代资本主义社会对人与自然造成严重异化后果的必然逻辑。阿格尔认为,当代资本主义的社会节奏不断加快,也就

---

① Ben Agger,*The Discourse of Domination:From the Frankfurt School to Postmodernism*.Evanston:Northwestern University Press,1992,p.14.

② Ben Agger,*Western Marxism:An Introduction*. Santa Monica:Goodyear,1979,p.277.

③ Ben Agger,*A Critical Theory of Public Life:Knowledge,Discourse and Politics in an Age of Decline*. London/ Philadelphia:Falmer Press,1991,p.125.

是从他所说的"快速资本主义"加速为现在"节奏更快的快速资本主义"①。这种由信息技术和娱乐技术所助推的数字资本主义,既加快了对人的全面支配,也加剧了对自然的肆意劫掠。尽管如此,当代资本主义现处的这个阶段,并不是一个真正的后现代阶段,因为它在根本上没有超越马克思所揭示的那种现代性,没有完成哈贝马斯所说的现代性计划。在分析当下快速资本主义的社会异化时,阿格尔把马克思所说的异化和法兰克福学派所说的支配,重建为所谓有价值的生产对所谓无价值的再生产的等级制支配。②这种总体性逻辑的重建,是阿格尔在认识论和方法论上对资本主义加以总体性批判的内在要求。它既是为了从理论上把批判理论、后现代主义和女权主义等理论整合为一种总体性的批判社会理论,以揭示支配的结构性特征,也是出于社会变革战略上形成政治联盟的考虑。阿格尔不仅对资本主义进行了总体性批判,还从经济增长、官僚政治、文化工业、性别歧视、种族主义、社会加速等多个维度对之展开批判,③从而多位一体地揭露了资本主义社会的各种弊端。阿格尔对当代资本主义社会的总体性、多维度批判,揭示了人和自然"他者化"的社会根源,批判了当代资本主义社会对大众、自然所施加的剥削和压迫。

阿格尔对当代资本主义社会批判的目的,在于让人们认识到当代资本主义社会的罪恶,从而起来变革当代资本主义社会。"资本主义、种族主义、性别歧视、对自然的支配,这些现象的持久性迫使左派要把它们理解为辩证的过程,从而颠覆它们。"④这样,从平等、民主、正义、自由等进步价值观来审视当代资本主义社会制度,对之加以社会变革显得十分必要。针对非马克思主义的观点,阿格尔不同意后现代主义理论所表露的鉴于人们已经进入后现代而无需变革的观点,也不同意后工业主义理论所认为因资本主义社会通过采取相应措施可以解决自身社会问题而无需根本变革的观点。针对马克思主义内部的经济决定论和悲观主义,阿格尔认为,既不能像前者那样坐等资本主义自己崩溃而盲目乐观,也不能像后者那样因资本主义

① Ben Agger, *Speeding Up Fast Capitalism:Cultures,Jobs,Families,Schools,Bodies*.Boulder:Paradigm Publishers,2004,p.1.

② Ben Agger, *Gender,Culture and Power:Toward a Feminist Postmodern Critical Theory*. Westport,CT:Praeger Publishers,1993,p.66.

③ 申治安、王平:《阿格尔对当代资本主义的多维度批判》,《毛泽东邓小平理论研究》2012年第2期。

④ Ben Agger, *The Discourse of Domination:From the Frankfurt School to Postmodernism*.Evanston:Northwestern University Press,1992,p.48.

具有处理危机的各种机制，就认为主体性衰落和资本主义解决了其内在矛盾。社会变革的可能性在于，社会当下不是永恒的社会存在、日常生活也是抵制的场所、大众自我存在能动意识、科学技术具有解放的潜力、社会危机也是变革的契机。①社会变革是可能的，接下来的问题是，"变革的主体是否真正存在，以及他们的变革实践是否会获得成功"②。阿格尔拒绝了主体性衰落的看法，回答了谁来变革的问题。尽管阿格尔没有完全抛弃马克思当年所提出的工人阶级这一变革的集体主体，但他也认为在当下的形势下，社会变革的主体也有所变化。阿格尔分析了参与社会变革的个体主体和集体主体，指出个体主体要积极重塑自我并投身于各种新社会运动，集体主体要打破狭隘的门户界限，避免政治内耗，形成政治联盟，从事共同的解放事业。③社会变革主体确定之后的任务就是，提出社会变革的理论指导和实践举措。阿格尔强调，社会变革必须坚持以最具总体性的马克思主义为理论指导，坚持理论与实践相结合，坚持去商品化、去集中化、去官僚化、去快餐化等具体战略，走向人和自然都获得解放的社会主义社会。

对当代资本主义社会加以变革的目的，不仅在于打破不合理的当代资本主义社会制度，也在于走向更美好的社会主义社会。20世纪70年代，阿格尔勾画了"生态社会主义"④，以超越西方发达资本主义社会和苏联模式的社会主义。他在八九十年代从主体平等交往的视角，把未来的社会主义设计为"民主对话的美好社会"⑤。21世纪初，阿格尔发现信息技术进一步加速了当代资本主义的发展，从放慢社会节奏的视角提出了作为社会主义的"舒缓现代性"⑥。这实际上就是阿格尔所构想的未来社会主义的三幅不同画卷。尽管阿格尔在不同时期对未来的社会主义有不同的称呼，但他对

---

① 王平、申治安：《变革当代资本主义社会何以可能——本·阿格尔生态马克思主义的视域》，《理论探讨》2012年第2期。

② Ben Agger, *The Discourse of Domination: From the Frankfurt School to Postmodernism*. Evanston: Northwestern University Press, 1992, p.262.

③ Ben Agger, *The Discourse of Domination: From the Frankfurt School to Postmodernism*. Evanston: Northwestern University Press, 1992, p.262.

④ Ben Agger, *Western Marxism: An Introduction*. Santa Monica: Goodyear, 1979, p.331.

⑤ Ben Agger, *A Critical Theory of Public Life: Knowledge, Discourse and Politics in an Age of Decline*. London/ Philadelphia: Falmer Press, 1991, p.9.

⑥ Ben Agger, *Speeding Up Fast Capitalism: Cultures, Jobs, Families, Schools, Bodies*. Boulder: Paradigm Publishers, 2004, p.151; Ben Agger, *Body Problems: Running and Living Long in Fast-Food Society*. London: Routledge, 2010, p.52; Ben Agger, *Texting Toward Utopia: Kids, Writing, Resistance*. Boulder: Paradigm Publishers, 2013, p.98.

未来社会主义的本质规定性的认识并没有改变。这种未来社会主义的总体目标，就是人类和自然都摆脱了异化而实现全面解放的美好社会。在对未来的社会主义社会加以总体把握的同时，阿格尔没有忽视对其轮廓的大致勾画，尽管这是一个粗线条的勾画而非细节性的描绘。在阿格尔看来，未来的社会主义社会，在经济上，应该是稳态模式；在政治上，应该是公民参与；在文化上，应该是批判互鉴；在社会上，应该是快慢有序；在人自然的关系上，应该是完全和谐。相应地，未来社会主义社会的主要价值诉求，是实践自由、对话民主、社会平等、人与自然和谐相处。

　　如上所述，阿格尔所思考的这五大问题，是其学术思想的五大核心论题。这五大问题因其内在的密切联系，而构成一个相互贯通的有机整体。它们反映了阿格尔积极推进马克思主义北美化时代化，积极主张变革当代资本主义社会，以走向那种既超越了资本主义工业文明又不同于苏联模式的社会主义社会，从而最终实现人、自然与社会的和谐相处。总而言之，阿格尔通过长期的学术努力，推动法兰克福学派的（社会）批判理论（Social Critical Theory）走向了视野更宽广的批判性社会理论（Critical Social Theory），积淀了丰富的学术思想。我们可以把阿格尔的整个学术思想概括为：阿格尔积极推进马克思主义北美化时代化，不断反思当代资本主义危机，在批判当代资本主义社会的同时并积极主张对之加以变革，以走向那种既超越资本主义工业文明，又不同于苏联模式的社会主义社会，从而最终实现人、自然与社会的和谐相处。在此过程中，虽然阿格尔对马克思的辩证方法、"科学的"西方马克思主义等理论存在误读或错判的理论局限，但他为促进西方马克思主义，乃至马克思主义的发展做出了积极探索。对阿格尔学术思想的思想渊源、形成发展、主要内容、学术贡献和理论局限的研讨，要像习近平总书记所强调的那样，做到"有分析、有鉴别"[①]。因此，对阿格尔的某一时期或某一方面学术思想的学术研究，应将之放在阿格尔整个学术思想的背景下，从中恰当地剥离出来，进行全面、系统、完整的阐述，从而得出可靠的结论。比如，对阿格尔生态马克思主义思想的研究，实际上就是将之从其整体学术思想中恰当地剥离出来，进行系统阐述。

第二节　阿格尔生态马克思主义思想的演进与定位

　　一般说来，任何思想都是社会实践与理论思考相结合的时代产物。20

---

①　《习近平谈治国理政》（第二卷），北京：外文出版社，2017年，第341页。

世纪六七十年代以来,随着科学技术和工业文明的不断发展,西方资本主义在经济社会各领域都涌现出剧变。全球生态日益恶化的趋势,引发世界广泛关注。阿格尔的生态马克思主义思想正是在这种大背景下形成和发展的。

一、阿格尔生态马克思主义思想的形成条件

阿格尔在对当代资本主义社会现实、苏东社会主义实践、马克思主义演进的反思过程中,逐步形成并发展了具有其自身鲜明特色的生态马克思主义思想。

首先,阿格尔生态马克思主义思想是在反思当代资本主义社会,尤其是北美资本主义生态危机的基础上形成的。二战之后,和平与发展成了时代主题。在此背景下,整个西方资本主义社会总体上看呈现出生产力迅速发展的态势,从而导致一些学者认为一个富裕的后工业社会指日可待。实践证明,事实并非如此。阿格尔指出,国际资本主义为无法控制的通货膨胀、高失业率以及源于不发达国家和阿拉伯的石油生产国家与日俱增的威胁所震撼。在西方工业社会内部,大多数人因受到资本主义的剥削、对枯燥乏味的日常工作和浅薄无聊的闲暇生活感到厌倦,而越来越不满意于社会现实。美国 20 世纪 60 年代由于对越战争所触发的合法性危机,在 70 年代已经愈来愈猛烈。尽管以 60 年代后期的青年文化为特征并在 1968 年巴黎五月风暴中引起空前注意的充满浪漫气氛的时代已经过去,但北美资本主义社会在 70 年代的危机比起 60 年代来要更严重。阿格尔写道:"当我进入 70 年代末的时候,日益尖锐的危机在某种意义上是'自我造成'的;资本的基础正摇摇晃晃,面临难以遏制的通货膨胀,失业和不景气的投资气候不断加剧,且越来越不人道。虽然 60 年代的激情已经暂时消失,但经济的、生态的、社会的危机却大量存在,急于要求对激进变革的可能性做通盘考虑。"①应该说,阿格尔认为 70 年代的北美资本主义社会存在大量危机的看法,是比较符合事实的。

面对北美资本主义社会存在大量危机的事实,阿格尔并非像一些批评家所指认的那样说当下的生态危机完全取代了(replaced)它的经济危机,而只是说日益凸显的生态危机排移了(displaced)经济危机、财政危机、合法性危机等其他危机,导致后者渐渐处于不再引人高度关注的次要地位。这并不意味着北美资本主义社会里只剩下生态危机,而不存在其他危机

---

① Ben Agger, *Western Marxism:An Introduction*. Santa Monica:Goodyear, 1979, p.269.

了。就阿格尔本人来说,他虽然对马克思关于资本主义经济危机理论时效性的怀疑是错误的,但他并没有否认北美资本主义社会仍然存在经济危机。我们从上面一段的引文也可以发现这一点。这里值得一提的是,阿格尔反复强调,当时在西方马克思主义中颇有影响的三种危机理论,即詹姆斯·奥康纳创立的财政危机理论、哈贝马斯等人提出的合法性危机理论、莱易斯等人提出的生态危机理论,非但不相互排斥,反而是相互补充的关系。这是因为,这些危机理论都起因于认为当代资本主义国家的职能发生了变化。不容否认的事实是,阿格尔较之其他学者对莱易斯所强调的生态危机给予了更多的关注。其原因在于莱易斯的生态危机理论既强调了当代资本主义商品生产的扩张主义动力导致资源不断减少和大气受到污染的生态危机问题,也积极探讨当代资本主义对法兰克福学派诉说的支配以及异化消费的加深,以力图摆脱当代资本主义对人与自然的双重压迫。

面对20世纪70年代人们对生态危机的忧虑变得极其明显的事实,阿格尔认为不仅资本主义生产过程中存在社会化大生产和生产资料的私人占有之间存在根深蒂固的矛盾,而且资本主义生产过程同整个地球这一生态系统之间也存在根深蒂固的矛盾。因此,要打破资本主义的过度生产和过度消费,调整人们的需求和价值观,走向生态社会主义。阿格尔把奥康纳的财政危机理论、哈贝马斯等人的合法性危机理论、莱易斯等人的生态危机理论综合在一起,形成了他的生态马克思主义思想。

其次,阿格尔生态马克思主义思想是在总结社会主义经验教训,尤其是苏东社会主义经验教训的基础上形成的。60年代阿格尔在中学读书时期就形成了自己的社会主义抱负,这种理想信念在70年代坚守如初。70年代的苏联和东欧的社会主义国家,在发展的过程中暴露一些经济社会弊端。阿格尔认为,此时的苏联是一个高度集中的、工业发达的、大量消耗能源的社会主义国家。虽然消费至上主义的道德价值学说不像西方资本主义社会那样迅速地兴起,大部分现存的生产能力都被用作军工生产,但是苏联正在成为一个基本侧重于消费的经济社会。通过阅读有关苏联及其人民生活方式的著作,阿格尔做出了在苏联和美国的消费者及其生活方式之间存在着日益趋同的判断。他写道:"今天的工业社会,无论是资本主义社会还是社会主义社会,都具有以下特征:技术规模庞大、能源需求高、生产和人口都很集中、职能越来越专业化、供人们消费的商品的花色品种越来越多。"[1]苏联消费品黑市提供了那些正规经济不生产或公开配给的商品。苏

---

[1]　Ben Agger, *Western Marxism：An Introduction*. Santa Monica：Goodyear, 1979, p.309.

联消费者正要求有更多的商品用于个人消费,以补偿过去那些实行节制和艰苦工作的付出。"苏联用于个人的商品生产和消费出现了难以置信的繁荣,其中最显著的是私人汽车、西式服装、西方的唱片和化妆品,以及以前严格限于党的领导人所享有的各种商品。"①在阿格尔看来,苏联也采取鼓励高消费的做法,是因为它认识到使个人提高其消费水平可以赢得更高程度的社会和政治控制,可以让人们遭受的异化和不满得到一定程度的缓和。这就导致苏联当时的主要经济难题不是像斯大林统治下那样折磨人的贫困,而是得不到高质量的商品。

如果说阿格尔对苏联高消费模式的反思侧重于批评其不足,那么他对南斯拉夫的社会主义国家治理模式的介绍更倾向于肯定其做法。他认为南斯拉夫比起苏联和东德等社会主义国家来拥有更多的言论自由和更能表达不同的意见,能把根深蒂固的社会主义民主传统和反对苏联的国际政策结合起来。尽管南斯拉夫仍然保留了政治监禁,但它是一个敢于坚持自我批评的社会主义社会,采取工业自治和工人监督的模式。工人自治模式强调打破劳动分工、官僚制度以及加剧资本主义异化的职业化的重要性,克服了工人在工厂和公司中对管理人员、行政官员和技术官僚的屈从。这意味着,只有当人们理解了他们全部的生活条件,不要专家来管理和协调生活的每一个细节时,个人对异化的反抗才开始扩大为能够改造阶级社会的最深刻结构的广泛的社会主义运动。因此,在南斯拉夫,人们更多关心的是让工人自治模式的进一步民主化。

社会主义所有制分散化的程度,与非官僚化的程度成正比。换句话说,社会生活全面非官僚化的可能性,在一个分散化的社会主义所有制中要比在一个集中的社会主义所有制的制度中大得多。南斯拉夫制度的与众不同之处在于工人集体地拥有生产资料,因而能在一定程度上对其所谓的剩余劳动产品的处置做出重要决定。阿格尔对南斯拉夫和苏联在社会主义所有制上的阐述并不完全客观,其主要的目的重在希望工人参与的民主管理。对分散化、非官僚化的强调,也是阿格尔资本主义社会变革和生态社会主义构想的重要内容。这也是阿格尔形成其生态马克思主义的重要条件。

再次,阿格尔的生态马克思主义思想是在考察马克思主义的演进,尤其是在思索北美马克思主义样态的基础上形成的。阿格尔在 1976 年获得博士学位后到大学任教,开始系统地对马克思主义发展史加以学术思考与学术专著的撰写工作。其学术成果就集中体现为 1979 年正式出版的专著

---

① Ben Agger,*Western Marxism:An Introduction*. Santa Monica:Goodyear,1979,p.227.

《西方马克思主义导论》，因其内容丰富，既可以被视为马克思主义发展史研究和西方马克思主义发展史研究方面的重要著作，也可以被视为生态马克思主义研究方面的重要著作。它奠定了阿格尔的学术思想的马克思主义基础，锚定了阿格尔今后学术研究的批判理论路向。这本专著较系统地考察了马克思主义从其诞生到 20 世纪 70 年代末长达 130 多年的发展历程，全书重点讨论了马克思的辩证方法、黑格尔主义的马克思主义、东欧人道主义的马克思主义、弗洛伊德主义的马克思主义、存在主义的马克思主义、生态马克思主义。

　　马克思的辩证方法是该书的逻辑起点和分析框架。一是阿格尔在论述了马克思的辩证方法后，并以此为分析框架概述了马克思主义的发展简史。第二国际的理论家们提出了种种与革命斗争前景密切相关的马克思主义，他们的分歧是围绕着如何最大限度地加速他们所认为的不可避免的刚出现的最后危机问题。阿格尔特别指出，卢森堡认为无产阶级必须积极斗争，资本主义不会简单地自行灭亡。二是卢卡奇等人的黑格尔主义的马克思主义。卢卡奇和柯尔施在 20 世纪二三十年代认为，工人阶级之所以未能实现卢森堡等人的希望，是因为工人阶级对自己肩负的历史使命缺乏"阶级意识"。三是法兰克福学派的批判理论。那些思想家在四五十年代大多悲观地认为，由于资本主义加剧了人们所遭受的异化，单向度的社会把人们改造成了单向度的人，导致阶级意识和个人主体性的衰落，因而很难出现有组织的工人阶级斗争。第四个阶段是东欧国家中强调人道主义的马克思主义和西欧国家中的存在主义马克思主义，它们企图找到新的阶级激进主义力量，紧盯个人解放。在回顾这四个阶段之后，阿格尔综合了各种新马克思主义的危机理论，提出了生态马克思主义理论。

　　阿格尔简要回顾马克思主义发展历程的主要目的，在于吸收整合这些思想资源，以便在此基础上提出新的理论。因此，从形式上看，阿格尔所著的《西方马克思主义导论》（1979）一书确实是按照马克思主义发展史的书写方式历时态地叙述了马克思主义的发展历程，但我们如果是这样去看问题的话，就没有深刻领会阿格尔的本意。这是因为，阿格尔的本意实质上是通过精选马克思主义发展史上的相关流派，分析它们的理论得失，以便吸收其中的思想资源来指出马克思主义在今后的走向，构建出作为北美马克思主义的具有北美特色的生态马克思主义理论。因此，深刻理解阿格尔这本专著为何最终落脚在"走向生态马克思主义"上，就显得十分重要。这就意味着，研究者不应目光狭隘地把阿格尔生态马克思主义思想局限在他所论述的"走向生态马克思主义"这一节内容上，而应视野宽广地通览此书，厘清其内在逻辑和根本指向。

最后,阿格尔的生态马克思主义思想是在社会学研究,尤其是批判性社会理论研究的基础上形成的。1969年,也就是在阿格尔17岁那年,临近高中毕业的他到坐落在自己家乡尤金的俄勒冈大学旁听了一堂大学社会学课。阿格尔后来坦陈,在其随后的学术生涯中之所以选择侧重于理论研究而不是偏好量化方法,与这第一节社会学课有很大关系。老师在讲授这一节课时,坚持了理论导向和政治导向,阿格尔认为这节课有助于解答那些早已困扰着他的问题,因为它解释了那些平凡的人们是如何对战争、种族、性别、贫困及污染问题抱有强烈不满。也正是在这节课的课堂上,阿格尔还看到了抗议的队伍,看到了警察极力用催泪瓦斯驱散群众。阿格尔回忆说,尽管当时没有停下来思考社会学是否应该成为一门科学以及社会学的实践者应该意味着什么等问题,但对他来说很明显地感受到,他的社会学入门老师很好地利用了社会学对当时诸如种族主义、越南战争和环境污染之类的重大社会问题进行了分析和判断。虽然阿格尔不清楚老师在课堂上是否说了社会学应该是一门科学,但他记忆犹新的是,社会学既是基于现实世界和感性数据的经验主义,也是探讨何为美好社会的规范分析。社会学应该是一种社会批判形式,这深深地吸引着希望变革这个世界的阿格尔。由此可见,社会学对青年阿格尔的吸引力完全在于它提出了当时非常重要的社会问题。在阿格尔眼里,社会理论和政治理论有助于我们思考像社会变革和社会不平等这样的重大问题,而这是其他学科所不具备的优势,因为其他学科不能回答他关于为什么会存在如此多的类似于种族和阶级之间冲突的社会问题,也不能回答人们如何于个人层面在日常生活中做出变革的问题。阿格尔相信,作为社会科学的社会学,就是对现代性加以最富有生机的理论化。

在大学开始时,阿格尔就接触并研讨马克思和黑格尔等人的思想,着重研究了黑格尔的《精神现象学》和马克思的《1844年经济学哲学手稿》。随后,阿格尔学习了马克思主义人道主义哲学及铁托政府统治下的南斯拉夫的社会理论,他在学习中了解到南斯拉夫的社会主义模式完全不同于苏联模式。他的导师奥尼尔(John O'Neill)①与南斯拉夫理论家的教育,促使阿格尔成为一个马克思主义者。这些理论家认为马克思主义是人道主义的,至少从对马克思早期思想的解读中可以判断这是正确的,它把马克思主义理论安置在人们的工作经历以及他们与自己的工作、共同体、同事及自然

---

① 孙飞宇:《约翰·奥尼尔及其"野性社会学"》,《山东社会科学》2016年第5期。

存在异化的基础之上。对马克思的这一解读深深影响了阿格尔，因为这汇合了他对存在主义和现象学的解读。这些哲学视角告诉人们，真理不是发现于形而上学的苍穹，而是发现于海德格尔所说的存在，也就是自我的日常生活经历。

颇负盛名的奥尼尔既是一位社会理论家，也是一个马克思主义者。他教育阿格尔要借鉴诸如现象学和存在主义这样的各种哲学传统，以便确保马克思主义是人道主义的，关注人们的日常生活和自身。这也完全吻合于阿格尔自己形成于20世纪60年代各种抗议运动的社会意识和政治意识。在奥尼尔的言传身教下，阿格尔除了接触马克思、黑格尔、康德等思想家的历史哲学、批判理论及其与当今社会学的相关性之外，还研究了德国批判理论家霍克海默、阿多诺、马尔库塞等人的作品。奥尼尔的写作方式，也直接影响了阿格尔。奥尼尔善于阐释其他理论家的思想，这必然涉及到对像黑格尔、马克思和萨特这样德国或法国理论家的作品提出挑战。他常常把各种理论观点综合到自己的社会"蓝图"中，把他人的思想融合为一个连贯的整体。阿格尔不喜欢那些量化的方法，而是喜欢把诸如政治、经济、文化、宗教、媒体、教育、娱乐、家庭之类存在于而又限制了日常生活的重大社会制度加以理论化。阿格尔认为，尽管这种理论化牺牲了经验细节和精确性，但它可以为观察构成现代性的重要力量提供有用的鸟瞰工具，对理解自从17世纪启蒙运动及其之后工业化的、自由的、技术的、全球化的、资本主义的、民主的世界而言，也是如此。

奥尼尔还教导阿格尔如何使用大手笔来把现代性加以理论化，以便讲述或叙事关于人类解放的故事。阿格尔喜欢这种理论研究，因为它既提出了诸如经济剥削、种族主义、性别歧视这样重大而重要的问题，也直接与实践问题和社会变革问题紧密相关。理论对于像阿格尔这样的理论家来说不是价值中立的，而是要回答像什么是美好社会的本质这样的规范问题。在这方面，阿格尔拒绝大多数经验主义社会学家的实证主义。阿格尔后来坦言自己在加拿大的学习经历很重要，因为在加拿大就像在英国，社会学家和政治经济学家对理论问题很感兴趣。阿格尔承认，如果自己在美国读大学和读研究生，将会迅速地抛弃批判理论而转向量化方法研究。

简而言之，就阿格尔生态马克思主义思想形成来说，对当代资本主义社会，尤其是它的生态危机的反思，是其现实依据；对社会主义实践，尤其是苏东社会主义经验教训的总结，是其历史依据；以诠释马克思辩证方法来回顾马克思主义发展史和思考马克思主义的未来走向，是其理论依据；对社会学研究，尤其是对批判性社会理论的研究，是其学术依据。这四者又相互作用,密不可分地促成了阿格尔生态马克思主义思想的成形与发展。

二、阿格尔生态马克思主义思想的发展轨迹

就阿格尔生态马克思主义思想研究而言,学界有一种值得警惕的学术现象,就是在述评阿格尔生态马克思主义思想时往往只论及阿格尔早期的相关思想,尤其是只论述其专著《西方马克思主义导论》(1979)中的观点,甚至仅仅是《西方马克思主义导论》(1979)最后一节的标题明确为"走向生态(学的)马克思主义"的内容。这种学术研究现象,很容易给人们造成错觉,即认为阿格尔的生态马克思主义思想仅仅反映在《西方马克思主义导论》(1979)中,甚至仅仅反映在该书的最后一节中。这也就意味着,阿格尔在 20 世纪 80 年代以来的学术思想中再也没有关于生态马克思主义的看法了。其实,纵观阿格尔的整个学术生涯,我们根据其生态马克思主义思想的视角转换和观点演进, 大致可以将之划分为早期的形成阶段(1976—1984)、中期的丰富阶段(1985—2000)、晚期的发展阶段(2001—2015)。这和其整个学术思想所经历的三个主要阶段在时间上大体是吻合的。

阿格尔早期的生态马克思主义思想, 比较集中于 1979 年出版的专著《西方马克思主义导论》和 1982 年出版的合著《经由冲突和秩序的社会问题》。就这两本著作而言,前者已经受到学界的广泛关注,而后者在学界的反响还不高。应该承认,前者是阿格尔生态马克思主义思想的诞生地和初步系统阐述,确实应该受到重视,但这并不意味着后者就无足轻重、不值一提。其实,在笔者看来,尽管后者是一本合著,理论的深度也逊色于前者,但是它延续了前者的一些论题,预示了阿格尔中后期生态马克思主义思想的一些话题。简要地说,它延续了前者关于马克思主义具备社会 – 生态分析适切性、异化劳动阻碍人与自然解放、经济非生态理性的增长必然导致生态危机、未来的美好社会应该是合理地调控自然而非无情劫掠自然的看法;新论了资本主义社会经济不平等、种族主义歧视、身体健康问题、人口问题,从而预示了阿格尔后来对当代资本主义社会的种族主义、身体异化、社会失范等社会问题的批判。由此看来,在研究阿格尔生态马克思主义思想时,既不能全然忽视《经由冲突和秩序的社会问题》(1982)这本合著,也不能过高地估计它的学术价值。鉴于学界已经颇为熟悉阿格尔的专著《西方马克思主义导论》(1979),这里就不再赘述其主要内容。

阿格尔中期的生态马克思主义思想, 相对隐蔽而分散地嵌入在专著《快速资本主义:关于意义的批判理论》(1989)、《关于公共生活的批判理论:衰落时代中的知识、话语和政治》(1991)、《支配的话语:从法兰克福学

派到后现代主义》(1992)、《性别、文化和权力:走向女权主义后现代批判理论》(1993)、《批判社会理论导论》(1998)之中。不可否认的事实是,在这一时期,阿格尔确实再没有像以前那样利用大量篇幅来专门论述其生态马克思主义思想,甚至连其首创的术语"生态马克思主义"也从未提及。这就很容易让人们误以为,阿格尔在20世纪70年代之后出现了学术兴趣的大转移,抛弃了其先前的生态马克思主义研究而另起炉灶。但是如果我们仔细研读阿格尔这一时期的著述,就会发现他对人与自然关系的深入思考并未停止,而只是转换了视角。这主要表现为:从资本主义总体性逻辑出发,论及了资本主义社会等级制支配下对自然的控制;从文化的角度探讨了虚假意识主导下的虚假需求,以及随之而来的异化消费;从话语民主的角度探讨了基于尊重自然权利的平等对话,批判了把自然加以贬黜的"他者化";从比较的视角阐述了马尔库塞与哈贝马斯的科技观差异,着重指出了马尔库塞科技观的生态文明意蕴。客观地说,目前学界对阿格尔该时期生态马克思主义思想的研究还不够深入,研究成果比较少。

阿格尔后期的生态马克思主义思想,相对明显地散落在专著《快速资本主义的再加速:文化、工作、家庭、学校和身体》(2004)、《身体问题:快餐社会中的跑步与长寿》(2010)、《朝向乌托邦的短消息:孩子、写作和抵制》(2013)之中。在当代资本主义社会节奏因信息技术的广泛运用而日益加快的背景下,阿格尔该时期探讨了人与自然关系的新变化,着重提出了"人与自然的生产和谐"。其主要观点为:基于高速泛在的信息技术和娱乐技术的资本主义生产、流通、消费,快速消解了各种边界,加速了异化消费的蔓延和批判性话语的衰落,加剧了资本对自然的破坏;在全球化进程中,美国等西方发达资本主义国家破坏其国内外的生态环境,全球生态形势严峻;久坐少动的工作方式和生活方式,诱发了快餐化饮食、肥胖化身体、多样化疾病,导致人与自然的疏离;社会进步不应被视为对自然的征服,而应被视为保持人与自然的生产生活和谐;人们必须采取措施把自然修复并救赎为生产生活的准则,创造快慢有序的"舒缓现代性",保持自然的平静、美丽、生生不息。

总而言之,对人与自然和谐共生这一问题的思考,在阿格尔整个学术生涯中或现或隐地持续进行。阿格尔的生态马克思主义思想,正是随着其整体学术思想的不断发展而发展,并成为后者的重要组成部分。就阿格尔生态马克思主义思想而言,如果说它在早期侧重于明确提出了"生态马克思主义"术语,形成了理论框架和思想指向,在中期侧重于从文化研究的角度丰富了对当代资本主义社会生态批判、生态变革的论述,那么在后期则侧重于从信息技术和现代性的双重视角思考了 21 世纪资本主义社会的生态环境现实以及未来的生态社会主义愿景。

三、阿格尔生态马克思主义思想的理论定位

阿格尔生态马克思主义思想,乃至他的整个学术思想,都与法兰克福学派的批判理论、生态马克思主义、西方马克思主义、马克思主义存在十分紧密的联系。因此,可以从这四个角度对阿格尔生态马克思主义思想加以理论定位。概括地说,阿格尔生态马克思主义思想最根本的理论特质,是重建的批判理论。从批判理论的视角看,阿格尔生态马克思主义思想可定位为广义的第三代批判理论。若把阿格尔生态马克思主义思想放在整个生态马克思主义流派的发展史上看, 它可以被定位为 "北美的生态马克思主义"。阿格尔生态马克思主义思想,因其在思想渊源上主要来自"批判的"西方马克思主义者的理论、在思想要点上合乎"批判的"西方马克思主义的基本特征、在思想特质上始终把马克思主义看作批判的理论,我们可把阿格尔生态马克思主义思想视为"批判的"西方马克思主义。鉴于其紧密关照北美经济社会现实并据之进行理论创新,对马克思主义立场的坚守和对马克思主义的研究议程的扩大,可将阿格尔生态马克思主义思想纳入到当代北美马克思主义范畴。

(一)阿格尔生态马克思主义思想,是广义的第三代批判理论

作为"西方马克思主义"一个主要流派的生态马克思主义,与法兰克福学派的批判理论具有密切的内在关系。在一定意义可以说,如果没有法兰克福学派的批判理论,就没有阿格尔生态马克思主义思想。自 20 世纪六七十年代以来,阿格尔就接受并继承了法兰克福学派批判理论。对于法兰克福学派的批判理论,阿格尔不仅是简单地接受与继承,也积极对之加以重建和融入。这种重建不是要抛弃和偏离法兰克福学派批判理论的基本精神和理论特质,而是力图恢复批判理论乃至马克思主义的生机和活力,并把自己的思想融入批判理论的重建中。对法兰克福学派的批判理论而言,阿格尔是在重建中融入,在融入中重建,这是一个互动的过程。这一过程大致经历了有限融入、积极融入、全面融入这三个阶段。鉴于前文在概述阿格尔学术思想时对相关问题已经作过阐述,在此不再赘述。

对何为第三代批判理论这一问题而言,它不仅是一个涉及批判理论的代际划分的问题,还是一个涉及到哪些理论家是否可以以及如何被归入到批判理论家行列的问题。学术界对这一问题的认识,既存在共识,也存在分歧。美国华盛顿大学的乔·安德森在《法兰克福学派的"第三代"》一文中,阐

述了法兰克福学派内部的代际转换。他认为霍克海默和阿多诺代表了第一代批判理论家，这一代还包括本杰明（Walter Benjamin）、弗洛姆（Erich Fromm）、基希海默（Otto Kirchheimer）、洛文塔尔（Leo Lowenthal）、马尔库塞（Herbert Marcuse）、诺伊曼（Franz Neumann）、和波洛克（Friedrich Pollock）等。第一代批判理论的主要任务是探讨意识形态的解放和知识世界的状况。哈贝马斯代表第二代批判理论家，另外，还有达伦多夫（Ralf Dahrendorf）、布朗特（Gerhard Brandt）、弗里德堡（Ludwig von Friedeburg）、耐格特（Oskar Negt）和施密特（Alfred Schmidt）等人。第二代批判理论主要论及自我认同、交往能力、伦理发展、社会病理学、合理化过程、法律演化等论题。霍耐特代表了第三代批判理论家，而这一代的批判理论探讨的主题有三个：一种基于社会团体承认斗争的历史观和社会观；关于主体阅历的深层结构的规范性情境基础；对"理性的他者性"的普遍关注。①可见，安德森主要是从狭义的法兰克福学派的视角来定义批判理论和对批判理论加以代际划分的。

　　与这种观点有些出入的，是美国学者马克斯·潘斯基（Max Pensky）的看法。在《大陆哲学手册》的第四部分的"三代批判理论"中阐述"第三代批判理论"时，他指出，霍克海默和阿多诺的批判理论可以被视为第一代批判理论，或者称之为"经典的"批判理论，其主要理论目标在于强调理论与解放行动之间的关联。这一代批判理论的主要特征在于：把自己定位为"西方马克思主义"；政治上的激进主义；把自我理解为大学体制外的、不妥协的反对者和"永远的被放逐者"，具有阴郁的情绪。第一代批判理论的这些特征被作为第二代批判理论代表人物的哈贝马斯加以有限地拒绝，他重建了批判理论的基础，从主体范式转向了主体间范式，区分了认知合理性和交往合理性，提出了交往理论。但第一代批判理论和第二代批判理论都探讨了以下问题：资产阶级民主是值得辩护的吗？晚期资本主义可以被"改造"为一个在物质再生产和文化再生产方面是相对无支配的模式，或者它为了幸存而具有内在的压迫吗？合理性的解放与批判维度可以在理论上被重建和辩护吗？基于思考第一代批判理论与哈贝马斯在对以上问题回答上的分歧，第三代批判理论发现了在第一代批判理论的悲观主义和第二代批判理论的乐观主义之间存在一定的张力。潘斯基在述评中谈及了作为第三代批判理论家的维尔默、霍耐特、弗雷泽、本哈比、杜希拉·康内尔（Drucilla Cornell）等人，他也同时指出"第三代"批判理论，很难说再能构成一个连贯而

---

① http://www.phil.uu.nl/~joel/anderson/Critical_theory.html.

统一的"学派"。他认为,迄今,批判理论一直贯穿于一个涉及不同哲学模式、影响与问题而表现为多样化的谱系。它的支持者不再因民族、地缘甚至语言纽带而联系在一起,他们也不必然地像第一代批判理论那样对激进的政治变革保持基本的忠诚。潘斯基在文章结尾时概括性地写道:"简而言之,'第三代批判理论'不能被视为批判理论'传统'的一种单一而非辩证的延续,鉴于法兰克福学派自身的'传统'存在于,如果在那儿能存在的话,其严格忠实于这样的原则:所有的知识传统都是可以被批判的,并且,反过来,批判是一种理性洞见真正人类解放利益的实践。鉴于此,这里所谈及的兼收并蓄的哲学家、理论家和社会学家在集体上都被看作第三代批判理论家,他们所做的主要工作是创造性地、不断地挑战对法兰克福学派本身的接受与再阐释。这意味着,在'经典的'批判理论和哈贝马斯之间,即法兰克福学派的遗产延续于批判与辩证思考精神之间,延续于对理性与解放之间关联加以理论阐发的忠诚。"[1]由此可见,潘斯基对批判理论及其代际的划分已经不再像乔·安德森那样狭隘地局限于法兰克福学派内部,而是把它扩展了较宽泛的层面上。

与潘斯基的观点相近的,是美国著名批判理论家道格拉斯·凯尔纳(Douglas Kellner)等人的看法。他们认为,第三代批判理论家并不仅限于法兰克福学派内部,也应该包括大多来自英美学界的其他成员。凯尔纳在自己创办的网站上划分了三代批判理论家,认为第一代批判理论家包括本雅明、霍克海默、阿多诺、马尔库塞、弗洛姆等,第二代批判理论家包括哈贝马斯及其学生,第三代批判理论家包括他本人、贝斯特(Steve Best)、阿格尔(Ben Agger)、布隆纳(Stephen Bronner)、戴维斯(Angela Davis)、弗雷泽(Nancy Fraser)、费恩博格(Andrew Feenberg)、本哈比(Seyla Benhabib)、波斯特(Mark Poster)和卢克(Tmi Luke)等人。按照凯尔纳的说法,只要是在当代深受法兰克福学派批判理论影响,力图重建批判理论的学者,都属于"第三代批判理论家"之列。也就是说,第三代批判理论家并不是一个严格意义上的学术派别而是一批拥有相近学术旨趣、具有某种"家族相似性"的学术群体。[2]

作为哈贝马斯学生的学者罗尔夫·魏格豪斯,在《法兰克福学派:历史、理论及政治影响》一书中也认为,由于"法兰克福学派"和"批判理论"从来

---

[1]　Critchley Simon, *A Companion to Continental Philosophy*. Blackwell,1998,pp.407–412.

[2]　颜岩:《第三代批判理论家与批判社会理论》,《国外理论动态》2009 年第 7 期;金元浦:《批判理论的再兴:西方马克思主义批判理论家及其理论》,《国外理论动态》2003 年第 10 期。

都不是对某一统一现象的描述,因此只要可以被视为批判理论组成部分的那些本质要素还在以与现时代同步的方式发展着,就不存在批判理论衰落的问题。法兰克福学派、批判理论和新马克思主义这三者的不可分性说明,自 1930 年以来在德语国家理论上丰富多产的左派思想中心是霍克海默、阿多诺和社会研究所,而诸如恩斯特·布洛赫、均特·安德斯、乌尔利希·索纳曼这些单打独斗的理论家们, 则可以被视为与这个中心有一定的关系。界定法兰克福学派的最好办法是,用这个称呼去特指老批判理论的那个时期,由霍克海默和阿多诺领导的社会研究所,乃是老批判理论的某种机构性象征。相反,批判理论则应从宽泛的意义上去理解,它有别于霍克海默、阿多诺和社会研究所这个中心,它应指某种思维方式,即坚决废除支配并坚持把马克思主义传统与其他学说广泛联系的思维方式。从阿多诺反体系思想和随笔文体到霍克海默的跨学科社会理论研究计划,无不体现了这种思维方式。①这样,在潘斯基、凯尔纳和魏格豪斯等人看来,第三代批判理论就不应该指某一个人的理论,而是一种带着法兰克福学派批判理论的明显传统。

　　从以上内容可见,潘斯基、凯尔纳和魏格豪斯都是从较宽泛意义上来理解批判理论及其代际划分的。笔者既认同潘斯基、凯尔纳和魏格豪斯关于第三代批判理论不应该仅仅局限于法兰克福学派内部而应包括英美学界等批判理论家的看法,也认同他们关于批判理论主要是一种坚决主张废除支配并把马克思主义传统与其他学说广泛联系起来的思维方式的观点。从同潘斯基、凯尔纳和魏格豪斯的阐述中,我们可以发现,判断一个理论家是否属于第三代批判理论家的标准在于:看他是否深受法兰克福学派的影响并积极重建了法兰克福学派的批判理论。若依此标准,可以把阿格尔视为深受法兰克福学派影响而重建了批判理论的第三代批判理论家, 相应地,阿格尔的生态马克思主义思想就属于第三代批判理论的范畴。

　　(二)阿格尔生态马克思主义思想,是北美生态马克思主义的先驱

　　生态马克思主义,作为西方马克思主义的一个重要流派并代表了马克思主义发展的新阶段, 之所以在今天能够在全球范围内获得广泛的传播、认同和发展,与作为北美生态马克思主义先驱者的阿格尔的学术努力密不可分。学术界在肯定阿格尔生态马克思主义思想的理论贡献时,这已经是基本共识。阿格尔在北美首创了术语"生态马克思主义",体系化的生态马

---

① ［德］罗尔夫·魏格豪斯:《法兰克福学派:历史、理论及政治影响》,孟登迎等译,上海:上海人民出版社,2010 年,第 856 页。

克思主义理论,影响了北美后来的其他生态马克思主义者。

在《西方马克思主义导论》(1979)一书中,阿格尔基于对马克思辩证方法的深入解读,把马克思的经济危机理论重建为生态危机理论,首创了"生态马克思主义"(Ecological Marxism)这一术语。阿格尔对"生态马克思主义"这一术语的使用,具有开创性贡献。术语是在对事物的外部特征加以列举后所得出的抽象定义,一门科学发展的重要标志之一,就是这一科学的共同体中的成员相互之间具有某种共同的语言,即具有作为交流媒介的科学概念和术语。[1]从术语论的角度看,术语创新是理论创新与学科发展的重要组成部分。恩格斯在为《资本论》第一卷英文版作序时,曾写道:"一门科学提出的每一种新见解都包含这门科学的术语的革命。"[2]新术语的提出既可以开启新的理论视域,也可以从事物表面进入事物的深层,发现新的理论联系。

术语的完备性标志着科学理论的形成,术语的最初出现则可以看作理论范式转变开始的标志。[3]阿格尔首创的"生态马克思主义"术语,现在已得到学术界的普遍接受和广泛使用,对于生态马克思主义研究具有重要的理论意义和实践价值。如果说唯物史观奠定了科学回答人与自然如何和谐相处这一问题的理论基础,《启蒙的辩证法》开了生态马克思主义的先河,马尔库塞、施密特决定性地影响了生态马克思主义的形成,那么阿格尔则公开打出了"生态马克思主义"这面旗帜。这面旗帜不仅是一个学术术语或理论标签,更体现了一种学术共识与理论传承。"生态马克思主义"的提出,既有利于指认生态马克思主义是一种区别于西方绿色运动中生态激进主义、生态无政府主义和主流绿党等生态中心主义的生态理论,也有利于辨识生态马克思主义是一个区别于西方马克思主义其他流派的流派,促进了它的知识传播与研究深化。

阿格尔之所以称得上是生态马克思主义在北美的先驱,是因为他当时在北美把生态马克思主义加以了体系化。根据俞吾金、陈学明等学者的看法,生态马克思主义形成于20世纪六七十年代,波兰的哲学人文学派的主要代表人物亚当·沙夫、前东德的共产党人鲁道夫·巴罗、法兰克福学派为这一时期的主要代表性人物,其中法兰克福学派的马尔库塞和施密特对此更是做出了决定性的贡献。生态马克思主义虽然在这时已经形成,但它对

---

① 风笑天:《社会学研究方法》,北京:中国人民大学出版社,2001年,第27页。
② 《马克思恩格斯文集》(第五卷),北京:人民出版社,2009年,第32页。
③ 张一兵:《资本主义理解史》(第1卷),南京:江苏人民出版社,2009年,第248页。

西方社会当时刚刚兴起的生态运动的影响还不是很大,在这一运动中的地位也不是很高,只能算是"万绿丛中一点红"。但是到了20世纪七八十年代,随着西方国家中受着各种生态理论思潮驱动的生态运动的深入开展,生态马克思主义也发展壮大。在一定程度上得益于生态运动的生态马克思主义进入体系化时期,形成了较为完整的理论体系。这一时期的生态马克思主义明确提出了生态社会主义的政治、经济、文化和社会生活的要求,这是生态马克思主义体系化的最主要标志。①

将生态马克思主义体系化的理论家主要有两部分人:其中的一部分来自欧洲。其主要的代表性人物主要是F.阿什顿、戴维·哈维和安德烈·高兹,他们的代表作分别是《绿色之梦:红色的现实》《资本的极限》和《生态学与自由》等;而另一部分人则就是来自北美的阿格尔和威廉·莱易斯。阿格尔不仅首创了术语"生态马克思主义",还在直接吸收威廉·莱易斯等人相关思想的基础上系统地提出了包括当代资本主义危机理论、资本主义批判理论、社会主义革命理论以及关于生态社会主义构想这一较完整的生态马克思主义思想体系,搭建了生态马克思主义流派的理论框架。这样生态马克思主义在逻辑上必须层层递进地回答包括历史唯物主义分析资本主义生态危机何以可能、当代资本主义生态危机实质为何、当代资本主义生态危机何以存在、当代资本主义生态危机何以根除以及当代资本主义生态危机根除后的社会主义是何图景在内的五个核心问题,从而形成了历史唯物主义生态分析适切性理论、当代资本主义生态危机理论、当代资本主义社会批判理论、当代资本主义社会变革理论与生态社会主义理论这五个密不可分而又不可或缺的核心理论。

作为北美生态马克思主义先驱的第三个主要原因在于,阿格尔生态马克思主义思想,不仅直接影响了詹姆斯·奥康纳等生态马克思主义者,也间接影响了保罗·柏格特和约翰·贝拉米·福斯特等生态马克思主义者,但学术界对这一问题的关注还不够多,需要引起我们的重视。以1988年在《资本主义、自然、社会主义》第1卷第1期所发表的《资本主义、自然、社会主义:理论导论》一文为标志,奥康纳转向了生态马克思主义研究,②奥康纳的这篇文章,是对10年前阿格尔在《西方马克思主义导论》一书(1979)中所阐发的生态马克思主义思想的评价与发展。它既肯定了阿格尔生态马克

---

① 俞吾金、陈学明:《国外马克思主义哲学流派新编·西方马克思主义卷》(下册),上海:复旦大学出版社,2002年,第577页。

② 张一兵:《资本主义理解史》(第6卷),南京:江苏人民出版社,2009年,第156页。

思主义思想的理论贡献,[①]也批判了阿格尔那些往往是非常有力的观点。奥康纳着重批判了阿格尔生态马克思主义思想关注的焦点是"消费"而不是"生产"。这篇文章的相关思想,后来又被整合到他于 1998 年出版的《自然的理由:生态马克思主义研究》一书中。在该书中,奥康纳进一步深入而系统地发展了阿格尔生态马克思主义思想,对马克思主义在人类与自然界相互作用问题上的辩证的和唯物的思考方法做了阐述,借助于马克思资本理论及波兰尼社会理论的视角对当今世界的资本主义、自然、社会三者之间的矛盾做了分析,对一般层面的新社会运动以及具体层面的生态运动做了讨论。

　　阿格尔生态马克思主义思想,经詹姆斯·奥康纳又间接地影响了在 20世纪末成名的保罗·柏格特和约翰·贝拉米·福斯特等北美生态马克思主义者。尽管从学术旨趣与理论侧重点的差异上,我们可以把北美的生态马克思主义者大致可以分为三个学术共同体,即包括威廉·莱易斯和阿格尔等人在内的注重法兰克福学派批判理论传承的学术共同体;包括詹姆斯·奥康纳、J.科沃尔、M.卡德、S.E.马洛、艾伦·鲁迪等人在内的注重文化与生产条件对生态影响的学术共同体;包括约翰·贝拉米·福斯特和保罗·柏格特等人注重发掘马克思生态学思想的学术共同体。为了方便起见,不妨将这三个学术共同体分别命名为阿格尔学术共同体、奥康纳学术共同体和福斯特学术共同体。学者郭剑仁已经指出,虽然奥康纳学术共同体和福斯特学术共同体的生态马克思主义都是具有原创性和系统性的理论思潮,但是他们的研究范式却存在着根本差异,双方分歧的焦点主要集中在马克思与"生态"的关系、体现马克思生态思想的核心范畴是"生产条件"还是"新陈代谢"、生态马克思主义需要怎样的辩证法和唯物主义这三个问题上。[②]具体一点地说,就是奥康纳等人认为马克思与"生态"的关系不够密切,体现马克思生态思想的核心范畴是"生产条件",生态马克思主义需要文化历史唯物主义,而福斯特等人则认为马克思与"生态"的关系十分密切,体现马克思生态思想的核心范畴是"新陈代谢",生态马克思主义需要生态历史唯物主义。

　　如果我们在此基础上把阿格尔学术共同体在上述这三个问题上的看

---

① James O'Connor,Capitalism,Nature,Socialism:A Theoretical Introduction,*Capitalism Nature Socialism*,Vol.1,No.1,1988,p.6.

② 郭剑仁:《奥康纳学术共同体和福斯特学术共同体论战的几个焦点问题》,《马克思主义与现实》2011 年第 5 期。

法加以展示,就可以发现这三个学术共同体在思想差异背后所隐藏着的思想传承和思想共性。也就是说,虽然在上述三个问题上,阿格尔学术共同体认为马克思与"生态"的关系较为密切,体现马克思生态思想的核心范畴是"异化",生态马克思主义需要社会辩证法和历史唯物主义,但它与另外两个学术共同体的思想传承与思想共性。其实,我们从奥康纳的代表作《自然的理由:生态马克思主义研究》(1998)一书的目录与柏格特代表作之一的《马克思和自然》(1999)一书的目录的相似性中窥豹一斑。前者的目录分为三部分,依次是"历史与自然""资本主义与自然""社会主义与自然",而后者的目录也是三部分,依次是"自然和历史唯物主义""自然与资本主义""自然与共产主义"。后者在参考文献中列出了前者,说明它受到了前者的影响,至于影响到什么程度,是可以进一步讨论的。

　　鉴于以上分析,阿格尔的生态马克思主义思想与北美乃至欧洲其他生态马克思主义者的相关思想就存在诸多理论共性。这些共性主要表现在它们都认为:历史唯物主义在总体上仍具有当代资本主义生态问题分析的适切性;当代资本主义的生态危机是资本主义自身无法克服的顽疾;资本主义在剥削人的同时,也必然会破坏自然;走向生态社会主义,是实现人与自然解放的必然选择。尽管生态马克思主义者因其面对的共同或相似的社会现实而致使他们的理论具有共相,但也因他们所处的地域差别、理论背景、思考视角、学术旨趣、思想要点等方面的不同而表现出一定的差异。借助于对整个生态马克思主义理论的考察,我们可以大致确定阿格尔生态马克思主义思想在整个生态马克思主义理论谱系中的位置。[1]简而言之,阿格尔是当代北美一位理论视野开阔、理论贡献很大、倾向人道主义的生态马克思主义理论家。

　　(三)可以把阿格尔生态马克思主义思想视为"批判的"西方马克思主义

　　广义的西方马克思主义泛指西方的各种马克思主义研究思潮和流派,后者专指由卢卡奇等人开创的有别于第二国际马克思主义和第三国际马克思主义的马克思主义,常是带引号的"西方马克思主义"。本书这里是指广义的西方马克思主义。西方马克思主义在其发展过程中,出现了诸多马克思主义理论家和不同流派的马克思主义,而生态马克思主义是其中的新兴流派,占据了重要地位。因此,就阿格尔生态马克思主义思想而言,可以把它放在西方马克思主义的视域中,视为"批判的"西方马克思主义。

---

① 申治安:《当代资本主义批判与绿色解放之路——本·阿格尔生态学马克思主义思想研究》(博士学位论文),上海交通大学,2012 年。

在德国马克思主义者卡尔·柯尔施、意大利马克思主义者吕西奥·科莱蒂、法国马克思主义者莫里斯·梅洛-庞蒂、南斯拉夫马克思主义者米海洛·马尔科维奇、美国哲学家迪克·霍华德、卡尔·克拉克、阿尔文·古尔德纳等很多理论家看来，西方马克思主义大致可以分成两种不同倾向：一种把马克思主义理解为"批判"，另一种则把它理解为某种社会"科学"。这样，人们可以把这两种倾向的马克思主义分别称作"批判的"西方马克思主义和"科学的"西方马克思主义。①鉴于其在思想渊源上主要来自"批判的"西方马克思主义者的理论、在思想要点上合乎"批判的"西方马克思主义的基本特征、在思想特质上始终把马克思主义看作批判的理论，我们在此把阿格尔生态马克思主义思想视为"批判的"西方马克思主义。

阿格尔生态马克思主义思想，主要来源于"批判的"西方马克思主义者的理论。阿尔文·古尔德纳认为，一般说来，"批判的"西方马克思主义者主要包括：捷尔吉·卢卡奇、早期的卡尔·科尔施、安东尼奥·葛兰西、让-保罗·萨特、卢西安·戈尔德曼、鲁道夫·巴罗、什洛姆·艾温纳里、卡曼·克劳丁-武隆多、倾向卢卡奇时期的《目的》杂志、维克多·彼列兹-迪亚兹、底特律的"新闻和文学"小组、法兰克福学派成员马克斯·豪克海默、特奥多·阿尔多诺、弗朗茨·纽曼、列奥·洛温台尔、艾里希·弗洛姆、瓦尔特·本杰明、赫伯特·马尔库塞，以及这个学派的第二代成员阿伯列希特·维尔默、阿尔弗莱德·施密特和于尔根·哈贝马斯。与之相对地，"科学的"西方马克思主义者主要包括：加尔凡诺·德拉·沃尔帕、吕西奥·科莱蒂、路易·阿尔都塞以及受其影响的学者尼柯斯·普兰查斯、莫里斯·戈德里埃、安德烈·格吕克斯曼、沙尔·贝特兰、瑞典的格兰·特尔伯恩和英国《新左派评论》的编辑罗宾·布莱克本。

其实，上述"批判的"西方马克思主义者，在阿格尔自己所著的《西方马克思主义概论》(1979)一书中，又大体上分属于其所讨论的主要五章的黑格尔主义的马克思主义、人道主义的马克思主义、个人主义的马克思主义和新马克思主义的阵营。该书集中体现了早期阿格尔生态马克思主义思想的部分，恰恰是作为其结论的最后一节《走向生态马克思主义》。只要通篇阅读了此书，我们就可以从中清晰地发现，这时阿格尔生态马克思主义思想恰恰是建立在对上述"批判的"西方马克思主义者的思想资源的开挖基

---

① 在阿尔文·古尔德纳看来，对马克思主义的两种理解，部分地是围绕着唯意志论和决定论、自由和必然这一核心矛盾形成起来的。这两种理解中的每一种，都是马克思主义的真正组成部分。这两种马克思主义之间的冲突由来已久，且会延续下去。

础之上的。在《西方马克思主义概论》(1979)一书中,作为阿格尔生态马克思主义思想的支柱性理论的思想来源,均来自"批判的"西方马克思主义。具体地说,其对马克思辩证方法解读的方法,与先前的"批判的"马克思主义者相似;生态危机理论,主要来源于詹姆斯·奥康纳、拉尔夫·米利班德、哈贝马斯、莱易斯的相关危机思想;资本主义社会批判理论,主要来源于法兰克福学派和哈利·布雷弗曼的相关社会批判思想;社会主义革命理论和生态社会主义理论,则主要来源于法兰克福学派的批判理论和存在主义的马克思主义的相关思想。着重从"批判的"西方马克思主义者那里吸收思想资源这个基本的理论色调,也一直显露于在此之后的阿格尔生态马克思主义。如前文所述,从 20 世纪 80 年代直至 2015 年去世,阿格尔在充实生态马克思主义思想的进程中,除了依然扎根于法兰克福学派的批判理论之外,又重点吸收了法国具有批判的倾向的后现代主义和欧美具有批判倾向的女权主义。

　　阿格尔生态马克思主义思想,在思想要点上合乎"批判的"西方马克思主义的基本特征。综合卡尔·柯尔施和阿尔文·古尔德纳等人的看法,大致说来,"批判的"西方马克思主义,具有不同于"科学的"西方马克思主义的基本特点①:①"批判的"西方马克思主义(或黑格尔派)把马克思主义看作批判而不是科学,他们强调马克思和黑格尔的连续性、青年马克思的重要性、青年马克思强调"异化"的现实意义。然而"科学的"西方马克思主义(或反黑格尔派)则强调马克思在 1845 年以后发生了与黑格尔的"认识上的断裂"。对他们说来,马克思主义是科学而不是批判,有"结构主义的"方法论,其范式是《资本论》的"成熟的"政治经济学,而不是 1844 年手稿的"意识形态化的"人本学。②"批判的"西方马克思主义强调一种注重社会易变性的历史主义,一种要求对事件进行前后关联的解释的机体论。它并不把事物看作有固定界线,使用标明事物之间没有明确界线的"总体"概念,而不使用强调基础和上层建筑的两分概念。然而"科学的"西方马克思主义则寻求反复发生的、离开前后联系也能辨认出的稳固的社会结构。它倾向于把社会划分为两个基本结构:以生产方式为中心的经济基础和包括意识形态与国家的上层建筑,并且坚持前者"归根结蒂"控制后者。③"批判的"西方马克思主义把马克思主义同文化的另一个方面,即现代科学技术以前的更人道主义的文化联系起来,认为这种文化比科学技术更带根本性质。然而"科

_____

① 　参见阿尔文·古尔德纳的《两种马克思主义》(杜章智编译)一文,中共中央编译局《马列主义研究资料》编辑部,《马列主义研究资料》(1982 年第 3 辑)。

学的"西方马克思主义更多地把它与科学技术联系起来,更愿意承认科学技术("生产力")在现代世界上所具有的中心地位,同"现代化"的密切联系。④"批判的"西方马克思主义非常看重一系列政治价值,非常看重思想、觉悟,看重内心"精神"或革命的目的。它认为,革命的未来依靠清醒的觉悟和坚强的信仰,依靠能够由勇敢者铭刻在历史上的意识。其使命是保护革命目的和革命热情。然而"科学的"西方马克思主义非常看重他们的党和政治组织,即非常看重手段,它为了保护手段、组织工具、"先锋"党,不惜暂时放弃社会主义和革命所寻求的解放目的。它认为,保证革命未来的不是革命者高瞻远瞩的英雄主义,而是历史本身,是每个社会的无情矛盾,是对这些矛盾的科学估价和对这些矛盾造成的政治危机的利用。其使命是保护组织工具及其未来的选择。

　　简而言之,"批判的"西方马克思主义,具有强烈的"批判"倾向。限于篇幅,我们就列举一些主要事例,来管窥阿格尔生态马克思主义思想是如何体现"批判的"西方马克思主义上述基本特点的。

　　其一,阿格尔的"异化消费"理论,直接借鉴于马尔库塞的"虚假需求"思想,它关涉到阿格尔生态马克思主义思想中的生态危机理论和资本主义社会批判理论。阿格尔在述评马尔库塞的这一思想时,就强调了马克思和黑格尔的连续性、青年马克思"异化劳动"思想的现实意义。阿格尔认为,在马尔库塞看来,虚假需求之所以是虚假的,是因为这些需求没有把生产性与创造性统一起来。或者换句话说,就是因为在资本主义制度下,人们不可能发现他们的工作是创造性的及非异化的。人们常常批评马尔库塞基于他自己的特殊偏好而提出了一套真正需求,这其实是一个严重的误解,因为马尔库塞只是指出了在一定的社会条件下人们可以自发地决定他们自己的需求。在此意义上,马尔库塞仅仅是重复了马克思在 1844 年对资本主义社会中异化劳动本质的理解。马克思最重要的思想,是认为资本主义社会把人的存在分裂为工作元素与非工作元素,其结果是把异化劳动视为物质发展的必要代价。早期马克思之所以指出异化劳动破坏了创造性及个体性,是因为人们把劳动理解为一种劳苦义务,且只能在以消费为导向的领域中才能避免。相应地,马尔库塞沿着霍克海默和阿多诺的文化工业理论方向指出,在物质空前丰富的社会中,消费领域与文化如同劳动领域一样都不是解放性的。人们无休止地消费那些很少有内在价值与意义的商品,而大众文化与广告则中介了这种虚假需求。马尔库塞所说的单向度性,就是异化渗入了休闲生存与消费领域。①

其二,阿格尔生态马克思主义思想一贯坚持总体性的方法论,不管是分析资本主义生态危机的成因,批判资本主义社会中资本对人、自然、社会的支配,还是提出生态社会主义全面解放的图景,都是如此。比如,他在分析法兰克福学派批判理论所讨论的文化与经济之间的紧密关系时就指出,在资本主义社会中经济与文化往往是交融在一起,二者的界限很难进行区分。阿格尔认为,法兰克福学派所说的支配(domination)的出现,或异化更加内化到人格的内心深处,使马尔库塞在《单向度的人》中所说的作为“第一”维度的经济与作为“第二”维度的文化之间的关系更加密切。资本主义社会结构的变化,让经济基础与上层建筑之间的联系越来越密切,以便实现惩戒与利润。作为早期资本主义危机表现的疯狂失业,在没有受到资本主义国家保护的情况下,会直接引起工人阶级的嫉恨。但是当下资本主义社会包括文化工业在内的各种制衡,使得资本主义国家可以从内部保护资本主义体系。这样,虚假意识渗透得如此之深,从而成了法兰克福学派所说的支配。自开始起,法兰克福学派的立场就是认为,文化与经济已经如此不可分割地交织在一起,以至于个人日益被肯定性力量所操纵。在此意义上,法兰克福学派比很多“正统”马克思主义者都更加是经济导向的,而那些“正统”马克思主义者把经济基础与上层建筑之间的关系看作静止的,只是重复《德意志意识形态》中关于经济基础决定上层建筑的观点,从而认为这二者在一定程度上是分离的。而在法兰克福学派看来,上层建筑领域——艺术、政治及日常经验——在面对资本主义利润与社会控制的强制时被日益“经济化”。额外压抑,涉及强制性经济,已经渗透到了文化与人格之中,产生了马尔库塞在《单向度的人》中所说的现实与理性的同一。在晚期资本主义中,文化与经济比早期资本主义更密切地交织在一起。②尽管阿格尔生态马克思主义思想也强调社会结构的重要性,认为社会结构和人的能动性之间具有辩证关系,但他更加注重社会变革中社会结构的可变性。在他看来,社会变革始于家庭及人们的日常生活——性、家庭角色及工作场所。在这种意义上,批判社会理论避免了决定论,而支持意志论。批判社会理论继承了马克思的思想,把关于社会变革动因与社会结构之间的关系概念化为辩证的。也就是说,尽管社会结构限定了日常经历,但有关社会结构的知识

①　Ben Agger, *The Discourse of Domination: From the Frankfurt School to Postmodernism*. Evanston: Northwestern University Press, 1992. p.91.

②　Ben Agger, *The Discourse of Domination: From the Frankfurt School to Postmodernism*. Evanston: Northwestern University Press, 1992. pp.131-132.

可以帮助人们变革这些条件。借助于拒绝经济决定论,批判社会理论建立了这种辩证关联。①

　　其三,探讨资本主义社会文化批判中意识形态批判的意义及难度,在阿格尔生态马克思主义思想的资本主义社会批判理论以及社会主义革命战略设计中均占有重要地位。为此,阿格尔除了专门写了《作为批判理论的文化研究》(1992)一书外,还在其他多部著作的相关章节多出论述这个问题。阿格尔指出,晚期资本主义与早期市场资本主义相比,有两点不同:晚期资本主义国家作为一个巨大的消费者和一个为赤贫者社会保障的提供者,直接干预经济,以便保证赤贫者的消费及防止他们加入激进的政治事业。另外,意识形态(卢卡奇所说的"物化"、法兰克福学派所说的"支配"及葛兰西所说的"霸权")不再是那种清晰地表述异化在当下世界中可以被消除而无需等到来世的明显文本。意识形态反而成了世界中的一种日常生活经历(阿尔都塞所说的"生活实践"),被各种话语所生产与再生产。这些话语,诸如大众文化及社会科学,向人们灌输社会是惰性的及不可避免性的思想。换言之,意识形态,在马克思那个时代,还是可以通过意识形态批判(提出反事实,比如根本不存在来世)来驳斥的事情,而现在成了一种日常生活中为多数人所接受的意见。葛兰西所说的霸权,是指那种不受质疑的复制了既定社会的顺从主义思想。在晚期资本主义中,日常生活为各种话语及文本所渗透,它们既转移了人们对自身异化的注意,也把现存社会描绘为理性的和必然的。但是这种晚期资本主义的意识形态,在始于卢卡奇及法兰克福学派的西方马克思主义者看来,是未完成的,常常是掩蔽的,从而难以驳斥。在晚期资本主义社会中,对意识形态批判的目的是把人们日常生活中所发现的物化、支配与霸权加以揭示及去神秘化。晚期资本主义社会的意识形态已经从像《圣经》这样的文本自身弥散入了文化之中,从而要求意识形态批判具备新的方法及解释模式。②另外,虽然阿格尔也对法兰克福学派中马尔库塞和哈贝马斯的科技观做出过比较,但他更倾向于批判实证主义的科学、"科学的"西方马克思主义者阿尔都塞等人的科学观,主张能够解放人的个性的新科学。

　　其四,如前文所述,阿格尔生态马克思主义思想十分注重人与自然的双重解放。但是在如何实现这种双重解放上,阿格尔支持意志论,主张从自我、从现在、从日常生活、从解放意识提高等多方面做起。在《批判社会理论

---

① Ben Agger, *Critical Social Theories:An Introduction*.Boulder:Westview Press,1998,p.5.

② Ben Agger, *Critical Social Theories:An Introduction*.Boulder:Westview Press,1998,p.81.

导论》(1998)等多部著作中,他始终是这样的立场。在他看来,通过把日常生活与规模大的社会结构关联起来,批判社会理论反对那种认为把最终的进步安放在遥远之途的终点,只有通过牺牲人们的自由甚至生命才能达到那一终点的看法。通过聚焦于日常生活及社会结构之间的辩证关系,批判社会理论坚持人们要对自己的解放负责,警告人们不要以遥远未来解放的名义而压迫他人。批判社会理论拒绝革命的权宜之计,认为无产阶级专政或其他特权先锋队团体很快就会变成对无产阶级的专政。自由不是通过权宜之计的牺牲自由或生命而获得。①

其五,阿格尔生态马克思主义思想,在整个理论特质上表现为始终把马克思主义看作批判的理论。在阿格尔看来,马克思主义是一种批判理论,是一般批判理论的一个特例。把马克思主义视为批判理论,最初出现在霍克海默和阿多诺的《启蒙辩证法》中。阿格尔继承了这种观点,并在《支配的话语:从法兰克福学派到后现代主义》(1992)、《性别、文化和权力:走向女权主义后现代批判理论》(1993)和《批判社会理论导论》(1998)等著作中多次重申了这种观点。

总的来说,我们可以把阿格尔生态马克思主义思想划归到"批判的"西方马克思主义范畴之中。

(四)阿格尔生态马克思主义思想是当代北美马克思主义

阿格尔生态马克思主义思想反映出,阿格尔积极思考了如何让马克思主义与北美民众当下的现实生活密切联系起来这一问题,从而体现了其生态马克思主义思想的时代化和北美化。阿格尔坚信马克思主义如果脱离实践,就只是一种"自我欣赏"②。面对北美社会的生态危机,阿格尔生态马克思主义思想重启马克思主义的生态视域,发掘了历史唯物主义的生态意蕴;面对北美社会的文化霸权,阿格尔生态马克思主义思想重释马克思主义的文化维度,拓展了作为批判理论的文化研究;主张政治团结。如果把生态马克思主义纳入马克思主义的范畴中,那么阿格尔生态马克思主义思想就是马克思主义的组成部分。

其一,借助于解读马克思辩证方法,阿格尔生态马克思主义思想重启了马克思主义的生态视域,发掘了历史唯物主义的生态意蕴,明确强调了马克思主义对生态学及生态运动的理论指导意义。阿格尔早在20世纪70年代面对资本主义的生态危机时就认为,左派生态学观点的核心,应该像

---

① Ben Agger, *Critical Social Theories : An Introduction*.Boulder: Westview Press, 1998, p.7.

② Ben Agger, *Critical Social Theories : An Introduction*.Boulder: Westview Press, 1998, p.3.

东、西欧的马克思主义人道主义者那样去正确评价马克思在其早期著作中对人类与自然之间关系的经典论述,坚持用马克思主义来指导各种生态运动,力促生态学实践和马克思主义理论的有机结合。阿格尔的这种马克思主义立场,源自他对历史唯物主义中有关人与自然密切关系思想的发掘。①

阿格尔在生态问题及生态运动上的历史唯物主义立场,既是对历史唯物主义生态蕴含的重新阐发,也是对历史唯物主义在生态实践价值上的再次确认。这一历史唯物主义的生态立场,也影响了后来诸多马克思主义者对生态问题的历史唯物主义理解。目前,生态马克思主义正在变成一种大家都认可的,并且为之努力工作的马克思主义理论,大家都在捍卫着这种理论并努力使之不断发展下去。目前世界各地,尤其是在非洲、亚洲和拉丁美洲,数以千计的政府组织或非政府组织,以及多个政党正在推进一些在思想渊源上与生态马克思主义相近或者相关的行动计划。

其二,揭批资本主义社会用以进行支配人们思想的资产阶级文化霸权,一直是包括西方马克思主义者在内的马克思主义者所致力的行为。马克思、恩格斯对意识形态的批判、卢卡奇对物化意识的针砭、葛兰西对文化霸权的抨击、马尔库塞对单向度性的揭露、德里达对存在之形而上学的解构等,都可以被视为这种理论努力。面对文化霸权,阿格尔生态马克思主义思想重释马克思主义的文化维度,拓展了作为批判理论的马克思主义文化研究,旨在确认、批判各种明显或隐蔽的意识形态,消除虚假意识,启蒙社会大众。阿格尔如同法兰克福学派一样,认为文化不仅仅是对经济体系的反映与再现,往往还表现出相对的自主性,具有社会生产与社会建构等功能。

阿格尔生态马克思主义思想在拓展作为批判理论的马克思主义文化研究方面,做出积极努力。阿格尔主张扩展文化概念的内涵。受伯明翰学派文化研究等思想的影响,阿格尔直言,鉴于"较之以前,因电子媒体已经把地球变成了'地球村'而致使更多的事物被归结到文化的名下"②,应该从广泛的人类学意义上来把文化理解为"贡献社会知识的所有表达活动"③。阿格尔认为广义的文化不仅包括传统意义上的高雅文化作品,还包括伴随信息技术与娱乐技术而刚出现的各种媒体文化和娱乐文化,甚至是各种作为意识形态新形式的诸如数字、科学、大厦、货币之类的诸多社会文本。虽然

---

① James O'Connor,Capitalism,Nature,Socialism:a Theoretical Introduction,*Capitalism Nature Socialism*,Vol.1,No.1,1988,p.6.

② Ben Agger,*Cultural Studies as Critical Theory*.London/Philadelphia:Falmer Press,1992,p.3.

③ Ben Agger,*Cultural Studies as Critical Theory*.London/Philadelphia:Falmer Press,1992,p.2.

这些社会文本在表面上看不是文化，但因其具有拜物教的意识形态功能而必须从文化批判的角度对之加以解构。借助于扩展文化的内涵，阿格尔辩证地分析了遭受法兰克福学派所贬斥的大众文化，认为大众文化固然有其低俗和易操纵性等不足，但它也存在通俗、易于为普通民众所接受的优点。为此，阿格尔重估了大众文化的价值，认为大众文化是马克思主义文化研究中合法而又不可或缺的研究主题之一。

其三，面对北美社会的政治压迫，阿格尔生态马克思主义思想重申马克思主义的政治团结导向，图绘了"红、绿"团结的认知地图。为了从整体上系统地把握资本主义社会中的政治斗争，阿格尔借鉴了杰姆逊的认知图绘思想。杰姆逊在提出晚期资本主义的文化逻辑时，曾呼吁一种新的认知图绘（cognitive mapping）以建立一个整体性的分析框架。阿格尔认同杰姆逊的看法，并指出："我们需要一种新的理论模式把马克思主义、后现代主义、女权主义、环境主义、反殖民主义安置在同一张杰姆逊所说的认知地图上。为这张包罗万象的地图命名，有些类似于力图在世界'之外'进行图绘——元图绘（metamapping）——的一种主观判断行为。我认为，也许只有反映我所说的法兰克福学派的理论基础，才能把这张'巨型'认知地图或叙事命名为批判的理论，把马克思主义、女权主义、环境主义、反殖民主义均看作这种批判理论的'要素'。尽管我十分同情利奥塔厌恶作为规范符码的元叙事，但是我不同意利奥塔对宏大叙事和微小叙事的截然二分：日益明显事实的是，我们既需要全球性的解释，也需要地方性的解释，尤其在这二者是辩证关联的地方。"[①] 阿格尔的这一做法，也为其主张生态变革主体的联合提供了理论基础。

总而言之，阿格尔生态马克思主义思想在国内外产生了较为广泛的学术影响，具有重要的学术地位。它主要继承并发展了法兰克福学派的批判理论、生态马克思主义、西方马克思主义、马克思主义。从法兰克福学派批判理论的视角看，因阿格尔生态马克思主义思想与之关系十分紧密，其深受后者熏染并立基于后者之上，可将其定位为广义的第三代批判理论；从生态马克思主义的视角看，阿格尔生态马克思主义思想，因其承上启下，首创"生态马克思主义"术语，在北美体系化了生态马克思主义，可将其定位为北美的生态马克思主义；因其把马克思主义视为"批判"而非"科学"，可将其定位为"批判的"西方马克思主义；从马克思主义的视角来看，阿格尔

---

① Ben Agger, *Postponing the Postmodern : Sociological Practices , Selves and Theories*. Lanham, MD : Rowman & Littlefield, 2002, pp.196–197.

生态马克思主义思想,因其坚持从马克思主义的立场,结合北美实际来剖析当代资本主义生态危机,可将其定位为当代的北美马克思主义。虽然阿格尔生态马克思主义思想拓展了法兰克福学派批判理论的批判视野,彰显了生态马克思主义理论特色,推进了西方马克思主义的理论发展,扩大了马克思主义的研究议程,但它也误判了马克思危机理论的时效性;高估了民粹主义的社会变革潜力;删节了马克思辩证方法的科学维度;低估了"科学的"西方马克思主义的理论价值;缩减了商品生产的长期性;拒绝了无产阶级专政的历史地位。

第三节　阿格尔生态马克思主义思想研究的意义、现状与深化

对阿格尔生态马克思主义思想及其建设美丽中国启示加以研究,具有重要的理论意义和实践价值。从目前的研究现状看,虽然取得了一些较为丰硕的成果,但在总体把握阿格尔整个学术思想的基础上,系统探讨阿格尔生态马克思主义思想及其建设美丽中国启示的研究成果尚不多见。因此,有必要对之加以深化研究。

一、阿格尔生态马克思主义思想研究的意义

生态马克思主义的重要理论渊源可溯及法兰克福学派,而法兰克福学派的代表人物之一马尔库塞及其弟子莱易斯(William Leiss)在生态马克思主义的发展进程中则做出了决定性的贡献。[1]阿格尔是法兰克福学派批判理论和莱易斯生态马克思主义思想的重要继承者,他整个学术思想的发展历程与法兰克福学派的关系十分密切,尤其对马尔库塞的批判理论推崇备至。[2]我们从上文对阿格尔学术思想的概述中可以看出,作为生态马克思主义的重要代表人物和著名的西方马克思主义理论家的阿格尔始终致力于促进批判理论、生态马克思主义、西方马克思主义、马克思主义的理论发展。因此,研究阿格尔的生态马克思主义思想,既是深入研究生态马克思主义的内在要求, 也是深入研究法兰克福学派批判理论最新进展的客观需要,还是深入研究西方马克思主义和马克思主义的应有之义。

---

[1] 俞吾金、陈学明:《国外马克思主义哲学流派新编·西方马克思主义卷》(下册),上海:复旦大学出版社,2002 年,第 577 页。

[2] Ben Agger 在 *The Discourse of Domination:From the Frankfurt School to Postmodernism* 一书的第二部分"Back to Frankfurt"详细地探讨了马尔库塞的有关思想。

(一)阿格尔生态马克思主义思想研究的理论意义

研究阿格尔生态马克思主义思想,是推进生态马克思主义研究的客观要求。当前国外学术界对生态马克思主义研究的理论文本主要集中于北美学者阿格尔的《西方马克思主义导论》,詹姆斯·奥康纳的《自然的理由:生态马克思主义研究》,威廉·莱易斯的《自然的支配》和《满足的极限》,约翰·贝拉米·福斯特的《马克思的生态学》和《反对资本主义的生态学》;法国学者安德瑞·高兹的《经济理性批判》《作为政治学的生态学》和《资本主义、社会主义和生态学》;德国学者瑞尼尔·格伦德曼的《马克思主义和生态学》;英国学者戴维·佩珀的《生态社会主义:从深生态学到社会正义》等。解读这些文本对研究生态马克思主义来说固然十分重要,也十分必要,但对于推进生态马克思主义研究来说,这仍是基础性工作。何萍教授认为,要推进国内生态马克思主义的研究,从方法论的角度看,至少有四个方面的问题值得反思。一是有关生态马克思主义与西方马克思主义传统之间的关系问题。二是有关生态马克思主义与新社会运动之间的关系问题。三是有关生态马克思主义内部的不同派别之间的关系问题。四是如何联系中国的现实和中国马克思主义哲学的发展研究西方生态马克思主义。[①]笔者认为,研究阿格尔的生态马克思主义思想,对促进以上四个问题的解答均有裨益。王雨辰教授也指出,对于生态马克思主义的研究,既要回到对马克思恩格斯的生态哲学思想资源的挖掘,对生态马克思主义的理论问题展开专题式系统研究,也要对生态马克思主义的历史发展过程,以及主要代表人物的理论展开系统研究。[②]在以上三个方面,国内学术界在最近几十年的研究中,取得了较丰硕的成果。实践的发展必然带来理论的流变,理论研究只有跟上一个时代的步伐才能显示其强大的生命力。仅就针对生态马克思主义主要人物的专题研究而言,国内学术界已经对莱易斯、福斯特、高兹等人的相关理论做出了较深入和全面的探讨。[③]但对阿格尔生态马克思主义思想的

---

① 郭剑仁:《生态地批判——福斯特的生态马克思主义思想研究》(序),北京:人民出版社,2008年。

② 王雨辰:《生态批判与绿色乌托邦——生态马克思主义理论研究》,北京:人民出版社,2009年,第298页。

③ 目前,对生态马克思主义主要代表人物进行专题研究的博士学位论文有:郭剑仁的博士学位论文《福斯特的生态马克思主义思想研究》(2004,武汉大学);张晓鹏的博士学位论文《从控制走向解放:莱易斯"生态马克思主义"理论探析》(2007,复旦大学);温晓春的博士学位论文《资本、生态与自由:安德烈·高兹的生态马克思主义思想研究》(2010,复旦大学);申治安的博士学位论文《当代资本主义批判与绿色解放之路:本·阿格尔生态学马克思主义思想研究》(2012,上海交通大学),等等。

整体研究仍很缺乏,大多尚停留在其早期思想阶段。所以,通过对阿格尔生态马克思主义思想的全面系统研究,既可以揭示阿格尔是如何开挖和拓展马克思主义生态哲学思想资源的,又可以从其个人学术思想演变的历程中管窥生态马克思主义的理论发展进程,并发现阿格尔与其他生态马克思主义主要代表人物之间的学术谱系性关联,使我们对生态马克思主义的完整图景有一个更清晰的展示。

研究阿格尔生态马克思主义思想,是深化西方马克思主义研究的内在需要。阿格尔西方马克思主义思想研究,是西方马克思主义研究的重要组成部分,国内诸多学者已从不同的角度探讨了阿格尔西方马克思主义思想的理论特征和理论贡献。阿格尔在《西方马克思主义导论》(1979)一书中提出,要使马克思主义美国化,创立北美马克思主义。北美马克思主义又被称为北美的左派学院马克思主义,是 20 世纪 60 年代以来在美国和加拿大等北美国家校园掀起的一股探索马克思主义的思潮。阿格尔与北美马克思主义其他一些代表人物的不同之处在于,他反对沉溺于对马克思主义作纯理论的研究而注重于面向现实的研究,并且在面向现实时特别强调要面向当代世界生态危机的现实,致力于把生态问题纳入北美马克思主义的主要研究课题,使北美马克思主义走向生态马克思主义。[1]阿格尔视唯物辩证法为一种方法,他对马克思辩证法的全部研究,向我们提供了一种马克思主义现代发展的新思路:马克思主义的发展不应局限于某一时期某一思想家的思想,而应返回到马克思本人的思想,把马克思的理论与全部马克思主义的发展史结合起来, 发现马克思主义哲学发展的内在理论契机和现实基础。[2]"阿格尔不仅提出了他的生态马克思主义理论,而且对西方马克思主义诸流派的理论得失也作了较精彩的评述,这些评述对我国的西方马克思主义研究有启发和借鉴意义。"[3]阿格尔对法兰克福学派批判理论的当代重建,应该是西方马克思主义研究的重要理论生长点。对阿格尔这样西方马克思主义主要代表性人物的专题研究,也是深化西方马克思主义研究的题中应有之义。

研究阿格尔生态马克思主义思想,还是推动 21 世纪马克思主义、当代中国化马克思主义, 尤其是中国化马克思主义生态理论创新的重要途径。

---

[1]　俞吾金、陈学明:《国外马克思主义哲学流派新编·西方马克思主义卷》(下册),上海:复旦大学出版社,2002 年,第 616 页。

[2]　何萍:《加拿大马克思主义哲学发展的多元路向——论本·阿格尔、马里奥·本格和凯·尼尔森的哲学》,《当代国外马克思主义评论》2001 年第 10 期。

[3]　王雨辰:《评本·阿格尔对西方马克思主义的研究》,《社会科学动态》1998 年第 4 期。

阿格尔在形成和发展其生态马克思主义思想的过程中,能够比较自觉地坚持马克思主义的观点,并运用发展着的马克思主义来分析资本主义社会的生态、政治、文化等社会问题,尽管他所理解的马克思主义有一定的偏差,但其思想仍为我们创新马克思主义理论提供了不少启迪。阿格尔像其他生态马克思主义理论家一样"侧重从制度维度建构生态文明理论,强调变革不正义的资本主义制度和资本的全球权力关系是解决生态危机的关键,强调只有合理地协调人与人之间的利益关系,才能真正建立人和自然的和谐关系"①。同时,阿格尔坚持总体性的方法论,坚持人、自然和社会之间的统一性、人的满足最终在于生产活动、劳动的创造性与生产性的协调、尊重自然等观点,而这些观点都值得我们思考,这也有助于推动 21 世纪马克思主义、中国化马克思主义生态理论、政治理论、文化理论、人的全面发展理论等理论的创新。

(二)阿格尔生态马克思主义思想研究的实践意义

研究阿格尔生态马克思主义思想,不仅具有重要的理论意义,也具有重要的实践意义。这种研究有助于引发我们高度关注当今人类面临的严峻生态困境、全面了解西方资本主义国家的社会现实、积极反思社会主义生态实践的经验教训、积极推进美丽中国建设。

研究阿格尔生态马克思主义思想,有助于引发我们高度关注当今人类面临的严峻生态困境。20 世纪中期以来的科学技术的迅猛发展,在大大发展生产力的同时,也因其滥用和失控而日益造成了破坏生态的不良后果。作为马克思主义新形态的生态马克思主义,因其深刻剖析了当今人类面临的生态困境而成为当下这个时代精神的精华。马克思曾经说过,任何真正的哲学都是自己时代精神的精华,虽然阿格尔的生态马克思主义思想主要是立足北美资本主义国家的生态危机现实,但通过对之研究可以促使我们正视整个人类所面临的严峻生态困境。全球性生态环境的恶化主要表现在:土地生产能力逐年下降、森林植被遭到破坏、大气污染日益严重、物种数量迅速减少、淡水资源日趋紧张。②就土地生产能力下降而言,水土流失已经成为一个全球性问题。目前,世界耕地的表土流失量每年约为 240 亿吨,全世界每年损失耕地 2100 万公顷,每年土地沙漠化 600 万公顷;就森

---

① 王雨辰:《生态批判与绿色乌托邦——生态马克思主义理论研究》,北京:人民出版社,2009 年,第 4 页。

② 以下具体数据可以参见麻彦春、魏益华、齐艺莹:《人口、资源与环境经济学》,长春:吉林大学出版社,2007 年,第 155—158 页;曾文婷:《"生态学马克思主义"研究》,重庆:重庆出版社,2008 年,第 26—28 页。

林植被遭到破坏而言,根据有关统计报告称,地球上森林的总面积已经由1万年前的62亿公顷减少到现在的28亿公顷。目前世界上平均每年有1800万公顷的森林消失;就大气污染日趋严重而言,目前全世界的工厂和电厂每年向大气中排放的二氧化碳达到50多亿吨。据预测,到2020年,二氧化碳等温室气体排放量将增加45%~90%;就物种数量迅速减少而言,目前世界上已有593种鸟、400多种兽、209种两栖爬行动物以及20000多种高等植物濒临灭绝;就淡水资源日趋紧张而言,现在全世界每年排放污水约4260亿吨,造成55000亿立方米的水体遭受污染。据联合国调查统计,全球河流的稳定流量的40%左右已被污染。全球生态环境恶化的日益加剧,关涉人类的生存与发展,值得我们高度关注并积极思考应对之策。

研究阿格尔生态马克思主义思想,有助于引发我们全面了解西方资本主义国家的社会现实。阿格尔对当代西方资本主义,尤其是对美国的经济社会现实做了深刻批判,为我们了解西方资本主义社会提供了丰富的社会资料和思想资源,也有利于我们更全面地认识西方发达工业社会的真实图景。当今西方发达资本主义社会较早期资本主义社会发生了极大的变化,尤其是工业化和现代化为其带来了巨大的物质财富,工人阶级的生活水平有所提高,政治民主制度也在不断发展,福利制度和社会政策在一定程度上缓解了绝对贫困和劳资矛盾。但阿格尔始终认为,这既不意味着意识形态已经终结,也不意味着历史已经终结,因为当代资本主义表面繁荣的背后存在着难以克服或根本无法克服的问题,比如物质丰裕与精神空虚相伴而生,民主制度和社会支配如影随行,生态危机和其他社会危机相互交织,性别歧视和种族主义挥之不去等,这些问题都是笼罩在资本主义社会上空的阴影。阿格尔生态马克思主义思想的研究,将有助于我们了解西方发达资本主义国家的社会现实,从而辩证地看待资本主义社会,避免迷失于西方资本主义国家的片面繁荣。

研究阿格尔生态马克思主义思想,有助于引发我们积极反思社会主义实践的经验与教训。面对全球性生态危机等社会问题,尽管阿格尔着重批判了资本主义社会制度具有反生态的本性,也善意批评了苏联以及东欧社会主义国家在经济社会发展过程中出现的各种失误,但他始终坚信社会主义具有较之资本主义的优越性。通过研究阿格尔生态马克思主义思想,有助于引发我们积极反思20世纪以来的社会主义实践,总结其成功的经验与失败的教训。"目前,世界社会主义运动不仅顶住了苏东剧变的巨大冲击,而且得到了一定程度的恢复和发展。一是中国、古巴、越南、朝鲜、老挝等社会主义国家在苏东剧变后顶住前所未有的压力,正在积极探索适合本国国情的社会主义道路。特别是占世界人口 1/5 的中国,坚持社会主义方向,坚持改革开放,取得了巨大成就。二是西方发达国家出现了一波又一波的'马克思热',马克思主义的重新传播成为当今世界国际政治中一道亮丽的风景线。三是在一些原社会主义国家,社会主义力量正在重新聚集。四是亚洲、非洲特别是拉美一些国家在饱尝新自由主义的苦果之后,左翼政府纷纷上台执政。"①我们要让社会主义,尤其是中国特色的社会主义在 21 世纪实现稳步而健康的发展,就必须与时俱进地深入思考与科学回答"什么是社会主义? 如何建设社会主义?"这一重大问题。为此,阿格尔生态马克思主义思想中有益的生态社会主义思想值得我们发掘。

研究阿格尔生态马克思主义思想,还有助于我们推进美丽中国建设,乃至美丽世界建设。阿格尔生态马克思主义思想的理论直接来源者威廉·莱易斯,在为 1994 年再版的《自然的支配》一书作序时指出环境问题,在该书出版时隔 23 年之后,环境问题再次成为工业化国家大众关注的焦点,地球动态问题如全球变暖(或变冷)和臭氧层损耗等问题更是备受关注。全球政治在该问题的处理上发挥了应有的作用,但是苏联和东欧的突然解体暴露了环境退化带来的难以想象的遗留问题。整个世界由于环境污染以及不考虑生态系统而进行一系列的经济开发等问题,导致自然界已经遭受着围攻。随后,莱易斯相信 21 世纪的地缘政治学会越来越关注环境中的"超级油轮效应",因为 21 世纪将是一个全球范围内出现环境危机的世纪。②通过研究阿格尔生态马克思主义思想,将有助于创新中国生态文明建设实践,建设美丽中国,进而为建设清洁美丽世界贡献中国的智慧与力量,促进人类命运共同体的构建。

因此,阿格尔生态马克思主义思想内涵丰富,是生态马克思主义、西方马克思主义、马克思主义所不可忽视的重要组成部分。无论是就其理论意义,还是就其实践意义而言,阿格尔的生态马克思主义思想都值得学术界对之加以深入研究。

二、阿格尔生态马克思主义思想研究的现状

阿格尔终其一生从事西方马克思主义、社会学理论及方法、批判理论、后现代主义及女权主义的理论研究,其生态马克思主义思想涉及其学术思

---

① 李慎明主编:《2005:世界社会主义跟踪研究报告》,北京:社会科学文献出版社,2006 年,第 7 页。

② [加拿大]威廉·莱易斯:《自然的控制》,岳长龄等译,重庆:重庆出版社,2007 年,第 1—2 页。

想的诸多方面。就笔者的有限视野所及,在国外,迄今除了詹姆斯·奥康纳对阿格尔生态马克思主义思想有较为直接的研究外,其他学者对阿格尔思想的研究并不是直接针对阿格尔生态马克思主义思想的,而大多是对其著作的相关思想所作的评论。无疑,这些评论对我们理解阿格尔的某些学术思想和他的生态马克思主义思想,仍有一定的参考价值。在国内,自20世纪70年代末注重西方马克思主义和生态马克思主义研究以来,对阿格尔及其学术思想就已经高度关注,取得了富有价值的学术成果,较之国外研究更为系统。

(一)阿格尔生态马克思主义思想的国外研究

作为美国左翼学者,阿格尔对美国主流社会学的实证主义等研究方法持强烈的批判态度,这也就决定了其思想在美国学术界中不可能处于中心地位,甚至遭到主流社会学同行的排斥,但这并不等于阿格尔的学术思想无足轻重。事实上,阿格尔生态马克思主义思想,在欧美仍有一定的影响。国外除詹姆斯·奥康纳对阿格尔生态马克思主义思想有过直接研究外,其他学者的间接研究多体现在对阿格尔相关著作的评介中。

其一,关于阿格尔生态马克思主义的马克思主义立场。詹姆斯·奥康纳(James O'Connor)在《资本主义、自然和社会主义:理论导论》一文和《自然的理由:生态马克思主义研究》一书中均明确指出,"生态马克思主义"(Ecological Marxism)这一概念是阿格尔在《西方马克思主义导论》一书中首先使用的。奥康纳肯定了阿格尔的生态马克思主义在根本立场和方法上是马克思主义的,而不同于默里·布克钦(Murray Bookchin)的"社会生态学"理论,因为布克钦的理论及方法的最基本动机是自由主义的而非马克思主义的。[①]克利福德·斯台普斯(Clifford Staples)在评价阿格尔的《支配的话语:从法兰克福学派到后现代主义》一书时指出,在穿越那个知识上和政治上都很致命的20世纪80年代,阿格尔始终坚守个人的和职业的忠诚去为实现马克思主义的解放计划而努力。[②]查尔斯·里马特(Charles Lemert)也肯定阿格尔的学术研究始终坚持马克思主义立场,他尤其赞赏阿格尔有勇气面对诸如后现代主义和女权主义此类的各种理论对马克思主义和社会学所产生的挑战。[③]

其二,关于阿格尔对当代资本主义的批判。一是肯定阿格尔对社会文

---

① [美]詹姆斯·奥康纳:《自然的理由:生态马克思主义研究》,唐正东等译,南京:南京大学出版社,2003年,第279页。

② Bernd Baldus, Review, *The Canadian Journal of Sociology*, Vol.24, No.3, 1999, pp.426–428.

③ Charles C., Lemert, Review, *The American Journal of Sociology*, Vol.100, No.2, 1994, pp.556–558.

本的批判。劳伦斯·黑兹里格(Lawrence E.hazelrigg)认为阿格尔延续了霍克海默在《传统理论和批判理论》中关于因商品的流通和消费而销蚀了批判的话题。"快速资本主义"(fast capitalism)这个词是阿格尔首先使用的,[①]它是指商品流通的加速,与之相伴随的是联系中介的日益匿名化。这一过程不仅是通常定义的"物质商品",由于话语已通过或借助物的物质性而起作用,文本被各种熟悉的、简化的镜像所过滤,批判性思索、广告媒体等之间的差异渐渐模糊,形成商业趋同。话语的衰落很难看见,这是因为商品流通的加速,记忆很难再回忆起忘记了什么,社会学的话语也变得越来越缺乏多样性,主流社会学将马克思主义简化为冲突理论和经济主义,将女权主义简化为性别研究和家庭主义。[②]

约翰·墨非(John W. Murphy)坦承,阿格尔坚持认为社会支配的现代方法不同于过去,这个论题不新,因为鲍德里亚、福柯、德勒兹、瓜塔里等都有过类似的看法。像阿格尔一样,他们认为支配在现代技术社会中是弥散的,不为人所注意,而且当支配像阿格尔描述的那样成为规训,就把经常由操控和强制而产生的结果的破坏性最小化了。因此,用于确保秩序的各种机制是很快的,压迫几乎是隐蔽的。鲍德里亚谈及了这种微妙却很无情而有效的方式是"符号暴力"。但约翰·墨非又强调阿格尔所做的一个重要贡献就是对这种过程的复杂性的洞见。阿格尔做了另外一件精彩的工作,那就是描述了对真实的特定理解——如实证主义——是怎样取得优势地位的。一旦一个社会将一种理解模式等同于客观,那它就放逐了其他各种类型的知识,视之为低等的和无聊的。它定义任何挑战现状者为非理性,这将被理性的人所回避,因此它很快就毁灭了反对运动,无须用可见的力量去实现。约翰·墨非表示,阿格尔最成功的地方在于描述女权主义。他说阿格尔令人信服地指出,女权主义者很容易被误导,因为她们缺少理论,没有理论平台,像其他解放支持者一样,她们不能认识到努力获得代表制进入权并不就是必然要放弃社会正义。简而言之,没有斗争,压迫者不会放弃权力,但他们常常愿意让步,以免出现革命。约翰·墨非建议,那些对当代社会理论感兴趣的人,应该参阅此书,他讨论了马克思主义最近(1990)的发展趋势。同时,该书也表明,话语不仅是结构性强制,也可以看作既是理性秩序的基

[①] 这个词由阿格尔首先使用,最早出自于他的 *Socio(onto)logy:A Disciplinary Reading* 一书,随后他经常使用。其含义是指,生产、广告、购物、交往,甚至孩提时代都在加速的资本主义。可参见他在 2004 年出版的 *The Virtual Self:A Contemporary Sociology* 一书第 174 页对该词的详细解释。

[②] Lawrence Hazelrigg, Review,*Social Forces*, Vol. 70, No. 2, 1991, pp.555–557.

础,也是压迫的基础。因此,阿格尔对理解语言在创造秩序和破坏意识形态中的作用提供了新的思路。①

二是肯定阿格尔对实证主义的批判。阿格尔指责实证主义是"期刊科学",认为发表在《美国社会学评论》《美国社会学季刊》《社会力量》上的文章,通过写作而构建了一个不变的、"凝固的",从而是虚假的世界,这既维持了晚期资本主义,又强化了作为学术的社会学的规制性和职业化机制。对此,约瑟夫·施奈德(Joseph W. Schneider)给予支持,在对阿格尔的《解读科学:一种文学的、政治学的和社会学的分析》一书评论时说,在这本充满激情甚至是愤怒的书中,阿格尔希望鼓起勇气去以一种不同类型的科学进行写作,这种科学是诗歌般的、反思性的、分散化的、更真实的,致力于实现民主共同体;阿格尔的批判焦点是"期刊科学",他将期刊文章的各个部分分别加以解读,阿格尔认为,期刊科学的真正主题不再是实质内容,而是方法和技术;期刊科学的文学反讽是,作者们都想站在巨人的肩膀上,力图超越他们。他认为,阿格尔是自我有意识地站在"主流"之外,作为一个人文学者,一个马克思主义者,力图将科学从实证主义中拯救出来,这种拯救开始于把写作的科学作为一种修辞计划,这种科学并不声称拥有本体论和认识论的特权。②

刘易斯·科塞(Lewis A. Coser)对阿格尔所持的在资本主义的衰落社会中,几乎不可能去为非学术性读者写作严肃的批判性书籍的看法表示赞同,因为挑战性思想的生产和接受面临着多种障碍,以致真正的交往几乎衰败了,然而激进思想者的责任是冲破现行存在于作者和公众之间的种种藩篱,后现代主义忽视了对广泛文化衰落的抨击,没有完成其应该完成的工作,即揭露资产阶级读写世界中的缺陷和腐败。刘易斯·科塞强调,在美国社会学界,只有阿格尔和少数思想者在维护真诚、高举批判大旗、抵抗写作市场和学术中的腐败。③安德鲁·沃尼克(Andrew Wernick)指出,阿格尔力图提供当代批判理论的导向使其观点具有关键问题主题化的优点,解放计划需要哲学的厘清,阿格尔为此目标所作的元理论性的建设工作是应该受到欢迎的。④克利福德·斯台普斯在解读阿格尔对马克思主义、批判理论、女权主义、后现代主义的强烈兴趣时,认为阿格尔与自己似乎走在共同的道

① John W. Murphy, Review, *Social Forces*, Vol. 68, No. 4, 1990, pp.1341–1342.

② Joseph W. Schneider, Review, *Contemporary Sociology*, Vol. 21, No. 6, 1991, pp.739–740.

③ Lewis A. Coser, Review, *Contemporary Sociology*, Vol. 24, No. 6, 1992, pp.283–284.

④ Andrew Wernick, Critical Theory and Practice: A Response to Ben Agger, *Canadian Journal of Political and Social Theory*, Vol. 3, No. 1, 1979, pp.107–117.

路上,存在很多包括需要在写作时把他们自己当作知识分子的主人公而融入革命斗争的宏大叙事中去等方面的理论共识。马克·沃德尔(Mark Wardell)在评论阿格尔的《社会(本体)学:一种学科解读》一书时强调,阿格尔的理论工作是美国当代社会学的亮点,延续了社会批判理论家对文本批判的解构工作,对批判理论做出了有意义的贡献。他指出,对文本批判的解构形成了阿格尔发掘理论的方法,不像其他的批判理论中的大多数文章只是抽象地讨论为什么单向度性再生产了不自由,阿格尔则是力图揭示再生产过程的实践性。通过对各种社会学导论性教科书的解构,分析了它们所蕴含的沉默信息,阿格尔论证了中心和边缘的存在。沃德尔指出,虽然阿格尔的理论对读者也有较大的挑战,但它也具有刺激性和清新感。①

在诺曼·邓辛(Norman K. Denzin)看来,阿格尔是区别于安东尼·吉登斯的理论家,因为吉登斯的理论,事实上,几乎所有美国社会学中的盲点都是批判理论和法兰克福学派,而阿格尔走进了吉登斯等人所忽略的理论空间。为此,诺曼·邓辛较为详细的解释是:阿格尔和凯尔纳、杰姆逊、阿罗诺维奇、弗雷泽、理查德森等美国其他一小部分理论家,正在创造一种面向21世纪的后结构的、后现代的、后马克思主义的批判理论和文化研究议程,关于公共生活的批判理论这一成果可以看作阿格尔迄今所作努力的一个总结;借助法兰克福学派,阿格尔力图融合理论和实践,关于公共生活的批判理论力图让理论利于公共话语,让理论可接触到有一定知识的公众。阿格尔告诉我们,当代学术话语与公共生活相距太远,因此他的期望是表明批判理论作为文化批判可以在日常公共生活中大有作为;借助哈贝马斯理想交谈情景观念的启发,阿格尔呼吁,当民主话语批判地分析晚期资本主义基本的社会问题时,应创造一种公共话语,让权力共享。为创造这种话语体系,大量的障碍需要清除,必须引入新的理论模式和建议,包括理解读者是如何再造文本的,知识工业(高等教育)是如何商品化知识的,当代公共话语是如何建立在肤浅的、商品化的、娱乐化的信息基础上的。这是来自法兰克福学派平实的后结构的女权主义的社会学,合乎后现代主义。阅读和写作是社会实践,其中介、创造、限定并过滤现实。社会事实是通过文本实践而再生产的,因此文本实践可以改变社会。综上,一项批判研究计划必须是文化的,其质问了文化符码、文本和实践对现实的过滤、创造和反映。阿格尔主张,有知识的公众可以批判地解读这些文化文本,揭示出嵌入在文本中的意识形态符码。

---

① Mark Wardell, Review, *Contemporary Sociology*, Vol. 20, No. 2, 1991, pp. 321–322.

这其中的原委,诺曼·邓辛和阿兰·卢克斯(Allan Lukes)的看法一致,那就是以一种批判的对话方式去面对教学、文艺和进步的教育改革,而这种新的对话希望让对话实践允许文化成员去开辟新的历史,这不可能在一夜之间就实现,这也是阿格尔和他的同事们必须要解读和研究的。最后,他也坚信,阿格尔的计划不会消失,各种"后 – 主义"经他综合后也不会销声匿迹,它们不是最终目的,它们被正确地理论化后,将成为各种引导我们走出可怕的 20 世纪而进入和平新世纪的工具。①贝恩德·鲍尔达斯(Bernd Baldus)对阿格尔的《批判社会理论导论》的积极评价是,这是一本生动的、写得很好的一本书,因为阿格尔力图发现其所讨论理论中的社会批判因素,以编织一个共同的主题,这就要区分出后现代和女权主义中的政治因素和非政治因素,阿格尔没有回避这个任务;阿格尔批判了美国新自由主义后现代学派赞扬这个"后工业"社会物质丰富、诉求多元化,也谴责了多元主义的身份政治,因为它让"更大的社会结构保持不变,只是想改善这些不同多元文化团体中个人的境况";阿格尔区分了文化研究中政治的和非政治的两翼,批判了自由女权主义所主张的善和资本主义的永久性。

其三,关于阿格尔生态马克思主义思想的主题和对生态危机的定位。在《自然的理由:生态马克思主义研究》一书出版的同年,奥康纳把阿格尔的生态马克思主义主题概括为:用以维持经济社会稳定的日益扩大的消费破坏了生态环境,生态危机替代了经济危机并成为资本主义的主要问题。丹尼斯·福塞斯(Dennis Forcese)认同阿格尔在 1982 年出版的《经由冲突的社会问题和秩序》一书中对"生态问题是社会问题"的理论定位。他也支持阿格尔对社会问题的宏观分析,对社会问题中阶级不平等起基础性作用的强调,认同阿格尔关于社会学是"寻找问题和解决问题"的社会科学,因为这种社会科学深深地关涉社会变革。②

其四,指出阿格尔生态马克思主义思想的不足。阿格尔生态马克思主义思想不足表现为:一是阿格尔的理论焦点具有局限性。奥康纳认为,阿格尔生态马克思主义思想的焦点是"消费"而非"生产",具有一定的局限性。詹姆斯·奥康纳不否认他自己这篇文章可以看作对阿格尔常常富有洞察力观点的批判。③

---

① Norman K. Denzin, Review, *Social Forces*, Vol. 70, No. 4, 1992, pp.1122–1124.

② Dennis Forcese, Review, *The Canadian Journal of Sociology*, Vol. 9, No.3, 1984, pp.365–366.

③ James O'Connor, Capitalism, nature, socialism a theoretical introduction, *Capitalism Nature Socialism*, Vol.1, No.1, 1988, p.6.

二是对批判理论的理解存在偏颇。阿格尔于 1977 年发文①论述了关于社会变革的激进经验主义理论,并对法兰克福学派的悲观主义社会变革观等理论加以批判等内容。两年后,针对这两篇文章,安德鲁·沃尼克撰文从"法兰克福问题""滑入实用主义""知识分子的文化前途"这三个方面对阿格尔的有关观点做了评论。对于"法兰克福问题",安德鲁·沃尼克认为阿格尔对霍克海默和阿多诺的否定性批判走得太远,忽视了霍克海默和阿多诺对心理分析的兴趣。在"滑入实用主义"这一问题上,安德鲁·沃尼克认为阿格尔"忽视了客观知识的可能性",过于强调主观性,在他极力想超越思辨主义时,不幸滑入了一种激进的实用主义,这正如他所拒绝的那种理论一样具有片面性。这样,阿格尔的理论就存在相对主义倾向,阿格尔理论观点的认识论局限使其无力提供实际建议。对"知识分子的文化前途"这一问题,安德鲁·沃尼克反对阿格尔"过度政治化",因为阿格尔放弃劳动分工是乌托邦的想法;阿格尔也未将革命战略和革命计划加以区分。安德鲁·沃尼克也不同意阿格尔现在就应该与"专制和专家的领导权"开展斗争,因为应该考虑到当前的社会结构等问题,否则容易造成野蛮主义。这样阿格尔的"辩证敏感性"是相对贫困的。②贝恩德·鲍尔达斯总结了阿格尔所支持的批判社会理论的两个缺点:缺乏或没有说出批判理论的自我批判。在希望找到政治吸引力方面,阿格尔过度恭敬地对待各种批判社会理论;阿格尔似乎忽视了其所讨论的理论只是重新组合了一些社会学话语,明显地抛弃了与社会阶级无关的话语,有其所反对的相对主义倾向。③约翰·墨非表示,阿格尔在《快速资本主义:关于意义的批判理论》中最不成功的地方在于,他把后现代主义当作了一种理论陪衬,这样做是基于像伊格尔顿这样马克思主义者的看法,因此把德里达、德曼和巴特尔看作颠覆文化、招致无政府主义、挫伤集体行动的人。这样,阿格尔就没有充分地评价后现代主义。皮特·曼宁(Peter K. Manning)认为阿格尔是一个受阿多诺、哈贝马斯和马尔库塞的文学和美学理论影响的带有哲学气息的马克思主义社会学家。关于阿格尔批判实证主义的看法,皮特·曼宁也不以为然,因为实证主义在美国社会

①　Ben Agger, Dialectical Sensibility I: Critical Theory, Scientism and Empiricism, *Canadian Journal of Political and Social Theory*, Vol. 1, No. 1, 1977, pp.3-34; Ben Agger, Dialectical Sensibility II: Towards a New Intellectuality, *Canadian Journal of Political and Social Theory*, Vol. 1, No. 2, pp.7-57.

②　Andrew Wernick, Critical Theory and Practice: A Response to Ben Agger, *Canadian Journal of Political and Social Theory*, Vol. 3, No.1, 1979, pp.107-117.

③　Bernd Baldus, Review, *The Canadian Journal of Sociology*, Vol.24, No. 3, 1999, pp.426-428.

科学中拥有特定的主流地位,批判实证主义,既不是一种理论,也不是批判资本主义的基础。①

三是批评阿格尔的生态马克思主义思想缺乏理论的清晰性和实践指导性。阿格尔的理论风格十分艰涩。劳伦斯·黑兹里格证实阿格尔的这些观点已引起了激烈地反应,但对阿格尔的写作风格也提出了异议,他坦言,按照学科的标准来说,阿格尔的写作十分不佳,因为它缺乏学术规范。②约翰·施奈德也指出阿格尔书中的句子冗长,具有与"期刊科学"相类似的过于表面化的特征,让人阅读起来十分吃力和感到疲惫;如果你不熟悉社会理论中的文学/修辞,很可能会被弄糊涂,而非受到启蒙,这是一种遗憾。③皮特·曼宁在评论阿格尔的《快速资本主义:关于意义的批判理论》一书时指出,书中句子冗长,还常常使用一些晦涩的词汇和新造词语;阿格尔所说的激进阐释学,既不激进,也不是阐释学;整本书完全地表明了阿格尔对受侵蚀的反理智的后现代社会的愤怒。刘易斯·科塞也承认,清晰确实不是阿格尔文风的一种特征,他的写作,用法国人的话来说就是"在用脚写作"。他说,阿格尔多次谈到当代美国写作的衰落,这是基于对自我写作风格的苛责,人们只能得出结论是,他的理解是自我指涉的。美国的文化确实存在种种弊病,但阿格尔也未提出解决办法。刘易斯·科塞暗讽,这也是弊病的一部分。④另外,丹尼斯·福塞斯也指出,阿格尔没有对具体生态问题进行理论分析,也没有对他所希望的变革方式进行阐明,只是进行了空洞、含糊而又表面化的讨论,这样就不能为有效的实质性社会变革提供指导。⑤克利福德·斯台普斯也指出阿格尔并未对怎样去建构基于"生活世界"的批判理论做出说明,而仅是重复这种想法。他建议阿格尔走出书斋,深入美国各种快餐馆、购物中心和血汗工厂中去,深入他所讨论的一些人的生活世界中去。⑥皮特·曼宁也指出阿格尔对自己所描述的美好社会缺乏具体的路线图。

(二)阿格尔生态马克思主义思想的国内研究现状

作为生态马克思主义的主要代表人物,阿格尔在北美生态马克思主义,乃至整个生态马克思主义的发展中都起到了不可磨灭的作用。20世纪

---

① Peter K. Manning, Review, *Contemporary Sociology*, Vol. 19, No. 6, 1990, pp.912–914.

② Lawrence E. Hazelrigg, Review, *Social Forces*, Vol. 70, No. 2, 1991, pp.555–557.

③ Joseph W. Schneider, Review, *Contemporary Sociology*, Vol. 21, No. 6, 1991, pp.739–740.

④ Lewis A. Coser, Review, *Contemporary Sociology*, Vol. 24, No. 6, 1992, pp.283–284.

⑤ Dennis Forcese, Review, *The Canadian Journal of Sociology*, Vol. 9, No. 3, 1984, pp.365–366.

⑥ Clifford C. Staples, Review, *Social Forces*, Vol. 72, No. 1, 1993, pp.268–269.

国内从评介生态马克思主义的起始之日就开始涉及并密切关注了阿格尔的生态马克思主义思想，随后对阿格尔生态马克思主义思想的研究逐步深化。这方面研究成果的主要表现形式为译著、论文（含学位论文）和专著中的有关专门章节。

1991 年由慎之等人翻译了阿格尔的《西方马克思主义导论》(1979)，书名翻译为《西方马克思主义概论》，该书随后成为国内研究阿格尔生态马克思主义思想的主要参考文献。国内较早且较系统对阿格尔生态马克思主义思想进行研究的是复旦大学的俞吾金教授和陈学明教授，他们在其合著的《国外马克思主义哲学流派新编·西方马克思主义卷》的第八章《生态学的马克思主义》中，对阿格尔的生平和著述做了简介，并较系统地述评了《西方马克思主义导论》(1979)中的生态马克思主义思想。目前，国内先后有多篇专门论述阿格尔生态马克思主义思想的硕博学位论文。其他学者的研究，或者是在研究生态马克思主义和生态社会主义等主题时关涉阿格尔的生态马克思主义思想，或者是对阿格尔生态马克思主义思想的某一方面加以研究。也有一些文献涉及阿格尔与其他生态马克思主义理论家的比较研究。迄今，国内对阿格尔学术思想的研究主要集中在哲学领域，[①]在文学及社会学领域也略有涉及。除其生态马克思主义思想之外，研究内容还零星涉及阿格尔的西方马克主义思想、[②]批判社会理论、[③]文化研究[④]等方面的学术思想。就对阿格尔生态马克思主义思想的国内研究而言，主要涉及以下四方面的内容。

其一，关于阿格尔生态马克思主义思想的理论来源。国内学术界的代

---

① 代表性的著作有：俞吾金、陈学明：《国外马克思主义哲学流派新编·西方马克思主义卷》（下册），上海：复旦大学出版社，2002 年；刘仁胜：《生态马克思主义概论》，北京：中央编译出版社，2007 年；徐艳梅：《生态马克思主义研究》，北京：社会科学文献出版社，2007 年；曾文婷：《"生态马克思主义"研究》，重庆：重庆出版社，2008 年；王雨辰：《生态批判与绿色乌托邦——生态马克思主义理论研究》，北京：人民出版社，2009 年。

② 代表性的文献有：王雨辰：《评本·阿格尔对西方马克思主义的研究》，《社会科学动态》1998 年第 4 期；陈学明：《西方马克思主义教程》，北京：高等教育出版社，2001 年；何萍：《加拿大马克思主义哲学发展的多元路向——论本·阿格尔、马里奥·本格和凯·尼尔森的哲学》，《当代国外马克思主义评论》2001 年第 10 期；王平：《资本主义批判：生态社会主义的新视野》，《上海交通大学学报》2007 年第 5 期，等等。

③ 颜岩：《批判的社会理论及其当代重建》，北京：人民出版社，2007 年。

④ 张喜华教授翻译了阿格尔的 *Cultural Studies As Critical Theory*，中文书名为"作为批评理论的文化研究"（河南大学出版社，2010 年），笔者认为该书名如果翻译为"作为批判理论的文化研究"，更符合阿格尔强调从批判性社会理论的视角来定位"文化研究"的意识形态批判旨趣的本意。

表性观点是,一般认为,生态马克思主义主要有三个方面的理论来源:一是马克思主义关于人与自然相互关系的理论;二是生态学、系统论、未来学的理论成果;三是法兰克福学派的理论。阿格尔与其他生态学的马克思主义者不同之处在于他不只是同其中某一方面的理论有渊源关系,而是他较为全面地继承了这三个方面的理论,也就是说,他把这三个方面的理论同时吸收到自己的理论体系之中。①也有其他观点认为阿格尔生态马克思主义的思想渊源主要体现为:马克思关于人与自然关系的思想,马尔库塞对资本主义制度的生态学批判,莱易斯的"生态马克思主义"观点。②

其二,关于阿格尔生态马克思主义思想的主要内容。有学者指出,阿格尔与莱易斯一起,使生态马克思主义成了较为完整的理论体系。生态马克思主义在他们两人那里,包括当代资本主义危机理论、资本主义批判理论、关于社会主义革命的动力道路策略的理论,以及关于生态社会主义较完整的构想。③多数学者都认为,阿格尔的生态马克思主义思想主要体现在《西方马克思主义导论》中运用"马克思的辩证方法"分析晚期资本主义的社会现实,认为生态危机已取代经济危机成为资本主义的主要危机,"过度生产"和"异化消费"是导致生态危机的直接根源,地球生态系统有限性和人们追求增长无限性之间的矛盾形成的"期望破灭的辩证法"必然引起社会变革,摆脱生态危机的社会变革战略是通过"分散化"和"非官僚化"走向生态社会主义。生态社会主义的构想包括三个方面:生态社会主义的经济是稳态经济模式,生态社会主义的技术是分散化、非官僚化的小规模技术,生态社会主义的政治是实现工人管理和基层民主。生态社会主义的实现途径是把马克思主义与美国的民粹主义结合起来。

其三,关于阿格尔生态马克思主义思想的理论价值。阿格尔在生态马克思主义学术史上的地位,决定了其生态马克思主义思想具有重要的理论价值。阿格尔生态马克思主义思想的理论价值,概括地说,国内学术界主要认为有以下几点:一是阿格尔的学术努力使生态马克思主义获得学术界认同,并在国际上广泛传播。有学者指出,阿格尔在生态马克思主义的发展过

---

① 俞吾金、陈学明:《国外马克思主义哲学流派新编·西方马克思主义卷》(下册),上海:复旦大学出版社,2002年,第615页。

② 罗蕾:《本·阿格尔"生态马克思主义"思想研究》(硕士学位论文),2009年。

③ 俞吾金、陈学明:《国外马克思主义哲学流派新编·西方马克思主义卷》(下册),上海:复旦大学出版社,2002年,第615页。

程中起了关键作用,做出重大贡献①,正是因为他在 20 世纪 70 年代出版的《西方马克思主义导论》等著作使生态学的马克思主义这一概念及其基本思想在全世界范围内得到广泛认同和传播。在 20 世纪八九十年代,生态马克思主义成为指导社会变革的流派,阿格尔有着不可磨灭的作用。②二是阿格尔对资本主义制度做出了强烈的生态批判,强调资本主义制度的反生态本性,并认为资本主义制度不可能最终解决生态危机问题,必须要用生态社会主义取代资本主义制度。③三是阿格尔对社会变革及社会变革中阶级意识作用的强调,使其理论具有辩证的革命的实践性。

其四,关于阿格尔生态马克思主义思想的理论局限。在肯定阿格尔生态马克思主义思想理论贡献的同时,研究者们也明确指出了阿格尔生态马克思主义思想存在较大的理论局限,它主要表现为:一是对资本主义社会基本矛盾的把握有偏差。生态马克思主义者夸大了晚期资本主义出现的新情况、新问题的含义,主张用生态危机取代经济危机,这样就取消了资本主义社会的基本矛盾。阿格尔固然也认识到了雇佣资本主义制度是生态危机的根源,但改组资本主义制度却不从资本主义所有制的根本矛盾入手,而是先批判官僚制和劳动分工,最终再回到社会主义所有制,这就使他的理论不可避免地带有乌托邦的性质。④二是用生态危机理论修改马克思的经济危机理论有一定的片面性。阿格尔笼统地断言马克思原有的资本主义经济危机理论已失去实效不能为我们所接受;阿格尔的"分散化"和"非官僚化"主张,在理论上有重大漏洞,而且在实践上也无法推行;阿格尔醉心于"北美马克思主义"建设,尽管不失为一种探索,但过于浪漫,仅是乌托邦式的臆想。⑤三是对革命主体和革命目标的分析存在缺陷。阿格尔的理论缺陷

---

① 郇庆治:《从批判理论到生态马克思主义:对马尔库塞、莱斯和阿格尔的分析》,《江西师范大学学报》(哲学社会科学版)2014 年第 3 期。

② 俞吾金、陈学明:《国外马克思主义哲学流派新编·西方马克思主义卷》(下册),上海:复旦大学出版社,2002 年,第 615 页。

③ 此类文献较多,较有代表性的论文有:王格芳:《本·阿格尔的"生态马克思主义"理论探析》,《山东师范大学学报》(人文社会科学版)2009 年第 3 期;李富君:《生态危机及其变革策略——本·阿格尔的生态马克思主义思想评析》,《郑州大学学报》(哲学社会科学版)2008 年第 3 期;王雨辰:《生态辩证法与解放的乌托邦——评本·阿格尔的生态马克思主义理论》,《武汉大学学报》(人文科学版)2006 年第 2 期。

④ 曹淑芹:《生态社会主义的出路——评阿格尔的资本主义社会变革战略》,《内蒙古社会科学》1999 年第 4 期。

⑤ 俞吾金、陈学明:《国外马克思主义哲学流派新编·西方马克思主义卷》(下册),上海:复旦大学出版社,2002 年,第 617—626 页。

在于他脱离资本主义生产资料所有制的变革,把人的解放归结为消除生产和消费过程中的异化,其结果就无法找寻革命的主体,显示其生态马克思主义理论的乌托邦性质。①四是稳态经济目标是不现实的。阿格尔以生态危机论来取代马克思的经济危机论,存在着对马克思思想的片面解读和歪曲;力图建立一种小国寡民式的经济单位,无疑是一种历史的倒退;试图通过实行"无增长"的经济和遏制消费来达到"人与自然的完全和谐",在理论和实践上都是站不住脚的;在走向生态社会主义的策略和现实性上,流露出浓厚的主观主义倾向和悲观主义情绪。②五是过分夸大意识在社会变革中的作用。主张资本主义社会变革的进程从意识形态批判开始,从而打上了人道主义的印记,具有乌托邦的性质。③

最后,关于阿格尔生态马克思主义思想的主要启示。一是阿格尔对马克思关于"人的本质是自由自觉的活动"的思想以及马克思对资本主义社会将人性扭曲的批判进行了概括和总结,提出了"异化消费"和"人的满足最终在于创造性的生产劳动而不在于消费活动"的思想。启示我们树立正确的需求观、消费观和幸福观,④为当今社会中沉迷于消费主义、满足于在消费中追求幸福的人们指明了正确的方向⑤,更好地建设美丽中国⑥。二是对我国社会主义现代化建设具有一定的理论启示。阿格尔坚持运用马克思的方法论分析现实的资本主义社会,为推进马克思主义的当代发展提供了启示;他把人类克服生态危机的希望寄托于社会主义,启示我们必须在中国特色社会主义建设事业中加强生态文明建设;在社会主义经济体制上,阿格尔主张分散化,但并不是一概地反对任何集中的社会主义计划,这一设想对我国的社会主义市场经济体制改革有重要借鉴意义;阿格尔主张的稳态经济模式,要求实行分散化的管理即直接管理或直接民主、基层民主,

---

① 王雨辰:《评本·阿格尔对西方马克思主义的研究》,《社会科学动态》1998 年第 4 期。

② 王格芳:《本·阿格尔的"生态马克思主义"理论探析》,《山东师范大学学报》(人文社会科学版) 2009 年第 3 期。

③ 冀术明:《论阿格尔的"生态马克思主义"及其借鉴意义》,《攀登》2007 年第 5 期。

④ 包庆德:《评阿格尔生态学马克思主义异化消费理论》,《马克思主义研究》2012 年第 4 期;王格芳:《本·阿格尔的"生态马克思主义"理论探析》,《山东师范大学学报》(人文社会科学版) 2009 年第 3 期。

⑤ 崔文奎:《人的满足最终在于创造性的生产劳动——生态马克思主义者本·阿格尔的一个重要思想》,《山西大学学报》(哲学社会科学版) 2008 年第 1 期;赵卯生:《阿格尔"人的满足最终在于生产活动而不在于消费活动"理论评析》,《学术界》2021 年第 7 期。

⑥ 李宁、戴艳军:《阿格尔异化消费理论的生态价值》,《山东社会科学》2019 年第 8 期;李宁:《本·阿格尔异化消费理论对美丽中国建设的启示》(博士学位论文),2020 年。

这一思想对我国的民主政治建设具有一定的启示作用;阿格尔建构的未来社会主张社会经济同生态环境的协调发展,这对我国实施可持续发展战略具有积极的借鉴意义;阿格尔的思想启示我们要树立危机意识和环保意识,坚持综合性、整体性的可持续发展观念;吸取西方资本主义国家工业化的经验教训,走新型工业化的道路。①

综上所述,国外的那些现有成果是深入研究阿格尔学术思想的重要资料,但这些研究成果对全面系统地研究阿格尔生态马克思主义思想来说,还存在不小差距。国内目前对阿格尔生态马克思主义思想进行了积极探讨和深入挖掘,肯定了阿格尔生态马克思主义思想的理论意义和实践意义,指出了阿格尔生态马克思主义思想的诸多缺陷,为进一步研究阿格尔生态马克思主义思想打下了良好基础。但我们也应该看到,国内外对阿格尔生态马克思主义思想的研究还存在诸多有待深化和商榷的理论空间。一是要强化整体研究。研究阿格尔生态马克思主义思想,不应局限于阿格尔某一时期的思想,而应把握住其整个生态马克思主义思想。否则,人们对阿格尔生态马克思主义思想的解读,就是不完整的、不全面的,甚至还会出现误读误判。二是要强化文献参考。研究阿格尔生态马克思主义思想,在参考文献方面,目前既急需从数量方面囊括阿格尔的所有著述,又急需从质量方面立足精准解读阿格尔原著,以做到研究成果尽量客观全面。三是要强化比较研究。注重比较分析,以弥补当前相关研究成果在比较分析方面总体上存在不足的缺憾,进而凸显阿格尔生态马克思主义思想在生态马克思主义学术谱系中的应有地位。四是要强化启示研究。阿格尔生态马克思主义思想,对于马克思主义中国化时代化大众化、对于"建设美丽中国"的理论与实践等方面都具有重要启示。但是现有的研究成果还不多见,需要强化。

三、阿格尔生态马克思主义思想研究的深化

鉴于以上研究现状,本书旨在对阿格尔生态马克思主义思想及其对建设美丽中国的启示加以系统研究。紧紧围绕"阿格尔生态马克思主义思想是什么、它对建设美丽中国有何启示"这一基本问题,本书采用"先述评其思想,再论述其启示"——先将阿格尔生态马克思主义思想加以分章阐述,随后用专门一章论述阿格尔生态马克思主义对建设美丽中国的启示——的方式展开论述。

本书研究成果的主要内容包括:阿格尔生态马克思主义思想研究的意

---

① 罗蕾:《本·阿格尔"生态马克思主义"思想研究》(硕士学位论文),2009年。

义、现状和深化,阿格尔用以理论分析的马克思主义,阿格尔对生态危机的定位,阿格尔对当代资本主义的批判,阿格尔解决生态危机的社会变革战略,阿格尔的生态社会主义构想,阿格尔生态马克思主义思想对建设美丽中国的主要启示。具体章节安排如下:导论,着重概述阿格尔学术思想和阿格尔生态马克思主义思想研究的意义、现状、深化缘由及重点。第一章"马克思主义:旨在全面解放的批判理论",着重论述阿格尔所理解的马克思主义。本章阐述了阿格尔在分析生态危机时所坚持的马克思主义立场、观点和方法,探讨了阿格尔是如何重建马克思主义的,并在此基础上概述了阿格尔所理解的马克思主义及其分析生态问题的适切性。第二章"当代资本主义生态危机:支配自然",着重论述阿格尔对生态危机的理论定位。本章阐述了阿格尔如何把生态危机定位在现代性的历史情境中,探究了阿格尔如何揭示当代资本主义生态危机根源于资本主义的内在矛盾从而是资本主义自身无法根本解决的社会问题。第三章"当代资本主义生态批判:声援自然",着重论述阿格尔对当代资本主义社会加以生态批判。本章阐明了阿格尔如何从经济、政治、文化、社会四个维度对资本主义加以多角度批判,从而揭示当代资本主义生态危机社会根源的。第四章"当代资本主义生态变革:解放自然",着重论述阿格尔对变革资本主义社会的必然性、主体性、现实路径的深入思考。本章探讨了阿格尔对社会变革可能性与必要性的反思,归纳了阿格尔在社会主义革命方面的战略设计。第五章"生态社会主义构想:人与自然的完全和谐",着重论述阿格尔对生态社会主义的未来描画。本章从经济、政治、文化、社会四个维度揭示阿格尔如何构想了一个超越资本主义制度的非异化的美好社会。第六章"建设美丽中国:阿格尔生态马克思主义思想的主要启示",着重从经济、政治、文化、社会四个维度论述阿格尔生态马克思主义对建设美丽中国的主要启示。结语"走向'六生'谐美的命运共同体",在前六章的基础上,着重从"六生"的角度概要性地阐述美丽中国乃至生态文明的基本维度和可行的建设举措。

针对阿格尔生态马克思主义思想,在研究思路或理论逻辑上,可视本书研究成果的《导论》为第一部分,主要回答了"本书是何研究、因何研究、如何研究"的问题;可视本书研究成果的第一、二、三、四、五章一并为第二部分,回答了"阿格尔生态马克思主义思想内容为何"的问题;可视本书研究成果的第六章为第三部分,回答了"阿格尔生态马克思主义思想之于建设美丽中国有何启示"的问题。在这里,需要着重对本书研究成果第二部分所包含的这五章内容的内在逻辑加以着重说明。之所以安排了这五章,主要有以下三个原因:一是基于生态马克思主义的一般内涵。如前文所述,一般认为作为西方马克思主义主要流派的生态马克思主义的内涵在于：比较自觉地运用马克思主义的观点和方法，去分析当代资本主义的环境退化和生态危机，以及探讨解决危机的途径。二是借鉴了俞吾金、陈学明等学者的相关观点。俞吾金、陈学明两位教授在评介阿格尔的生态马克思主义思想时说："生态马克思主义在他们（指阿格尔和莱易斯——引者注）那里，不仅包括当代资本主义危机理论、资本主义批判理论，而且还有关于社会主义革命的动力、道路和策略的理论，以及关于生态社会主义的较完整的构想。"①另外，还借鉴了王雨辰教授关于生态马克思主义五个主要论题概括的看法。②三是参照阿格尔在提出"生态马克思主义"时的有关表述。阿格尔说："米利班德、哈贝马斯、布雷弗曼、莱易斯和我本人的出发点虽然不尽相同，但最后目标却是一致的——批判资本主义，形成资本主义主要危机形式的理论，最终提出如何在战略上过渡到未来社会主义的模式。他们都希望创造一种最令人满意的以民主基础为前提的非极权主义的社会主义。"③阿格尔在这里实际上也大致地提出了生态马克思主义的理论框架。

鉴于不同派别的学者对"何为马克思主义"见仁见智，本书研究成果认为要研究阿格尔生态马克思主义思想，首先必须厘清阿格尔所理解的马克思主义内涵为何，否则就无法澄清阿格尔用以分析资本主义生态危机的马克思主义理论工具。因此，本书研究成果第一章就论述阿格尔是如何理解马克思主义的。在阿格尔的理论工具证明之后，就要看阿格尔如何利用这一理论工具来剖析资本主义的生态危机、指明生态危机困境破解的。鉴于其理论切入点是分析资本主义的生态危机，第二章就论述阿格尔是如何对资本主义生态危机加以理论定位的。由于资本主义生态危机的根源在于资本主义社会制度的内在矛盾，生态危机与其他社会危机密不可分。这就势必对资本主义社会加以全面批判，揭露其为何造成对人与自然的双重支配，所以第三章就论述阿格尔是如何对资本主义社会加以生态批判的。对资本主义社会的批判不是仅为了控诉资本主义的社会罪恶，也是为了变革这个罪恶的社会。社会批判意在社会变革，因此在第四章论述了阿格尔对生态变革资本主义社会的社会主义革命的战略思考。变革资本主义社会的目的在于走向生态社会主义，那阿格尔是如何构想生态社会主义的？第五

---

① 俞吾金、陈学明：《国外马克思主义哲学流派新编·西方马克思主义卷》（下册），上海：复旦大学出版社，2002年，第615页。

② 具体内容参见王雨辰：《生态批判与绿色乌托邦：生态马克思主义理论研究》，北京：人民出版社，2009年，第266—279页。

③ Ben Agger, *Western Marxism:An Introduction*. Santa Monica:Goodyear,1979,p.279.

章就论述阿格尔对生态社会主义的构想。

　　总体上看，本书着重述评阿格尔一生的整个生态马克思主义思想，阐发阿格尔生态马克思主义思想对建设美丽中国的若干启示。为了对阿格尔生态马克思主义思想及其对建设美丽中国的启示加以系统研究，本书在研究的过程中主要采用了以下四种研究方法：一是辩证唯物主义和历史唯物主义的方法。阿格尔生态马克思主义涉及对马克思辩证方法的解读、对资本主义社会的批判、对资本主义社会变革的思考和对生态社会主义的构想等问题，只有坚持辩证唯物主义和历史唯物主义的方法，才有可能较客观地评价阿格尔生态马克思主义思想在相关问题上的观点，阐发其对建设美丽中国乃至美丽世界的启示。二是文献分析的方法。基于当前研究中关于阿格尔本人思想的一手文献比较薄弱的情况，本人在研究过程中从研读其原著入手，尽力做到忠实于原著。在参考学术界已有研究成果的基础上，通过对一手文献的分析，阐释阿格尔生态马克思主义思想及其对建设美丽中国的启示。三是比较分析的方法。在论述阿格尔生态马克思主义思想时，注重它与马克思的生态理论、非马克思主义的生态理论、其他生态马克思主义者的生态理论的比较，凸显其理论渊源和理论特征。四是动态分析的方法。阿格尔生态马克思主义思想，在时间跨度上比较大，在发展过程中也被不断地丰富和充实。本书研究成果在对阿格尔生态马克思主义思想进行论述时注重动态分析，把握其阶段性与连续性的统一。

第一章　马克思主义:旨在全面解放的批判理论

阿格尔的生态马克思主义思想,以马克思主义为理论指导,以探寻资本主义生态危机产生的根源为切入点,通过对当代资本主义社会展开全面批判,揭示通往生态社会主义的道路。这就意味着阿格尔首先要回答"何为马克思主义?马克思主义与生态学之间是何种关系?"这些前提性问题。在他看来,西方马克思主义内部的各种发展只能看作对马克思关于资本主义原本理论的修正和改造。这样,对马克思主义的理解,首先就要涉及马克思恩格斯的原本思想。鉴于阿格尔的西方马克思主义立场认为恩格斯的思想带有实证主义色彩,①他就自然而然地偏重于马克思的原本理论。阿格尔在《西方马克思主义导论》(1979)一书中把马克思的理论归结为马克思的辩证方法,指出马克思的辩证方法为分析西方马克思主义的历史与未来规定了框架,②并认为当下的生态危机把马克思所说的经济危机推到了幕后。阿格尔修正了马克思的危机理论,提出了"生态马克思主义"理论,重启了马克思主义的生态视域,我们可以把他对马克思危机理论的修正视为其整个生态马克思主义思想的正式呈现。这次修正也是阿格尔首次系统地提出了自己的马克思主义观和社会主义观。他在提出其"生态马克思主义"理论时,抱有强烈的乐观主义,但随着时代变迁以及他本人思想的发展,他再次感到马克思主义,尤其是作为马克思主义或历史唯物主义的法兰克福学派批判理论,还需要进一步回应那些来自马克思主义内部与外部的各种理论挑战。在坚持马克思的辩证方法与法兰克福理论家的批判理论框架的基础上,阿格尔于20世纪90年代初又着重吸收了后现代主义与女权主义等理论的积极因素,把马克思主义重建为女权主义后现代批判理论。他在这次重建马克思主义的过程中,推进了批判理论的发展,延续并深化了其早期的生态马克思主义思想。虽然阿格尔在其学术历程中修正或重建了马克思主义,但是他始终认为马克思主义不是教条而是一种方法,强调马克思主

---

① Ben Agger, *Western Marxism:An Introduction*. Santa Monica:Goodyear, 1979, p.16.

② Ben Agger, *Western Marxism:An Introduction*. Santa Monica:Goodyear, 1979, p.75.

义的目的在于追求人与自然的全面解放，所以它仍然是当今时代的思想，是可以用来解释资本主义、殖民主义、种族主义、性别歧视、支配自然等社会问题的唯一最具生命力的哲学。马克思主义的理论特质，也决定了它对分析资本主义生态问题的适切性。

第一节　回到马克思的辩证方法

自从卢卡奇以来，很多西方马克思主义者都十分看重马克思的辩证方法。美国学者伯特尔·奥尔曼（Bertell Ollman）说："马克思的所有理论是靠他的辩证观点及其范畴创立的，而且只有掌握了辩证法，这些理论才能被恰当的理解、评价和应用。"[①]作为一个西方马克思主义者，阿格尔的马克思主义观带有深深的西方马克思主义烙印。他所说的马克思主义，实际上就是在西方马克思主义的意义上使用的。阿格尔把马克思视为最伟大的社会学家，[②]始终认为马克思的理论遗产主要是马克思的辩证方法。对马克思主义辩证方法的解读，是阿格尔马克思主义观的理论起点。

一、马克思的辩证方法是完整的统一体

早在《西方马克思主义导论》（1979）一书中，阿格尔就把马克思关于资本主义的原本理论归纳为"异化理论和人的解放观；资本主义社会结构及其'内在矛盾'规律的理论；使内在矛盾向经验方面发展的危机模式"[③]这三个部分。纵观全书，从阿格尔的行文看，他所理解的马克思理论也就是马克思的辩证方法。"这种辩证方法是由异化理论、矛盾理论以及危机与相应的阶级斗争理论构成的。"[④]同时，"只有在把异化理论、内在矛盾理论和危机模式结合起来时，马克思的辩证方法才是完整的"[⑤]。由此可见，阿格尔把马克思的辩证方法理解为由关于资本主义的异化理论、内在矛盾理论和危机理论所构成的一个完整统一体，对异化理论、内在矛盾理论与危机理论的各自内涵做了较为详细的阐释。

异化理论在马克思的思想中占有极其重要的地位，涉及他在哲学、政

① ［美］伯特尔·奥尔曼：《辩证法的舞蹈：马克思方法的步骤》，田世锭等译，北京：高等教育出版社，2006年，第 V 页。

② Ben Agger, *The Virtual Self: A Contemporary Sociology.* Boston: Blackwell, 2004, p.6.

③ Ben Agger, *Western Marxism: An Introduction.* Santa Monica: Goodyear, 1979, p.6.

④ Ben Agger, *Western Marxism: An Introduction.* Santa Monica: Goodyear, 1979, p.12.

⑤ Ben Agger, *Western Marxism: An Introduction.* Santa Monica: Goodyear, 1979, p.9.

治经济学和科学社会主义等方面问题的卓见。从 1841 年的《博士论文》到 1844 年的《〈黑格尔法哲学批判〉导言》，马克思主要探讨的是政治异化，用异化概念说明人同国家的关系，认为市民社会决定国家，确认人是历史主体。从《1844 年经济哲学手稿》直至《资本论》，马克思将异化理论探讨的重点转向了经济异化，着重阐明了资本主义社会的异化劳动。在《1844 年经济哲学手稿》中，马克思认为资本主义社会中作为人的本质对象化的劳动必然表现为异化劳动，异化劳动表现为四个方面的异化，即劳动产品的异化，劳动过程的异化，人与人关系的异化和类本质的异化。为此，马克思设想了一个扬弃异化的共产主义社会。如果说，马克思在《德意志意识形态》中从实践和现实的生活条件出发进一步理解异化，发展了异化劳动理论，那么《资本论》则对生产、流通、分配、消费等各个方面的异化作了更具体地分析。

阿格尔对马克思的异化理论的解读主要体现在以下几点：一是阿格尔将之视为马克思辩证方法的主要支柱之一，并贯穿于马克思的整个思想历程。"尽管人们就马克思的'早期'（哲学的）著作与'晚期'（经济的著作）之间的关系写了许多书，但是我们还是愿意把马克思看作一位在其思想发展过程中有不同侧重点的'思想连贯的'理论家。"[1]二是阿格尔认为马克思关于资本主义的异化理论和内在矛盾理论没有过时。"马克思主义的前两个部分——异化和内在矛盾理论——仍然是正确的。"[2]三是阿格尔认为马克思揭示了异化的实质是对自由的否定。"在马克思看来，每一个人都使自身的本质外化，也就是通过其价值、目的及愿望的外在具体化来实现自身的人性。自由是人类本质在外化活动中的实现，而异化则是对自由的否定，即人不能从事自我实现的活动。"[3]四是阿格尔认为马克思辩证地把资本主义的经济结构与人的异化经历结合起来，指出了解决异化问题的方法是实现共产主义。"马克思解决异化问题的方法是共产主义，他把共产主义叫做'人和自然界之间、人和人之间的矛盾的真正解决'，异化是要由共产主义来解决的'历史之谜'。"[4]最后，更重要的是，阿格尔认为既可以扩展马克思的异化劳动概念，也可以拓展马克思对异化劳动的批判。

阿格尔在 20 世纪 70 年代末把马克思的"异化劳动"扩展到"异化消

---

① Ben Agger, *Western Marxism:An Introduction*. Santa Monica:Goodyear,1979,p.42.

② Ben Agger, *Western Marxism:An Introduction*. Santa Monica:Goodyear,1979,p.42.

③ Ben Agger, *Western Marxism:An Introduction*. Santa Monica:Goodyear,1979,p.7.

④ Ben Agger, *Western Marxism:An Introduction*. Santa Monica:Goodyear,1979,p.17.

费"，指出"异化消费是异化劳动的合乎逻辑的对应现象"①。在90年代，阿格尔又探讨了与异化劳动相关的"异化技术""异化交往""异化社会"等问题，把马克思对异化劳动的批判拓展为包括法兰克福学派所说的作为异化加剧之结果的支配(domination)的所有方面。阿格尔说："与法兰克福学派理论家一道，我把马克思对异化劳动的批判拓展为对包括支配的所有方面——阶级、种族、性别、自然——的批判。"②

　　阿格尔强调，马克思正是在《资本论》中对关于资本主义内在矛盾的理论进行了极其充分的阐述。概括地说，阿格尔把马克思关于资本主义内在矛盾的理论解读为以下几点：一是资本主义的内在矛盾模式可以简化为劳资之间的矛盾，或者像马克思自己所说的生产资料私人占用和生产社会化之间的矛盾。③"自由"的工人在"自由"市场上把自己的劳动力出卖给资本家以换取维持生存的工资。资本家能够从他所雇用的劳动力中榨取工人的剩余价值，也就是对个人实行经济剥削。而这种剥削只是较为广泛的异化概念的一个组成部分。资本主义导致富人越富，穷人越穷，这是一种自相矛盾的生产方式。二是马克思所说的内在矛盾是指，在逻辑上易于使资本主义制度崩溃的资本主义所存在的各种根深蒂固的矛盾。"如果允许这种矛盾逻辑的自由发展，即允许它以其本能的方式发展的话，那么资本主义的灭亡最终会发生。"④三是马克思并没有认为资本主义的内在矛盾必然会导致社会主义，除非这些矛盾表现为革命的工人阶级对之可以施加影响的经济的和社会的各种经验危机。"马克思以经验为根据揭示了资本主义能够遏制生产和积累过程的自相矛盾的逻辑。"⑤最后，认为马克思揭示了资本主义是一种既有外在矛盾，又有内在矛盾的社会制度，它既剥削人，也破坏环境。"我是马克思主义者，因为我接受马克思的以下思想，马克思认为资本主义是一种既有外在矛盾又有内在矛盾的社会制度，它既剥削人，也破坏环境。"⑥

　　马克思辩证方法中的第三个部分是马克思的危机理论。阿格尔指出马

①　Ben Agger, *Western Marxism: An Introduction*. Santa Monica: Goodyear, 1979, p.272.

②　Ben Agger, *The Discourse of Domination: From the Frankfurt School to Postmodernism*. Evanston: Northwestern University Press, 1992, p.8.

③　Ben Agger, *Western Marxism: An Introduction*. Santa Monica: Goodyear, 1979, p.13.

④　Ben Agger, *Western Marxism: An Introduction*. Santa Monica: Goodyear, 1979, p.13.

⑤　Ben Agger, *Western Marxism: An Introduction*. Santa Monica: Goodyear, 1979, p.6.

⑥　Ben Agger, *The Discourse of Domination: From the Frankfurt School to Postmodernism*. Evanston: Northwestern University Press, 1992, p.8.

克思把资本主义的危机概述为,"在资本主义中,由资本积累的一般规律、资本集中与积累的趋势、产业后备军队伍的相应扩大及工资下降所引起的严重矛盾,意味着将导致资本主义无法避免的决定性的大变革"①。阿格尔认为马克思的危机理论的关键之处在于这样一个假定,即资本主义的生产方式意味着不变资本与可变资本之比不断上升,也就是机器、厂房和原材料与工资之比不断上升。所谓"资本有机构成"将随着资本主义的发展而增长。②阿格尔同意马克思关于"资本主义生产的真正限制是资本自身"③的看法,但是他又重申,马克思关注的是资本主义导致内在危机的趋势,尽管马克思也把这些趋势称为"规律",但是马克思所揭示的这些规律并不像物理学规律那样限定的机械运动。④阿格尔强调,在理解马克思的危机理论时要注意区分马克思对资本主义危机的逻辑分析与经验分析。如果混淆了这两种不同的分析,就会出现两种不同的立场,一种立场是,一些马克思主义者把《资本论》看作可以应用于现实,而不是对现实高度抽象的公式化描述",导致他们往往采取决定论的立场;另一种立场是,认为矛盾已经被永远消除,资本主义从而可以永远延续下去的马克思主义怀疑论立场。而这两种立场在阿格尔看来都是有缺陷的。⑤当然,阿格尔在理解马克思的危机理论时一直坚持的看法是,鉴于资本主义社会危机的形式随着时代的变化而变化,就导致马克思的危机理论不适应于对晚期资本主义社会的分析,而需要根据现代情况加以修正。

尽管阿格尔承认马克思的辩证方法是一个完整的统一体,但他也认为马克思辩证方法中关于异化及其批判的理论与关于资本主义"内在矛盾"的理论是马克思世界观中发展得最为系统的两个方面,而危机理论在《共产党宣言》和《资本论》中只是做了简要的概述。这样,阿格尔就把关于异化的理论和关于资本主义"内在矛盾"的理论视为马克思辩证方法的两个主要支柱。他表示自己的这种理解也是合乎马克思原意的,因为在马克思那里,对资本主义的充分了解,一要取决于对人类异化形式和程度的分析,二要取决于对于资本主义制度自相矛盾的方面即所谓"内在矛盾"的分析。⑥阿格尔在这里所要表明的,不是马克思的危机理论不重要,而是"许多马克思主义

---

① Ben Agger, *Western Marxism:An Introduction*. Santa Monica:Goodyear,1979,p.65.

② Ben Agger, *Western Marxism:An Introduction*. Santa Monica:Goodyear,1979,pp.68—69.

③ 《马克思恩格斯全集》(第25卷),北京:人民出版社,1974年,第58—59页。

④ Ben Agger, *Western Marxism:An Introduction*. Santa Monica:Goodyear,1979,p.72.

⑤ Ben Agger, *Western Marxism:An Introduction*. Santa Monica:Goodyear,1979,p.14.

⑥ Ben Agger, *Western Marxism:An Introduction*. Santa Monica:Goodyear,1979,p.6.

者不同意马克思在 19 世纪后期的欧洲环境中提出的特定的危机理论,因为他们不相信资本主义的内在矛盾在今天会表现为马克思所提出的那种危机形式"①。对于马克思辩证方法中的危机理论,阿格尔的看法是,"只有对马克思的危机理论进行重大修正,马克思主义才能适应于今天的形式"②。

二、马克思辩证方法的革命性和批判性

阿格尔对马克思辩证方法特征的概括,是基于马克思 1873 年 1 月 24 日在伦敦为《资本论》(第一卷)第二版所写的跋中对其辩证方法的论述。③借助于对这段引文的理解,阿格尔概括了区别于黑格尔唯心主义的马克思辩证方法所具有的三个特征:首先,它认为现存社会制度不可避免地要灭亡;其次,它是从每一种社会形式的不断运动中来理解这一社会形式,即认识现代社会现实的历史根源的;最后,它"不崇拜任何东西",它在本质上是革命的并致力于理论与实践的结合。④

在分析资本主义的内在矛盾时,阿格尔阐述了马克思辩证方法的特征,其原因在于:其一,强调马克思思想发展的连贯性。在分析马克思的异化理论时,阿格尔不同意把马克思分为具有"认识论断裂"的"早期"马克思与"晚期"马克思的做法,而是愿意把马克思看作一位在其思想发展过程中具有不同侧重点的思想连贯的理论家。阿格尔的理由是,"如果说马克思的早期著作主要是致力于对资本主义异化本质的一般理论探讨,那么其晚期著作并没有放弃他早期关于人类异化的性质和解放的意义所作的探讨,只是减少了哲学的分量,增加了经济学的分量,增强了对资本主义在经验上与概念上的精确分析,马克思这样做的目的是提出一种关于资本主义危机和社会主义变革的模式"⑤。其二,揭示资本主义制度灭亡的逻辑必然性。资本主义制度如同其从封建制度中生产出来一样,因其存在内在矛盾,其自身也就包含着必然灭亡的种子。其三,表明阿格尔本人的马克思主义立场。阿格尔坚持主张马克思辩证方法中关于异化的理论与关于资本主义内在矛盾的理论在今天仍然是正确的,而资本主义危机及其转化的经验理论还没有充分发展到能够取代马克思早期思想的程度,尽管马克思早期的思想也是不充分的。针对可能存在的人们会认为阿格尔的立场"是三分之二的

① Ben Agger, *Western Marxism: An Introduction*. Santa Monica: Goodyear, 1979, p.6.

② Ben Agger, *Western Marxism: An Introduction*. Santa Monica: Goodyear, 1979, p.12.

③ 《马克思恩格斯文集》(第一卷),北京:人民出版社,2009 年,第 22 页。

④ Ben Agger, *Western Marxism: An Introduction*. Santa Monica: Goodyear, 1979, p.43.

⑤ Ben Agger, *Western Marxism: An Introduction*. Santa Monica: Goodyear, 1979, p.43.

马克思主义者"这一质疑，阿格尔的自我辩护是，"任何接受马克思关于资产阶级社会所特有的异化和内在矛盾的基本理论的人，就是一个'真正'的马克思主义者"①。最后，指出了马克思主义与黑格尔唯心主义之间的区别与联系，而这与探讨马克思辩证方法的本质密不可分。

在何为马克思主义这一问题上，马克思主义内部存在诸多分歧。通过对西方马克思主义历史的考察，阿格尔认为这些分歧取决于对马克思辩证方法本质的理解。阿格尔在《西方马克思主义导论》(1979)中摘录了马克思和恩格斯的《德意志意识形态》中的有关段落，论证了马克思辩证方法的本质就是"马克思与恩格斯所概述的在物质条件与创造及再创造这些物质条件所需人的意志之间的辩证法"。在阿格尔看来，"人创造环境，同样，环境也创造人"②这句名言体现了马克思辩证方法的本质，因为"它同等看待社会结构和人的意志，把唯物主义和理想主义整合为一种综合的二维体系"③。换句话说，就是马克思的辩证方法把人的意识和社会结构的动力联系起来，提出了社会过程的总体模型。阿格尔进一步阐释说，与把历史完全归结为结构动力的纯唯物主义相反，马克思的唯物主义既从具体的物质条件出发，又不忽视改变这些条件所需要的人的意识、意志和动机。其原因在于，"在马克思看来，社会变革是结构动力和人的意志综合作用的结果，它既不能归结于纯粹的结构因素，也不能归结于纯粹的主观因素"④。这样，马克思的辩证方法就更辩证而全面地揭示了社会变革与政治变革的因果关系，故而可以称马克思的唯物主义为辩证的唯物主义。

阿格尔在总结马克思辩证方法的本质时，提及了社会学历史中与马克思这一思想不同的两种对立的观点，一种是决定论的观点，另一种是唯心论的观点。决定论的观点是把历史的动力看作历史运动本身的逻辑；而唯心论的观点则根据个人的作用来观察历史的发展。阿格尔认为这两种观点之所以不同于马克思的观点，是因为马克思强调社会变革既是结构动力的结果，又是目的性动力的结果。他具体地说明了马克思的立场：只有当经济制度受到危机的困扰使得资本主义制度有崩溃的危险的时候，以及当人类根据上述条件通过集体行动而把握变革社会机会的时候，才会发生社会主义革命。马克思的"辩证法"，"或者叫做相互影响和相互作用，存在于社会

①　Ben Agger, *Western Marxism：An Introduction*. Santa Monica：Goodyear, 1979, p.43.

②　《马克思恩格斯文集》(第一卷)，北京：人民出版社，2009 年，第 545 页。

③　Ben Agger, *Western Marxism：An Introduction*. Santa Monica：Goodyear, 1979, p.31.

④　Ben Agger, *Western Marxism：An Introduction*. Santa Monica：Goodyear, 1979, p.27.

变革的结构要素和意志要素的相互联系之中"①。正因为人的意志、意识、动机在社会变革中具有如此重要的作用，它往往遭受意识形态的有意蒙蔽。而对意识形态的批判就涉及马克思辩证方法的目的问题。

对阿格尔来说，《德意志意识形态》的重要性不仅在于它反映了马克思辩证方法的本质，它还蕴含了马克思辩证方法的宗旨。"马克思的辩证方法的宗旨在于揭露和消除使人屈从于异化的各种意识形态的迷惑性。"②换言之，马克思的辩证方法就是要用真实的意识来揭露意识形态的真相，也就是对资本主义意识形态加以批判。在阿格尔看来，马克思之所以要提出意识形态理论和意识形态批判，是因为马克思相信意识形态的骗局是异化的一个组成部分。他认同马克思的这一看法，承认没有一定的意识形态欺骗，资产阶级对工人劳动力的剥削就是不可能的。他相信马克思在《德意志意识形态》中对他的辩证法做了明确表达，概述了意识形态和异化之间的关系和社会变革可能采取的形式。借助于《德意志意识形态》中"统治阶级的思想在每一时代都是占统治地位的思想"③这句话，阿格尔意在说明意识形态是为统治阶级服务的。之所以如此，是因为在马克思看来，每一种异化的制度都会产生一种意识形态，而这种意识形态是为这种制度的合理性进行自我辩解的利己的解释体系。阿格尔指出"马克思没有把一般的社会信仰体系与特殊的意识形态等同起来，而是说只有在存在阶级划分的社会才会产生意识形态，这种意识形态的目的就是要维护统治者和被统治者之间的不平等关系并使之合法化和合理化"④。

阿格尔指出，马克思的意识形态理论和意识形态批判对于工人来说，十分重要，其重要性表现在对工人的启蒙与教育。在工人阶级能够把握因资本主义经济中各种矛盾的成熟而产生的革命机会以前，他们必须认识到意识形态的虚伪性，因为这样的意识形态要么忽视剥削的现实，要么把这种形式蒙上一层神秘的面纱，使它成为人类状况的一个基本而不可避免的方面。阿格尔的观点是，"如果把马克思关于异化及其对人的意识的影响的基本理论概括起来，就是意识形态剥夺了人类主导自己生活的某种理智的和实际的能力"⑤。从实践来看，并非工人都能认识到意识形态的欺骗性。针对这种意识形态的神秘性，"马克思建立了能启蒙异化的工人并使其从神

---

①　Ben Agger, *Western Marxism:An Introduction*. Santa Monica:Goodyear,1979,p.27.

②　Ben Agger, *Western Marxism:An Introduction*. Santa Monica:Goodyear,1979,p.28.

③　《马克思恩格斯文集》(第一卷)，北京：人民出版社，2009 年，第 550 页。

④　Ben Agger, *Western Marxism:An Introduction*. Santa Monica:Goodyear,1979,p.29.

⑤　Ben Agger, *Western Marxism:An Introduction*. Santa Monica:Goodyear,1979,p.29.

秘化的社会现实中摆脱出来的辩证唯物主义的历史理论，指出意识形态可以通过对革命的可能性加以合理性的分析来克服。而正是这个理论启蒙作用，尤其是对阶级意识的培育，使人们同自己创造一个真正解放的、民主的社会的潜力联系起来"①。

三、对马克思辩证方法科学之维的不当删节

如同其他西方马克思主义者，阿格尔在建构自己的生态马克思主义思想时，也从马克思恩格斯的文献中寻求一些思想资源。对马克思辩证方法的关注，是西方马克思主义的一个重要理论特征。阿格尔继承了黑格尔主义的马克思主义、人道主义的马克思主义、弗洛伊德主义的马克思主义、存在主义的马克思主义等传统，在沿着"批判的"西方马克思主义路线前进时却删节了马克思辩证方法的科学之维，进而低估了"科学的"西方马克思主义的理论价值。

阿格尔阐述了马克思辩证方法的内涵、特征、本质及目的，对马克思辩证方法中所蕴含的批判性、革命性以及对非异化社会的构想给予了高度关注。当阿格尔在用"批判的"西方马克思主义视角来解读马克思的辩证方法时，在一定程度上遮蔽了科学的马克思主义视角的合理性。这样，阿格尔生态马克思主义思想对马克思辩证方法的解读，就存在一些缺陷。阿格尔否认了马克思的辩证方法是探讨社会规律的科学。这不符合马克思辩证方法的本意，因为在马克思看来，唯物辩证法就是关于外部世界和人类思维的运动的一般规律的科学。规律是客观事物的内部联系，任何科学都要认识和反映客观规律，马克思的辩证方法也探讨社会发展的规律。

《欧洲通报》1872年第5期曾有一个用来描述马克思辩证方法的短评，这个短评说："在马克思看来，有一件事情是重要的，那就是要发现他所研究的那些现象的规律，这些现象由一种形式过渡到另一种形式、由一种社会关系制度过渡到另一种社会关系制度的规律。所以马克思竭力去做的只是一件事：通过精确的科学研究来证明一定的社会关系制度的必然性，同时尽可能完全地指出那些作为他的出发点和根据的事实。为了这个目的，他只要证明现有制度的必然性，同时证明另一制度不可避免地要从前一种制度中生长出来的必然性就足够了，而不管人们相信或不相信这一点，不管人们意识到或意识不到这一点。马克思把社会运动看作受一定规律支配的自然历史过程，这个规律不仅不以人的意志、意识和意图为转移，

---

①　Ben Agger, *Western Marxism：An Introduction*. Santa Monica：Goodyear, 1979, p.29.

反而决定人的意志、意识和意图。(请那些因为人抱有自觉的'目的',遵循一定的理想,而主张把社会演进从自然历史演进中划分出来的主观主义者们注意。)既然意识要素在文化史上只起着这样从属的作用,那么不言而喻,以这个文化为对象的批评,比任何事情更不能以意识的某种形式或某种结果为依据。换句话,作为这种批判的出发点不能是观念,而只能是外部客观现象。批判应该是这样的:不是把特定的事实和观念比较对照,而是把它和另一种事实比较对照;对这种批判唯一重要的是,把两种事实尽量精确地研究清楚,使它们在相互联系上表现为不同的发展阶段,而且特别需要的是同样精确地把一系列已知的状态、它们的连贯性以及不同发展阶段之间的联系研究清楚。马克思所否定的正是这种思想:经济生活规律无论对于过去或现在都是一样的。恰恰相反,每个历史时期都有它自己的规律。经济生活是与生物学其他领域的发展史相类似的现象。旧经济学家不懂得经济规律的性质,他们把经济规律与物理学定律和化学定律相提并论。更深刻地分析表明,各种社会肌体和各种动植物肌体一样,彼此有很大的不同。马克思认为自己的任务是根据这些观点来研究资本主义的经济组织,因而严格科学地表述了对经济生活的任何精确地研究所应抱的目的。这种研究的科学意义,在于阐明调节这个社会肌体的产生、生存、发展和死亡以及这一肌体为另一更高的机体所代替的特殊规律(历史规律)。"[①]这就是马克思从报章杂志对《资本论》的无数评论中挑选出来并译成德文的一段对辩证方法的描述,马克思之所以这样做,是因为这段对马克思辩证方法的说明,"正如他自己所说,是十分确切的"[②]。

　　我们从马克思所认可的这个短评中可以清楚地发现,马克思的辨证方法把社会看作处于不断发展中的活的有机体,要研究它就必须客观地分析组成该社会形态的生产关系,研究该社会形态的发展规律。阿格尔在解读马克思的辨证方法时,却认为马克思主义不应该像实证主义社会科学那样去探讨社会规律,否则,马克思主义就成了实证主义。他说:"实证主义的社会理论与批判的社会理论的区别在于,实证主义社会理论力图描述解释社会行为变量的社会规律,而社会批判理论则拒绝社会规律这样的概念,力图揭示社会的历史性,以便理解历史是怎样可以被变革的。在实证主义家强调因果解释的地方,而批判理论家则强调历史性,以历史可变革性来看

---

① 《马克思恩格斯文集》(第一卷),北京:人民出版社,2009 年,第 20—21 页。
② 《列宁专题文集.论辩证唯物主义和历史唯物主义》,北京:人民出版社,2009 年,第 187 页。

待社会数据的可变性。"①可见,阿格尔在这里把"历史性"与"社会规律"对立起来了,断言作为非实证主义社会理论的马克思主义,不应该去探讨社会规律,否则,就是实证主义。

阿格尔认为马克思的辩证方法中也存在实证主义倾向,他遗憾地写道:"甚至马克思也谈到了资本主义社会的'运动规律'。在其后来诸如《资本论》之类的经济学著作中,揭示了资本主义充满了内在矛盾。虽然马克思没有抛弃人们实现社会主义及共产主义革命所需要的能动性,但是在他认为马克思主义是那种由经济运动规律所支配的自然科学时,他十分类似于实证主义的口吻。"②阿格尔批评马克思在晚年"犯了致命的错误,没有充分地突破实证主义及社会物理学的修辞,从而忘记了社会主义革命中最要紧的是人而不是别的,人们必须自下而上地发动和实现革命"③。阿格尔反对马克思运用辩证方法去探讨社会规律的另外一个重要原因在于,他甚至认为社会规律是根本不存在的。"没有什么社会图景是由社会规律所决定的,不管是资本主义还是社会主义,完全是因为社会规律根本就存在。在规律不存的情况下,选择就很普遍,尽管不是自由主义个人主义的不受限制的那种选择。"④所以,阿格尔说:"具有像我这样政治倾向与知识倾向的人们,强烈反对'社会规律'这一概念,因为我们相信这样针对社会规律的再现实际上阻碍了人们努力去实现重要的社会变革。"⑤无论如何,阿格尔对马克思辩证方法关于社会规律探讨的拒绝,误读了马克思的原意。

阿格尔还责备马克思的辩证方法缺乏合理的认识论基础。在解读马克思的辩证方法时,阿格尔对马克思认识论的唯物主义基础把握得不够准确,甚至存在自相矛盾之处。比如,一方面,在《支配的话语:从法兰克福学派到后现代主义》一书中,阿格尔说:"我相信马克思不是一个经济决定论者,也相信马克思对'基础'与'上层建筑'(经济与文化)之间关系的理解模式指导了马尔库塞、霍克海默和阿多诺的研究。马克思理解了意识形态与

---

① Ben Agger, *Critical Social Theories:An Introduction.* Boulder:Westview Press,1998,p.25.

② Ben Agger, *Postponing the Postmodern:Sociological Practices,Selves and Theories.* Lanham, MD:Rowman & Littlefield,2002,p.99.

③ Ben Agger, *Postponing the Postmodern:Sociological Practices,Selves and Theories.* Lanham, MD:Rowman & Littlefield,2002,pp.94–95.

④ Ben Agger, *Critical Social Theories:An Introduction.* Boulder:Westview Press,1998,p.9.

⑤ Ben Agger, *Public Sociology:From Social Facts to Literary Acts.* Lanham,MD:Rowman and Littlefield ,2000,p.100.

经济结构的相互影响。"①另一方面，阿格尔还说："马克思的物理主义（physicalism）（如，基础和上层建筑的区分），阻碍了对那种把欲望与对象化世界加以紧密联系的纽带的深入理解，欲望存在于，但又常常屈从于这个对象化的世界。在快速资本主义中，意识与物质的区分掩蔽了它们之间的等级制，这一直是主客体二元论的问题所在。马克思主义很长时间以来一直深受马克思认识论上机械主义（mechanism）的影响，用哈贝马斯的话来说，这阻碍了把社会变革建立在交往合理性的基础上。"②

　　对马克思辩证方法的唯物主义认识论基础的误解，源于阿格尔没有理解唯物主义的逻辑、辩证法与认识论具有内在统一性。"虽说马克思没有遗留下'逻辑'（大写字母的），但他遗留下《资本论》的逻辑，应当充分地利用这种逻辑来解决这一问题。在《资本论》中，唯物主义的逻辑、辩证法和认识论（不必要三个词：它们是同一个东西）都应用于一门科学，这种唯物主义从黑格尔那里吸取了全部有价值的东西并发展了这些有价值的东西。"③阿格尔不应该忘记：马克思在1845年的《关于费尔巴哈的提纲》，恩格斯在1888年的《路德维希·费尔巴哈和德国古典哲学的终结》和1892年的《〈社会主义从空想到科学的发展〉英文版导言》等著作中，都把实践标准作为唯物主义认识论的基础。④如果像阿格尔那样认为马克思的辩证方法缺少合理的认识论基础的话，则没有充分的理论依据。

　　阿格尔还否认了马克思与恩格斯在唯物主义和辩证方法上的一致性。作为马克思主义的共同奠基人，马克思与恩格斯的辩证方法根本不存在截然对立。但有些西方学者认为马克思的辩证方法是历史唯物主义，而恩格斯因阐述了"自然辩证法"则导致其辩证方法是辩证唯物主义的，从而具有实证主义、自然主义的倾向，完全不同于马克思的辩证方法。在阿格尔解读马克思的辩证方法时，也存在这种把马克思和恩格斯加以对立的失误。在20世纪70年代，阿格尔就指责恩格斯"忽视了马克思本人的黑格尔遗产及其与自然科学的决定论性质相反的辩证方法思想"，而走向了具有机械决定论倾向的"科学主义的马克思主义"。⑤在21世纪初，阿格尔依然说：

---

①　Ben Agger, *The Discourse of Domination:From the Frankfurt School to Postmodernism*. Evanston:Northwestern University Press,1992,p.194.

②　Ben Agger, *Fast Capitalism:A Critical Theory of Significance*. Champaign:University of Illinois Press,1989,p.46.

③　《列宁专题文集.论辩证唯物主义和历史唯物主义》，北京：人民出版社，2009年，第145页。

④　《列宁专题文集.论辩证唯物主义和历史唯物主义》，北京：人民出版社，2009年，第44、353页。

⑤　Ben Agger, *Western Marxism:An Introduction*. Santa Monica:Goodyear,1979,pp.75-76.

"马克思正确地指出了资本主义是一个矛盾的体系，必然通过财富的集中与积聚而颠覆自身，虽然加速的资本主义巩固了控制，甚至让法兰克福学派也更难以指出这种控制，但是它加速了资本主义走向灭亡。在我看来，马克思是正确地，因为他把资本主义看作是暂时的。但是科学主义的马克思主义者，始于恩格斯、考茨基和列宁，给人留下的印象是：马克思是一个实证主义者，在他对资本运动规律的描述中预先规划好了社会主义的进程。"[1]阿格尔在辨证方法这一问题上，除了把"历史性"与"社会规律"对立起来外，还把马克思和恩格斯对立起来。

阿格尔强烈反对他所说的应该由恩格斯等人负责的科学主义的马克思主义，其原因在于，"实证主义版本的科学经过恩格斯、列宁及后来意大利的科学马克思主义者之手而入侵到马克思主义自身，这种马克思主义由于声称是对社会自然的一种纯粹再现关系，从而掏空了工人的能动性运动。梅洛·庞蒂曾经写道：'革命的日期没有被写在哪面墙上，也不是悬挂在形而上学的苍穹，'而是'革命事件是偶然的……'。辩证的规律仍是规律，妄求从历史性中排除历史，其实，历史性就把历史呈现为一本开放的书，尽管这本书不是完全没有受过去的动力和惰性所制约"[2]。要而言之，在阿格尔眼里，科学主义的马克思主义之所以要被反对，是因为它抛弃了人们的能动性、否定了社会的历史性、拒绝了革命的偶然性，而这与马克思的辩证方法是格格不入的。

其实，阿格尔在辨证方法上把辩证唯物主义与历史唯物主义、马克思与恩格斯加以对立，是错误的。可以借用佩里·安德森的一段话来回应阿格尔，安德森说："对马克思的直接继承者来说，他的哲学著作的那种不明朗和不完全的性质，已经被恩格斯后来的著作——首先是《反杜林论》——所弥补了。但是在1920年以后，自然科学方面的一些问题和发现，越来越明显地同这些著作中的某些中心主题不相符合，这些著作便受到普遍的怀疑。事实上，西方马克思主义是以对恩格斯的哲学遗产发出决定性的双重批驳而开始的——这种批驳由科尔施和卢卡奇分别在《马克思主义与哲学》和《历史与阶级意识》两书中进行的。从那时以后，西方马克思主义内部实际上所有的思潮——从萨特到科莱蒂，从阿尔都塞到马尔库塞——一般

---

[1]　Ben Agger, *Speeding Up Fast Capitalism: Cultures, Jobs, Families, Schools, Bodies.* Boulder: Paradigm Publishers, 2004, p.28.

[2]　Ben Agger, *Postponing the Postmodern: Sociological Practices, Selves and Theories.* Lanham, MD: Rowman & Littlefield, 2002, p.85.

都反对恩格斯后来的著作。然而,一旦恩格斯的贡献被认为不值一顾,马克思本身遗产的局限性就显得比以前更加明显,对它加以补充也就更成为当务之急了。为此目的而在欧洲思想范围内求助于更早的哲学权威,在某种意义上,这可以视为退到了马克思以前。"①

由此可见,阿格尔没有完整而准确地解读马克思的辩证方法。由于把科学混同于实证主义,把辩证决定混同于机械决定,他就割裂了马克思辩证方法中科学性、批判性、革命性和理想性之间的有机联系。正如美国马克思主义者伯特尔·奥尔曼所言:"'科学、批判、理想、革命策略'通常都是被孤立地加以理解的——有些人甚至认为它们在逻辑上是不相容的——并且多数马克思主义的解释者都只强调了这些论题中的一个或几个,而忽略和贬低了其他几个(或者,在某些情况下,将其用作指责马克思前后不一致的理由)。然而,所有这四种趋向的重要性在马克思的著作中都有不可推翻的证据。而且,他们往往如此地相互渗透、相互依存,以至于很难将它们分离开来。"②其实,纵观阿格尔的整个学术思想,对于奥尔曼所说的马克思主义的"科学、批判、理想、革命策略"这四个方面而言,"批判、理想、革命策略"是阿格尔所高度认同的,唯独"科学"是阿格尔所极力反对的。

阿格尔不仅没有完整而准确地解读马克思的辩证方法,还低估了"科学的"西方马克思主义的理论价值。阿尔文·古尔德纳指出,马克思主义必须探讨社会主义所必要的客观经济条件,然而它探讨这个论题的目的不只是为了理解,而且是为了进行旨在改变世界的革命实践。它并不认为,既然历史是在我们一边,我们就可以静待事物的自然发展,而是认为历史的进程取决于人民的积极动员。马克思主义因而是科学和政治、理论和实践的矛盾结合。因此,虽然两种马克思主义互相矛盾,它们却是辩证的"对立面的统一",每一方都有助于对方的发展。虽然古尔德纳的这种观点对马克思主义的理解有失偏颇,但也部分地说出了西方马克思主义之所以出现"批判的"西方马克思主义与"科学的"西方马克思主义这种两刃相割的对立局面的大致原因。因为阿格尔肯定马克思辩证方法及马克思主义的"批判"维度,否定它们的"科学"维度,所以他轻视了"科学的"西方马克思主义。

不容否认的事实是,"科学的"西方马克思主义确实有其内在的理论局限。比如,"科学的"西方马克思主义,虽然把注意力集中在注定导致资本主

---

① [英]佩里·安德森:《西方马克思主义探讨》,高銛等译,北京:人民出版社,1981年,第78页。

② [美]伯特尔·奥尔曼:《辩证法的舞蹈:马克思方法的步骤》,田世锭、何霜梅译,北京:高等教育出版社,2006年,第2页。

义必然灭亡的资本主义经济的内在矛盾上，但是它因认为资本主义社会是通过必然的经济灾变转变为社会主义，而没有能够制定一种说明工人阶级如何夺取国家政权的理论。"科学的"西方马克思主义，还往往会沦为一种政治空想主义，这是因为在它看来，政治是一种副现象，会自动符合生产方式中发生的变化。社会主义所必要的政治条件和努力会从资本主义经济和矛盾的成熟中自动产生出来。然而既然这种经济的演变必然会产生出社会主义，那就没有理由要任何人去为社会努力，更不用说去为它牺牲了。"科学的"西方马克思主义其使追随者等待必然要发生的事情，就会产生一定的消极性，即使它提供的胜利保证能维持人们的希望的话，那也只能产生一种渐进的、议会式的社会主义。

在承认"科学的"西方马克思主义具有局限性的同时，我们也应该看到其理论价值。对马克思主义的两种理解，即认为马克思主义是"批判"还是"科学"，部分地是围绕着唯意志论和决定论、自由和必然这一核心矛盾形成起来的。在阿尔文·古尔德纳看来，这两种理解中的每一种都是马克思主义的真正组成部分。我们所面对的决不只是一个表面上的矛盾，说一声一方是假的、修正主义的、机会主义的、错误的，不是真正的马克思主义，而另一方是真的、地道的、纯而又纯的、真正革命的马克思主义，就可以轻易解决的。因此，"批判的"西方马克思主义和"科学的"西方马克思主义由于各自特有的局限性，都为对方留下了余地。这也告诉我们，"批判的"西方马克思主义和"科学的"西方马克思主义，在看到自身的理论优势时，也要看到自身的局限，正如看到对方的局限时，也应该看到对方的优势，从而不犯盲人摸象的错误。

总起来说，阿格尔较系统地介绍了他对马克思辩证方法的理解，既揭示了马克思主义的生命力在于运用马克思的辩证方法，也相信马克思的辩证方法为各种理论探讨留有充分的余地。马克思的辩证方法为阿格尔分析西方马克思主义的历史和未来规定了框架，这也暗示了他的马克思主义观是随着历史的发展而不断发展，为其重建马克思主义埋下了伏笔。不过，阿格尔把马克思视为一个只追求人道主义、非极权主义和民主的革命者，而非一个探求社会运动规律的科学社会主义者，这就决定了他对马克思辩证方法的解读是有局限的。

第二节　马克思经济危机理论的生态审视

阿格尔解读马克思辩证方法的理论旨趣在于，在坚持马克思主义基本立场、观点和方法的同时务必因时修正马克思主义。纵观阿格尔的学术生涯，我们可以发现他始终把自己定位为一个马克思主义者，坚持马克思主义立场，坚信"只要异化存在，只要资本主义存在，马克思主义就存在，而且必然存在"①。阿格尔反对固守马克思主义的僵化教条，主张根据时代变化与理论的发展来不断反思马克思主义、资本主义与社会主义的前途，积极修正马克思的理论，以发展中的马克思主义来回应各种理论上与实践上的挑战。

一、"没有唯一的马克思"

恩格斯在 1887 年致弗·凯利-威士涅威茨基夫人的一封信中所说："我们的理论是发展的理论，而不是必须背得烂熟并机械地加以重复的教条。"②阿格尔在多种场合均表示，修正马克思的理论，乃至重建马克思主义是必要的。这种必要性大致概括如下。

首先，人们只能探讨在不同时空下对马克思的解读。在《支配的话语：从法兰克福学派到后现代主义》(1992)中，阿格尔驳斥"正统"马克思主义对法兰克福学派的非难时明确表示，"正统"马克思主义者通过坚持马克思主义不可修正来保护马克思主义免于过时，但是这种做法是错误的，其原因在于，"讨论唯一存在的'马克思'这一问题是无意义的，而只能探讨在不同时空下对马克思的解读"③。必须把一定版本的马克思主义，看作对马克思一定方式的解读。人们最好将这种解读与写作之间的关系加以理论化，而这实质就是德里达的后结构主义的主要计划。

为此，阿格尔批评了"正统"马克思主义者菲尔·斯莱特(Phil Slater)与保罗·康纳顿(Paul Connerton)对法兰克福学派的指责。阿格尔认为，在斯莱特和康纳顿眼里，法兰克福理论家抛弃了作为社会历史基本推动者的工人阶级及其经济斗争，以社会变革中的批判思想取代了他们的力量与地位。在这一点上，法兰克福学派理论更多地是借鉴了德国理想主义传统，而不是马克思的唯物主义传统；与此相关的是，法兰克福学派的新理想主义导致了崇拜那种取代了马克思与恩格斯唯物主义的纯粹思辨性主观主义。社会变革被抽升到精神领域，持不同政见的知识分子取代无产阶级而成为社

---

① Ben Agger, *Western Marxism:An Introduction*. Santa Monica:Goodyear,1979,p.1.

② 《马克思恩格斯选集》(第四卷)，北京：人民出版社，1972 年，第 460 页。

③ Ben Agger, *The Discourse of Domination:From the Frankfurt School to Postmodernism*.Evanston:Northwestern University Press,1992,p.16.

会变革的主体。反过来，这被认为是导致了对文化的与心理分析主题的崇拜，而忽视了经济主题；那种偏好不是基于集体性政治运动的批判否定性而抛弃了工人阶级的做法，致命地削弱了法兰克福学派对晚期资本主义的理解；成为一个马克思主义者，必须以阶级间冲突不可避免地加剧来理解充满矛盾的资本主义变化。阿格尔同意，那些支持马克思辩证方法的人都必须把社会历史视为阶级斗争的历史，把资本主义视为一种由资本与劳动之间结构性对抗所限定的社会制度。但是"正统"马克思之者在责备法兰克福学派的意识形态理论的背叛，并将之打发掉，是没有足以深入地理解法兰克福学派的思想。这是因为，在1937年的重要纲领性论文中，霍克海默清楚地指明，批判理论没有抛弃马克思原本的政治与经济关联的思想，而只是借助于重新评价所谓的经济基础与上层建筑之间的关系而强化了这种思想。在此，霍克海默也指出了法兰克福学派明显的文化导向与心理分析导向，是为了回应于垄断资本主义"极权国家"中经济基础与上层建筑之间的日益紧密的关联。霍克海默认为，晚期资本主义的文化比以往更紧密地关联到资本的专横与社会控制，其实在文化与精神领域的自治虚幻中，隐藏着全面管理的强有力源泉，这一主题反复出现在早期法兰克福学派的作品中，也被法兰克福学派第二代团体所采用。

其次，马克思没有确立一种永远有效的理论，其辩证方法仅仅是一种方法，而不是不可更改的教条。阿格尔指出，"马克思只是确立了一种允许我们根据历史和文化的相应条件而重建这种理论的辩证方法。不过，可以对马克思的辩证方法不存偏见地加以再运用"[1]。这不是否认马克思的遗产及其利用的连续性，承认马克思发展的一种方法，是所有批判理论的重要部分。这种方法，就是后来的理论家们可以把马克思的分析范畴应用到他们自己的历史需要与政治需要之中。至于这种方法是什么这一问题，可以有不同的理解。

阿格尔支持法兰克福学派前两代成员的学术主张与实践反思，赞同霍克海默和阿多诺关于批判理论方法论述中所表明的马克思主义者在解读马克思时不能主动避开解读与写作之间文本间性的解释循环的立场。对马克思的尊重，是要把马克思主义应用到马克思所未曾预见的地方。比如，来解释马克思所忽视的当下资本主义社会里广泛存在的性别歧视与种族歧视等问题。应该像法兰克福学派的批判理论那样，在参考马克思解放性批判理论的一般框架内重建马克思主义理论。霍克海默、阿多诺和马尔库塞

---

① Ben Agger, *Western Marxism：An Introduction*. Santa Monica：Goodyear, 1979, p.12.

做了很重要的工作,去吸收马克思分析支配逻辑的实质,以便在他们自己在后来的研究中利用这种分析框架。这就导致他们后来写下《启蒙辩证法》《否定辩证法》《爱欲与文明》《单向度的人》,这些著作重新把马克思主义安置在对支配的反思性批判基础上。他们令人信服地指出马克思主义最好地被视为一般批判理论的一个特定案例,为了当代社会分析而完全可以加以必要的理论修正。

最后,马克思主义是一种开放性理论。在分析马克思的辩证方法时,阿格尔认为它可以为容纳各种理论探讨留有空间。阿格尔在后来把马克思主义理解为一种批判理论时,也呼吁"它应该根据现实而吸收其它理论的精华,而不是固守于僵化的马克思主义"①。在他看来,马克思的辩证方法虽然根植于关于资本主义矛盾的假设,但仍然主要是以经验为根据的方法,不是旨在进行逻辑分析而是旨在进行经济分析和政治分析。马克思主义的开放性还表现在马克思主义具有进行自我批判的理论特征。马克思主义作为批判理论在进行批判资本主义以及其他理论的同时,"也要坚持自我批判,承认自己的局限,不满于包括自身在内的任何理论的标签化和口号化"②。阿格尔把这看作马克思主义的生命力之所在。修正马克思的理论乃至马克思主义,关涉对马克思辩证方法真正意图的理解。阿格尔坦言自己对马克思辩证方法的理解不是基于刻板的逐字逐句考察,而是以理解它的方法论意图为基础。这样,他把马克思解读为辩证的理论家而不是严格的决定论者或唯意志论者。借助于对西方马克思主义历史的考察,指出一些西方马克思主义者之所以会把马克思误解为一位无视阶级斗争的意志论基础的决定论者,或者是一位唯意志论者,其原因就在于他们没有正确地理解马克思的辩证方法。"马克思辩证方法的这种方法论意图没有得到充分发掘。"③

修正马克思的理论乃至马克思主义,关涉马克思的理论与马克思主义自身的前途。马克思主义自从其诞生以来,就遭受来自内部与外部的各种挑战,它也正是在与各种理论的斗争中而不断发展。阿格尔认为,修正马克思的理论乃至马克思主义,就是要反对来自马克思主义内部的科学主义的马克思主义、结构主义的马克思主义,扬弃黑格尔主义的马克思主义、人道

① Ben Agger, *Gender, Culture and Power: Toward a Feminist Postmodern Critical Theory*. Westport, CT: Praeger Publishers, 1993, p.1.

② Ben Agger, *Fast Capitalism: A Critical Theory of Significance*. Champaign: University of Illinois Press, 1989, p.135.

③ Ben Agger, *Western Marxism: An Introduction*. Santa Monica: Goodyear, 1979, p.12.

主义的马克思主义和个人主义的马克思主义,①驳斥正统的非马克思主义,②对女权主义和后现代主义的挑战,并对之加以综合③。修正马克思的理论乃至马克思主义,还关涉社会主义的前途。对马克思的理论和马克思主义的理解,直接决定着对社会主义前途的思考,因为在阿格尔看来,马克思主义是一种把解放理论和关于社会主义可能性的设想与被压迫人民的日常斗争联系起来的方法。同其他西方马克思主义者一样,他也一直在思考社会主义革命为什么没有按照20世纪初马克思所期望的方式出现这一问题,希望在剖析资本主义社会现实的基础上获得该问题的答案。

二、"马克思的危机理论需要修正"

在《西方马克思主义导论》(1979)中,阿格尔以马克思的辩证方法为分析框架,对西方马克思主义的历史做了深入而细致地探讨,并对现有的理论资源进行了甄别综合,其目的在于系统地提出他自己的生态马克思主义观和生态社会主义观。阿格尔对马克思主义的这种考察直接体现为对马克思危机理论的修正,对发展北美马克思主义和社会主义变革持有较为乐观的看法。需要强调的是,这种修正,既可以被视为对马克思危机理论的重建,也可以被视为对法兰克福学派批判理论的重建。因为如果从法兰克福学派批判理论的视角看,阿格尔实质上是以属于法兰克福学派学者的莱易斯的生态马克思主义思想为理论平台,综合了其他各种理论资源,明确提出了"生态马克思主义"这一概念,丰富和发展了整个法兰克福学派批判理论的生态马克思主义思想。阿格尔改造马克思危机理论的理论前提在于,他认为把马克思的辩证方法与马克思危机理论的具体历史应用的区分,不仅是可能的也是必要的。"这种做法通过允许把阶级解放的抽象前景与这种解放所可能采取的具体形式联系起来,从而使马克思的辩证方法具有活力。"④

在上述基础上,阿格尔阐述了马克思经济危机理论在20世纪70年代所表现出的局限。一是马克思的经济危机理论淡化了资本主义社会消费领域对于资本主义生产领域出现危机的重要影响作用。"马克思没有充分地

---

①　Ben Agger, *Western Marxism:An Introduction*. Santa Monica:Goodyear,1979,pp.231-232.

②　Ben Agger, *The Discourse of Domination:From the Frankfurt School to Postmodernism*.Evanston:Northwestern University Press,1992,p.15.

③　Ben Agger, *Gender,Culture and Power:Toward a Feminist Postmodern Critical Theory*. Westport,CT:Praeger Publishers,1993,p.1.

④　Ben Agger, *Western Marxism:An Introduction*. Santa Monica:Goodyear,1979,p.319.

分析消费领域,错误地认为只有在生产领域中的危机趋势才导致资本主义的崩溃,今天的危机趋势恰恰转移到包括消费领域在内的政治领域、意识形态领域、文化领域等。"①二是因为资本主义的现实证明了它比马克思所想象的更富于弹性,所以马克思不完全的危机理论更远离了当前发达资本主义的经济社会现实。最后,与经济危机理论相关的是,"在面对马克思完全没有预见到的大规模社会变革的情况下,继续把阶级斗争方式固定化,只是一种较为虚幻的政治战略,因为不能把动力危机与阶级实践的政治解放理论统一起来,恰恰是一种空想"②。简言之,阿格尔的中心论点是,历史的变化已使马克思原先关于只发生在工业资本主义生产领域的危机理论失效了,需要吸收各种思想资源,修正马克思的危机理论,进而重建为当代的马克思主义。

由此可见,阿格尔建构自己生态危机理论的切入点,是指出马克思的经济危机理论因资本主义社会的变迁而不适应于分析当下资本主义社会中的危机。阿格尔提出了一个对他而言十分重要的观点:"我们的中心论点是,历史的变化已经使得马克思原先关于只发生在工业资本主义生产领域的危机理论失效了。"③应该承认,基于资本主义的新变化,尤其是基于生态危机的凸显,阿格尔要求马克思主义者重新探索资本主义危机理论的主张在出发点上是无可厚非的;他对奥康纳的财政危机理论、哈贝马斯的合法性危机理论、莱易斯的生态危机理论的肯定与整合也是无可指摘的。但是阿格尔关于马克思的经济危机理论仅关注工业资本主义的生产领域而不关注消费领域的说法,是值得商榷的;由此而简单地做出马克思的经济危机理论已经失去时效的结论,也是过于武断的。

马克思关于资本主义经济危机问题的大量论述分散在《〈政治经济学批判〉导言》《共产主义原理》《资本论》等著作中。马克思在深刻剖析资本主义社会生产、流通、分配、消费等环节的基础上,揭示了资本主义经济危机的本质、根源、周期等问题。在马克思看来,经济危机是资本主义的历史产物,在资本主义以前没有生产过剩危机。在《政治经济学批判大纲》中,马克思认为,在古代人那里(在奴隶制下)不是"过剩的生产而是过度的消费和发展到反常地步的畸形的疯狂消费,突出地标志着古代政治制度的崩溃"④。到了资

---

① Ben Agger, *Western Marxism:An Introduction*. Santa Monica:Goodyear,1979,p.272.

② Ben Agger, *Western Marxism:An Introduction*. Santa Monica:Goodyear,1979,p.319.

③ Ben Agger, *Western Marxism:An Introduction*. Santa Monica:Goodyear,1979,p.316.

④ 马克思:《政治经济学批判大纲》(1857—1858),北京:人民出版社,1963 年,第 42 页。

本主义的大工业时期，"才会经常地出现生产过剩和生产不足的现象——由于比例失调而带来的经常的动荡和痉挛"①，资本主义经济危机的本质就在于资本主义生产的相对过剩。至于经济危机的根源，马克思说："一切现实的危机的最终原因，总是群众的贫穷和他们的消费受到限制，而与此相对比的是，资本主义生产竭力发展生产力，好像只有社会的绝对的消费能力才是生产力发展的界限。"②资本主义经济危机发生的可能性主要在于买和卖的分离、货币作为支付手段。"买和卖在交换过程中的分裂，……它同时又是社会物质变换中相互联系的要素彼此分裂和对立的一般形式，一句话，是商业危机的一般可能性，其所以如此，只是因为商品和货币的对立是资产阶级劳动所包含的一切对立的抽象的一般的形式。"③换句话说，危机的一般可能性就是资本的形式上的形态变化本身，就是买和卖在时间上和空间上的彼此分离。造成危机的可能性还在于货币作为支付手段，"如果说危机的发生是由于买和卖的彼此分离，那末，一旦货币执行支付手段的职能，危机就会发展为货币危机，在这种情况下，只要出现了危机的第一种形式，危机的这第二种形式就自然而然地要出现"④。资本主义社会的经济危机具有周期性，也就是说，"工业的生命按照中常活跃、繁荣、生产过剩、危机、停滞这几个时期的顺序而不断地转换"⑤。经济危机几乎平均每十年都要重复一次，即使资本主义经济得到暂时的平衡，也是资本主义社会的瘟疫。因此阿格尔关于马克思的经济危机理论仅仅关注工业资本主义的生产领域而不关注消费领域的说法，与马克思的危机理论不吻合，是值得商榷的。

　　马克思在一百多年前预言，只要资本主义制度存在，就必然会出现周期性经的济危机。马克思说："在资本主义社会，社会的理智总是事后才起作用，因此可能并且必然会不断地发生巨大紊乱。"⑥事实证明，马克思的预言是正确的。从 1825 年在英国发生第一次经济危机至今的近二百多年里，资本主义主义世界就经历了 20 多次经济危机。⑦"上世纪 70 年代以来，资本主义世界就先后于 1973 年、1979 年、1990 年、1997 年、2008 年爆发了影响世界的经济危机。……从 20 世纪 80 年代初开始，由于政府采取了尽量

① 马克思：《政治经济学批判大纲》(1857—1858)，北京：人民出版社，1963 年，第 359 页。

② 《马克思恩格斯文集》(第七卷)，北京：人民出版社，2009 年，第 548 页。

③ 《马克思恩格斯全集》(第 13 卷)，北京：人民出版社，1962 年，第 86—87 页。

④ 《马克思恩格斯全集》(第 26 卷第二册)，北京：人民出版社，1973 年，第 587—588 页。

⑤ 《马克思恩格斯文集》(第五卷)，北京：人民出版社，2009 年，第 522 页。

⑥ 《马克思恩格斯文集》(第六卷)，北京：人民出版社，2009 年，第 359 页。

⑦ 逄锦聚：《政治经济学》，北京：高等教育出版社，2003 年，第 263—264 页。

少干预经济的政策,不仅使危机的频率又一次恢复到十年左右,危机的程度也逐渐加剧,且突出的表现为周期性金融危机,危机逐渐趋向于高度的同期性。"①在资本主义社会中,生态危机不仅不会取代经济危机,而且会诱发和加剧经济危机。

马克思的经济危机理论,深刻地揭示了资主义经济危机的必然性和运动规律,对资本主义经济危机的周期性、根源和本质的深刻剖析仍然没有过时,依然是科学剖析资本主义经济危机时所必须坚守的理论工具。比如,2008 年资本主义金融危机和经济危机爆发后,很多西方理论家都重新关注马克思的经济危机理论。里奥·帕里奇(Leo Panitch)在题为"十分现代的马克思"一文中分析这次国际金融危机时就高度评价了马克思的危机理论。帕里奇认为马克思没有过时,"他的话在今天仍很有意义"。资本主义的"经济危机再度掀起了人们对卡尔·马克思的兴趣。《资本论》在全球的销量一路飙升,它标志着此次危机范围之广、破坏力之大,已使全球资本主义及其卫道士陷入到意识形态的恐慌"。帕里奇指出,"马克思远远领先于其所处的时代,预测了近几十年来资本主义的全球化。他精准地预见到引发今天全球经济危机的一些致命因素。马克思并预见资本主义的发展会不可避免地'为深广的危机铺平道路'"②。2008 年的这场经济危机,本身就是对马克思政治经济学科学性的一次严格检验和有力证明:只有马克思的经济危机理论最有生命力,它是现今唯一能正确解释资本主义经济危机的科学理论。

三、"走向生态马克思主义"

对阿格尔来说,指出马克思危机理论缺陷的主要目的在于,修正马克思的经济危机理论,建构新的当代马克思主义生态危机理论,开启"生态马克思主义"的崭新视域。在建构自己的当代马克思主义生态危机理论时,阿格尔着重吸收了以下思想资源:马克思的异化理论和资本主义内在矛盾理论;马尔库塞的弗洛伊德主义的马克思主义、存在主义的马克思主义和现象学马克思主义;哈贝马斯的合法性危机理论、米利班德的国家理论、奥康纳的财政危机理论、莱易斯的生态危机理论;布雷弗曼关于异化劳动的思

---

① 刘明远:《马克思主义经济危机和周期理论的结构与变迁》,北京:中国人民大学出版社,2009 年,第 1 页。

② Leo Panitch,thoroughly Modern Marx:Lights Camera,Action,Das Kapital. Now,in Henry R. Nau ed. *International Relations in Perspective:A Reader.* Washington:U.S. CQ Press,2010,p.79.

想;舒马赫关于新型技术体制的思想等。通过对这些理论的整合,阿格尔提出了名为"生态马克思主义"的当代马克思主义生态危机理论。他在阐述自己的生态马克思主义的内涵时明确指出:"生态马克思主义包含两种分析视角(perspectives):一方面它认为资本主义商品生产的扩张动力导致资源不断减少和大气受到污染的环境问题;另一方面,它力图评价现代支配(domination)的多种形式,即人类在这些支配形式中从感情上依附于商品的异化消费,力图摆脱极权主义的协调与异化劳动的负担。"①阿格尔自信这种做法不但没有背弃马克思主义,反而既是对马克思的异化理论、资本主义具有内在矛盾思想的继承,也是对法兰克福学派批判理论的发展。阿格尔在指出自己生态马克思主义的主要特点时说:"生态马克思主义认为不仅资本主义生产过程中存在着根深蒂固的矛盾,而且生产过程同整个生态系统相互作用的方式也存在根深蒂固的矛盾。"②这里需要特别说明的是,阿格尔这里所使用的"支配"一词是法兰克福学派批判理论中的重要术语,它是指"加深的异化"。实际上,从阿格尔对生态马克思主义的表述上,我们可以发现他对马克思主义的重建是基于马克思的辩证方法这一分析框架。"左派生态学观点的核心就是要评价人类与自然之间的关系,坚持人的解放与自然的解放不可分的观点。"③阿格尔在马克思辩证方法的框架内修正了马克思的经济危机理论,较系统地提出了他的生态马克思主义思想。通过这次马克思经济危机理论的修正,阿格尔不但构建了他自己生态马克思主义理论的基本框架,也为他对作为马克思主义的法兰克福学派批判理论进行多次重建奠定了基础。阿格尔之所以把自己的生态危机理论称为"生态马克思主义",意在回应生态学和各种新社会运动对马克思主义所

---

① Ben Agger, *Western Marxism:An Introduction*. Santa Monica:Goodyear,1979,p.272. 对于"domination"这个单词,可以把它翻译为"支配"。阿格尔在《西方马克思主义导论》(1979)中介绍法兰克福学派的黑格尔主义马克思主义时,认为它在法兰克福学派的批判理论中具有重要地位,因为法兰克福学派对马克思主义的解释在很大程度上就是依据"支配"和"工具理性"这一对孪生概念。"domination"也随即成为阿格尔《支配的话语:从法兰克福学派到后现代主义》(1992)、《性别、文化和权力:走向女权主义后现代批判理论》(1993)、《批判社会理论导论》(1998)等著作中的重要概念。"支配"在阿格尔看来,其含义就是既指外部强加的异化,也是指人们在虚假意识条件下强加于自身的异化。它是法兰克福学派对马克思"异化"概念的扩展。笔者认为在这里如果把"domination"翻译为"统治"是不妥当的,因为这样做的话,没有揭示阿格尔生态马克思主义的法兰克福学派批判理论基础。类似地,对于"domination of nature"这一短语,则既可以翻译为"对自然的支配",也可以翻译为"控制自然"或者"支配自然"。

② Ben Agger, *Western Marxism:An Introduction*. Santa Monica:Goodyear,1979,p.272.

③ Ben Agger, *Western Marxism:An Introduction*. Santa Monica:Goodyear,1979,p.200.

提出的时代挑战。

第三节　基于批判理论的马克思主义当代重建

阿格尔在 20 世纪 70 年末修正马克思危机理论时曾乐观地预言,80年代的大规模社会变革可能会表现为一种"生态马克思主义"。事实表明,虽然阿格尔关于大规模社会变革的预言未能如期实现,但"生态马克思主义"这一理论却蓬勃发展起来。笔者研究发现,阿格尔在 80 年代以后的更多场合使用批判理论来指代马克思主义,几乎不再使用"生态马克思主义"这一术语。究其原因,主要是因为与修正马克思危机理论时基于对当时资本主义社会因严重危机而可能出现大规模社会变革的乐观主义判断不同,阿格尔在 20 世纪八九十年代认识到资本主义社会出现大规模社会变革的困难性,"没有任何理由去假定,美国资本危机与文化危机必将导致民主的社会运动,这些危机却有可能正好导致极权主义,增加对男同性恋、少数族裔与妇女的攻击"①。随之,阿格尔把理论再度聚焦于法兰克福学派的批判理论及其当代重建,尽管这一次重建不像他修正马克思的危机理论那样直接是针对生态危机的,但它更具复杂性和综合性,也包含了生态意蕴。

一、批判理论的贡献与局限

作为马克思主义的批判理论,与法兰克福学派紧密相关,而法兰克福学派已被公认为西方马克思主义中最有影响力的学术流派之一。在马丁·杰伊和道格拉斯·凯尔纳等人看来,其第一代成员主要包括阿多诺、霍克海默、马尔库塞、波洛克、洛温塔尔及本雅明。第二代成员则主要包括哈贝马斯、施密特、维尔默等人,在第二代成员中,哈贝马斯则又被视为最主要的代表性人物(杰伊 1973,凯尔纳 1989)。与此看法略有分歧的是,阿格尔则把马尔库塞划分到第二代批判理论家的行列中,其理由是"尽管马尔库塞早在 20 世纪 30 年代早期被邀请加入了研究所,但他更属于批判理论的第二个时期,而非霍克海默和阿多诺所主导的其特征为虚假主体性的第一代批判理论"②。

①　Ben Agger, *Gender, Culture and Power:Toward a Feminist Postmodern Critical Theory*. Westport, CT:Praeger Publishers,1993,p.63.

②　Ben Agger, *The Discourse of Domination:From the Frankfurt School to Postmodernism*.Evanston:Northwestern University Press,1992,p.252.

阿格尔认为，法兰克福学派在最初提出批判理论时力图解释马克思在 19 世纪中叶所作的社会主义革命的预言为什么没有如期发生这一问题。鉴于对此问题的思考，阿多诺、霍克海默、马尔库塞、哈贝马斯等人感到他们必须重建马克思主义的理论逻辑与方法，以便发展一种与 20 世纪现行资本主义相关的马克思主义。阿格尔赞成法兰克福学派的理论家把自身正确地定位为马克思主义者，指出"他们最持久的影响就是愿意进行知识的历险，以抛弃马克思主义中那些被认为是不中肯的方面而从其它的知识传统中吸取精华以补充马克思主义"①。与一些"正统"马克思主义者的评价标准不同，阿格尔确认法兰克福学派没有背叛马克思的原本思想，而只是借助于哲学反思和心理分析重建了马克思主义，他们是在以保护马克思主义遗产的精神下进行研究的，坚持了马克思关于资本主义是一种自我矛盾的社会制度的理解，继承了匈牙利马克思主义者卢卡奇等人的思想，力图把经济分析和文化及意识形态分析结合起来，以解释马克思所预期的革命为什么没有发生，捍卫了马克思对异化的批判以及对非异化社会主义的追求。

阿格尔对法兰克福学派批判理论的探讨，主要集中在阿多诺、霍克海默、马尔库塞和哈贝马斯的有关思想上。在《批判社会理论导论》(1998)中，阿格尔阐述了阿多诺、霍克海默、马尔库塞、哈贝马斯这些理论家对马克思主义加以重建的两方面体现:一是提出了对启蒙辩证法的分析，以解释实证主义是怎样成为神话的;二是提出了文化工业思想，以解释资本主义对意识形态及文化的操纵。而哈贝马斯则提出交往理论以实现批判理论从"意识范式"向"交往范式"的转换，重建了历史唯物主义。在肯定法兰克福理论家理论贡献的同时，阿格尔也清醒地看到了他们理论中存在不足。首先，"批判理论的早期理论家，尤其是霍克海默和阿多诺，在社会变革问题上表现出强烈的悲观主义色彩，即便是早期的马尔库塞也不例外"②。其次，"阿多诺的否定辩证法思想存在把否定的辩证法加以形而上学的本体论化倾向"③。再次，"哈贝马斯的交往理论忽视了性别问题和话语问题"④，没有充分地考虑文化工业的变迁，对其他理论存在迁就主义倾向。最后，"批判

① Ben Agger, *Critical Social Theories:An Introduction*. Boulder:Westview Press,1998,p.78.

② Ben Agger, *Western Marxism:An Introduction*. Santa Monica:Goodyear,1979,p.316.

③ Ben Agger, *Gender,Culture and Power:Toward a Feminist Postmodern Critical Theory*. Westport,CT:Praeger Publishers,1993,pp.150—151.

④ Ben Agger, *Gender,Culture and Power:Toward a Feminist Postmodern Critical Theory*. Westport,CT:Praeger Publishers,1993,p.7.

理论家的思想存在晦涩难懂的问题,不易为公众所接受"①。批判理论的这些局限,预示着它将面临后现代主义和女权主义等理论的挑战和理论重建。

二、当代马克思主义面临的挑战

20世纪八九十年代,马克思主义日益面临着后现代主义和女性主义的挑战。为此,阿格尔积极思考后现代主义和女权主义的不同类型,注意区别它们的左右翼。阿格尔在这里所吸收的后现代主义和女权主义,是指那些被美国实证主义主流社会学所排斥而处于边缘地位的左翼的后现代主义和女权主义,既包括德里达及法国女权主义的后结构主义,也包括诸如福柯、巴特、利奥塔、鲍德里亚等人的后现代主义,这二者的大致区别在于,前者主要是关于文本性和知识的理论,而后者主要是关于文化、社会及历史的理论。而女权主义主要是指诸如克里斯蒂娃、伊瑞格莱、希克斯、弗雷泽、贾格尔等人的女权主义理论。

在《关于公共生活的批判理论:衰败时代的知识、话语和政治》(1991)等著作中,阿格尔详细地探讨了左翼的具有建设性的后现代主义的理论贡献。②其一,后现代主义通过表明可以把各种非话语性的文本解读为话语而完成了对实证主义科学的法兰克福批判。其二,后现代主义有利于挑战单一的方法论,不管这种方法论是量化的还是质性的。其三,后现代主义强调差异的极度重要性。尽管这有丧失启蒙运动(包括马克思主义)全球视角的危险,但它能让读者把启蒙运动的普遍理性解读为欧洲中心合理性的特殊主义立场而包含了阶级、种族及性别的偏见。使普通人也可以被他人理解地言说这个世界。其四,后现代主义提出了一种可以确认、批判意识形态的解构性话语理论。今天的意识形态不仅可以在诸如资产阶级经济学理论及宗教这样的教义性文献中找到,也可以在大众文化及广告这样弥散的文本中找到。把这些大众话语及实践加以解构,可以揭露它们所掩蔽的政治议程。这种话语理论暗示了重建文化领导权的方式,尤其是要培育草根努力去创造非霸权的电影、出版批判性书报、制作变革性的电视节目等活动。在葛兰西看来,在文化实践已成为意识形态诱导的强有力形式情况下,后现

---

① Ben Agger, *Critical Social Theories:An Introduction*. Boulder:Westview Press,1998,pp.95–98.

② Ben Agger, *A Critical Theory of Public Life:Knowledge, Discourse and Politics in an Age of Decline*.London/Philadelphia:Falmer Press,1991,pp.33–40;Ben Agger, *Critical Social Theories:An Introduction*. Boulder:Westview Press,1998,pp.73–77.

代主义有助于通过重建文化实践而创造反霸权。其五，后现代主义赋权那些从事阅读的公民成为从事写作的公民，从而建构一个可以实现积极公民政治思想的民主政体。为了补充这些文本的意义及视角，德里达揭示了解读是一种必然干预文本的强烈实践。这种认识论赋权及读写赋权可以走向政治赋权，在阿格尔看来，就如同保罗·弗莱雷在《受压迫者的教育学》中所指出的，拉美的农民可以通过成为具备读写能力的人而创造民主。其六，后现代主义为僵化的马克思主义增添了历史的想象力。

最后，在经验研究上，后现代主义也为人们提供了有意的启发。比如，德里达的后结构主义与鲍德里亚的后现代主义为话语的社会学研究做出了积极的贡献，潜在地丰富了包括媒体社会学、知识社会学及科学社会学在内的社会学的一些子领域。德里达的解构计划，有助于理解文化形式与语言形式。利用符号学理论，鲍德里亚解码了文化图像及文化作品的社会政治意义，他的《对符号的一种政治经济学批判》把马克思主义的文化理论向前推动了一大步，超越了"正统"马克思主义的文化理论及美学理论，指出历史唯物主义现在需要考虑符号系统与文化系统的相对自主性，但不放弃马克思主义对政治经济学的聚焦传统。再如，福柯的后现代主义为研究社会支配的学者提供了有用的洞见。福柯的《规训与惩戒》和《性史》革命化了对犯罪、性、惩戒的研究，尤其是他认为犯罪学是一种话语和实践，也就是说话语和实践创造了犯罪的范畴。阿格尔指出，尽管这种分析类似于戈夫曼和贝克尔的标签理论，但它比标签理论具备一个更坚实的历史基础与政治基础。阿格尔还认为福柯的理论有助于社会学家以建构他们的经历及意义来研究异常行为，因为福柯借助于对历史资料及文化资料的极富想象力地使用而对此做出了探讨，他把这些资料整合成为一种社会控制理论，而这种理论既没有忽视宏观层面问题，也没有忽视微观层面现象。

尽管左翼的后现代主义具有上述重要的理论贡献，但这并不意味着它完美无缺。至于其理论局限，阿格尔认为它们主要体现在以下四个主要方面：首先，没有把方法论解码并公之于众。阿格尔感到遗憾的是，很少有后结构主义者尝试对方法论的这种解构，而是偏好于把注意力集中在文化文本与文学文本上。[①]其次，错误地拒绝了马克思主义的"宏大叙事"。马克思主义被一些后现代主义者认为是过时的，这些人相信人们不能把马克思关于对"剥夺剥夺者"的预言与马克思对异化的分析及对乌托邦的非异化社

---

① Ben Agger, *A Critical Theory of Public Life : Knowledge , Discourse , and Politics in an Age of Decline*. London/Philadelphia : Falmer Press, 1991, pp.33—40.

会的构想分离开来。①再次,后现代理论家还没有提出一个更具包容性的合理性概念,也没有提出包括科学实践及概念在内的完整的知识理论。以前,后现代理论的主要影响是对包括实证主义及理性主义在内的现代性制度与现代性意识形态的批判。从事那种批判的后现代理论家导致的结果是,解构纯粹只是解构活动,而没有对价值观及实践进行积极的重构。②最后,阿格尔在《作为批判理论的文化研究》(1992)中指出后现代主义缺少一种马克思主义基础,尽管它很容易被运用到文化研究中,但它也倾向于忽视大众文化的意识形态功能和霸权功能。

在《性别、文化和权力:走向女权主义后现代批判理论》(1993)和《批判社会理论导论》(1998)等多本著作中,阿格尔也阐明了左翼的女权主义在理论上所做出的五个巨大贡献。左翼女权主义的第一个贡献在于,它主要以性别政治来理解压迫。女权主义理论不仅把性别与家务加以政治化,而且把家务中的性别政治与付酬劳动及公共生活中的性别政治联系起来。女权主义者相信父权制对妇女来说是一个结构性问题,而这却又被男性社会理论家所忽视。左翼女权主义的第二个贡献在于,女权主义理论家认为个人的就是政治的,拒绝古希腊传统的公共领域与私人领域的二分。女权主义理论内容中同样很重要的是,它反映了社会变革的起止中我们进行私人生活的方式,涉及性、照顾孩子、家务及权威关系。如果社会变革不能带来这些实质性的个人改变,包括基本价值观的改变,那么那些社会变革就是不值得的。女权主义者也认为产生持久变革的唯一方式是始于让当下生活变得更好,而不是拖延解放。左翼女权主义的第三个主要贡献在于,它指出性别劳动分工的概念有助于解释妇女为什么在劳动市场、政治就文化领域的从属地位反映并加重了她们在家务中的从属地位。女权主义理论家反对男性人类学家把性别劳动分工辩护为狩猎与采摘社会中应对经济与家务需求的合理方式。她们也反对维多利亚时代把家庭看作基于浪漫之爱的幸福天堂思想。左翼女权主义的第四个重要的贡献在于,它指出性别劳动分工助长了男性把女性客体化。妇女在家庭中作为男性的客体,在公共领域中也被客体化。在女权主义者看来,妇女客体化的经历是妇女在生理与文化方面遭到了社会的贬值,从而把妇女当作男性愉悦的景观及接受者这一偏见视为可允许的。这样,性别劳动分工不仅剥夺了妇女经济上与政治上的权力,在性别与文化上也把妇女加以贬值。左翼女权主义的第五个贡献

---

① Ben Agger, *Critical Social Theories: An Introduction*. Boulder: Westview Press, 1998, p.76.

② Ben Agger, *Critical Social Theories: An Introduction*. Boulder: Westview Press, 1998, p.51.

在于它批判了义务性异性爱，义务性异性爱是维多利亚式女性观的主要规范，源自于这样的假设，妇女的价值需要体现为她们对男性的情感价值与性价值。女权主义理论挑战了那种认为女性本性来自男性的规范与愉悦，以及男性本性与女性本性是一个二分范畴或变量的看法。

　　当然，对于女权主义的这五个贡献，阿格尔也认为它们还没有全部包括女权主义在理论及经验研究上特定意蕴的丰富性。女权主义极力以性别问题及关于父权制的未受质疑的假设，矫正了男性理论家的理论盲点。阿格尔同时指出女权主义仍需注意的问题。首先，女权主义必须正确评价"差异"，包括各种女权主义模式之间的差异（如非洲女权主义、同性恋女权主义、社会主义女权主义、后殖民主义女权主义）。其次，尤其是在后现代主义的影响下，女权主义理论不能对成为一种解释"普遍现象"的"总体化"理论加以回避，要倾向于解释支配的普遍性。女权主义不能简单地认为这仍然是那些把他们自己性别、种族、阶级与民族视角投射到他人身上之男性的另一种自负。最后，女权主义不应忽视经济问题，要坚持政治经济学批判。

三、女权主义后现代批判理论

　　尽管女权主义理论和后现代主义理论可以从不同的侧面丰富法兰克福学派的批判理论，但它们也对批判理论提出了挑战。后现代主义理论主要挑战了批判理论的文化研究。如同胡伊森（Andreas Huyssen），阿格尔也指出，尽管马克思主义的现代性事业忠实于被概念化为历时性发展的启蒙、理性和正义，但后现代主义用诸多有用的方式挑战了马克思主义的唯美主义，后现代文化研究要聚焦于像电视、电影和时尚这样特定的文化场域和大众话语。"后现代文化研究的议程，包括它的女权主义变种，把法兰克福学派的文化工业主题应用于日常生活中值得解构审视的娱乐、话语与实践所处的具体情境。"①而女权主义理论则着重挑战了批判理论对性别的忽视。

　　20世纪八九十年代，法兰克福学派的批判理论、后现代主义与女权主义等"不同阵线之间的界限已经划出，一边是那些不顾一切地推进着后现代话语的人；另一边则是拒斥后现代话语或者是对其置之不理的人；还有一部分人则是很策略地把后现代立场和先前的许多立场调和起来，致力于

　　①　Ben Agger, *Gender, Culture and Power: Toward a Feminist Postmodern Critical Theory*. Westport, CT: Praeger Publishers, 1993, p.46.

实现新的综合,以期建立一种新的理论"①。在这种情况下,批判理论既不可能绝缘于后现代主义,也不可能对女权主义视而不见。阿格尔显然是选择了第三种态度,宣称批判理论不但不能回避后现代主义和女权主义的挑战,还应该从它们那里获得新的能量,以扩大批判理论的研究议程,从而为建构第三代批判理论做出贡献。其实,阿格尔自20世纪70年代以来就在思考这个问题。早在20世纪70年代,阿格尔就思考基于法兰克福学派批判理论的马克思主义当代重建问题。这里所说的基于法兰克福学派批判理论的马克思主义重建,就是指阿格尔对法兰克福学派批判理论的女权主义、后现代主义重建。其实质就是阿格尔以法兰克福学派的批判理论为基础而吸收女权主义、后现代主义的合理资源以重建马克思主义,反映了他对马克思主义和社会主义的新认识。尽管这在《快速资本主义:关于意义的批判理论》(1989)、《关于公共生活的批判理论:衰败时代的知识、话语和政治》(1991)、《支配的话语:从法兰克福学派到后现代主义》(1992)和《作为文化研究的批判理论》(1992)中有所体现,但其系统而完整的表达则是在90年代的《性别、文化和权力:走向女权主义后现代批判理论》(1993)和《批判社会理论导论》(1998)这两本著作中。

阿格尔认为,当批判理论经历了以霍克海默和阿多诺为代表的第一代和以哈贝马斯为代表的第二代而进入到第三代时,它需要让自己再次立足于对后现代资本主义的历史和社会的解读中,认真对待日常生活政治、后现代进步主义的可能性和意识形态批判的文化研究。而女权主义和后现代主义恰恰强调了日常生活政治和后现代进步主义的可能性,这对于发展第三代批判理论而言是一个契机。尽管它们对批判理论存在挑战,但它们并不必然与批判理论势同水火。阿格尔希望把批判理论、女权主义和后现代主义综合为一个统一的批判社会理论。在他看来,之所以能够实现这种理论综合,是因为批判理论、女权主义和后现代主义在理论假设、术语使用、解放目标上具有可通约的相似特征。具体地说,在理论假设上,这三种理论都反对实证主义、批判资本主义、质疑现代性的局限;在术语使用上,它们都使用了话语、霸权和主体位置;在解放目标上,尽管这三种理论在具体解放目标上存在差异,即批判理论强调要解放大众文化,后现代主义强调要解放想象力,女权主义强调了要解放身体、性、家务劳动,但它们都追求

---

① [美]斯蒂文·贝斯特、道格拉斯·凯尔纳:《后现代理论:批判性的质疑》,张志斌译,北京:中央编译出版社,1999年,第36页。

解放。①阿格尔明确指出,对于这种综合可能会存在消除这些理论之间差异的危险的担心是可以理解的,但他也声明,他的这种理论综合并没有忽视这种担心,也没有忽视这些理论间的差异,只是在整合它们的共性。

鉴于批判理论的总体性理论优于后现代主义和女权主义的反总体性视角,阿格尔首先要确认批判理论的优先性,并以此为基础来吸收后现代主义和女权主义中最具政治性的敏锐洞见。阿格尔这里所强调的批判理论的优先性,是指法兰克福理论家发展了一种交叉学科的唯物主义,企求解决世界历史的总体趋势,因而其理论具有总体性,而这是后现代主义和女权主义所不具备的理论优势。在确认了总体性的优先性后,阿格尔指认了批判理论、后现代主义和女权主义这三种理论所存在的一个共同理论逻辑:反对体现了生产主义的等级制支配。生产主义是等级制支配的核心原则,等级制支配是生产主义的现实表现。基于反对等级制支配这一共同的理论逻辑,阿格尔把批判理论、后现代主义和女权主义整合为一个综合性的女权主义后现代批判理论。

女权主义后现代批判理论的理论要点可归纳如下:第一,当今的资本主义处于后现代资本主义阶段。这里的后现代资本主义也就是晚期资本主义,或者是阿格尔自己所说的快速资本主义,后现代资本主义的独特性在于其利用分化而产生霸权和领导权,进而阻碍世界历史的转型。第二,把支配重构为等级制。法兰克福理论家把马克思关于剥削和异化劳动的概念拓展为支配(domination)这一范畴,进而揭示了马克思所没有预料到的结构性的社会非人道的诸多方面,而阿格尔以挖掘支配中关涉话语和男性特权的因素,丰富了法兰克福理论家的支配观。第三,意识形态发生了新变化,需要新的意识形态批判理论。阿格尔认为在快速资本主义中,货币、科学、高楼和数字都可能成为新的意识形态,补充了宗教和资产阶级经济学理论这样一些较原始的意识形态论题。这些后现代形式的新意识形态几乎不可能被当作反事实而加以拒绝。相应地,现在的意识形态批判必须是解构的,从图像、数字和话语内部进行挖掘,将文化的商品化加以严格解读,以揭示其在实证主义掩蔽下的作者及其思想。第四,坚持现代性的生产主义批判。阿格尔认为支配的一般趋势是把高级的与低级的各种人、群体和实践加以等级化,他把这种趋势系统地表述为生产主义。阿格尔对现代性的批判重

① Ben Agger, *Critical Social Theories:An Introduction*. Boulder:Westview Press, 1998, pp.1 - 20;Ben Agger, *Gender,Culture and Power:Toward a Feminist Postmodern Critical Theory*. *Westport*,CT:Praeger Publishers,1993,p.1.

点,以及对资本主义的总体性批判,都关联到对资本主义社会的生产主义批判。第五,在社会变革上,既坚持马克思对社会结构制约性的强调,又公开支持自下而上地实现社会变革的可能性。阿格尔认为总体性的政治必须是在日常生活的基础上实现,重估了那些在以前被认为是无用或被贬值的再生产活动的价值,明确表达了它们对社会变革所具有的潜力。第六,追求人与自然的双重解放。阿格尔认为自己的女权主义后现代批判理论,要消解各种体现了不平等、非正义和不自由的等级制,从而实现人与自然的双重解放。

通过吸收批判性后现代主义和左派女权主义等理论中的合理因素,阿格尔生态马克思主义思想夯实了生态马克思主义的理论基础。从复杂性科学的视角看,生态危机的产生及其解决是一个复杂的问题。"生态马克思主义是一种具有很强的综合性的理论形态。它的综合性是由生态现象的复杂多样性决定的,即生态现象的出现打破了自然与社会、环境与人的存在之间的界限。这就使得生态马克思主义的理论必然包含当代自然科学、环境科学、经济学、政治学、文化学、伦理学和哲学等多学科的内容,因此,研究生态马克思主义的理论,还必须了解其他相关学科的发展及其所提出的问题。"[1]这样看来,必须坚持采取具有交叉学科性的综合理论来推动生态马克思主义发展的原则与思路。而阿格尔所重建的具有交叉学科性的批判理论,可以被视为在这一方面做出了积极的努力和贡献。生态马克思主义的发展,只有积极地吸收各种有益的理论资源,才能充实自我,不断发展。尽管后现代主义和女权主义存在一定的局限,但它们为生态马克思主义提供了有益的启示,应是生态马克思主义不可忽视的理论资源。在重建批判理论时,阿格尔对后现代主义和女权主义思想中合理性因素的借鉴,在丰富其自身生态马克思主义思想的同时,也丰富了整个生态马克思主义流派的思想。

阿格尔生态马克思主义思想整合了批判性后现代主义、左派女权主义、法兰克福学派批判理论的多种批判因素,增强了批判资本主义社会的理论力量。对资本主义加以全面批判,是生态马克思主义的重要论题。在资本主义社会中,"控制自然和控制人之间存在不可分割的联系"[2]。对资本主义的批判应该是全面的,也就是说,涉及从政治、经济、文化、社会等各个维

---

① 何萍:《生态学马克思主义的理论困境与出路》,《国外社会科学》2010年第1期。

② [美]威廉·莱易斯:《自然的控制》,岳长龄等译,重庆:重庆出版社,1997年,第4页。其实,这句话中的控制,在英语中是"domination",它既可翻译为"控制",也可以翻译为"支配"。本文翻译为"支配"更为恰当。

度对资本主义社会加以批判,以揭示资本主义社会是如何在支配人的同时也支配了自然。无疑,法兰克福学派的批判理论,既是生态学马克思主义的重要理论资源,也是对资本主义进行生态批判的中坚力量,但是法兰克福学派的批判理论毕竟只是资本主义生态批判的一种力量,它不能替代和否认其他批判资本主义的力量。就批判性的后现代主义、女权主义、法兰克福学派的批判理论而言,它们分别就是重要的资本主义批判力量,但阿格尔的理论贡献在于把这些批判性力量整合在一起,从而形成一种更具总体性的批判力量。法兰克福学派的理论家,把马克思关于经济剥削与异化劳动的概念拓展为"支配"这一范畴,而阿格尔以后现代主义和女权主义为理论工具,挖掘了支配的话语因素和男性特权因素,把支配重构为等级制。这种重构,继承并发展了法兰克福学派的支配批判、后现代主义的话语批判、女权主义的性别批判。它坚持了总体性,体现了相关性,强调了变革性,具有更大的知识优势和政治优势。

如果我们把阿格尔对马克思危机理论的重建视为他对马克思主义的第一次系统重建,那么就可以把阿格尔对基于法兰克福学派批判理论的马克思主义重建视为他对马克思主义的第二次系统重建。阿格尔在这次系统重建马克思主义的过程中,整合了批判理论、女权主义和后现代主义的批判性因素,提出了女权主义后现代批判理论,为第三代批判理论贡献了新内容。在这个过程中,阿格尔实现了马克思主义理解视角的多次转换,这表现为从侧重探讨马克思主义的危机理论到侧重探讨马克思主义的异化理论,从侧重马克思主义的生态维度到侧重马克思主义的性别、文化、权力维度。在此值得一提的是,阿格尔在 21 世纪初又吸收了其他思想资源,发展出新的批判理论。这些新的批判理论又涉及对 21 世纪当代资本主义技术、教育、家庭、饮食、身体等诸多方面的反思,在思考人们如何合理地利用高新技术、关注各类教育发展、进行合理膳食、注重锻炼身体等问题时也蕴含了一些值得述评的生态思想。

第四节　马克思主义之于当代生态问题分析的适切性

阿格尔于 20 世纪 70 年代在马克思辩证方法的理论框架中对西方马克思主义加以了历史分析,通过修正马克思的危机理论表明了他对马克思主义的理解。在此过程中,他对以欧洲为中心的马克思主义理论颇有微词,致力于马克思主义美国化,进而发展出具有北美特色的北美马克思主义。在 20 世纪 90 年代及 21 世纪初,阿格尔则着重把马克思主义理解为一般的批判理论。借助于积极吸收后现代主义与女权主义等思想的合理因素,他再次系统地重建了马克思主义,丰富了他在 70 年代对马克思主义的理解。

一、马克思主义追求全面解放

鉴于阿格尔对包括马克思的有关理论与法兰克福学派批判理论在内的马克思主义进行过多次重建,这就涉及他对马克思主义的理解是否具有内在逻辑一致性的问题,换句话说就是阿格尔在理解马克思主义时是否存在"认识论的断裂"问题。笔者就此问题的看法是,他在理解马克思主义的过程中没有发生认识论断裂。承认阿格尔对马克思主义的理解具有阶段性,并不等于否认他对马克思主义的理解具有内在的逻辑连贯性。客观地说,这只是他在对马克思主义的认识等问题上存在理论视角和侧重点的差异而已。他一直坚持马克思的异化理论及马克思对非异化社会构想这一思想,保留了马克思对资本的自我矛盾逻辑的分析,"前者是马克思理论体系的中心,而后者是马克思理论体系的副中心"①。阿格尔以后各时期的马克思主义观与他在《西方马克思主义导论》(1979)中所提出的"马克思主义不是一种纯粹思辨方案和流于自我欣赏的我行我素,而是一种把解放理论和关于社会主义可能性的设想与被压迫人们的日常斗争联系起来的方法"②的观点是吻合的。相应地,尽管阿格尔在 20 世纪 80 年代以后没有再提"生态马克思主义",但绝不能依此而断言他就没有了生态马克思主义思想,阿格尔对马克思主义的理解具有内在的连贯性。

阿格尔指出,马克思主义是一种理论与实践相统一的范式。作为一种范式,马克思主义通过其理论、实践既反映环境,也创造环境,它既涉及知识,也涉及批判。马克思主义不同于韦伯等人所主张的实证主义。马克思主义是辩证的,如同所有的激进社会科学,它介入到它所理论化的世界,尤其是作为一种政治行动者。阿格尔强调理论的目的在于创造一个新世界,而不仅是被动地再现真实。"真实是历史的,在一定意义上说它指向还没有被认识的世界。理论化,包括政治批判,致力于创造一个特定世界,而不是一个不可消除的本体论存在。"③马克思主义的特质不在于理论,而在于实践,更恰当地说应该是那种不断把自身加以理论化的实践。阿格尔反对包

---

① Ben Agger, *Gender, Culture and Power: Toward a Feminist Postmodern Critical Theory*. Westport, CT: Praeger Publishers, 1993, p.86.

② Ben Agger, *Western Marxism: An Introduction*. Santa Monica: Goodyear, 1979, p.4.

③ Ben Agger, *Gender, Culture and Power: Toward a Feminist Postmodern Critical Theory*. Westport, CT: Praeger Publishers, 1993, p.85.

括新实证主义的马克思主义在内的一切实证主义行为。

马克思主义是一般批判理论的一个特例。把马克思主义视为批判理论，最初出现在霍克海默和阿多诺的《启蒙辩证法》中。阿格尔继承了这种观点，并在《支配的话语：从法兰克福学派到后现代主义》（1992）、《性别、文化和权力：走向女权主义后现代批判理论》（1993）和《批判社会理论导论》（1998）等著作中多次重申了这种观点。不过，阿格尔在此基础上又深化了作为批判理论的马克思主义的内涵。首先，他把马克思主义解读为一种对一般性支配加以批判的批判理论。借助他自己所说的快速资本义理论，阿格尔愿意把马克思对资本逻辑的分析归入到对支配逻辑的更一般的批判之下。他在女权主义和后现代主义的方向上继承并扩展了法兰克福理论家在《启蒙辩证法》和《单向度的人》中有关支配的思想，在《性别、文化和权力：走向女权主义后现代批判理论》（1993）中提出对价值与无价值（生产与再生产）之间各种等级制的批判。其次，在《批判社会理论导论》（1998）中，阿格尔强调马克思主义是一种交叉学科的批判理论。他指出，对马克思主义的研究需要打破各种学科界限，形成具有交叉学科性的综合性的批判社会理论以便对社会进行总体性地分析。①阿格尔在《延缓后现代：社会学的自我、实践和理论》（2002）一书中，又进一步指出"借助于把马克思主义理解为一种泛学科（pandisciplinary）的批判理论，我们就可以揭示诸如种族、性别、文化之类的主题，而这些主题在以前被经济学导向的传统马克思主义者所忽视，他们在马克思逝世之后，很不幸地把马克思主义重新解释为一个实证主义社会科学，像自然科学一样具有预测力和强调因果性"②。阿格尔之所以强调马克思主义是一种批判理论，是因为马克思主义要批判异化、剥削、支配和压迫等不自由现象，重在变革资本主义。

马克思主义是一种追求全面解放的理论。批判不是马克思主义的最终目的，而是实现人与自然双重解放的重要手段。阿格尔说："如果对历史唯物主义加以更宽泛的理解，它就是解放理论。"③阿格尔也指出，"马克思主义仍然是我们这个时代中最有吸引力的解放理论，即使它忽视了非无产阶级的个人及团体。如果它的理论逻辑相应地比马克思在十九世纪时的计划

---

① Ben Agger, *Critical Social Theories：An Introduction*. Boulder：Westview Press, 1998, pp.1–51.

② Ben Agger, *Postponing the Postmodern：Sociological Practices, Selves and Theories*. Lanham, MD：Rowman & Littlefield, 2002, p.135.

③ Ben Agger, *The Discourse of Domination：From the Frankfurt School to Postmodernism*. Evanston：Northwestern University Press, 1992, p.305.

拓展得更远和更深,那么马克思主义就不必忽视这些团体"①。阿格尔这里是要强调,马克思主义的终极目的在于实现人与自然的双重解放,走向和谐的共产主义社会。

马克思主义是一种方法而不是教条主义,需要必要的理论修正。阿格尔推崇像法兰克福学派这样的西方马克思主义者,因为他们不是拘泥于书本上的马克思,而是把马克思主义视为体现了一种用于情境性分析社会经济问题的方法。至于经院派的马克思主义对马克思的经典文献及其模仿者所缺乏的一种文本基础的悲叹,对马克思主义更坏来说,因为"马克思主义不是满满的一架书,而是在一个读写共同体中对这些书本的不断反思。在这个共同体中,人们利用阅读及写作而在不知与启蒙之间实现一种持久的辩证法"②。阿格尔也指出,"马克思主义不是用于反对背叛而加以保护的经典,而是一种生活方式,一种语言游戏,一种社会存在模式"③。在《快速资本主义的再加速:文化、工作、家庭、学校和身体》(2004)中,阿格尔仍然坚信,"只有当我们认可马克思主义是可以被修正的,这才是一种马克思主义的考虑,而马克思主义必须被修正,因为 21 世纪早期的资本主义与马克思所批判的 19 世纪资本主义是有重要区别的"④。阿格尔之所以要反对马克思主义的教条化,是因为他担心马克思主义退化、贬值,进而导致人们不能认识世界和改造世界。

马克思主义是我们时代的思想,是可以用来阐述资本主义、市场经济、殖民主义和宗教等社会问题的唯一选择。"在过去的两个世纪,马克思的哲学、社会学、经济学和政治学著作对政治实践和国际政治实践有着深刻的影响,他对批判理论也有着深远的影响:马克思的思想不仅是 20 世纪大多数批判理论的基础,也是他们理论挑战的主要焦点。……马克思思想的影响力无容置疑。"⑤美国学者凯尔纳对此做了这样的概括,"同那些宣称马克思主义在现时代已经逐渐过时的人相反,我认为马克思主义仍然在为解释

---

① Ben Agger, *Gender, Culture and Power: Toward a Feminist Postmodern Critical Theory*. Westport, CT: Praeger Publishers, 1993, p.156.

② Ben Agger, *Fast Capitalism: A Critical Theory of Significance*. Champaign: University of Illinois Press, 1989, p.27.

③ Ben Agger, *Gender, Culture and Power: Toward a Feminist Postmodern Critical Theory*. Westport, CT: Praeger Publishers, 1993, p.157.

④ Ben Agger, *Speeding Up Fast Capitalism: Cultures, Jobs, Families, Schools, Bodies*. Boulder: Paradigm Publishers, 2004, p.14.

⑤ Henry R. Nau, *International Relations in Perspective: A Reader*. Washington: U.S. CQ Press, 2010, p.76.

资本主义社会的当代发展提供理论来源，并且包含着仍然能够帮助我们争取改造当代资本主义的政治来源。因为，我认为，马克思主义仍然具有对现时代进行理论概括和批判现时代的资源，马克思主义政治学至少仍然是当代进步的或激进的政治学的一部分①。阿尔都塞在《保卫马克思》一书中也旗帜鲜明地表示，"历史把我们推到了理论的死胡同中去，而为了从中脱身，我们就必须探索马克思的哲学思想"②。雅克·德里达（Jacques Derrida）在强调马克思的重要性时曾指出，"不能没有马克思。没有马克思，没有对马克思的记忆，没有马克思的遗产，也就没有将来"③。同以上理论家对马克思主义的坚守一样，阿格尔也指出："抛弃了马克思主义的各种相对主义和自由主义都是错误的，因为它们都没有对真理的主张做出判断，它们就像抛弃大尺度描绘的社会理论一样，抛弃了正确性。"④只要资本主义存在，只要异化存在，马克思主义就必然存在，也只有马克思主义才能深刻揭示这些社会问题。

　　总之，在阿格尔看来，马克思主义是一种理论与实践相统一的范式；是一种批判理论，是一般批判理论的一个特例；是一种追求全面解放的理论；是一种方法，而不是教条主义，需要必要的理论修正；是我们时代的思想，是可以用来阐述资本主义、市场经济、殖民主义和宗教等社会问题的唯一选择。阿格尔实质上把马克思主义理解为一种旨在全面解放的批判理论，强调了马克思主义对资本主义的批判和对实现人与自然解放的价值诉求。

二、作为广义批判理论的马克思主义

　　阿格尔始终把马克思主义理解为一种批判理论，表示作为一种批判理论的马克思主义具有以下主要特征：坚持总体性、运用辩证法、强调历史性、注重变革性、突出主体性。

　　"在一定意义上，把握了总体性理论也就把握了西方马克思主义方法论的核心，也就把握了西方马克思主义哲学的精髓；或者说，也就把握了马克思主义方法论的核心和马克思主义哲学的精髓。"⑤阿格尔赞扬马克思正

---

① 俞可平：《全球化时代的"马克思主义"》，北京：中央编译出版社，1998年，第27页。

② [法]路易·阿尔都塞：《保卫马克思》，顾良译，北京：商务印书馆，2006年，第2页。

③ [法]雅克·德里达：《马克思的幽灵》，何一译，北京：中国人民大学出版社，2008年，第21页。

④ Ben Agger, *Postponing the Postmodern: Sociological Practices, Selves and Theories*. Lanham, MD: Rowman & Littlefield, 2002, p.136.

⑤ 陈学明、王凤才：《西方马克思主义前沿问题二十讲》，上海：复旦大学出版社，2008年，第104页。

确地认识到资本主义是一个总体化的社会制度而无情地殖民化整个世界体系,从而创造其自身灭亡的条件。这样,资本逻辑的含义在于它是一个自我推进的不断地进行内外扩张的结构性机制。阿格尔提出了生产支配再生产的总体化逻辑,以总体性地解释从阶级到性别及种族等所有现代主义的支配。坚持总体性,"也是出于政治战略上的考虑,避免各种受支配者之间互斗,而不去进行联合起来以反对共同的敌人。坚持总体性的最重要的目的就是要实现人与自然的全面解放"①。正是坚持了总体性原则,阿格尔不断地吸收各种理论资源,为马克思主义补充新鲜血液,以便马克思主义成为能够适应时代变化的综合性社会理论。对总体性的坚持,也是阿格尔生态马克思主义区别于后现代主义等非马克思主义的重要标志。

运用辩证法,也是马克思主义的重要特征。阿格尔在剖析马克思的辩证方法时指出,马克思主义在理解社会变革时注重把社会结构的作用和人的作用联系起来。一些西方马克思主义者之所以在社会变革问题上要么坚持决定论,要么坚持意志论,是因为他们没有把社会结构的作用和人的作用统一起来。如果异化的人们不能起来克服屈从与统治的社会关系,就不会有革命。但是,如果人们不从理论结构上说明他们的异化之所在,也同样不会有革命,这就是"理论与实践的辩证法"②,马克思主义"作为一种变革的方法论,既需要理论又需要实践。因为没有理论,阶级斗争就会是无目的和空想的;没有作为实践的阶级激进主义,马克思主义理论就没有将自身转化为现实、转化为社会主义的手段"③。阿格尔也从辩证法的角度揭示事物具有两面性,比如,他认为信息技术既有积极的一面,也有消极的一面。"信息技术可以进行全球购物、全球协调资本的积累、全球军事防御,了解全球新闻与全球大众文化,也可以对个人实行全球监视。"同时,"信息技术有提高人们生活的潜力,应该说我们现在比以往更多的接触到了世界历史中的信息,但是大多数人不比他们上一代人受到更好的教育。人们在变得更聪明的同时,也变得更愚笨!"所以阿格尔的结论是信息技术存在"辩证的"④潜力,既会带来进步,也会带来退步。

马克思主义还强调历史性。阿格尔认为马克思就是用历史性这个术语来揭穿对合规律性世界的实证主义再现,而历史性是指社会模式的历史流

① Ben Agger, *Gender, Culture and Power: Toward a Feminist Postmodern Critical Theory*. Westport, CT: Praeger Publishers, 1993, p.86.

② Ben Agger, *Western Marxism: An Introduction*. Santa Monica: Goodyear, 1979, p.9.

③ Ben Agger, *Western Marxism: An Introduction*. Santa Monica: Goodyear, 1979, p.12.

④ Ben Agger, *The Virtual Self: A Contemporary Sociology*. Boston: Blackwell, 2004, p.39.

动性。社会的历史性揭示了过去及现在的事物不是一成不变的，而是可以被变革的。在阿格尔看来，马克思和恩格斯在《共产党宣言》中已经勾画了工人阶级在推翻资本主义市场经济及他们所说的资本逻辑过程中所起到的历史性作用。《共产党宣言》及诸如《资本论》这样作品的目的在于指出历史性，进而实现社会变革。与实证主义科学观不同，批判的社会理论根植于后实证主义的科学观，认为科学完全是哲学的、历史的及政治的活动，但这并不意味着批判社会理论家贬斥了客观性，不否认对科学存在于其中的世界的描述及讨论。阿格尔把马克思视为一位客观而批判地揭示了世界的社会分析家，呼吁在马克思的指引下，批判社会理论家应该把历史描述为一种可能性的地平线，揭示社会未来虽然受限于但不决定于过去及当下。考虑到人们有合作的能力，阿格尔相信从资本主义、父权制及种族主义中解放出来完全是可能的，这样，解放可以表述为人们有能力认识到"历史性"，也就是支配的非永恒性。

马克思主义强调历史性的重要目的在于注重变革性。马克思主义始终用发展的观点来看待社会存在和社会意识，认为它们都是变动不居的。阿格尔在《西方马克思主义导论》（1979）的《引言》中开宗明义地写道："根据本书的理解，马克思主义并不是决定论，因为它主张用致力于社会主义阶级激进主义的工人'自由意志'去把握深刻的经济危机，并把资本主义转变为社会主义。"[1]马克思主义与实证主义的重要区别之一就是，后者仅是为了"认识世界"，而前者除了"认识世界"之外，更重要的是要"改变世界"。资产阶级往往利用意识形态来蒙蔽大众，为自己的阶级利益辩护，而马克思主义就是要揭穿资产阶级意识形态的骗局，引导人们变革非正义的资本主义制度。所以，"只要人们采取包括女权主义、反种族主义、环境主义、反核主义在内的新社会运动的斗争形式，当今还是存在社会变革的现实可能"[2]。通过"醒悟、新型公共话语及有组织的社会运动，生产支配再生产的等级制也是可以被解构的"[3]。

马克思主义还突出主体性的历史地位。历史唯物主义认为外部世界是可知的，即使其制度特征辩证地联系着作为感知主体的人们的内心情感。在阿格尔看来，法兰克福学派的初期理论家对主体性衰落的悲叹，本身就

---

[1]　Ben Agger, *Western Marxism: An Introduction*. Santa Monica: Goodyear, 1979, p.2.

[2]　Ben Agger, *The Discourse of Domination: From the Frankfurt School to Postmodernism*. Evanston: Northwestern University Press, 1992, p.306.

[3]　Ben Agger, *Gender, Culture and Power: Toward a Feminist Postmodern Critical Theory*. Westport, CT: Praeger Publishers, 1993, pp.104-105.

说明主体性是存在的。主体性的衰落不等于主体性的死亡,更不等于不存在主体性,他强烈反对后现代对主体死亡的宣布和阿尔都塞的无主体历史观。对于阿尔都塞的无主体历史观,阿格尔也进行了大力批判,认为这实质上是经济主义的和实证主义的马克思主义,它再度产生了其所悲叹的无权状况。主体性在晚期资本主义中是一个关键的政治要素,是阶级、性别与种族斗争的新战场。这也是女权主义所指出的一点,她们认为个人的就是政治的。因此,经济主义有两点失败:首先是它忽视了主体性及主体间性动因在社会变革中的作用,偏好把变革寄托在自然科学的所谓规律上。其次是它没有根据当今时代来理解支配,固守于没有对晚期资本主义中支配深化的最新程度加以理论化的那种过时的马克思主义。经济主义是"正统"马克思主义的理论基础,而这种马克思主义只是重复文字的马克思,从而没有根据当今环境运用马克思主义。经济主义的最好解毒剂是评价日常生活中的文化政治及性别政治,这两个方面正好分别是西方马克思主义与女权主义的贡献。

三、马克思主义的生态问题分析适切性

面对当代资本主义出现的生态危机,一些人对生态学和马克思主义之间的内在关联性表示怀疑,认为这二者是相互对立或相互排斥的。甚至有人说:"生态学者是非人类中心主义的,马克思不喜欢自然界。"[1]但是那些认为"马克思主义已经死亡""马克思主义已经过时"的人,常常受到"马克思的复仇"(The Revenge of Karl Marx)[2]。如同其他生态马克思主义者,阿格尔也确信马克思主义在分析生态问题上具有很大的潜力和优势。

马克思主义关注自然,是深刻分析资本主义生态问题的根本理论。福斯特明确肯定了唯物主义和生态学思维方式具有一致性,认为在最一般的意义上讲,唯物主义认为,任何事物的起源和发展都取决于自然和"物质",也就是说,取决独立于思想并先于思想而存在的物质现实。马克思在将唯物主义转变为实践的唯物主义过程中,从来没有放弃过他对唯物主义自然观——属于本体论和认识论范畴的唯物主义的总体责任。在福斯特看来,马克思"一直把他的唯物主义定义为属于'自然历史过程'中的一种唯物主

---

[1]　Anna Bramwell,*Ecology in the 20th Century:A History*. New Haven Connecticut:Yale University Press,1989,p.33.

[2]　Christopher Hitchens,The Revenge of Karl Marx:What the Author of Capital Reveals about The Current Economic Crisis,*Atlatic Magazine*,April,2009.

义。与此同时,他强调社会历史的辩证关系特征和社会实践对于人类社会的根源性。因此,任何把唯物主义与自然和自然物理科学中分离出来的企图从一开始就遭到反对。与此同时,他的唯物主义在社会历史领域中表现出一种独特的、实践的特征,这反映出存在于人类历史之中的自由(和异化)"①。福斯特的这段话,清晰地反映了他的生态唯物主义基础。

作为生态马克思主义者的戴维·佩珀,也着重阐发了历史唯物主义的生态意蕴,佩珀既认为"马克思主义是一种阐释历史的和自然 – 社会关系的结构主义方法"②,也认为"马克思主义的观点在很大程度上仍然是必不可少的,正如我曾指出和强调过的在分析生态危机的根源就十分有用,马克思主义对生态社会主义来说是至关重要的,它不应该在总体上被抛弃。虽然马克思主义不会构成一个完整的生态社会主义体系本身,一旦把马克思主义投射到绿色问题群之中,马克思主义对生态社会主义来说就犹如一剂'解毒药',它能够消除弥漫于主流绿党和无政府主义绿党言谈之中的那种理论上的含混不清、自相矛盾、枯燥无味等毒素"③。

詹姆斯·奥康纳认为,尽管在马克思、恩格斯以及后来的马克思主义理论家那里所阐述的历史唯物主义理论缺乏对生态问题的足够关注,但"他们都认识到了在人类历史和自然界的历史无疑是处在一种辩证的相互作用关系之中的;他们认识到了资本主义的反生态本质,意识到了建构一种能够清楚地阐明交换价值和使用价值的矛盾关系的理论的必要性;至少可以说,他们具备了一种潜在的生态学社会主义的理论视域"④。为了把历史唯物主义和生态学关联起来,奥康纳把"文化维度"和"自然维度"引入历史唯物主义理论中,重建了历史唯物主义,奠定了他的生态马克思主义的文化唯物主义生态哲学基础。奥康纳指出:"生态马克思主义的历史观致力于探寻一种能将文化和自然的主题与传统马克思主义的劳动或物质生产的范畴融合在一起的方法论模式。"⑤

---

① [美]贝拉米·福斯特:《马克思的生态学:唯物主义与自然》,刘仁胜、肖峰译,北京:高等教育出版社,2006年,第8—9页。

② [英]戴维·佩珀:《生态社会主义:从深生态学到社会正义》,刘颖译,山东大学出版社,2005年,第97页。

③ 转引自俞吾金、陈学明:《国外马克思主义哲学流派新编·西方马克思主义卷》(下册),上海:复旦大学出版社,2002年,第661页。

④ [美]詹姆斯·奥康纳:《自然的理由:生态马克思主义研究》,唐正东等译,南京:南京大学出版社,2003年,第6页。

⑤ [美]詹姆斯·奥康纳:《自然的理由:生态马克思主义研究》,唐正东等译,南京:南京大学出版社,2003年,第59页。

　　类似于福斯特、佩珀、奥康纳等人的有关看法,阿格尔也说:"尽管马克思并没有清晰地表达增长和环境问题,然而仍有诸多迹象表明,人们可以重建和运用马克思早期著作中所暗示的关于增长和环境的马克思主义视角。在这些作品中,马克思认为人类的解放需要自然的解放。对马克思而言,他坚信人性和自然之间存在密不可分的关系。"[1]不仅如此,阿格尔还坚称各种非马克思主义在生态问题分析上的理论软弱性。也就是说,不同于马克思主义,各种非马克思主义的生态理论不能深刻地剖析资本主义的生态问题。阿格尔相信现代性的问题可以在马克思主义的批判理论框架中得到很好地解决,因为马克思已经指明资本主义没有完成现代性,而只是他所说的前史的一个阶段,前史以后才是真正的历史,现代性可以全面地展开,利用技术去满足人们的需求,让人们与自然保持平和的关系。

　　生态马克思主义是以历史唯物主义为指导的生态哲学,这意味着它必须面对这样一个前提性问题:如何解决历史唯物主义同生态之间的关系。[2]阐明历史唯物主义在分析资本主义生态危机问题上的理论适切性,进而证实马克思主义能够用来分析资本主义生态危机等问题。生态马克思主义理论家大多将生态马克思主义的理论本源追溯到马克思的历史唯物主义,尽管其中的部分理论家承认历史唯物主义在分析当代生态危机上存在需要发展的地方,但他们又都强调历史唯物主义与生态学并不矛盾。这些理论家的理论进路大致可以划分为两种类型:持第一种理论进路的有福斯特、佩珀、格仑德曼与休斯等人,侧重于把历史唯物主义已经内在包含的生态意蕴阐发出来。比如,在福斯特眼里,历史唯物主义在本质上就是一种生态唯物主义哲学;在佩珀看来,马克思的辩证法是解决社会和自然之间关系的科学方法;在格仑德曼那里,历史唯物主义的分析方法和批判精神完全可以用来剖析资本主义生态危机问题。休斯也认为历史唯物主义可以直接作为分析当代生态环境问题的一个解释性的和规范性的框架。持第二种理论进路的是莱易斯等人,这里也包括阿格尔,他们认为历史唯物主义还需要生态重建。莱易斯着重修正了马克思的异化理论,探讨了技术滥用、生态危机与人的虚假需求之间的紧密关系;阿格尔着重修正了马克思的经济危机理论,提出生态危机理论;奥康纳着重把"文化维度"与"自然维度"补充到历

---

① Ben Agger (with S.A McDaniel), *Social Problems Through Conflict and Order*. Toronto: Addison-Wesley, 1982, p.246.

② 王雨辰:《生态批判与绿色乌托邦——生态学马克思主义理论研究》,北京:人民出版社,2009年,第41页。

史唯物主义中。这样,生态马克思主义就可以利用历史唯物主义来揭示资本主义生态危机的实质所在、批判资本主义社会的诸多局限、论证资本主义社会变革的历史必然与构想生态社会主义的美好未来。

　　总而言之,在关于以何种马克思主义来理解资本主义生态危机这个问题上,阿格尔与其他生态马克思主义者存在异同。相同点在于,他们都坚持用马克思主义的基本立场、观点和方法,来分析资本主义的生态危机的成因和破解之道。不同点在于,在阐发或重建历史唯物主义而开启生态马克思主义的视域时,如果说奥康纳分析了文化、自然和历史唯物主义的生态维度,提出了文化唯物主义的生态哲学;福斯特探讨了唯物主义与自然的关系,提出了自然唯物主义的生态哲学;佩珀着重阐发了历史唯物主义的生态意蕴;[①]莱易斯在 20 世纪 70 年代因深受法兰克福理论家的影响而提出了基于生态危机理论的生态哲学; 安德烈·高兹的生态哲学更具存在主义马克思主义色彩,那么阿格尔则更侧重于从重建批判理论着手,把重建的批判理论作为他的生态哲学基础。

---

① 王雨辰:《生态批判与绿色乌托邦:生态马克思主义理论研究》,北京:人民出版社,2009年,第41—71页。

第二章　当代资本主义生态危机：支配自然

20世纪六七十年代以来，当代资本主义生态危机日益凸显。阿格尔的马克思主义观，决定了他对当代资本主义生态危机的历史定位采用的是历史唯物主义范式。通过把生态危机放在资本主义发展史的视域中，阿格尔对当代资本主义生态危机所处的历史方位进行了纵向的描述。在他看来，阐明资本主义生态危机的出现及其最终解决，都必须是历史的。这就使得阿格尔在分析资本主义生态危机问题时尽管吸收了后现代主义的批判因素，但他对当代资本主义生态危机的定位不同于后现代主义范式对资本主义生态危机的定位。阿格尔也指出，像杜克海姆、韦伯、帕森斯等人也是在现代性的历史语境中考察了社会失范、意义丧失、环境污染等问题，并把这些问题视为社会问题。但是他们对作为社会问题的当代资本主义生态危机的理论定位是从社会系统的无效性这一视角出发的，并且认为在资本主义制度框架内可以得到有效解决。这是阿格尔所不能同意的，他把资本主义生态危机问题定位为根植于资本主义内在矛盾的社会问题，进而指出在资本主义社会制度框架内不可能根本解决生态危机。阿格尔对生态危机的理论定位，是他对异化日益加剧的资本主义加以全面批判的理论前奏，为其提出社会主义革命战略和构想生态社会主义奠定了基础。

第一节　日益凸显的当代资本主义生态危机

当代资本主义社会的生态危机，必然会通过各种形式表现出来。阿格尔对生态危机的系统探讨，最早出现在1979年出版的《西方马克思主义导论》一书中。他在1982年出版的《经由秩序与冲突的社会问题》一书的最后一章又探讨了"生态学、增长和社会未来问题"。在20世纪80年代末及之后，阿格尔很少再使用"生态危机"这一术语，而更多使用"对自然的支配（domination of nature）""环境污染""能源短缺""生态破坏"等术语来探讨生态危机。阿格尔在自己不同时期的著作中，对当代资本主义生态危机的现实表现进行了列举和分析，认为当代资本主义生态危机在实践中表现为生态非理性，是经济理性和工具理性对生态理性的僭越。当代资本主义生态危机就是对影响社会的自然环境的无情破坏，比如污染环境、资源枯竭、人口过度增长、生态破坏、生态灾难等。尽管阿格尔在他的著述中并没有花费大量篇幅来专门描述当代资本主义生态危机的大量表现形式,但他在相关问题的论述时还是涉及了日益凸显的当代资本主义生态危机问题。

一、频受劫掠的资源能源

工业革命以来,地球上的各种自然资源日益被开发利用,生物多样性也遭到威胁。20 世纪末,用几位著名科学家在《科学》杂志发表的文章说,目前,物种灭绝的速度已超过人类支配地球前的 100 倍到 1000 倍。[1]阿格尔也注意到,随着经济全球化步伐的加快,发达国家对全球资源能源的掠夺也日益加剧。[2]他像诸多生态马克思主义者一样多次指出,20 世纪 70 年代以来,即使是物产丰富的美国,也逐渐出现了自然资源日益短缺的现象。

正是面对这种情况,阿格尔严肃地指出,人们对自然资源的过度利用,导致了自然资源的短缺,凸显了生态危机的迫切性。[3]美国国家航空和航天局科学家康普顿·J.塔克博士曾领导了一个研究项目,对西北太平洋沿岸地区和亚马逊森林的卫星图片进行了比较。根据他 1992 年 6 月公布的数据,西北森林正遭遇严重的分割,并且实际已被分割成碎片。当你将西北太平洋沿岸地区的情况与巴西亚马逊相比较时,西北森林的境况要糟得多。生物学家们用布满孔洞的衬衫比喻西北森林,意思是说衬衫上的窟窿比剩下的布片还多,而西北森林的情况就和这破衬衫没有两样。根据莫里森的估计,1990 年大约还有 80 多万英亩的原生林作为保护性公园和莽原留了下来,而另外 160 万英亩则允许被开发,其中一半以上已被高度分割,支离破碎。如果以这一砍伐速度继续下去,俄勒冈和华盛顿这片未经保护的原生林将在不到 30 年内消失殆尽。[4]正如有些西方学者所指出的那样,事实上整个地球生态系统已经超越了某些严峻的生态极限。[5]人口的不断增长,也在一定程度上加剧了生态系统的恶化。如同阿格尔,福斯特也指出,非常清

① [美]约翰·贝拉米·福斯特:《生态危机与资本主义》,耿建新等译,上海:上海译文出版社,2006 年,第 67—68 页。
② Ben Agger, *Postponing the Postmodern: Sociological Practices, Selves and Theories*, Lanham, MD: Rowman & Littlefield, 2002, p.33.
③ Ben Agger, *Western Marxism: An Introduction*. Santa Monica: Goodyear, 1979, p.325.
④ [美]约翰·贝拉米·福斯特:《生态危机与资本主义》,耿建新等译,上海:上海译文出版社,2006 年,第 99 页。
⑤ Chandler Morse, Environment, Economics and Socialism, *Monthly Review*, April, 1979.

楚,大气、海洋、水域、森林、土壤等生态环境的快速恶化正在降临。①

二、蒙受污染的自然环境

当代资本主义生态危机的一个重要的表现,就是自然环境遭受污染,甚至是过度污染。很多生态马克思主义者都注意到了这种情况,认识到资本主义在其不断扩张的过程中,对自然资源过度开发与利用的直接结果是导致自然资源的日益短缺。同时,它也破坏了自然环境,造成对自然环境的过度污染。著名的生态马克思主义者奥康纳在研究全球不平衡发展时就指出,在资本主义经济体制中,"自然"是生产的出发点,但通常不是其归宿点。如果那些可以被自然界所吸收的废弃物在空间上变得特别集中,那么它们迟早就会造成污染。在有些情况下,自然界的再循环是不可能发生的。资本不平衡发展的程度越高,工业、日常生活及城市污染在空间上的集中度就将越高,一定量的不同种类的废弃物也将更有可能转变为危险的污染物。②在美国,汽车是城市空气及噪音污染源,大工业区的市政下水道是除农业以外最大的水污染源。

阿格尔在自然环境遭受过度污染这个问题上,主要关注的问题是全球气候变暖等问题。在《西方马克思主义导论》中,阿格尔特别提到了罗伯特·海尔布伦纳关于资本主义工业生产导致全球变暖的热污染问题。罗伯特·海尔布伦纳认为,无限的、以几何级数增长的工业生产将导致世界不可再生资源的供应不断减少的同时,还可能会导致大气温度过热,这种热污染将使得地球两极的冰层有融化的危险。与此相关的是,世界人口的迅速增长,也对生态系统和环境提出了更多的需求。阿格尔同意海尔布伦纳的这种看法,将此称为有计划缩减工业生产的"生态命令"③。在全球变暖问题上,福斯特也有过相关论述。自然环境除了遭受热污染而导致全球变暖之外,还遭受其他各种有害物质的污染。在过去的半个世纪里,剧毒伴随着一定产量的增长也在稳定增加。④在空间上高度集中的电子工业把大量的废弃产品转变成了有毒污染物,其原因主要在于这些废弃物在地理位置上太

① [美]约翰·贝拉米·福斯特:《生态危机与资本主义》,耿建新等译,上海:上海译文出版社,2006年,第36页。
② [美]詹姆斯·奥康纳:《自然的理由:生态马克思主义研究》,唐正东等译,南京:南京大学出版社,2003年,第308页。
③ Ben Agger, *Western Marxism:An Introduction*. Santa Monica:Goodyear,1979,pp.319-320.
④ [美]J.B.福斯特:《生态危机与资本主义》,耿建新等译,上海:上海译文出版社,2006年,第38页。

集中了。①

众所周知,整个地球生态环境正面临着极其严重的灾难性威胁,甚至到了十分危险的境地。比如,蕾切尔·卡逊发表了她关于环境的经典之作《寂静的春天》,她在书中论道:在核战争对导致人类灭绝的同时,我们时代的中心问题是人类整体环境业已受到具有潜在的难以置信的有害物质的污染,这些物质在植物和动物组织内积累,甚至能渗透细菌的细胞,最终破坏或改变未来形态所依赖的遗传物质。②

三、遭受核威胁的地球

尽管核能可能是廉价的相对清洁的新型能源,可以被用于生产生活,核武器在提高一个国家的军事实力,乃至维护世界和平方面也发挥着必要的作用,但核能一旦被不当利用时,就会对人类及地球造成十分严重的危害和威胁。③20 世纪美国在日本的广岛和长崎投下两枚原子弹之后不久,美国遗传学家 H.J.马勒(H.J.Muller)首次发现了生物体暴露在辐射环境中可能导致基因突变。他常常警告核战争以及核试验的放射性原子尘所带来的长期危害,帮助公众提高对核威胁的认识。马勒后来成为卡逊《寂静的春天》一书的最著名的科学捍卫者,他写给《纽约先驱论坛报》的一篇评论与她的书同时出版。他称赞卡逊《寂静的春天》一书是一场勇于面对人类和自然的灾难性后果的强烈控诉,批判今天发动的大规模化学战。他同时认为,《寂静的春天》深刻理解了自然界中以及自然与社会之间的相互联系,从而让人们了解到我们生存其中的生命之网的高度复杂性和相互关联性。

在引述罗伯特·海尔布伦纳的生态环境思想时,阿格尔在《西方马克思主义导论》(1979)中也谈到了核武器以及核试验对地球生态系统所造成的核威胁。他说:"更为严重的是,主要用于战争所需的核技术的扩散,预示着地球将面临现有核超级大国无法控制的恐怖主义。"④如果说阿格尔在该问题的叙述上存在过于简化的局限,那么我们不妨看看约翰·贝拉米·福斯特

---

① [美]詹姆斯·奥康纳:《自然的理由:生态马克思主义研究》,唐正东等译,南京:南京大学出版社,2003 年,第 308 页。

② [美]J.B.福斯特:《生态危机与资本主义》,耿建新等译,上海:上海译文出版社,2006 年,第 70 页。

③ Ben Agger, *Postponing the Postmodern:Sociological Practices,Selves and Theories*.Lanham, MD:Rowman & Littlefield,2002,p.49.

④ Ben Agger, *Western Marxism:An Introduction*. Santa Monica:Goodyear,1979,p.320.

更为详尽的描述。①他指出,在 1954 年,笼罩在原子尘问题上的疑云散去,科学界才能开始研究核武器试验导致的环境恶化和污染的程度。该工作需要生物学家、遗传学家、生态学家、病理学家、气象学家所具备的专业知识,他们研究了辐射对植物、动物的影响,以及放射性物质通过大气层、生态系统和食物链的运动情况。核试验使全世界人口面临同样的环境宿命,因为放射性原子尘在全球范围内通过风、水以及生物进行传播。人造的放射性同位素,如锶 –90、碘 –31、铯 –137 和碳 –14 进入全球环境中,自此成为人类以及所有生命的身体组成的一部分。不同的放射性元素都具有独特的属性,并对人类和环境造成独特的威胁。植物和动物通过食物链吸收了这些物质。锶 –90 成为孩子们骨骼和牙齿的一部分,铯 –137 聚集在肌肉中,碘 –131 留在了甲状腺中,都增加了患癌症的风险。莱纳斯·鲍林指出了与碳 –14 滞留在身体所有组织中有关的无数生物学威胁。

在研究放射性物质对食物链影响的过程中,生物累积和生物放大的概念的建立,随后卡逊的《寂静的春天》在本质上认同了这两个概念。生物累积是指有毒物质被身体吸收的速度超过流失速度的过程。例如,锶 –90 是一种化学上与钙相似的放射性同位素,能在骨骼中累积并导致骨骼发生基因突变和癌症。当某种物质浓度随着食物链而不断增加,就产生了生物放大作用。例如,当华盛顿州的汉福德核设施排放的微量放射性元素排放进哥伦比亚河时,随着其在食物链中的传播而出现了数量级增长现象。一些变量影响这种生物放大,如食物链的长短、生物体内的生物累积速率、核素的半衰期(放射性物质的情况)以及附近环境中有毒物质的浓度等。生物学家尤金·奥德姆(Eugene Odum)指出,由于生物放大,即使是所谓的"无害剂量的放射",也可能导致大自然回馈给我们一个致命的报复。卡逊本人则指出了生物放大作用如何导致包括青苔和驯鹿在内的处于食物链末端的阿拉斯加的爱斯基摩人和斯堪的纳维亚的拉普人身体内的锶 –90 和铯 –137 达到危险的高含量。

阿格尔也强调,虽然苏联与美国之间的军备竞赛已经随着苏联的解体而在表面上结束,但是在世界多地仍然危险地部署了威胁着地球与地球上每一个人的核武器。②马勒是签署《罗素—爱因斯坦宣言》的 11 位著名知识分子之一,该宣言促成了于 1957 年召开的旨在解决核武器控制问题的帕

---

① ［美］约翰·贝拉米·福斯特:《生态革命:与地球和平相处》,刘仁胜、李晶、董慧译,人民出版社,2015 年,第 58—61 页。

② Ben Agger, *The Virtual Self: A Contemporary Sociology*. Boston: Blackwell, 2004, p.11.

格沃什会议。他与数千位其他科学家一起签署了 1958 年提交联合国的请愿书,请愿由诺贝尔奖获得者化学家莱纳斯·鲍林(Linus Pauling)发起,也得到了生物学家巴里·康芒纳的支持,呼吁停止核武器试验。在 1961 年版的《我们周围的海》中,积极参与到针对向海洋倾倒放射性废物的抗议活动中的卡逊,还提出了以下意义重大的问题:精心计算出放射性物质的最大允许水平又能怎样?其实,微小的生物被较大的生物吃掉,在食物链上以此往复直到人类。通过这样一种过程,在比基尼岛核爆炸实验周围的一百万平方海里的海域中,金枪鱼的放射性都远远高于海水的放射性。卡逊还指出,1954 年 3 月在比基尼环礁引爆的"喝彩城堡"氢弹是1946—1958 年美国在马绍尔群岛进行的 67 次核试验中的一次,也是影响最恶劣的一次。爆炸的规模——1500 万吨,相当于在广岛投下的炸弹的 1000 倍——比预期高出两倍。大量放射性原子尘落地马绍尔群岛的居住地,以及距比基尼岛约 80 海里(并污染了大范围的海洋生命)的一艘名为"幸运龙"的日本渔船上,由于美国拒绝对此负责而引发了国际争议。

阿格尔认同海尔布伦纳关于核战争对地球生态系统造成严重威胁的看法,指出当时的能源危机和新致富的阿拉伯石油生产国正在让世界力量的对比发生变化。这些国家会有效地向较为发达但贫油的国家进行敲诈勒索,但这必然导致发达国家与不发达国家之间利益冲突日益加剧,最终诱发发达国家发动先发制人的攫取性核战争。[1]在《关于公共生活的批判理论》(1991)中,阿格尔也指出,当下的美国正处于一个衰落的时代,因为在那里大量存在社会的及政治的倒退现象,比如,"退化的环境、妇女及有色人种与男性白人之间巨大的财富鸿沟、等级化了贫富国家的不平衡发展、核威胁、石油的耗竭、人口的过度增长、作为替罪羊的少数族裔、包括同性恋等,这个单子可以无限地扩展"[2]。

奥康纳也高度关注了核技术的生态威胁性。他指出,核技术是目前所有技术中最危险的一种。在现代资本主义社会,如核技术典型反映出来的资本密集型技术,要比劳动密集型技术具有更大的生态危害性。这种技术类型现在已经成为一种普遍的原则,核技术也间接地作为一种国家安全体制而起作用,通过运用这一体制也就控制了政治领域。[3]实际上,那些反对

---

[1] Ben Agger, *Western Marxism:An Introduction*. Santa Monica:Goodyear, 1979, p.320.

[2] Ben Agger, *A Critical Theory of Public Life:Knowledge,Discourse and Politics in an Age of Decline*. London/ Philadelphia:Falmer Press, 1991, p.9.

[3] [美]詹姆斯·奥康纳:《自然的理由:生态马克思主义研究》,唐正东等译,南京:南京大学出版社,2003 年,第 328 页。

诸如核能这样一些技术的人不承认国家和法人有制造与使用这些会危害生活方式的设备的权力。反核运动或明或暗地拒斥资本在能源生产和分配上的集中控制权,并且拒绝资本为扩展核设备的生产而在投资和出口战略上所享有的控制权。

阿格尔等人的看法不幸而言中,在 21 世纪初爆发了针对美国的 "9·11"恐怖主义事件。撞击美国世贸中心的"9·11"事件的爆发,凸显了恐怖主义的严重危害。阿格尔在随后对此事件的反思时,进一步指出了美国针对恐怖主义的反恐战争在威胁阿富汗等国家的同时也威胁着地球生态系统。[①]在《延缓后现代:社会学实践、自我和理论》(2002)一书中,阿格尔指出象征着资本主义现代性的世贸中心的被撞,导致了美国对恐怖主义的宣战。恐怖主义,在这里被美国政府定义为针对资本及民族国家的反革命。据此定义,这种反对恐怖主义的战争将是无休止的。其实,美国等资本主义国家是以资本的、爱国主义的、现代主义的尚武精神的名义,宣布了对恐怖主义的恐怖战争,反对前现代反革命对资本主义现代性的反抗。这样,恐怖是对那种在最佳意义上致力于理性、伦理及科学的计划的现代性的否定。但是阿格尔也指出,恐怖——有组织的而不可预测的针对他人的暴力反对——在启蒙运动自身中被描述为一种控制自然的计划,而这个计划最终却完全成为一个直接针对人、森林和其他物种的控制计划。

恐怖在现代性中被描述为控制,因为启蒙运动的发起者,没有能够充分地理解他们把客观世界致命地建构为容易被劫掠并屈从于人们目标的他者,这里的他者当然也包括自然。载有乘客及燃料的民用飞机撞击世贸中心的办公大厦,恰恰验证了启蒙的辩证法——进步与倒退的并存——如同纳粹死亡集中营中灭绝他人时的工厂式效率。阿格尔认为,恐怖与反恐怖之间的战争,没有胜者,也无休止。它们会相互渗透,但是其最终在吞噬军事化国家的同时,也日益威胁到人们的生命和地球。鉴于"9·11"事件,阿格尔认为阻止前现代性倒退的唯一方法在于,把现代性重建为一种真正的全球性普遍计划。这个计划可以用来阻止世界的不平衡发展、不充分发展,世界各个国家和地区的人们都应该努力善意地对待人们所赖以生存的大自然,进而认真地思考如何防止诸如欧洲中心主义及德里达所说的菲罗斯中心主义之类的支配性话语及实践,保护其他话语及实践不被边缘化为他者。其实,作为主体的启蒙运动把客体"他者化",加以劫掠和控制,以便使

① Ben Agger,*Postponing the Postmodern:Sociological Practices,Selves and Theories*.Lanham, MD:Rowman & Littlefield,2002,p.215.

主体合法化,这种现象就如同黑格尔在《精神现象学》中所指出的那种主人与奴隶之间的相互依赖现象。

第二节 当代资本主义生态危机的历史方位

当代资本主义生态危机不是处于历史之外,而是处于历史之中。探讨资本主义生态危机的历史起点,是确定资本主义生态危机所处的历史情境,也是确认资本主义生态危机的历史方位。尽管不同的理论所面对的资本主义生态危机都是客观事实,但它们因不同的政治立场与现实利益而对资本主义生态危机所处历史情境的判断有所不同,也导致它们在生态危机定位及其解决方法上存在较大差异。阿格尔在探讨当代资本主义生态危机时,没有回避它的历史情境问题。通过考察资本主义社会自马克思以来的不断演化,阿格尔揭示了马克思当年所说的异化在资本主义演变的过程中,逐步加剧为卢卡奇所说的物化和法兰克福学派所说的支配。在分析过程中,阿格尔把资本主义划分为三个阶段:亚当·斯密和马克思当年所处的早期市场资本主义阶段;法兰克福学派所处的垄断资本主义阶段,或者是曼德尔所说的"晚期"资本主义;现在是像杰姆逊和哈维等人所称之为的后现代资本主义阶段,或者是阿格尔自己所说的快速资本主义阶段。[1]早期市场资本主义在 19 世纪末到 20 世纪初发展到了它的顶点,形成了阿格尔所说的"早期垄断资本主义",而这种资本主义在经历 20 世纪 30 年代的大萧条之后,又在第二次世界大战后发展到高峰。早期垄断资本主义从二战到 20 世纪 60 年代,是它相对协调和丰饶的时期,而到了 70 年代则因过度生产和异化消费而出现了各种危机,尤其是生态危机凸显。阿格尔认为这是资本主义社会的节奏在加快,他把这种资本主义称为"快速资本主义"。随着全球化的到来和信息技术的发展,阿格尔发现,资本主义的节奏还在进一步加快,为此他又探讨了快速资本主义的再加速。阿格尔对资本主义社会加以分期的主要目的,不在于如何精确地划分资本主义发展的各个阶段,而在于指出资本主义社会内在地包含了生态危机的各种异化,是在逐步加深与拓宽的。为此,他探讨了从马克思所说的异化,到卢卡奇所说的物化,再到法兰克福学派所说的支配这一异化不断加剧的过程。

---

[1] Ben Agger, *Speeding Up Fast Capitalism:Cultures*, *Jobs*, *Families*, *Schools*, Bodies. Boulder: Paradigm Publishers, 2004, p.20.

一、从异化劳动到物化意识

如前文所述,阿格尔把异化定义为人们在资本主义条件下不能支配其劳动,反而被其劳动和追逐利润的制度需要所支配的一种状态。在他看来,异化最初是马克思用来描述资本家榨取剩余价值的术语,而剩余价值是市场资本主义的利润基础,它不是用于补偿工人劳动时间的付出。资本主义把对剩余价值的榨取掩蔽在虚假需求及其持久性的假象中;创造这种假象的思想体系被称为意识形态。因此,阿格尔说:"在资本主义条件下,异化既表现为主观状态,也表现为客观状态。"[1]他一贯坚持异化是马克思理论中的核心范畴,指出异化是一种全面的生活状况,表明工人与其劳动产品、劳动过程、他人及自然是分离的。

马克思基于对劳动本质的理解而提出了对资本主义社会的批判。在阿格尔看来,马克思对资本主义的批判主要包括对资本主义经济制度的批判和对资产阶级意识形态的批判两个方面。在马克思对资本主义经济制度批判这个问题上,阿格尔把它概括为四点:一是批判对劳动力的剥削,二是阐述资本的积聚和集中,三是论述资本的积累和经济危机,四是揭示利润率的下降。[2]正是马克思对资本主义经济制度的批判,才真正发现了工人异化、经济危机的社会根源,提出了资本主义是一个具有内在矛盾和充满异化的社会制度从而必将被社会主义社会所取代的论断。

马克思的意识形态学说经历了一个从以《德意志意识形态》等为代表作的创立,到以《资本论》第一卷为代表作的深化,再到以《哥达纲领批判》等为代表作的完整论述的发展过程。[3]在关于马克思对资产阶级意识形态批判这一问题上,借助于解读《德意志意识形态》《共产党宣言》《关于费尔巴哈的提纲》《资本论》等著作,在《西方马克思主义导论》中,阿格尔把马克思所说的意识形态理解为按照诸如"天数""命运"之类的预定必然性来解释人的异化或无视异化现实本身的任何思想体系,比如早期资本主义社会的自由经营意识形态就认为每个人,不管他(她)是工人还是资本家,都同样从资本主义中得到好处。因此,意识形态是阶级社会的产物,其实质是一种虚假意识,是一种为资本主义异化制度的自身合理性加以自我辩解的利己的解释体系。意识形态的骗局是异化的一个重要组成部分,如果没有一

① Ben Agger, *Western Marxism:An Introduction*. Santa Monica:Goodyear,1979,p.8.

② Ben Agger, *Social Problems Through Conflict and Order* (with S.A McDaniel). Toronto:Addison-Wesley,1982,pp.60-65.

③ 俞吾金:《意识形态论》(修订版),北京:人民出版社,2009年,第64页。

定程度的意识形态欺骗,资产阶级对工人的剥削就无法如此顺利进行。意识形态具有极大的欺骗性,意识形态往往蒙蔽工人阶级,剥夺人们主导自己生活的某些理智和实际能力。马克思的意识形态批判,主要针对的是资本主义社会中的宗教、资产阶级政治经济理论,反对包括德国唯心主义在内的各种意识形态,其目的在于消除意识形态对人们的欺骗性,用真实的意识代替虚假的意识。①

在西方马克思主义的发展史上,卢卡奇是一个开创性代表人物。西方马克思主义的开创性人物卢卡奇和葛兰西,在继承马克思理论的同时,也根据时代的变迁不断修正和发展了马克思的理论。在《西方马克思主义导论》中,阿格尔着重探讨了卢卡奇的物化理论是如何在马克思的异化理论和法兰克福学派的支配理论之间起到了承上启下的作用。阿格尔认为,卢卡奇在1923年出版的《历史与阶级意识》,把由意识形态所创造的虚假意识比马克思所预见要更加广泛的情形加以理论化,提出了物化的概念和物化理论以解释马克思当年所预示的社会主义革命为什么没有如期发生这一问题。

受到马克思"商品拜物教"思想的启发,卢卡奇在《什么是正统的马克思主义?》一文中提出了"物化"(reification)这个概念,认为它是资本主义社会中最重要的现象。在《历史与阶级意识》中,卢卡奇把它定义为:"人自己的活动,人自己的劳动,作为某种客观的东西,某种不依赖于人的东西,某种通过异于人的自律性来支配人的东西,同人相对立。"②由此可以看出,卢卡奇的物化概念接近马克思的异化概念。物化是资本主义社会的普遍的、必然的现象,这种普遍性和必然性是由资本主义社会特有的经济形式所决定的。资本主义社会表现出大量的商品堆积,正是这些大量的商品把人们生产劳动的社会性质反映成劳动产品的物的性质,于是,人与人之间的关系采取了物与物之间关系的虚幻形式。商品拜物教正是在普遍的物化现象基础上产生的。阿格尔写道:"人与人之间关系的物化具体表现在三个方面:首先,它使人屈从于狭隘的分工范围,把整个社会生活分解为一块块碎片。在资本主义社会内,随着劳动分工和商品交换的发展,人们的职业愈益专门化,他们的生活也被局限在一个愈来愈小的圈子里,其结果是使人们的目光留恋于周围发生的局部事情上,失去了对整个社会的理论力和批判力。……其次,它使现实(活生生的历史过程)物化、僵硬化和机械化了。在

① Ben Agger, *Western Marxism:An Introduction*. Santa Monica:Goodyear,1979,pp.27-34.
② [匈]卢卡奇:《历史与阶级意识》,杜章智等译,北京:商务印书馆,2004年,第151页。

资本主义社会里,人们对物的追求使他们的目光变得愈来愈近视,他们面对的现实似乎不是历史运动的过程,而是物和一个个孤立事实的堆积。总之,过去支配现在,死的统治活的,人们拘执与眼前的物的关系,忽视了对前途和未来的思考。再次,他使无产阶级在劳动过程中客体化了、对象化了,从而丧失了自己的主体性和创造性。"[1]阿格尔认为,卢卡奇所说的物化,正是马克思所说的异化在程度上的加深和范围上的拓展,也就是说,异化从劳动扩展到意识本身,使人的关系转化为物与物之间的关系,从而导致工人阶级因阶级意识的丧失而不能反抗异化。[2]阿格尔着重指明,这种物化意识既是外部强加的,也是自我强加的。

在资本主义社会的演变过程中,马克思所说的异化为何转换成了卢卡奇所说的物化?在阿格尔看来,其原因在于:其一,就资本主义社会而言,它在马克思逝世后发生了新变化。晚期资本主义与早期市场资本主义相比,有两点不同。第一,晚期资本主义国家作为一个巨大的消费者和一个社会保障的提供者,直接干预经济,以便保证赤贫者的消费,防止他们加入激进的政治事业。第二,在第一次世界大战以后,资本主义日益操纵了阶级意识。这样,马克思所说的意识形态就变成了卢卡奇所说的物化意识,也就是指把社会关系与思想归结为类似于自然的,似乎是凝固的从而是不可改变的惰性过程。其二,就工人阶级而言,当资本主义从 19 世纪早期的市场形式发展到 20 世纪全球的、高技术的发达资本主义后,从第一次世界大战开始,工人不再像以前那样面临直接的极度贫困,渐渐地开始接受了资本主义即使不是十分合理的社会制度与经济制度,但也是不可避免地的社会制度的见解。[3]这样,工人的阶级意识退化成了物化意识,异化就相应地转换成了物化。

卢卡奇的物化理论虽然存在没有很好地区分客观历史规律和特定历史现象等理论局限,但是也反映了马克思所说的异化在 20 世纪资本主义社会中的进一步加剧。随着资本主义的发展,法兰克福学派的霍克海默和阿多诺等人指出,在较之卢卡奇生活的更晚的资本主义社会中,人们和自然所遭受的异化和物化程度再度加深了,从而提出了支配理论。

---

① 俞吾金、陈学明:《国外马克思主义哲学流派新编·西方马克思主义卷》(上册),上海:复旦大学出版社,2002 年,第 18 页。

② Ben Agger, *Western Marxism: An Introduction*. Santa Monica: Goodyear, 1979, p.146.

③ Ben Agger, *Critical Social Theories: An Introduction*. Boulder: Westview Press, 1998, pp.79—81.

二、物化意识的支配转向

法兰克福学派把卢卡奇的物化理论运用于分析个人和整个工人阶级的反抗意识衰落等问题,在此基础上,霍克海默和阿多诺提出了一种把马克思的异化理论和卢卡奇的物化理论加以继承和发展的支配理论。支配"是指一种人们不能据以觉察自己的异化、但能据以欣赏资本主义的生产力及其物质丰裕的方式。支配是个人在虚假意识的情况下自我'强加'的一种异化"①。它表明,异化从经济领域扩展到了意识、文化等非经济领域。

阿格尔指出,法兰克福学派以日益出现的国家干预及更具隐蔽性的意识形态来把晚期资本主义加以理论化。虽然法兰克福学派把卢卡奇的《历史与阶级意识》及柯尔施的《马克思主义与哲学》视为他们的理论启示,但法兰克福理论家在批判支配时,深化了卢卡奇的物化分析。法兰克福学派把"支配"概念化为内化的、强大的物化形式,也就是指它倾向于把社会看作自然不可改变的一部分。这样,尽管他们毫无疑问地保留了卢卡奇在20世纪20年代所提出的阶级分析, 但是他们把对物化概念的分析从无产阶级这一"集体主体"扩展到了个人这一"个体主体"。阿格尔强调,尽管卢卡奇通过把马克思的商品拜物教分析深化到物化分析,而将马克思的异化理论推向超越了马克思的一个更高发展阶段,而法兰克福学派在资本主义发展的更高阶段又深化了卢卡奇的分析。法兰克福学派的理论家认为,支配甚至比物化更难根除。②

卢卡奇所说的物化是如何深化为法兰克福学派理论家所说的支配?阿格尔认为这种深化的实现,既要从资本主义社会变化的客观方面去寻找根源,也要从人们自身理性衰落等主观方面来探求原因。当资本主义发展为垄断资本主义时,它与卢卡奇当时所面临的资本主义相比,发生了以下两点具有重要意义的变化:首先,如同列宁所指出的,资本主义为了从不发达国家那里掠夺廉价原材料和为过剩商品寻找新的国外市场,变成了帝国主义;其次,也是最重要的,通过支配人的偏好,促使人们无止境的消费,阻止了经济停滞,从而不让利润率下降。③晚期资本主义还创造了一个在相对舒适与安全环境中工作的中产阶级,他们可以模仿自己上司的生活方式。资本主义的这种变化,为从物化转化为支配提供了社会基础。阿格尔在分析

---

① Ben Agger, *Western Marxism:An Introduction*. Santa Monica:Goodyear,1979,p.150.

② Ben Agger, *Critical Social Theories:An Introduction*. Boulder:Westview Press,1998,pp.82–83.

③ Ben Agger, *Western Marxism:An Introduction*. Santa Monica:Goodyear,1979,p.112.

法兰克福学派的支配理论时,着重论述了促成物化向支配转化的文化工业这一文化根源和启蒙辩证法这一哲学根源。

霍克海默和阿多诺在《启蒙辩证法》中提出了文化工业的概念,在他们看来,文化工业就是指在二战以后的资本主义社会中,娱乐和媒体不但流通了文化商品,而且操纵了人们的意识。二战以后的文化工业,包括轰动一时的电影、网络电视、畅销书、主流媒体与杂志、商业广播,以法兰克福学派理论家所担心的方式来吞并文化,"整个世界都要经过文化工业的过滤"[①]。文化工业所造成的直接后果是,文化不再是一个独立领域,也不是一种描述现实或体验的方式,人们不再能从中获得批判的洞见。大众文化是文化工业的产物,它在晚期资本主义中成为一种意识形态,它不是通过文本来讨论当今社会是否具有必要性与合理性,而是提供了一种短暂性麻醉,把人们的注意力从真正问题中转移出去,把当下理想化为对现实再现的舒适体验。比如,看电视耗费了人们的时间,让他们不再考虑生活的方方面面,暗示人们在"真实"的世界中幸福地解决了他们的问题。通过观看电视中这些幸福地生活在一起的虚幻人群,在一两个小时内的电视观看时间里解决了工作困境,人们也把自己的生活与电视屏幕联系到了一起,幻想像电视中描写的角色那样去生活。"文化工业在晚期资本主义社会中已经成为了一种重要的经济因素与政治因素,转移了人们对真正问题的注意力,提供了虚假的解决办法,而这些办法是有目的地适用于虚构人物的'生活',编码于音乐的甜蜜和谐之中,当然也为 MGM、NBC 与《时代》杂志创造了利润。"[②]文化工业助长了对意识的操纵,推动了物化进一步加深为支配。

除了文化工业这一因素之外,阿格尔还剖析了法兰克福学派的启蒙辩证法思想,阐述支配在晚期资本主义中可以追溯到古希腊关于人们(主体)可以如何支配世界(客体)的思想。西方社会自启蒙运动以来,嗜好把包括自然在内的世界当作人类为了利用而可以征服的对象。人们力图通过征服外部世界中包括自然、妇女、少数族裔团体的成员及所谓的落后社会等因素来克服其恐惧。"就进步思想的最一般意义而言,启蒙的根本目标就是要使人们摆脱恐惧,树立自主。"[③]霍克海默和阿多诺认为实证主义是力图实现这种支配的最佳手段之一,"关于知识的实证主义理论认为我们可以通

---

① 　[德]马克斯·霍克海默、西奥多·阿道尔诺:《启蒙辩证法:哲学片段》,渠敬东等译,上海:上海人民出版社,2003 年,第 141 页。

② 　Ben Agger, *Critical Social Theories:An Introduction.* Boulder:Westview Press,1998,p.92.

③ 　[德]马克斯·霍克海默、西奥多·阿道尔诺:《启蒙辩证法:哲学片段》,渠敬东等译,上海:上海人民出版社,2003 年,第 1 页。

过自然科学,尤其是数学的技术与程序可以征服无知与不确定性。启蒙运动的前提是这种所谓西方脾性以科学与技术的肯定性来征服无知与恐惧,科学技术是支配的典范。……但是,启蒙运动忽视了自己的局限与无能"①。

霍克海默和阿多诺在《启蒙的概念》一文的结尾处阐释启蒙因为走向其反面而变成神话时写道:"今天,当我们实现了在全球范围内'用行动来支配自然'这一培根式乌托邦的时候,我们才能揭示曾被培根归罪于尚未征服的自然的那种奴役本性。这就是统治本身。培根曾经坚持认为'人的优越性就在于知识',现在,知识却随着统治力量的消除而发生了变化。然而,正是由于这种可能,启蒙在为现实社会服务的过程中,逐步转变被成为对大众的彻头彻尾的欺骗。"②基于对西方哲学及其文化力图支配"客体"、他者、自然及他人的认识,法兰克福学派提出了"支配"这一西方文明逻辑的主要原则。事物的形成往往是内外因结合的产物。对于包括工人阶级在内的大多数人而言,他们接受了由商品消费所带来的虚假满足,成为积极的消费者和被动的公民, 这些人乐观地按照资本主义的意识形态原则去生活。这样,资本主义通过支配消费而支配了人,使异化从生产领域转向了消费、意识和文化等领域。相应地,从异化到物化,再到支配,也就顺理成章。

至此,我们可以看出,阿格尔探讨了马克思所说的异化是如何经由卢卡奇所说的物化而深化为法兰克福学派所说的支配的了。在阿格尔眼里,对于马克思来说,异化是工人阶级同劳动资料及其产品等相疏远的过程;对于卢卡奇来说,物化是工人阶级关于马克思所说的异化的原因及可能出现的转化的一种虚假意识;而对于法兰克福学派来说,支配则是物化渗透到了人的个性的最深层,从而不仅阻止了阶级斗争,也阻止了所有个人自我解放的活动。

三、日益加剧的社会支配

阿格尔在 1989 年首创了"快速资本主义"这一概念,从时间的角度揭示了当代资本主义的新特征,意指当代资本主义的节奏较之以往变快了。③快速资本主义是资本主义的一个新阶段,超出马克思生活时所处的早期市

① Ben Agger, *Critical Social Theories: An Introduction.* Boulder: Westview Press, 1998, p.85.
② [德]马克斯·霍克海默、西奥多·阿道尔诺:《启蒙辩证法:哲学片段》,渠敬东等译,上海:上海人民出版社,2003 年,第 39—40 页。
③ Ben Agger, *Socio (onto)logy: A Disciplinary Reading.* Champaign: University of Illinois Press, 1989, p.1.

场资本主义和法兰克福学派所说的晚期资本主义,变成所谓的后现代资本主义。

　　从阿格尔的著作中我们可以发现,快速资本主义与以前的资本主义相比,具有以下特征:一是因各种边界的消解而出现了制度趋同。从《快速资本主义:关于意义的批判理论》(1989)到《快速资本主义的再加速:文化、工作、家庭、学校和身体》(2004),尽管阿格尔一直声称我们现在仍处于现代,而不是后现代或后资本主义时期,但他也认为媒体文化及信息技术正在消解各种边界。《快速资本主义的再加速:文化、工作、家庭、学校和身体》(2004)保留了快速资本主义的分析框架,从互联网及后福特主义的加速的、即时化的、趋同的、去边界化的以及全球化的特征等方面重新评价了资本主义,研究了文化、工作、家庭、孩提时代、学校、身体及饮食等社会结构的变化。[①]二是异化程度加深,自我和生活世界都遭受殖民化。阿格尔指出,自从1989年以来,异化变得更加广泛。生活节奏变得更快,人们的压力更大,也变得更加孤独。尤其是在"9·11"事件之后,世界也变得更加危险。文化强制力经由广告与互联网而入侵了家庭,甚至是人们的身心。阿格尔相信,马克思和法兰克福学派都没有预见到人们如今所遭受的异化程度会有如此之深,因为信息技术和媒体文化比之在20世纪四五十年代更加广泛、精细,而批判理论家在当时只是集中关注了收音机与电影。[②]尽管阿格尔强调支撑美国社会的结构性特征仍然是资本主义,但资本主义已经加速而成为全球性的,借助于卢克所说的虚拟化向量而殖民化了自我及日常生活。三是随着时间的加速和空间的压缩,产生了即时性及全球性的经历,我们不仅丧失了那种为了评估在我们身边正在发生以及将要发生之事而保持私密性的能力,也失去了那种为了批判地评价世界以及对之进行分析和变革的必要距离。自我与世界融合在一起,失去了弗洛伊德所说的环绕着自我的所有边界。[③]四是人们的工作时间越来越长。二战以来中产阶级的工作时间比以往增加了,富裕并没有把他们从工作日的束缚中解放出来。人们及其子女在不断攀升而压得喘不过气来的债务踏车上过着匆忙的生活,对那些工作中的妇女来说,时间更为紧张。五是社会问题依然严峻。瘟疫、婴

---

① Ben Agger, *Speeding Up Fast Capitalism: Cultures, Jobs, Families, Schools, Bodies*. Boulder: Paradigm Publishers, 2004, pp.11-12.

② Ben Agger, *Speeding Up Fast Capitalism: Cultures, Jobs, Families, Schools, Bodies*. Boulder: Paradigm Publishers, 2004, pp.9-27.

③ Ben Agger, *Speeding Up Fast Capitalism: Cultures, Jobs, Families, Schools, Bodies*. Boulder: Paradigm Publishers, 2004, p.7.

儿高死亡率、专制的政治体制、种族屠杀，在中东、亚洲以及非洲出现的此起彼伏的战争，都反映了马克思与列宁所说的不平衡发展。第三世界的人们遭受人口迅速增长、营养不良、健康保障不充分、战争折磨等种种可以想象的非人道之苦。整个后现代世界中布满了危险的核工厂，威胁着地球与地球上的每一个人。①

在 20 世纪 70 年代末提出生态马克思主义时，阿格尔尽管也承认异化在客观上从劳动到日常生活，与以往相比有过之而无不及，并为当时美国的官僚主义体制下的权力和意识形态对阻碍社会变革表示出担忧，但他不像霍克海默和阿多诺那样流露出悲观主义，对 80 年代可能出现的社会变革抱有强烈的乐观主义。但直到 80 年代末，阿格尔的当年预测也没有实现，他觉察到这其中的主要原因在于异化的不断翻新和加剧，以及公共话语的日益衰落。杰姆逊（1991）和哈维（1989）把这一阶段称之为后现代资本主义，认为各种边界，尤其是在真实与虚假、文本与世界、私人与公共之间的边界，在该阶段中开始消解。②其结果是出现了制度趋同，诸如工作与家庭、教育与娱乐之类的制度开始融合。在 21 世纪初，阿格尔坚信资本主义较之以往的节奏有增无减，因此他把这种状况视为快速资本主义的再加速。在此背景下，当代资本主义的社会支配也在加速，其速度甚至堪比光速。阿格尔坦言："我并没有预见到在互联网的作用下，话语衰落与弥散的速度会变得如此之快。"③在这种情况下，人们的日常生活，从工作到家庭等各个方面都被哈贝马斯所说的系统殖民化了。资本主义不仅日益加深了自身的内在矛盾，制造了各种社会危机，也不断加剧了人、社会与自然的异化。④

第三节　当代资本主义生态危机的现代性语境

在阿格尔看来，资本主义从 20 世纪六七十年代所进入的这个新阶段，不是一个真正的后现代阶段，因为它没有在根本上超越马克思及法兰克福学派所揭示的那种现代性。这个阶段只是资本主义的一个当下变种，只是

---

① Ben Agger, *The Virtual Self:A Contemporary Sociology.* Boston:Blackwell,2004,p.11.

② Ben Agger, *Speeding Up Fast Capitalism:Cultures,Jobs,Families,Schools,Bodies.* Boulder: Paradigm Publishers,2004,p.9.

③ Ben Agger, *Speeding Up Fast Capitalism:Cultures,Jobs,Families,Schools,Bodies.* Boulder: Paradigm Publishers,2004,pp.10–11.

④ Ben Agger, *Speeding Up Fast Capitalism:Cultures,Jobs,Families,Schools,Bodies.* Boulder: Paradigm Publishers,2004,p.12.

资本主义使用了所谓后现代的技术及后现代的媒体文化而加深了人们的异化,它没有也不可能完成哈贝马斯所说的现代性事业。不过,他也辩证地指出, 现代性事业也容易在进步中走向倒退。一旦把自然概念化为他者(Other)而对之加以劫掠,而不是与自然建立起伙伴关系和委托关系,就存在自然反抗的可能。①在此基础上,阿格尔认为当代资本主义的生态危机仍处于现代性情境之中。

一、并非所谓的"后现代"

当历史的指针拨到 20 世纪 60 年代时,"一批激进的知识分子和活动家经历了他们相信是与现代社会与文化的一种决定性断裂,他们成为第一批主要的后现代理论家。这些理论家相信随着反对越南战争以及帝国主义、种族主义、性别歧视和资本主义整体这个新的社会运动的到来出现了重大的历史变化,他们要求革命以及一种全新的社会秩序。与此同时,一种对应的反文化出现了,它要求社会放弃物质主义的精神气质和资本主义以成功为导向的规范。第三世界的革命动力给人们带来希望,选择解放的理由在于其是历史发展的动力,而导致更平等、更公正和更民主的社会。许多人相信与过去的彻底决裂已经出现,在道德、政治和概念领域的一场革命已经在进行,一个新的历史时代已经破晓"②。这是一个什么时代? 在《信息模式》一书中,马克·波斯特认为,我们现在已经超越了马克思在 19 世纪所说的生产模式时代,进入其特征可以被概括为"信息模式"的符号经济时代。"像比尔·盖茨那样的企业家们、前副总统戈尔那样的政治家们、尼葛罗庞蒂这样的互联网先锋们,都相信网络(virtual)资本主义代表了一种解决了所有社会问题的文明新阶段。"③在这种时代背景下,出现了对历史的方位加以判断的不同理论。

对于那种认为在现代性和后现代性之间存在实质性断裂的极端后现代主义,阿格尔在《支配的话语:从法兰克福学派到后现代主义》(1992)中称之为"肯定性的后现代主义"④,在《批判社会理论导论》(1998)中称之为

---

① Ben Agger, *Postponing the Postmodern: Sociological Practices, Selves and Theories*. Lanham, MD: Rowman & Littlefield, 2002, p.206.

② [美]斯蒂芬·贝斯特、道格拉斯·凯尔纳:《后现代转向》,陈刚等译,南京:南京大学出版社,2002 年,第 3 页。

③ Ben Agger, *The Virtual Self: A Contemporary Sociology*. Boston: Blackwell, 2004, p.6.

④ Ben Agger, *The Discourse of Domination: From the Frankfurt School to Postmodernism*. Evanston: Northwestern University Press, 1992, p.134.

"商品化后现代主义"①。这种后现代主义认为后现代性的所谓特征是"贝尔所说的后工业主义、相应的阶级冲突终结、为消费者提供的无限充裕消费品与服务、高科技是所有社会问题的万灵药、意识形态的终结、普遍的全球现代化"②。不管是称之为商品化后现代主义也好，还是称之为肯定性后现代主义也罢，阿格尔都认为这种后现代主义在欢呼意识形态终结时，"实质上就是一种意识形态，因为这种后现代主义认为在现代性及后现代性之间存在严重的时代断裂，在总体上拒绝了马克思主义"③。这种商品化后现代主义成为最新的文化时尚而充斥着麦迪逊大道等公共环境，推动的是商品生产而不是思想创造。

以《纽约时报》为例，阿格尔指出了这种后现代主义的四个特征："第一，把政治话语拒斥为过时的、可鄙的、不相关的，认为政治不再是一种有意义的场域，把所有的政治运动与政治人格都视为腐败到了极点。第二，支持消费性资本主义，从而意味着拒绝诸如社会主义之类的激进社会变革的可能性。第三，毫无区分地公然欢呼大众文化。这种后现代主义无力揭露与驳斥文化中的政治符码，大众文化完全被商品化。第四，以形式取代内容，把讽刺性冷漠或者犬儒主义当作社会主要价值观。"④在阿格尔看来，这种后现代主义是一种"坏的"后现代主义，它不同于阿格尔本人所说的作为批判理论的"好的"后现代主义。

对于后现代主义这一复杂问题或社会现象，阿格尔也强调，不可笼统地做出结论以判断其理论特质。在《支配的话语：从法兰克福学派到后现代主义》（1992）一书中，阿格尔围绕作为以上这两种后现代主义在知识与社会基本问题上的不同立场的六个方面而对之加以比较，详细阐述了这种作为意识形态的肯定性后现代主义在价值观、历史、政治、主体性、现代性以及理性这六个方面的主张。在价值观上，这种后现代主义利用尼采及其他人以支持顺其自然的看法，主张绝对的价值观已经消失，或者至少是在后现代阶段，固定的价值观不再依赖于利奥塔所说的女权主义理性及马克思主义理性这样宏大的"元叙事"；在历史观上，这种后现代主义不仅高估了当下的辉煌，而且预先关闭了激进干预政治的大门；在政治观上，这种后现

---

① Ben Agger, *Critical Social Theories：An Introduction*. Boulder：Westview Press，1998，p.65.

② Ben Agger, *The Discourse of Domination：From the Frankfurt School to Postmodernism*.Evanston：Northwestern University Press，1992，p.282.

③ Ben Agger, *Critical Social Theories：An Introduction*. Boulder：Westview Press，1998，p.66.

④ Ben Agger, *The Discourse of Domination：From the Frankfurt School to Postmodernism*.Evanston：Northwestern University Press，1992，pp.76-78.

代主义是反政治的;在主体性上,这种后现代主义主张新个人主义,把那种作为翻新的个人主义的后自由主义加以神圣化;在现代性上,尽管它表面上宣称多元主义,但实质上是以欧美为中心的西方主义;在理性观上,这种后现代主义是后理性主义的。①需要说明的是,阿格尔在批判这种作为意识形态的后现代主义时,也包含了对利奥塔、德里达、鲍德里亚等人具有以上理论倾向的间接批判。

二、当代资本主义社会的现代性局限

在批驳后现代主义者所主张的现代性在资本主义社会已经完成的谬见、认同哈贝马斯等现代主义者对现代性事业因未完成而务必对之加以坚守的同时,阿格尔也进一步反思了现代性和后现代性的内涵与实质,阐明了现代性和后现代性之间的紧密联系。阿格尔也指出,现代性的展开过程就是社会学家常说的现代化。很多社会学家不仅认识到社会进步是不可避免的、合规律的好过程,也发现现代化的进程中产生了一系列的意外问题,其中就包括人与自然的异化,与自然的疏远,而很难与自然进行交流。②

阿格尔特别强调,现代性不等于资本主义、现代化不等于美国化。阿格尔指出人们常常把现代性与资本主义及美国搅和在一起,从而误以为现代性就是资本主义或美国化。"人们之所以把资本主义和现代性加以混淆,是因为资本主义开启了现代这一时代,它融合了劳动分工、官僚制组织、工厂制度、议会民主、民族国家的出现、对自然的支配等现象。这些技术上和社会上的发展,因启蒙运动而成为可能,冲破了封建主义和经院主义的形而上学,迎来了科学、理性和民主的时代。"③人们之所以把现代性混同于美国,是因为美国在资本主义发展及全球化的过程中,扮演着重要的角色。在这种背景下,美国模式的全球扩张,从麦当劳到麦迪逊大街,从 CNN(美国有线电视新闻网)到快件服务,都很容易被混同于哈贝马斯所说的现代性事业。阿格尔反对这种把资本主义和美国加以混淆的做法,因为这三者之间虽然有一定的联系,但它们是不同的范畴。"资本主义把我们带到了现代性边缘,借助于技术和政治民主使得克服稀缺性成为可能,但是如果资本主义不能辩证地发展为社会主义和共产主义,那么现代性就不能完成或普

① Ben Agger,*The Discourse of Domination:From the Frankfurt School to Postmodernism*.E-vanston:Northwestern University Press,1992,pp.278–292.

② Ben Agger,*The Virtual Self:A Contemporary Sociology*. Boston:Blackwell,2004,p.49.

③ Ben Agger,*Postponing the Postmodern:Sociological Practices,Selves and Theories*. Lanham,MD:Rowman & Littlefield,2002,p.203.

遍地实现。在现代性的普遍性实现时刻，也就是马克思所说的前史终结的时刻，将会开始真正的历史。"①这种历史才是真正的后现代性。阿格尔声称，同样也不能把现代性混同于美国化，因为美国这个国家，并不真正保证健康关怀和儿童关怀，是一个破坏自己环境和他国环境的国家。这个国家具有根深蒂固的种族歧视和种族仇恨，在都市和乡村都还有大量的贫困人口，城市是不安全的和犯罪多发的地方，人们大量地酗酒和吸食毒品。都市中非白人的年轻一代，很多都没有接受过良好的教育、没有希望，没有就业。在美国，一些人有工作，不断升迁，获取退休金；一些人的工作只能是勉强糊口；而另一些人则根本就没有工作。美国既不是现代性的同义词，也不是人间的天堂，而是一个存在诸多局限并体现了贪婪的资本主义社会。

现代性较之以往发生了剧烈变化，当下的所谓后现代性只是现代性的新阶段。作为现代性变化结果的当下所谓后现代性，不是像极端后现代主义者所说的那样体现了时代的断裂，而只是现代性的一种延续，准确地说是现代性框架内的一个新阶段。阿格尔认为哈维的《后现代性状况》对了解后现代性是一个很有用的向导，因为哈维把后现代性概念化为现代性发展中的一个独特阶段。前缀"后"在术语"后现代性"中是指，我们现在所处的一个文明阶段，在一定意义上，超出了诸如孔德、杜克海姆、韦伯及马克思等大多数西方社会理论家所理论化的现代性状况。前缀"后"进一步指出，以前对现代性的理解没有指出文明在目前所处阶段的空前发展。在此意义上，后现代社会理论力图理论化这些发展，尽管这依赖于现代性理论，但它对现代性理论而言，为之增加了新的理解。②

在《批判社会理论导论》（1998）一书中，阿格尔归纳了后现代社会理论家所揭示的后现代性阶段的 12 个特征。这些特征是：第一，全球性。国家与地区日益相互影响，其方式是所谓发达国家及地区与欠发达国家及地区之间的界限变得模糊。第二，地区性。全球化的趋势直接影响了人们的地区环境，通过研究它们的地区特征而有可能理解全球动力。第三，"历史终结"的终结。由启蒙运动支持者所量化的现代性，不是历史的最后阶段，是争论中的后工业社会时代。它认为在该时代中人们最基本的生活需求得以满足，从而意味着团体冲突及意识形态争论也随之结束。第四，个体的"死亡"。资产阶级那种区别于外部世界单一而稳定的主体性，在后现代性阶段已经站

① Ben Agger, *Postponing the Postmodern: Sociological Practices, Selves and Theories.* Lanham, MD: Rowman & Littlefield, 2002, p.203.

② Ben Agger, *Critical Social Theories: An Introduction.* Boulder: Westview Press, 1998, p.35.

不住脚。相反,自我或主体已经成为一个有争议的领域,在它与外部世界之间存在可渗透的界限。第五,信息模式。马克思所说的生产模式,没有波斯特所说的信息模式具有中肯性,尤其是后现代社会在组织与撒播信息及娱乐方式上。第六,摹像。鲍德里亚认为,所谓的真实不再是稳定的,不能再以传统的科学概念来理解它们,包括马克思的科学概念在内。相反,社会日益成为"模拟"的和虚构的,图像及话语替代了人们经历中的严格真实。第七,语言中的差异与迟延。在后现代性中,根据德里达的看法,语言不再被定位于一种对"现实"的被动再现关系,即词语可以对现存世界加以清晰而明确的描述。相反,语言,包括写作,都是一种模糊的中介,必然无限期的迟延清晰的理解。这种对解构解读的认可,改变了写作与解读或批评之间的等级制关系。第八,多重声音(polyvocality)。巴赫金指出,任何事情都可以有不同的说法,事实上在这多种方式中没有那一种方式内在地优于其他方式。第九,分析中两极化模式的崩溃。考虑到人们主体定位的多元性,传统分析中的两极性(比如,无产阶级与资产阶级、妇女与男人、第三世界与第一世界)不再有效。第十,新社会运动。现在有多种进步性社会变革的草根运动,它们包括但不局限于有色人种运动、环境主义运动、妇女运动、男女同性恋运动等社会运动。在后现代性中,这些社会运动并不必然地符合马克思对阶级冲突的两极化分析,暗示了社会变革的新理论。第十一,宏大叙事批判。利奥塔认为,马克思主义者或其他人所说的源自启蒙运动的宏大叙事或讲述关于历史及社会的大故事,在这个后现代的、多元的及多重声音的世界中需要被抛弃。利奥塔偏好关于人们自己在他们生活与斗争层面上的微型叙事。第十二,他者。后现代理论家所反对的是,把一些团体、有色人种及大多数现代性理论家所考虑的"他者"实践,尤其是包括妇女及有色人种的边缘化与臣属化。阿格尔对于以上这 12 个后现代性特征的归纳,只是他对所谓后现代性的揭示,认为这些特征需要被加以再理论化。但是这并不意味着阿格尔完全支持这些后现代性特征。

前现代性、现代性和后现代性往往交织在一起。在《延缓后现代:社会学的实践、自我和理论》(2002)中,阿格尔通过对"9·11 恐怖袭击事件"的反思,指出在前现代性、现代性与后现代性之间存在复杂交织的关系。他首先肯定了现代性是一项未完成的计划,反对抛弃现代性,接着他剖析了现代性在发展过程中,也就是在现代化的过程中,存在进步与倒退并存的趋势和现象。从启蒙运动到大屠杀,从大屠杀到以色列建国,从以色列建国再到宗教激进主义及其对以色列和美国的恐怖主义袭击,这是一个辩证的关系链,它揭示了世贸中心被破坏的深层原因。这还是一个辩证的故事,它既包含了进步的因素,也包含了退步的因素,因为现代性在自身内部包含了自我颠覆的因素。就"9·11事件"本身而言,阿格尔是反对的,因为"9·11事件"对后现代性所进行的反抗,不是后现代的:它没有为了推动现代性的发展而理解现代性。它是一个前现代计划,使现代性朝着迷信、父权制、等级制和反技术方向上倒退。但是阿格尔所要强调的是,透过"9·11事件",我们可以看到前现代性、现代性和后现代性往往交叠在一起,这对于我们思考现代性事业具有重要的影响。

现代性事业需要被重新思考,并积极将之完成。阿格尔主张,人们需要一种批判的社会理论来解释现代性为何发展得如此不平。在《快速资本主义的再加速:文化、工作、家庭、学校和身体》(2004)中,阿格尔认为现代性作为马克思所说的前史的终结的图景需要被转型,为此他提出了舒缓现代性(slowmodernity)的概念。阿格尔把舒缓现代性看作文明的一个新阶段,这种现代性既不是资本主义的快速现代性,也不是那种完全抛弃了现代性的后现代性,它是现代性之后的一个阶段。在那里,人们建构无摩擦的共同体,借助于互联网和其他信息技术和娱乐技术而进行读写活动,与此共存的还有从节奏舒缓的生活、饮食、成长、家庭和工作中获得简朴的愉悦;在那里,现代的制造技术及信息技术被用来放慢生存的节奏,从而重塑公共与私人、自我与社会之间的边界,几乎不存在加速的后现代资本主义或互联网资本主义。阿格尔所说的舒缓现代性这个社会还没有展开,他构想"快速技术在那里为人们提供了满足基本需求的物质, 使得电子民主成为可能,共存于慢一些的纸浆书技术、老式的书信、在家庭进餐、远距离散步、没有负担的孩提时代"①。阿格尔把舒缓现代性看作其理想中的美好社会,是建立在他对前现代、现代、后现代的各自精华的吸取,以及对它们各自糟粕的剔除的基础之上。

三、当代资本主义生态危机的现代性处境

众所周知,以哈贝马斯为代表的诸多理论家对后现代性是表示与现代性的截然断裂的观点不以为然,提出了与之针锋相对的质疑。哈贝马斯等人指出现代性事业是值得坚持的,它还没有完成。在《交往行为理论》的导论中,哈贝马斯明示,"理性仍然是哲学的基本主题,现代性事业还没有完成"②。大卫·莱昂在《后现代性》一书中认为哈贝马斯是当今社会理论家中

---

① Ben Agger, *Speeding Up Fast Capitalism:Cultures ,Jobs ,Families ,Schools ,Bodies.* Boulder: Paradigm Publishers,2004,p.150.

②. Habemas, *Theory of Communicative Action.* Boston:Beacon Press,1984,p.1.

最著名的后现代批评者。"18世纪启蒙思想家所系统阐述的现代性设计含有他们按照内在逻辑发展客观科学、普遍化的道德与法律及自律艺术的努力。同时,这项设计也有意与把上述领域认知潜能从其外在形式中释放出来。启蒙哲学家力图利用这种专业的文化积累来丰富日常生活——也就是说,来合理地组织安排日常的社会生活。"①由此可见,所谓的后现代方案是值得怀疑的。

欧内斯特·盖尔纳对后现代方案也不屑一顾,赞成全力回到启蒙运动的理想主义中去,他也坦承这样做可能在感情上令人无法接受,但是作为一种获取真知和决定意义的方式,回到启蒙理性仍然是我们最大的希望。美国理论家斯蒂芬·布隆那指出:"资本主义的全球扩张、官僚国家的崛起、媒体的联合、盲目的消费主义、对环境的忽视以及文化相对论均破坏着启蒙运动提出的诸多理念:世界主义的宽容态度、经济公正、民主的责任以及'良好社会'的思想。"②为此,他特意强调了启蒙运动的重要性,支持进步,指出通往自由之路的手段在于权利、互惠和普遍主义的敏感性。理查德·伯恩斯坦说哈贝马斯的现代性方案就是一种新的启蒙辩证法,它既审视和解释启蒙遗产的阴暗面,又想挽回自由、公正和幸福的理想,并为之辩护。

在阿格尔看来,新保守主义和审美感召的无政府主义,仅是以向现代性的名义极力对抗现代性,现代性是一项未竟的事业,仍然需要人们去完成。哈贝马斯所说的现代性事业始于启蒙运动,"包括理性、民主、免于匮乏、没有战争及暴力、宽恕及宽容,也就是康德所说的永久和平。哈贝马斯担心后现代会对政治责任和关注受难者表现出厌恶情绪,他猛烈抨击当今知识分子企图经由德里达和海德格尔而返回尼采,在一种复兴初期保守主义的不祥状态中寻求拯救"③。大卫·莱昂认为,我们现在更欢迎这样的理论家,他们"接受后现代批判的某种压力,但否认当今文化和社会状况已经超越了现代性或者以及处在现代性之后。也就是说,现代性也许的确处在困境之中,但是在现代性的框架内,危机是可以解决的,现代性的某些潜力尚未发挥,甚至未经考验。现代性或许会跟跟跄跄,或许会洗心革面,但是迄今为止,还没有足够的证据表明我们的状况已经是后现代了"④。对现代性

---

① Habemas, Modernity versus Postmodernity, *New German Critique*, 1981, No.22(winter).

② [美]史蒂芬·布隆那:《重申启蒙:论一种积极参与的政治》,殷杲译,南京:江苏人民出版社,2006年,第1页。

③ Ben Agger, *Speeding Up Fast Capitalism: Cultures, Jobs, Families, Schools, Bodies*. Boulder: Paradigm Publishers, 2004, p.45.

④ [加拿大]大卫·莱昂:《后现代性》,郭为桂译,长春:吉林人民出版社,2004年,第143页。

事业的辩护和坚持，是当今诸多现代性主义者对现代性和后现代性加以反思的结果。

　　阿格尔同意哈贝马斯的观点，也认为现代性事业还没有完成。在《延缓后现代：社会学的实践、自我和理论》（2002）中，他阐述了现代性事业之所以尚未完成的三点理由：首先，地球上还有很多人生活在贫困状态。阿格尔说，尽管这个世界部分区域中人们的生活水准高于 15 世纪，甚至高于 1776 年，但是整个世界 60 亿人口中还有很多人享受不到财富，甚至是基本的生存资源。其次，世界上还有很多地方不民主。尽管政治民主在很多国家和地区得以实现，取代了专制和独裁，但并非世界各地都是如此，甚至人们可能会发现，对民主的关心只是一个烟幕，而真正意图在于资本的利益，就像马克思所说的，国家只是"资产阶级的执行委员会"。最后，尽管世俗主义和科学产生了重要的知识进步和技术发展，但是宗教激进主义成为一种强大的反动力量，在东西方国家都是如此。即使是在世俗科学盛行的地方，相信科学能解决一切问题的科学主义和实证主义也起到意识形态的作用，在它们作为信仰体系时，就会把现状掩蔽在永恒化和存在论的必然性之中。

　　鉴于现在仍然处于现代而非进入超越了现代性的后现代，西方社会现在就仍然是资本主义，意识形态没有终结，资本主义、阶级斗争及异化劳动也没有终结。同法兰克福学派的马尔库塞等其他一些西方马克思主义者一样，阿格尔也把马克思视为一个关注异化的人道主义哲学家，而不是一个实证主义者，[①]强调马克思当年对资本主义社会的批判主要聚焦于对异化劳动和意识形态的批判。但马克思逝世后的资本主义，在保持其资本主义社会本质未变的同时，某些社会现象也发生了巨大的变化。随之而来的是，异化从马克思所说的异化劳动和商品拜物教等意识形态，扩展到卢卡奇所说的物化和法兰克福学派所说的支配，以及阿格尔自己所说的生产主义。同时，作为异化的一个重要组成部分的意识形态骗局也越来越复杂与隐蔽，运用马克思当年的意识形态理论和意识形态批判方式，已不能很好地揭穿当下意识形态的骗局。

　　阿格尔指出，"资本主义一直在袭击自我，开始是异化，接着是支配，现在是话语的衰落，而且这种情况仍在继续。美国现在依旧是资本主义，缺少人们可以在其中进行争论的公共领域。弥散的后现代文本、话语，现在也成

---

① Ben Agger, *Critical Social Theories: An Introduction.* Boulder: Westview Press, 1998, p.64, 80, 82.

为了一种罗网,入侵到我们的私人生活及认同之中"①。互联网的颂扬者希望人们相信现在的网络工作取代了以前那种被马克思所敌视的异化劳动。但是异化劳动却一直伴随着人们,因此在西方发达资本主义国家之外还有很多工作条件极差的工厂和煤矿。像贝尔这样的后工业社会先锋所说的办公室工作,也常常是像蓝领工作一样被严重的强制、操纵及异化,尤其是在那些人们不是为了追求事业,而是为了就业的地方,因为在那里不需要太多的技术,没有升迁机会和工会的保护。虽然可以把书记员称为"执行助理",但这不能改变他们无权及低报酬的事实。"声称我们已经超越了马克思主义、社会主义、蓝领工作,还为时过早。"②很显然,在阿格尔看来,既然现代性事业还没有完成,那么我们就不能轻言超越了现代性而进入到后现代性。相应地,当代资本主义生态危机仍是资本主义现代性的危机。

总而言之,阿格尔在现代性与后现代性的争论中所持的观点是,包括世界各地存在的即时性生产、工人运动的丧失、所谓的社会阶级衰落、互联网网页及手机的出现、休闲时间的增多、反映了消费与娱乐活动的繁荣等现象,都不能说明现在所处的文明阶段已经顺利地进入贝尔所说的后工业社会,或者是像福山所说的那样出现了历史的终结。尽管现代性出现了巨大的变化,但它现在还没有进入真正的后现代性,信息模式也没有取代生产模式,我们绝不能抛弃马克思主义理论。在现代性的视域中,生态危机等社会问题都是可以通过发展中的马克思主义来阐释的。因此,阿格尔并没有因为后现代主义的风靡而迷失理论方向,而是清醒地判定了当代资本主义生态危机所处的历史方位和现代性语境。

第四节 当代资本主义生态危机的问题实质

阿格尔是在马克思主义的理论框架以及现代性的视域中来看待当代资本主义生态危机的问题的,坚持人与自然密不可分的历史唯物主义观点,看到了在对自然的支配与对人的支配之间所存在的内在逻辑关系。他认为在资本主义制度框架内不可能根本解决其生态危机。

---

① Ben Agger, *Speeding Up Fast Capitalism:Cultures,Jobs,Families,Schools,Bodies*. Boulder: Paradigm Publishers,2004,p.19.

② Ben Agger, *Speeding Up Fast Capitalism:Cultures,Jobs,Families,Schools,Bodies*. Boulder: Paradigm Publishers,2004,pp.20–21.

一、经济危机的场域转移

自 20 世纪 70 年代以来，当代资本主义社会的生态危机日益凸显，越来越引起人们的关注。生态危机对人们的生存发展造成了极大威胁，人们对生态问题的忧虑变得十分明显。这里涉及一个重要的问题：似乎马克思当年所说的经济危机不存在了，取而代之的是生态危机。有些评论者批评阿格尔，说他因修正了马克思的经济危机理论而否认了经济危机的存在。在笔者看来，这些批评者的看法固然可以找到阿格尔的某些论述作为证据来支撑自己的观点，但从阿格尔著述的整体情况看，这种看法也不完全符合阿格尔的本意。其实，阿格尔的本意是说，生态危机不是"取代"[①]，而只是"排移"了经济危机，即实现了危机场所的移转（shift the locus of crisis）。[②]阿格尔以奥康纳提出的财政危机理论和哈贝马斯、米利班德等人创立的合法性危机理论为例，佐证了其关于危机场所转移的看法。奥康纳认为资本主义国家日益被迫征集足够的税收以履行其干预经济的职责。哈贝马斯等人认为垄断资本主义制度中的资本主义国家的经济干预作用，与大多数西方国家依然起作用的自由经营的意识形态之间，存在着基本不协调的状况；由于看到企业和政府的庞大力量的难操纵性和非理性，许多雇佣劳动者对它们越来越不抱幻想；普通劳动者也不再认为资本主义制度是有希望的。上述的这两种危机理论都认为，大大膨胀了的当代资本主义国家干预职能已经给当代资本主义社会造成了许多新问题。阿格尔一方面承认这就像马克思早已指出的那样，这些危机根源于资本主义社会结构本身，是社会化大生产和生产资料私人占有之间矛盾的产物；另一方面指出当代资本主义社会的危机形式又有新变化，因而需要新的危机理论和新的社会变革战略。

阿格尔修正马克思经济危机理论的目的不在于否认经济危机的存

---

① 应该承认，阿格尔在《西方马克思主义导论》一书第 316 页提出关于马克思主义危机理论实效性的观点时，的确使用了"replace"（取代）来表示经济危机向生态危机的转换，但他在该书的第 272 页也有关于在当下资本主义社会只是危机的场所发生了转移的观点。在《支配的话语：从法兰克福学派到后现代主义》一书的第 264 页，阿格尔再次谈及资本主义的危机时，使用的是"displace"（排移）而不是"replace"。从词语的使用上，我们可以认为阿格尔在"生态危机究竟是取代了还是排移了经济危机"这一问题上存在矛盾之处，但是本书认为如果结合阿格尔整个生态马克思主义思想的本意及其发展历程来看，阿格尔没有否认经济危机的存在，而只是表示经济危机因资本主义国家的相关处理机制而有所控制，以至于不像生态危机那样如此凸显而已。所以，本章倾向于认为阿格尔不强调生态危机完全取代了经济危机。

② Ben Agger, *Western Marxism: An Introduction*. Santa Monica: Goodyear, 1979, p.272.

在,而在于指出它不能充分地揭示当前资本主义生态危机的成因。他把马克思的经济危机理论解读为,马克思认为由于利润率下降、资本积累压低工人阶级的工资,降低了工人购买商品的能力,致使工人失业、贫困化,从而逼迫工人起来造反,资本主义陷入崩溃的境地。可实际上,资本主义比马克思当年的这种预想更富于弹性。阿格尔把这其中的原因归结为:资本主义因其利用各种调节危机的机制而把马克思当年所说的经济危机暂时转移到了非经济领域。与各种绿色理论对生态危机的理论定位不同,阿格尔认为在现代的历史情境中,生态危机因其严重性而遮蔽了经济危机等其他社会危机,这不是说生态危机完全取代了其他社会危机。

在阿格尔看来,尽管资本主义因自身的内在矛盾,而导致资本主义不是一个较为稳定的社会制度,而是一个难以驾驭和随时都可以爆发危机的制度,但资本主义在实践中还是竭尽全力探寻各种调节危机的应对机制,以延缓自身的寿命。他指出,像米利班德等马克思主义者强调,资本主义的经济危机因国家的干预而得以暂时延缓;像法兰克福学派的理论家则强调,文化危机和人们的心理危机则因文化工业而得以暂时缓解。也就是说,社会主义革命之所以没有像马克思所预言的那样发生,"不是因为马克思对资本主义现代性矛盾的批判是错误的,而是因为资本主义的监护者已经学会了怎样处理各种社会危机、经济危机与文化危机"①。不过,阿格尔也批评马克思高估了 19 世纪末资本主义危机趋势的严重性,而相应地低估了资本主义生产方式的灵活性,没有预见到资本主义在其进行高速度的资本积累时还存在继续扩大生产的能力。从第一次世界大战以来,国际垄断资本主义的生产能力迅猛发展,足以保证向工人阶级提供在以前只是为社会精英所提供的那些商品。在过度生产和异化消费的迷雾下,劳资之间的矛盾模糊了,工人阶级逐渐被商品驯化而丧失了自己的阶级意识。其结果是,资本主义延缓了它的寿命。

阿格尔指出,虽然晚期资本主义的监护者利用各种危机处理机制而暂时缓解了经济危机和文化危机,但是这既不意味着资本主义已经不存在经济和文化危机了,也不意味着资本主义已经完全摆脱了各种危机而可以永世长存,因为资本主义是一个具有内在矛盾的社会制度。实际情形是,马克思当年所说的资本主义的经济危机,在当前从经济领域转移到了政治领域、文化领域、社会领域和生态领域等其他领域,危机的经验表现形式随着资本主义的变化而出现了变化,生态危机的凸显就是危机场所发生转移的

---

① Ben Agger, *Critical Social Theories:An Introduction*. Boulder:Westview Press,1998,p.80.

一种标志。相应地，生态危机是经济危机的转移形式。

二、与其他危机交叠伴生

当代资本主义，尤其是西方发达资本主义社会，在发展的过程中出现了各种社会问题，暴露出了其弱点。包括马克思在内的很多理论家看到现代性具有进步性的同时，也发现了现代性具有退步的可能，资本主义的内在矛盾必然表现为各种危机。这也正如奥康纳所指出的，资本主义是一个充满危机的制度。[①]在《西方马克思主义导论》(1979)中，阿格尔就指出西方工业社会出现了各种危机，他不仅认同奥康纳关于资本主义存在财政危机的看法，也认同哈贝马斯、米利班德等人关于资本主义存在合法性危机和马尔库塞、莱易斯等人关于资本主义存在生态危机的洞见。生态危机与其他多种社会危机交叠互生，[②]表现为各种社会倒退现象相互伴生。

阿格尔在《关于公共生活的批判理论：衰败时代的知识、话语和政治》(1991)中列举了社会的及政治的大量倒退现象，比如所谓的反堕胎运动、新保守主义，为有关社会主义与马克思主义失败的西方神话而添油加醋的"共产主义终结"的话语、退化的环境、妇女及有色人种与男性白人之间巨大的财富鸿沟、等级化了贫富国家的不平衡发展、核威胁、石油的耗竭、人口的过度增长、作为替罪羊的少数族裔，包括同性恋等。[③]在"9·11"事件爆发后，阿格尔深入思考了现代性中的倒退现象。他写道："在中东，为了差异而爆发战争和恐怖主义。宗教激进主义是一种倒退力量，想把历史倒回前现代性。这不是否认进步中存在倒退的因素，就如同霍克海默和阿多诺在《启蒙辩证法》中所指出的那样。其实，在世界历史理性的旗子下，进步与倒退的混合使进步最终衰落为灾难，从大屠杀到'9·11'。法兰克福学派认为，启蒙需要抛弃自身对他者、客体及自然的狂妄自大，不再伪称自己可以理解万物并把它们加以支配。阿多诺在二战后的乌托邦构想是对自然的救赎，尽管他的这种构想几乎无法与马克思更强烈的实践社会构想相比。阿多诺指出，在奥斯维辛集中营之后，如果还坚持认为进步不会受到自身退步趋势影响的话，就像纳粹为了大规模地制造屠杀而利用了福特主义和科

---

①　[美]詹姆斯·奥康纳：《自然的理由：生态马克思主义研究》，唐正东等译，南京：南京大学出版社，2003年，第292页。

②　Ben Agger, *The Virtual Self: A Contemporary Sociology*. Boston: Blackwell, 2004, p.24.

③　Ben Agger, *A Critical Theory of Public Life: Knowledge, Discourse and Politics in an Age of Decline*. London/Philadelphia: Falmer Press, 1991, p.9.

学管理原则那样,这是不诚实的。"①

阿格尔重申了资本主义社会再生产及经济再生产中的危机,同马克思一样认为这些表面上分离的社会问题实质上都是资本非理性逻辑的必然结果。阿格尔指出,在遭受能源短缺、生态破坏、国内外不平衡发展困扰的发达资本主义社会中,日益出现三种明显的危机:首先,付酬劳动力日益沿着技术、工会化、工作方式的轴线,被等级化、裂碎化。其次,当经济压力与不满殖民化了家务及人格领域时,支配被大量地内投、外化为愤怒,表现为日益暴力地反对妇女、同性恋和少数族裔。最后,当权力逐步转向那些我们相信他们能使我们摆脱经济危机的技术精英时,强化了科学主义及技术神话。在阿格尔看来,这些危机是马克思所没有预见的。②由此,我们可以发现,阿格尔在分析资本主义社会的演化时,指出了它所存在的多重危机,这些危机涉及经济、政治、生态、文化、意识形态、社会等多个方面,它们相互交织,密不可分。

其实,在生态危机与经济危机的互促共生关系上,亦为北美著名生态马克思主义者的奥康纳的观点在这里也值得一提,以利于我们对此问题的理解。在奥康纳看来,经济危机以资本流通的中断的形式表现出来,并把自己凸显为一种资本有待克服的障碍。在马克思看来,虽然资本的最大障碍就是资本本身,但是资本又会千方百计地冲破各种束缚它的限制。这也就是说,资本主义积累及其生产,必然导致一定程度和一定类型的生态问题。③这就意味着,那些没有涉及资本主义生产方式以及资本主义无法在其中进行运转的方式的环境政策,和那些没有在总体上涉及生产条件问题以及没有在具体层面上涉及生态问题的经济政策,都将可能是失败的,或者甚至环境条件的恶化起到推波助澜的作用。④

总的来看,在资本主义社会中,经济增长越加速,异化劳动越加剧,异化消费越强烈,虚假意识越普遍,文化工业越繁荣,生态危机越严重。这样,在经济增长、异化消费、异化劳动、虚假需求、虚假意识、文化工业和生态危

① Ben Agger, *Speeding Up Fast Capitalism : Cultures , Jobs , Families , Schools , Bodies*. Boulder: Paradigm Publishers, 2004, p.43.

② Ben Agger, *A Critical Theory of Public Life : Knowledge , Discourse and Politics in an Age of Decline*. London/ Philadelphia : Falmer Press, 1991, p.125.

③ [美]詹姆斯·奥康纳:《自然的理由:生态马克思主义研究》,唐正东等译,南京:南京大学出版社,2003年,第293页。

④ [美]詹姆斯·奥康纳:《自然的理由:生态马克思主义研究》,唐正东等译,南京:南京大学出版社,2003年,第294页。

机之间相互助推、相辅相成、互为因果，从而存在恶性共生的关系。在生态系统日益脆弱的情况下，生态危机的凸显也就是情理之中的事情，无法避免。对资本主义生态危机的剖析也就势必要联系到资本主义的政治危机、经济危机、文化危机等其他社会危机。

三、无法彻底解决的社会问题

综观阿格尔的生态马克思主义思想，我们可以发现，他把当代资本主义生态危机看作一个社会问题。借助于对马克思主义和实证主义这两种主要社会学研究范式的比较，阿格尔表达了自己对资本主义生态危机这一社会问题性质的判断。他在《经由冲突与秩序的社会问题》（1982）一书中指出，理论研究者在研究中都要借助于作为总体观和研究棱镜的范式，因为范式反映了社会学家如何以他自己的思考来认识世界，并指导他选择相关的研究主题和社会学方法论。他认为在社会学领域中，分析社会问题的主要范式主要有马克思等人的马克思主义与韦伯等人的实证主义这两种范式。在《批判社会理论导论》（1998）中，阿格尔还主张把社会学理论扩展为社会理论，突破学科的狭隘性而突出理论的跨学科性，并比较了实证主义、阐释理论和批判理论三种范式的优劣。尽管阿格尔在对关涉社会学范式的类型学思考上有一定的变化，但他对马克思主义的坚持和对实证主义的批判却始终未变。

阿格尔指出，马克思、杜克海姆和韦伯等人的共同点在于，都是在现代性的理论框架中分析急剧变化的资本主义，他们都认为现代性的到来是不可避免的，并把现代性视为历史发展的目标。他们所关心的是加快和提升现代性，消除前进中的障碍，解决进步过程中临时产生的失范与异化之类的社会问题。进步中所产生的这些问题是意外的，因为工业增长的引擎是无计划、无规制的资本主义市场经济。社会经济发展的结果是不平衡的，有些人受益，而有些人受损。社会学家在诊断这些社会问题时，力图把它们与城市、健康、运输、工厂、民族冲突、宗教冲突、人的异化等现象联系起来，也就是把它们与韦伯所说的意义丧失联系起来。他们假定进步是不可避免的，但是他们也发现现代化的进程中产生了一系列意外问题，其中就包括人与自然的异化，与自然的疏远（disconnection），与自然很难进行交流（commune），①在阿格尔看来，这些在现代性分析框架中的社会学家认同现代性，并关注各种社会问题。

---

① Ben Agger, *The Virtual Self: A Contemporary Sociology*. Boston: Blackwell, 2004, p.49.

　　阿格尔同时也表示,在分析社会问题时,马克思主义范式与韦伯等人的实证主义范式存在根本的差异。一是马克思主张不但要认识世界,还要改造世界,强调人们是自己命运的主体和创造者;韦伯等人主要是探求社会因果规律,认为人们在巨大的社会结构面前是无助的。因此,马克思是一个革命理论家而不是一个实证主义者,韦伯等人不是革命家而是实证主义者。二是马克思主义的分析范式把社会问题看作资本主义内在矛盾的产物,而实证主义范式则把社会问题看作一种资本主义社会系统低效性的产物,或者是社会进化过程中的临时障碍。三是在社会结构是否真的对人们具有如此大的影响以至于这些社会结构是不可改变的这一点上,如韦伯、帕森斯等深受孔德社会物理学影响的社会学家,把诸如经济、种族、性别之类的社会结构看作不能改变的真正自然力量;马克思主义理论家则相信通过具体努力,这些社会结构是可以被改变的,因为它们是人们所建构的,从而也可以被重构,但这不意味着马克思主义者轻视变革发生的难度。四是在社会问题的解决上,实证主义认为这些社会问题是现代性发展中的代价,在不改变资本主义社会基本结构的情况下,可以把它们最小化或者把它们消除,而马克思主义认为不推翻资本主义制度,就不能根本消除疏远、异化和失范。最后,在对社会未来的看法上,韦伯、杜克海姆、孔德等人没有构想无异化的共产主义社会。马克思主义则认为,随着共产主义的到来,冲突会消失,私有产权会被废除,工人拥有财富与生产资料,并可以支配生产过程。①

　　基于这种比较,阿格尔的结论是,作为社会问题的生态危机是资本主义内在矛盾的产物,而不是源于资本主义制度的低效性;在不根除资本主义制度的前提下,是不可能真正解决资本主义生态危机的。在此问题上不同于其他各种绿色理论的地方在于,阿格尔也认为当代资本主义社会的生态危机根植于资本主义制度内在矛盾,而致使资本主义社会无法将之彻底解除的社会问题。对当代资本主义生态危机的这种定位,直接决定了生态马克思主义在思考当代资本主义生态危机的根本成因,破解路径及必然走向等问题上,胜出其他绿色理论。

　　在生态马克思主义看来,当代资本主义的生态危机在本质上是一个社会问题。当代资本主义生态危机表面上看是人控制自然的结果,但实际上是当代资本主义社会中一部分人对他人和自然加以双重控制的结果,从而是一个严重的社会问题。鉴于控制自然与控制人这二者具有内在的逻辑联

---

　　① Ben Agger, *The Virtual Self: A Contemporary Sociology*. Boston: Blackwell, 2004, pp.44–63.

系,就不能脱离社会关系而抽象地讨论人与自然之间的关系。"马克思和恩格斯对马尔萨斯的批评的重要性在于,它明确承认了技术和社会组织在决定环境限制存在于何处以及它们以什么样的速率逼近我们时所起的作用,并警告我们在社会因素占主导地位里高估自然因素的危险。"①不同于一般的生态主义,生态马克思主义认为,"生态和资本主义是相互对立的两个领域,这种对立不是表现在每一个实例中,而是作为一个整体表现在两者之间的相互作用中。……只有我们愿意进行根本性的社会变革,才有可能与环境保持一种更具持续性的关系"②。生态马克思主义强调,资本主义不可能为解除生态危机找到根本出路,坚信只有通过全面批判资本主义,进而废除资本主义制度,才能最终解决因社会制度而带来的社会不公与生态危机等一系列问题。

　　总的来看,生态马克思主义在判定资本主义生态危机的问题实质时,对当代资本主义社会不可能为解除其自身的生态危机找到根本出路的阐明,在原则上是正确而深刻的。这也为它全面批判当代资本主义社会、变革当代资本主义社会与构想生态社会主义埋下了伏笔。在反思当代资本主义生态危机所造成的严重后果后,阿格尔也相信当代资本主义社会无法从根本上解决其生态危机这一社会问题。在当代资本主义社会,为何会出现生态危机?对当代资本主义社会的全面批判,也就提上了议事日程。在阿格尔看来,"批判可以理解表面上完美而实际上并非如此的世界,从而获得适度的政治乐观主义"③。他满怀希望地指出,当代资本主义的生态危机会迫使人们全面批判当代资本主义,进而为变革当代资本主义社会制度提供了契机。对当代资本主义生态危机的这种理论定位,是阿格尔全面批判当代资本主义,进而提出如何从战略上过渡到生态社会主义的理论前奏。

①　[英]乔纳森·休斯:《生态与历史唯物主义》,张晓琼、侯晓滨译,南京:江苏人民出版社,2011年,第89页。

②　[美]约翰·贝拉米·福斯特:《资本主义与生态危机》,耿建新、宋兴无译,上海:上海译文出版社,2006年,第1页。

③　Ben Agger, *Fast Capitalism: A Critical Theory of Significance*. Champaign: University of Illinois Press, 1989, p.40.

第三章 当代资本主义生态批判:声援自然

对于当代资本主义生态危机,决不能只从人与自然对抗的角度来看问题,还要从与之密不可分的人与人相对抗的角度来看问题。这是因为人与人的关系必然反映到人与自然的关系上,人与自然的关系也必然反映到人与人的关系上。生态地批判当代资本主义,是阿格尔深入探讨包括生态危机在内的各种社会危机的社会根源以及当代资本主义对人与自然造成严重异化后果的必然逻辑。阿格尔认为资本主义社会的节奏自20世纪70年代以来不断加快,也就是从他所说的"快速资本主义"加速为现在"节奏更快的快速资本主义"。这种由信息技术、交往技术和娱乐技术所助推的当代资本主义,在加深和拓宽对人的全面支配的同时也加剧了对自然的劫掠。阿格尔注意到,当代资本主义社会的异化劳动、过度生产、极权政治、意识形态、虚假需求、异化消费、被毁生活等诸多方面并非互不相干,而是紧密关联,最后导致了破坏自然的生态环境问题。因此,必须对当代资本主义的经济、政治、文化、社会加以生态批判。

第一节 过度生产对生态系统的破坏

资本主义生产如同其他所有生产形式一样,不仅以自然资源能源的消耗为基础,而且以非常复杂的生态系统循环为基础。"资本主义是一部经济增长的机器,它借助于新技术似乎已经把人们带到了全球毁灭的悬崖边上。"①根据马克思的辩证方法,阿格尔正确地把当代资本主义生态危机的最终根源追溯到资本主义社会的过度生产。在其整个学术生涯中,他对当代资本主义过度生产的生态危害做了或显或隐的多次论述。对当代资本主义过度生产的生态批判,既是阿格尔生态马克思主义思想中从生态的角度侧重于对当代资本主义社会的经济批判,也是对当代资本主义社会的根本性批判。基于资本的逻辑,阿格尔着重从根本目的、一般过程和最终结果三个角度,批判了资本主义过度生产因过度追求生产的利润、效率、规模、速

① [英]彼得·桑德斯:《资本主义—— 一项社会审视》,张浩译,长春:吉林人民出版社,2005年,第74页。

度而造成对生态系统的严重破坏。

一、利润最大化的生产追求

在对马克思的原本理论加以探讨时,阿格尔就已经判定,马克思辩证方法中关于资本主义具有内在矛盾的理论如同马克思的异化理论一样是不朽的。在《西方马克思主义导论》中,阿格尔引用了《资本论》的大量篇幅来解读马克思关于资本主义具有内在矛盾的思想。在他随后的诸多作品中,阿格尔也继承了马克思关于资本主义是一个生产资料私人占有的具有内在矛盾的社会制度的思想,指出资本的根本逻辑就是追求利润最大化[1],并坚持利用这种观点来分析生态危机问题。

资本主义生产因其追逐利润最大化的生产资料私有制,而具有内在矛盾。这种内在矛盾表现为生产资料私人占有和生产社会化之间的矛盾,也就是劳动和资本之间的矛盾。马克思从几个主要的概念和重要的假定出发,对资本主义的运动做出了分析,在这些概念和假定中,最重要的概念是"劳动"概念。自由的工人在自由市场上把自己的劳动力出卖给资本家,以换取维持生存的工资,而马克思所说的"使用价值"就是指为出售或交换而生产的一切东西。资本主义在市场上购买到劳动力之后就要进行生产,但资本主义生产的内在动力不是生产使用价值,而是为了生产作为利润来源的"剩余价值"。这种"剩余价值",是"大于生产该商品所需要的各种商品的价值总和"的价值。在阿格尔看来,马克思关于资本主义理论分析的主要论断是,"劳动力的价值和劳动力在劳动过程中的价值增值,是两个不同的量",它揭示了资本家愿意以维持工人生存的工资来购买劳动力的原因在于,资本家在此过程中可以榨取工人的剩余价值。

阿格尔把马克思所提出的"资本主义积累的一般规律"看作马克思经济学体系的支柱,认为这个关于一般规律的理论揭示了在资本主义和劳动力之间存在一种联系和相互作用。在资本主义的生产方式中,资本为了利润而剥削劳动者,使劳动者处于悲惨与异化之中。[2]也就是说,工人的存在只是为了促进资本和利润的增值,从事异化劳动。按照马克思的实践理论,劳动的过程应该是一种人作用于其身外的自然并改变自然的过程。人们在与自然的交互作用中,发挥出他们沉睡的潜力。但是在资本主义的生产过

---

① Ben Agger,*The Discourse of Domination:From the Frankfurt School to Postmodernism.* Evanston:Northwestern University Press,1992,p.139.

② Ben Agger,*The Virtual Self:A Contemporary Sociology.* Boston:Blackwell,2004,p.22.

程中,工人不能把劳动当作他自身体力和智力的活动来享受,而只是屈从于劳动和丧失对劳动的支配权。同时,伴随着资本积累过程的工人贫困的积累,富人越来越富有,而穷人越来越贫穷。马克思所揭示的资本主义生产方式的内在矛盾之处在于,资本积累因资本有机构成的变化而用不变资本取代可变资本,将无情地导致大量的失业工人。但是工人阶级"由资本主义生产过程本身的机构所训练、联合和组织起来"而进行反抗,"剥夺者就要被剥夺了"。①

资本主义过度生产的直接动因和最终归宿,都是过度追求生产利润,而非合理利用自然资源和保护环境。马克思所说的"资本的逻辑",必然导致资本奔走于全球。②阿格尔说,从这个意义上看,马克思预见了全球化。卡尔·波兰尼等人也曾指出,在资本主义降临以前,人们并未想到土地和劳动可以成为与社群生活相割裂的东西。一旦劳动和土地等自然资源转变为商品,就为人与自然的割裂、对抗奠定了主要的经济前提。由于商品生产是资本主义获得利润的源泉,过度生产的直接目的就是要获取更多的利润,实质上就是榨取更多的剩余价值。在此过程中,剩余价值榨取的越多,自然如同工人一样也就越异化。③自然界中的各种自然资源,迟早都会服从于资本逐利的内在逻辑。阿格尔的这种看法,正如奥康纳所指出的,原来的只是为了生存的农场主及其强烈的个人主义意识,不得不逐渐让位给了商业性的耕作文化。④

在阿格尔看来,资本主义之所以成为一种总体性的社会制度,其根本原因在于资本具有总体化的趋势。资本的本质在于它力图按照市场价值法则来衡量事物的价值,自然环境也不例外。"资本主义已经倾向于通过把制度关联起来,使之相互复制和强化的方式来消解制度范畴。用黑格尔的话说,全球资本主义已经成为了一种更具'总体性'的体系。就像阿多诺和其他法兰克福学派理论家所说的那样,资本主义消除了差异、细微区别和可分特征,甚至是自我。"⑤今天的资本主义是一种总体性体系,它把一切都纳

---

①　Ben Agger (with S.A McDaniel),*Social Problems Through Conflict and Order*. Toronto:Addison-Wesley,1982,pp.60-65.

②　Ben Agger,*Texting Toward Utopia:Kids,Writing,Resistance:Kids,Writing,and Resistance*. Boulder:Paradigm Publishers,2013,p.121.

③　Ben Agger,*Western Marxism:An Introduction*. Santa Monica:Goodyear,1979,p.272.

④　[美]詹姆斯·奥康纳:《自然的理由:生态马克思主义研究》,唐正东等译,南京:南京大学出版社,2003年,第143页。

⑤　Ben Agger,*Postponing the Postmodern:Sociological Practices,Selves and Theories*. Lanham, MD:Rowman & Littlefield,2002,p.116.

入其商品生产及商品消费的轨道中，就像马克思所说的那样实现商品化。如此一来，资本总体化趋势的主要标志就是万事万物的"商品化"。阿格尔指出，土地等自然资源也像劳动一样沦为商品后，按照资本主义的利润逻辑加以重构。其结果是土地等自然资源的原有特质遭到非保护地滥用，逐渐贬值，直至废弃。比如，首当其冲的是土地肥力的不断下降。当然，自然界遭遇贬值的还不止土地肥力下降这一项，科尔曼的相关描述也可印证这一点。科尔曼说，原始森林里成熟的硬木材也是大自然数百年演变的产物，而"拥有"这些森林的木材砍伐公司出于明确的逐利动因，急于砍倒这些硬木材而快速地牟利，再栽种一些可以更快利用的速生树种。如此行为对美国西北部以及对野生物种的生态影响一直是当地环保人士与砍伐公司之间长期争论的问题。伐木者因自己的生计系于继续"收割"这些森林，认为环保分子把斑点猫头鹰的价值看得高于人类。环保分子则竭力指出，一旦森林消失，伐木者自己也将成为濒危物种。令人深思的是，森林等诸多自然资源的商品化源于资本的逐利逻辑，伐木者劳动的商品化也源于资本的逐利逻辑。就这样，自然资源和劳动力因共同的商品化命运而走到了一起，最终导致环境破坏和社会失范。①

　　马克思在《资本论》中批判资本主义商品生产时早已指出，无止境逐利的资本主义商品生产，在没有达到资本的完全自我否定之时，是不会停止其扩张的欲望和冲动的。阿格尔注意到了这一点，谈到了资本逻辑。阿格尔的看法类似于詹姆斯·奥康纳在《自然的理由：生态马克思主义研究》（1998）中所写道的："一方面，资本主义是一种经济发展的自我扩张系统，其目的是无限增长，或者说钱滚钱。利润既是资本进行扩张的手段，也是其扩张的目的。每一个资本主义的机构和每一种资本主义的文化活动，其目的都是为了赚钱和资本积累。经济增长还被指认为社会问题的重要解决办法，它能消除贫困、失业、财富和收入的不平等。由于新增的税收收入来自于资本积累的本身，因此很少有政治家会反对资本的自我扩张。那些不至于发展的公司会遭到银行家、证券市场以及竞争对手的严厉惩罚。而那些不愿意或者不能够随着资本积累的增加而不断改变技能和居住地的工人则必然会掉队，按最好的说，会失业，按最差的说，则会无家可归，甚至被送进监护。另一方面，自然界却是无法进行自我扩张的：森林资源已经处在其顶点的状态；淡水资源受到地理和气候条件的限制，矿物燃料和矿石的储

---

① ［美］丹尼尔·A. 科尔曼：《生态政治：建设一个绿色社会》，梅俊杰译，上海译文出版社，2006年，第88页。

量是由自然法则所决定的,自然界虽说在限制人类生产的同时,对人类来说远不是吝啬的,它的确给人类生产提供了基本条件,但是自然界本身的节奏和周期却根本不同于资本运作的节奏和周期。"①

二、商品生产的规模化官僚化高速化

贪得无厌的资本主义商品生产必然表现为追求生产规模的无限扩大,贬斥生态理性。为此,资本主义采用了规模化的生产方式,强调生产技术、生产组织的规模化和集中化,以实现规模经济。资本主义规模经济存在的主观原因在于,资本家不仅相信大规模的商品生产比小规模生产的成本更低,也相信其原理也是完全可以运用于社会组织的。这在客观上造就了所谓具有合理性的官僚制生产组织及其管理方式和高度规模化的生产技术体制,在生产过程中实现"科学管理",高扬工具理性、技术理性、经济理性,②罔顾生态理性。当代资本主义的工业生产,就是由那些专家和专业人员管理对"低等"的劳动大众实行强制协调。阿格尔对韦伯式方案有两点异议:一是认为等级制,即从上到下进行支配为工业生产所必需这一点并不令人信服;二是不同意官僚制形式常常赖以为前提的劳动高度破碎化。在工人相互信任和不担心来自外界剥削的地方,对劳动实行等级制的协调是不必要的。工业生产并不取决于"精明的"人告诉"愚笨的"人应该做些什么。脑力劳动与体力劳动的区分对工业资本主义社会的兴起是十分重要的。正视这种区分使工人处于受束缚的地位,使他们服从于经理、老板和专家的强制协调。

对于资本主义生产过程内部存在矛盾的分析,阿格尔侧重于从异化劳动的视角展开,因为这一矛盾的实质就是异化劳动与工人自由之间的矛盾。借助于吸收马克思、布雷弗曼和社会主义女权主义关于异化劳动批判的范畴与思想,阿格尔从生产分工、劳动组织的等级制协调、生产过程的破碎化等方面分析了资本主义生产过程中内部所存在的矛盾。布雷弗曼在《劳动和垄断资本》中详细阐述了他所理解的劳动分工,指出如果我们按照马克思的方法论,把所有社会都具有的分工叫作社会分工,这种分工源自人的劳动特性。而与这种一般的或社会的分工相对应的,是作为生产分工

① [美]詹姆斯·奥康纳:《自然的理由:生态马克思主义研究》,唐正东等译,南京:南京大学出版社,2003年,第16页。

② Ben Agger, *The Discourse of Domination: From the Frankfurt School to Postmodernism.* E-vanston: Northwestern University Press, 1992, p.139.

的琐细分工，就是把制造产品的各种过程分为由不同工人操作的多种工序。阿格尔认定布雷弗曼不是反对一般的分工，而是反对生产分工。资本家之所以愿意对生产过程加以精细分工，是因为他们可以从中让工人熟练于单一工序，节约时间，提高效率，从而创造更多的剩余价值。但对于工人来说，因这种生产分工而常常在很长的工作年限中只能从事单一工序中的机械劳动。随着技术分工的进一步合理化，致使劳动单调乏味，工人处于更被动的状态而且没有什么全面的技艺，比以前更加异化，根本没有什么创造性可言。①

　　与生产过程中分工紧密相关的是，生产过程的破碎化和劳动组织的等级制协调。在阿格尔眼里，按照装配线进行生产，就是劳动高度破碎化的表现，因为这种做法一方面把劳动日益分成琐细而例行的各个环节，另一方面需要从上到下进行等级制的协调，而等级制协调的组织形式就是韦伯所说的官僚制。阿格尔对这种韦伯式的官僚制组织提出了两点质疑：一是质疑这种从上到下进行支配的等级制是否为工业生产所必须，二是质疑官僚主义形式常常赖以为前提的劳动高度破碎化。就第一点而言，阿格尔认为在工人相互信任和不担心来自与外界剥削的地方，对劳动实行等级制的协调是不必要的，工业生产并不取决于"精明的人"告诉"愚笨的人"应该做什么。而脑力劳动和体力劳动之所以对工业资本主义社会十分重要，是因为这种区分使工人处于受束缚的地位，使他们屈服于经理、老板和专家的强制协调。对这种官僚主义现象加以辩护的理论是一种意识形态，它让人相信等级制的协调是必需的，从而为等级制确立合法性。就第二点而言，阿格尔认为，尽管对复杂尖端的生产来说，工业生产过程必须进行连续不断的细分这一点是不言而喻的，但是这种劳动过程的破碎化和官僚制的强制性协调一样，把劳动分解为无数独立工序的高度发达的分工，只能使工人在这种分工管理的专门知识面前感到无能为力。②

　　借助于对舒马赫《小的是美的》一书的解读，阿格尔反对生产与技术的官僚化和规模化，其理由在于：一是"恰当的技术"根植于手工艺般的基层组织而非自上而下的集中化；二是规模经济有一个临界点，超过这个临界点就无规模效益，进一步的集中更会导致经济停滞；三是早期较前沿的无限扩张的意识形态在高度发展的经济制度下不再有效。③阿格尔在原则上

① Ben Agger, *Western Marxism:An Introduction*. Santa Monica:Goodyear,1979,pp.294-307.

② Ben Agger, *Western Marxism:An Introduction*. Santa Monica:Goodyear,1979,pp.327-332.

③ Ben Agger, *Western Marxism:An Introduction*. Santa Monica:Goodyear,1979,pp.325-326.

赞同舒马赫的见解，认为必须摒弃资本主义过度生产所依赖的工具理性、技术理性、经济理性，而走向生态理性的生产。阿格尔关于小规模技术的概念，同韦伯的官僚制是根本对立的。阿格尔对资本主义生产过程中存在内在矛盾加以论证的落脚点在于：在资本主义社会中，必须调整劳动过程，必须把按照劳动过程的权力交还给工人的方向去解决资本主义生态危机，使他们合理地计划自己的生产、允许他们在非异化的劳动中去实现自己的愿望和满足自己的需求，从而避免异化消费。阿格尔的探讨取决于提出一种反官僚制的工业生产理论，认为一般的生态运动也是可以激进化的。

　　资本主义过度生产还必然表现为极力加快生产速度，从而加速生态系统的破坏。以福特制及其变迁为例，阿格尔还对资本主义必然极力加快生产速度做了批判。20世纪初，亨利·福特利用了杜克海姆的劳动分工原则及韦伯关于官僚制组织的思想而创造了福特生产模式。福特所发明的大规模生产，依赖于生产产量的不断扩大及微弱的边际利润，以至于消费者可以购买汽车、电视，甚至是郊区别墅。福特很敏锐地认识到，如果他的汽车是便宜的，美国的中产阶级甚至是工人阶级都将会购买汽车，他接受了以产品的数量来换取边际利润微薄的战略。福特的流水线事实上成了后来所有大规模生产社会技术的基础，需要专业化的工作场所和生产线的固定节奏，是生产过程控制了工人，而不是工人控制着生产过程。这样一来，福特就加快了生产的过程。①

　　福特制之所以是资本主义社会扩大再生产和加速再生产的一个典型表征，是因为资本主义内部蕴含着加速机制。阿格尔指出，资本主义就像是一辆脚踏车，人们必须加倍努力才能赶上它。机器最终胜利了，而人们因筋疲力尽而无法继续奔跑。②这种加速机制，必然导致资本主义生产和消费的速度越来越快。在资本主义社会中，如果你跟不上那辆脚踏车，你就会破产、失业及毁灭。尽管有一些企业家在获取利润后可以选择不再从事商业活动，但他们还是不情愿这样做，因为他们也是消费者，为了享受荣华富贵的生活而奢侈地借贷。关键要记住，人们在资本主义中扮演着多种角色，不仅是为了工作，还要购物、养家、接受教育、饮食和健身，这被戈登称之为"复合人格"。如果人们不停地去购买他们想要的东西，就必须不停地去投

---

①　Ben Agger, *Speeding Up Fast Capitalism：Cultures，Jobs，Families，Schools，Bodies*. Boulder：Paradigm Publishers，2004，p.17.

②　Ben Agger, *Speeding Up Fast Capitalism：Cultures，Jobs，Families，Schools，Bodies*. Boulder：Paradigm Publishers，2004，p.55.

资、扩大业务、赚取的利润。从马克思及狄更斯所生活的那个时代以来,资本主义就越来越快。

随着互联网的出现,当代资本主义的社会节奏变得更快了,几乎成为无缝的。互联网明显不仅是一种广告手段,更是连接生产与消费的电子线路。这就"便利资本周游于全球,进行牟利"①。在从福特的大规模生产时代进入后福特的灵活生产时代,各种郊区化及国际化的生产场所便利了及时生产及电子购物的快递服务,可以让人们在家通过网络或手机来购物。人们可以利用互联网迅速地预定产品,而不需要到工厂去。在人们逐渐使用信用卡和借记卡,现金交易方式结束不久,电子支付手段又出现了。互联网以法兰克福学派,更不用说马克思,所未曾想象到的方式实现了生产与消费的加速循环。电子商务不仅带来了资本主义的经济繁荣,也带来了破坏自然环境的生态帝国主义。②资本主义社会迫使人们更加勤奋的工作,赚取更多的工资,进行更多的消费,去冒更大的风险。与过度生产紧密相伴的是加快商品的流通和消费,在此过程中各种技术上、政治上、文化上的可用社会资源,甚至包括人的身体在内,都被用来服务于商品的生产、流通和消费。阿格尔也指出,尽管资本主义社会也采用了各种市场竞争与政府管理相结合的调控措施,但它仍不能从根本上减少和排除过度生产。

资本主义的加速生产,必然加速对生态系统的破坏。这不禁让人想起法兰克福学派的当下新秀哈特穆特·罗萨在《新异化的诞生:社会加速批判理论大纲》中的类似看法,尽管他的表述比阿格尔的论述更为简洁明了。罗萨指出,瑞贺斯(Fritz Reheis)在 1996 年就提出过,社会速度的提升让人们周遭的自然的时间框架超载了。③人们消耗石油和自然耕地等资源,消耗的步调远远快于这些资源再生产的速度。人们倾倒有毒废弃物,倾倒丢弃的速度也远远高于大自然能够分解毒物的速度。基本上,全球变暖的本身就是说由社会造成的物理加速过程的后果。人们不断消耗由石油和天然气所生产出来的能量,而且消耗量不断提升,由此制造了大量的二氧化碳,形成了温室效应,加热了大气分子,进而加速了大气分子的运动,而全球变暖就是大气分子急速运动的原因和结果。另一方面,人类身心也因为社会过快

① Ben Agger, *The Virtual Self:A Contemporary Sociology*. Boston:Blackwell,2004,p.159.

② Ben Agger, *Speeding Up Fast Capitalism:Cultures,Jobs,Families,Schools,Bodies*. Boulder: Paradigm Publishers,2004,p.56.

③ [德]哈特穆特·罗萨:《新异化的诞生:社会加速批判理论大纲》,郑作彧译,上海:上海人民出版社,2018 年,第 93 页。

的步调而超载了。像艾伦伯格和拜尔都提到,抑郁症和过劳情况越来越常见、越来越引人注意,而这就是由现代社会当中时间超载或压力层次不断提升所造成的后果。①

三、生态系统的生产灾难

在资本主义过度追求生产的利润、规模、速度的过程中,自然被视为用以满足过度生产的狩猎场和劫掠对象。阿格尔明确强调,过度生产对生态系统直接造成了破坏性后果。他说:"我的生态马克思主义之所以是马克思主义的,是因为它从资本主义的扩张动力中来寻找挥霍性的工业生产的原因的。也就是说,在资本主义制度下,资本的逻辑必然表现为资本为了追逐利润而不断地进行扩张,追求无限制的经济增长,而资本扩张必然造成过度生产。这种无限的、以几何级数增长的工业生产所产生的结果是,世界不可再生资源的减少和工业生产过程引起大气温度过热,导致地球两极的冰层有融化的危险。"②

资本主义的扩张本性屡屡挑战生态极限,从而不断地污染环境、耗竭资源,使地球难以承受生产之重。也就是说,资本主义过度生产加剧了对自然的无情破坏和人与自然关系的异化。"资本主义生产过程和生态系统之间的内在矛盾,就是生态系统无力支撑工业经济的无限增长。"③阿格尔指出,随着资本主义的不断发展,资本主义的内在矛盾在马克思所说的社会化的大生产和私人占用这一基本矛盾的基础上又有新变化。他一方面承认资本主义就像马克思所理解的那样,是以不断扩大作为利润源泉的商品生产为基础的,另一方面又认为马克思和大多数马克思主义者忽视或者完全不理解这种浪费性的生产方式对地球生态系统所造成的后果,也没有对作为异化劳动的对应现象的异化消费加以分析。马克思没有明确地预见垄断资本主义的发展已经导致另外两方面的矛盾,一是关于国家的合法职能与积累职能之间的矛盾,二是资本主义的生产和消费与受到威胁的生态系统之间的矛盾。基于这种认识,阿格尔提出了自己的生态马克思主义,认定它"是从不同的、更高一层的发达资本主义的角度来理解资本主义内在矛盾的,它把这种矛盾置于资本主义生产与整个生态系统之间的基本矛盾这一

---

① [德]哈特穆特·罗萨:《新异化的诞生:社会加速批判理论大纲》,郑作彧译,上海:上海人民出版社,2018年,第93页。

② Ben Agger, *Western Marxism:An Introduction*. Santa Monica:Goodyear, 1979, pp.319–320.

③ Ben Agger, *Western Marxism:An Introduction*. Santa Monica:Goodyear, 1979, p.272.

高度,认为资本主义的扩张动力,因环境对增长有着不可避免的和难以消除的制约而不得不使经济增长最终受到抑制"①。

　　这样,资本主义社会的商品生产存在双重根深蒂固的矛盾,一种矛盾存在于资本主义生产过程内部,另一种矛盾存在于资本主义生产过程和整个生态系统之间,而资本主义生态危机的深层根源正在于这双重矛盾。在阿格尔看来,这种矛盾不是外在的,它可能导致资本主义出现各种危机,但是至于在现实中会出现何种危机,那要在经验上根据具体情况而定。这里需要说明的是,尽管阿格尔指出资本主义社会危机的经验表现是多变的,但在危机根植于内在矛盾这一点上,是不变的。在此,很容易让人们联想到北美另一位著名的生态马克思主义者奥康纳的生态危机理论。②在奥康纳看来,资本主义社会存在双重矛盾和多种危机,他所说的第一重矛盾是指马克思所揭示的资本主义生产力和生产关系之间的矛盾,这种矛盾将会造成因需求不足而导致的生产过剩的经济危机;第二重矛盾是指资本主义生产力、生产关系和生产条件之间的矛盾。第一重矛盾侧重于揭示资本主义社会内部的矛盾运动,而第二重矛盾侧重于揭示资本主义生产方式同外部自然之间的矛盾。奥康纳所提出的资本主义的二重矛盾与阿格尔所说的资本主义的内在双重矛盾,在从资本主义所具有的内在矛盾来揭示生态危机的根源上,具有极度的相似性。

　　尽管资本主义社会中一些经济学家、社会学家和政治家,甚至普通公民,也认识到盲目的经济增长将会产生诸如环境污染、工业废物、资源枯竭等意外的环境后果,但这些后果被那些维护经济增长的人们视为经济发展中的"外部性",是社会发展为之付出的必要代价。阿格尔对这种观点持否定态度,因为它仅仅把自然视为一个可以被劫掠的物料堆,仅仅从经济学和社会学的角度把自然当作具有经济价值之物,其结果是对自然的支配。阿格尔明确地指出:"马克思等人不仅仅把自然看作具有满足人们物质需要的经济价值,他们还从美学和伦理学的立场同时把自然它当作人的美学资源和生存资源,看到人与自然密不可分,认识到自然有利于我们的创造性表达,从而实现对自然的调控(mastery)。支配自然和调控自然之间存在明显的不同,前者涉及暴力,而后者涉及培育。"③换言之,人们不应该仅仅

---

①　Ben Agger, *Western Marxism:An Introduction*. Santa Monica:Goodyear, 1979, pp.272-274.

②　[美]詹姆斯·奥康纳:《自然的理由:生态马克思主义研究》,唐正东等译,南京:南京大学出版社,2003年,第284页。

③　Ben Agger (with S.A McDaniel),*Social Problems Through Conflict and Order*. Toronto:Addison-Wesley,1982,p.248.

为了经济利益而劫掠自然,而应该在利用自然的同时,要精心地呵护自然,其原因在于人的解放需要自然的解放。

总之,如同奥康纳、福斯特、高兹等生态马克思主义者,阿格尔也注意到当代资本主义生产方式因为资本的内在逻辑而具有反生态的本性,从而必然产生生态环境危机问题。资本主义生产方式遵循的是经济理性而非生态理性,不是遵循永续发展的人与自然和谐共生的生态法则和价值准则,而是追求商品生产"越大、越多、越快"就"越好",极力扩大生产规模、增多生产批量、加快生产速度。这里值得一提的是,虽然生态马克思主义者福斯特说过资本主义生产是踏轮磨坊的生产方式,①奥康纳认为自然界本身的节奏和周期却根本不同于资本运作的节奏和周期,②但是阿格尔从社会加速的角度对资本主义过度生产进行了较为系统的生态批判,这也是阿格尔生态马克思主义思想的一个重要特色。当代资本主义社会的生产方式决定了资本主义社会必然过度生产,采用与之相适应的官僚政治制度和权力集中模式,宣扬与之相适应的价值观念和生活方式。

第二节　官僚政治对生态民主的压制

当代资本主义社会的生态危机,不仅是一个经济问题,也是一个政治问题。在阿格尔看来,资本主义政治的内涵可以被理解为在资本主义社会有组织的国家机器的运转过程中所制定的政策及其所完成的相关实践。阿格尔把当代资本主义政治的实质归结为过度集中的权力及其运作,而这种过度集中的权力本质上又是在话语、权威、知识之间所实现的惩戒性转换,与真正的民主政治还距离甚远。对资本主义官僚政治的生态批判,就是要着重揭示资本主义极权政治对自然环境的不利影响。阿格尔主要是从漠视生态权利、阻碍生态对话、抑扼生态运动三个方面,揭露了当代资本主义极权政治对生态民主的压制。

一、漠视自然的权利

深受资本家和大公司影响的资本主义政治权力,在对待与公民权利息息相关的自然权利上态度并不积极。尽管越来越多的人支持克里斯托弗·

---

① ［美］约翰·贝拉米·福斯特:《生态危机与资本主义》,耿建新等译,上海:上海译文出版社,2006年,第40页。

② ［美］詹姆斯·奥康纳:《自然的理由:生态学马克思主义研究》,唐正东等译,南京:南京大学出版社,2003年,第16页。

斯通等人的观点,即自然界应被认为具有其内在权利而因此具有法律身份的主张,①资本主义社会实际上也逐渐以法制的形式有限地承认自然的权利,但在具体的实践中,资本主义的各种政治权力对自然权利的尊重程度还远远不够。

　　美国绿党运动北卡罗莱纳分部的创始人丹尼尔·A.科尔曼指出:"与超市中消费者的决定相比,环境危机与公司会议室、产品制造厂和国会这些地方做出的决定有着更大的关系。"②因此,"环境危机只有在承认和直面权力这一问题下,通过直接针对消费之外的生产这样的行动才能解决。采取上述行动首先需要认清存在于现有经济和政治制度之中的社会关系,因为环境危机的最终根源可以追究到这些社会关系"③。如同科尔曼,阿格尔也注意到了当代资本主义国家不仅漠视工人的权利,也漠视自然的权利。他批评各种极端后现代主义的政治终结论,就意在说明政治的表现形式和存在场所较以往发生了很大变化,但是这种变化不但不能说明政治不存在或者不重要,反而说明政治更为隐蔽地支配着人与自然,以致变得更重要。政治现在不仅出现在像国会、城市会议及市政厅这样以往被很好制度化的地方,而且日益出现在那些常常被认为不是政治存在的地方。"在文化、交往、媒体、家庭、性别、自我、日常生活等场所中,也都有可以发现权力的运作及其相应结果。当今资本主义社会中的政治是隐性的、掩蔽的,甚至是亚政治的。"④正是在此意义上,阿格尔既赞成福柯关于权力无处不在的看法,也肯定马克思关于权力根植于资本的论断。

　　资本主义社会的政治权力为何会漠视自然的权利? 这主要是因为,政治权力源于压迫、剥削人与自然的资本主义社会制度。资本主义社会制度是建立在私有制的基础上,其政治权力必然服务于资本的逻辑。如果说"揭示资本主义制度及其生产方式的反生态性质,是生态马克思主义的当代资本主义批判的核心,这也意味着生态马克思主义在本质上是反对资本主义的生态学"⑤。那么,资本主义社会制度究竟是一个什么样的社会制度?在阿

①　[加拿大]威廉·莱易斯:《满足的限度》,李永学译,北京:商务印书馆,2016年,第142页。
②　[美]丹尼尔·A.科尔曼:《生态政治:建设一个绿色社会》,梅俊杰译,上海:上海译文出版社,2006年,第36—37页。
③　[美]丹尼尔·A.科尔曼:《生态政治:建设一个绿色社会》,梅俊杰译,上海:上海译文出版社,2006年,第39页。
④　Ben Agger, *Postponing the Postmodern:Sociological Practices,Selves and Theories*. Lanham, MD:Rowman & Littlefield,2002,p.105.
⑤　王雨辰:《生态批判与绿色乌托邦——生态学马克思主义理论研究》,北京:人民出版社,2009年,第96页。

格尔眼里,资本主义社会制度是一个具有总体性支配的社会制度。在《支配的话语:从法兰克福学派到后现代主义》(1992)中,他明言自己在 20 世纪70 年代以来就对资本主义社会制度坚持总体性思考;在《性别、文化和权力:走向女权主义后现代批判理论》(1993)中,他提出了资本主义社会制度的总体性逻辑是等级制支配;在《延缓后现代:社会学实践、自我和理论》(2004)中,阿格尔进一步阐述了资本主义社会是一种总体性的等级制支配的社会制度。阿格尔认识到,资本主义社会制度在总体上推崇一套支配人与自然的等级制法则。

　　在阿格尔看来,西方文明的总体性逻辑就是等级制支配。他自己所说的快速资本主义,是晚期或垄断资本主义的第二个阶段。在这个阶段中,实际上不可能再把生产与再生产、劳动与文本、科学与小说、男人与女人、白人与非白人、基础与上层建筑截然分开。[1]"事实上,后现代性地图不但显示了地域的相互关联,而且显示了它们真正的一致。第三世界、无产阶级、同性恋者和家务劳动者,几乎都被殖民化,进而被边缘化。如果说在早期资本主义社会中还存在独立的各个世界的话,在后现代资本主义社会中就不存在了。"[2]在资本主义社会中,科学将自我从其对非反思性知识体系的批判中排除在外,权力被用来消除他者,总体性成了专制问题。鉴于资本主义社会制度是一个总体性制度,阿格尔主张对各个阶段的资本主义的把握都要坚持总体性,这也是自马克思以来的批判理论的一个传统。"各种反总体性的立场只不过是一种实践的欺骗。"[3]就对资本主义社会的总体性逻辑的不同理解而言,阿格尔指出,马克思坚持了资本的逻辑,卢卡奇坚持了物化的逻辑,马尔库塞、阿多诺和霍克海默坚持了支配的逻辑,哈贝马斯坚持了扭曲交往的逻辑,女权主义坚持了男性特权的逻辑。对于以上这些总体性逻辑,阿格尔认为它们还需要被重新整合。为此,在借鉴吸收以上思想的基础上,他提出了自己的等级制支配这一总体性逻辑。阿格尔坚称,法兰克福学派关于后现代资本主义的最具总体性的视角,需要后现代文化理论和对性别化日常生活批判的女权主义的支持,以充分地揭示当下情境中的异化或支配。

---

① Ben Agger, *The Discourse of Domination: From the Frankfurt School to Postmodernism.* E-vanston: Northwestern University Press, 1992, p.9.

② Ben Agger, *Gender, Culture and Power: Toward a Feminist Postmodern Critical Theory.* Westport, CT: Praeger Publishers, 1993, p.10.

③ Ben Agger, *Gender, Culture and Power: Toward a Feminist Postmodern Critical Theory.* Westport, CT: Praeger Publishers, 1993, p.26.

　　阿格尔指出,以往很多理论关于资本主义总体性逻辑的探讨都是不充分的。尽管马克思在对异化劳动进行批判时,典范性地把资本主义的总体性逻辑归结为资本的逻辑,强调了资本对劳动的剥削。但这在阿格尔看来,资本的逻辑只是法兰克福学派所说的支配逻辑的一个局部性例证。同样,尽管女权主义提出了男性特权的总体性逻辑,在一定意义上是对马克思主义所忽视的性别歧视问题的矫正和补充,但是它回避了历史和权力,具有不充分性。阿格尔愿意把马克思对资本逻辑的分析归入对支配逻辑的更一般的批判之下,继承并扩展法兰克福学派的开创性工作。他之所以把自己的总体性逻辑建立在法兰克福学派的支配逻辑的基础上,这不是因为法兰克福学派所说的支配逻辑没有局限,而是因为相比较而言,它是最具总体性的。

　　在当代资本主义条件下,支配是社会的结构性产物。阿格尔相信,不能像后结构主义那样把结构加以消解,否则,不能诊断出支配的结构性根源,只能把支配淹没到关于社会实践的意识及语言作用的争论中。"没有对结构的叙事,历史会变得完全没有意义。"①支配一直是结构性的,它受到诸如政治、经济、文化、性别、种族、教育、家庭等社会制度的制约,只有理解了这些社会结构,才能理解作为支配的剥削和压迫的根源。鉴于支配的一般趋势是把各种个人、群体和实践加以等级化,区分出高贵与低贱,阿格尔把支配重构为等级制。他认为这样做的好处是,不但有助于理解人们为价值主张而正在进行的斗争,也可以为重新评价那些以前被认为是无用活动的价值的意识形态批判开辟道路,指出这些活动在社会变革中所具有的中介性潜力。更重要的是,在把支配重构为等级制后,可以丰富法兰克福学派所说的支配的内涵,扩大它的外延。在资本主义社会中,从资本主导劳动,到男性主导女性、白人主导有色人种、科学主导艺术、物质主导思想、劳动主导文本、交换价值主导使用价值、异性恋主导同性恋、社会主导自然等各种形式的等级制,它们的实质都是支配。如果说法兰克福理论家把马克思关于剥削和异化劳动的概念拓展为支配这一范畴,揭示了马克思所没有预料到的结构性的社会非人性的诸多方面,那么阿格尔以挖掘支配的话语因素和男性特权因素,丰富了法兰克福学派的支配观。

　　把法兰克福学派所说的支配重构为等级制,阿格尔增加了批判理论的适用性,以便揭示以前马克思主义者所忽视的或在别处把它们归在资本批

---

　　①　Ben Agger, *Gender, Culture and Power: Toward a Feminist Postmodern Critical Theory*. Westport, CT: Praeger Publishers, 1993, p.89.

判的一般理论逻辑之下的所有等级制。阿格尔认为自己的这一总体性逻辑是对马克思、法兰克福学派、女权主义者等所说的总体性逻辑的转换，"因为它能解释所有的现代主义的支配现象，从阶级到性别及种族等"①。阿格尔对资本主义社会的总体性逻辑的确认，为他对资本主义加以总体性批判提供了理论基础。资本对人与自然的支配，具有总体化的趋势，从而也导致资本主义成为一种总体性的社会支配制度。一种支配往往引发了另一种支配，它们常常相互纠缠。因为支配无情地自我趋于总体化，多重决定了它的构成层面，以致批判性的思考也很难理解它的结构复杂性。其实，支配的等级制化是自我统治的，因为它暗示了支配存在分析性分离，进而是孤立的可能性。为了掩蔽自身的总体化倾向，"支配"的看家伎俩是让马克思主义、女权主义、反种族主义相互内耗，以阻止它们团结起来成为一种完整批判的实践。资本主义社会"无情地把各种支配加以隔离，以阻止把这个罪恶世界自身视为一个总体化的论题"②。"支配"的种种现实时常给人造成的假象是，在具体的客观世界中它们是互不相干的，也正是这种假象蒙蔽了很多人。

那么，资本主义的政治权力又是如何漠视自然权利的呢？在阿格尔看来，资本主义的政治权力总体上采用等级制支配的形式，漠视了自然权利。政治权力对自然的等级制支配，首先体现为它支持生产主义的普遍价值法则。这种法则，就是主张所谓非生产的或再生产的活动要臣属于所谓生产活动。正是因为受制于生产主义的价值法则，如同劳动、女性、艺术、思想、文本性、家务、使用价值等，自然也遭受人为地贬值。③对于这些包括自然在内的所有被贬值者，需要重新估价他（它、她）们的价值，完整地补偿其权利。戳穿资本主义社会的总体性自我区分（self-differentiating）原则，也是阿格尔对政治权力等级制支配加以总体性批判的重要内容。阿格尔把后现代资本主义的总体性特征归结为总体性的自我区分原则，这种原则掩蔽了差异性之下的共同性，其真实目的在于刺激所谓的多元主义和虚假民主，从而使得等级制支配变得更为有效。阿格尔否认资本主义自我区分原则所宣称的差异是真正的差异，因为"这种为意识形态所掩饰的差异，就如同它所

① Ben Agger, *Gender, Culture and Power: Toward a Feminist Postmodern Critical Theory*. Westport, CT: Praeger Publishers, 1993, p.103.

② Ben Agger, *Fast Capitalism: A Critical Theory of Significance*. Champaign: University of Illinois Press, 1989, p.32.

③ Ben Agger, *Gender, Culture and Power: Toward a Feminist Postmodern Critical Theory*. Westport, CT: Praeger Publishers, 1993, p.4.

宣称的多元性,仅仅是资本主义社会佯装的开放和公正。后现代资本主义为了掩蔽和扩展其对人们日常生活加以更深入的殖民化,管制性支配已经被有区别地辖域化了"①。阿格尔呼吁要揭穿这种假象,暴露资本主义社会因这种分化所产生的同质性和霸权。最后,阿格尔点破了政治权力等级制支配把自然他者化的实质。其实,那些被贬值的自然,在真实意义上不是无价值或低价值的,就其本身而言和生产活动一样是有价值的。自然之所以被贬值,是因为他们遭受了剥削、统治和压迫。阿格尔指出:"重新估价就是要进行系统地揭露:生产活动借助于他人的血汗而存活,这里的他人用后现代的术语来说就是'他者',其结果是使他者丧失了天赋的权利。"②其实,阿格尔或迟或早地把这里所说的"他者"加以了广义化,也包含了遭受当代资本主义生产蹂躏的大自然。尽管自然是一个无声的他者,但不应该把它视为可征服之物。③

对于总体性原则的推崇,是西方马克思主义的重要理论取向之一,许多西方马克思主义理论家都论述了总体性问题,自从卢卡奇提出主客体相互作用辩证法的特征之一是总体性以来,整个西方马克思主义传统都强调总体性。因此可以说,强调总体性是贯穿于整个西方马克思主义的一根主线。④阿格尔继承了这一传统,对资本主义社会制度及其政治权力都进行了总体性批判。这种总体性批判也是对等级制支配的一般性批判,旨在揭露自然遭受支配的社会制度根源和政治权力根源,重估被人为贬值的自然的重要价值,恢复和保证自然生态的应有权利。当然,这种总体性批判也揭示了包括自然在内的所有"他者"的共同敌人,理解了世界历史的普遍性,从而号召不同的革命团体为了共同的解放事业团结起来而不要内耗地自相残杀。

二、阻碍与自然的对话

政治是经济的集中表现。过度生产及其所引起的生态压力,触发了阿

---

① Ben Agger, *Gender, Culture and Power: Toward a Feminist Postmodern Critical Theory*. Westport, CT: Praeger Publishers, 1993, pp.9-10.

② Ben Agger, *Gender, Culture and Power: Toward a Feminist Postmodern Critical Theory*. Westport, CT: Praeger Publishers, 1993, p.95.

③ Ben Agger, *Postponing the Postmodern: Sociological Practices, Selves and Theories*. Lanham, MD: Rowman & Littlefield, 2002, p.204.

④ 陈学明、王凤才:《西方马克思主义前沿问题二十讲》,上海:复旦大学出版社,2008 年,第103 页。

格尔对发达工业资本主义社会的政治权力及其运行方式的深入思考。为此,他使用的两个主要概念是"集中化"和"官僚化"。在阿格尔看来,这两个概念既适用于商品生产过程,也适用于政治权力及其运作过程。阿格尔指出,对权力集中和官僚制的这种社会学辩护,可以在长期的韦伯社会学传统中看到。这一传统是以韦伯关于官僚主义和权威的基本著作为基础的,韦伯认为现代工业社会的必要条件是有利于被称为"官僚"等级制的不具人格的正式组织。虽然韦伯个人对这些组织形式最终会多么人道这一点持有保留态度,但他所导致的社会学传统却是建立在工业社会制度的所谓官僚必然性基础之上的。

在北美等西方资本主义国家,当公民手中无权时很容易沦为被动的消费者,无法积极地参与生态对话,更遑论积极承认自然的主体身份。阿格尔强烈斥责权力精英化和技术统治,批判它们对生态对话的阻碍。在资本主义技术统治阶段,早期市场资本主义自由放任的合法性已经被技术统治的合法性所取代,公民把所有控制社会的权威都让与了管理精英,从而导致生态对话举步维艰:其一,基于技术语言及操作系统功能的所谓内在复杂性,技术统治的意识形态许可了精英与大众的非对话关系。资本主义技术统治的最不利后果是,制度化地训练了人们不能充分自由地参与生产活动、再生产活动以及他们的组织。其二,当权力日益转向那些被认为是能带领人们摆脱经济危机的技术精英时,这些权力精英极力让他们与大众保持距离,以便不受妨碍地充当复杂社会系统的操纵者。这样,对资本的垄断与对信息及对话机会的垄断就绞和在一起。"基于他们对符号权力及话语权力的垄断,科技的监管者成为了意识形态家,各种交谈权力及符号权力也都掌控在小部分技术统治者手中,这就深化了科学主义及技术神话。"①

人们为什么愿意接受权力精英化呢? 主要原因有:一是人们之所以认为精英具有合法性地位,完全是因为他们错误地相信,精英的地位是基于人们所不理解的技术知识及他们有能力去写作专业性文章。相应地,人们就克制了对话及话语,否则的话,会危及由技术统治的资本主义意识形态所认可的升迁机会。二是人们之所以通过消除他们的政治想象力及从公共领域中撤退而克制自己,是因为人们错误地相信,自我指导行为在制度巨人这一复杂世界中是不可能的。三是毕竟在后现代休闲时代,只要人们能依靠有能力操纵系统的精英,相信他们会让资本主义避免危机而使人们的

---

① Ben Agger,*A Critical Theory of Public Life:Knowledge,Discourse and Politics in an Age of Decline.* London/ Philadelphia:Falmer Press,1991,p.171.

享受成为可能,大多数人愿意拿工作日的异化来换取一定程度的舒适。对精英主义和技术统治的默认与顺从,在很大程度上侵蚀了民主,固化了资本主义的官僚政治。因此,要通过各种方式培育和提高人们的政治民主意识和实际参与公共政治的能力,从而避免资本主义官僚政治的权力滥用。人们可以预见,面对民众要求结束异化的雇佣劳动及消灭异化消费制度的局面,公民自由将受到限制。阿格尔也担心如果实行稳态经济的资本主义,社会的极权趋势会加强。经济增长的极限将意味着工人阶级进一步资产阶级化的梦想的终结。工人阶级会由于依赖无限生产和消费的资本主义所做的进一步丰裕的抽象许诺而受到影响,如果出现问题,资本主义原来的许诺就落空了。统治阶级不会容忍平均主义地重新分配权力和财富,资本家的阶级利益会阻止他们拥护民主的稳态社会主义。他们除了压制工人阶级的社会主义要求外,别无选择。阿格尔担心,这种解决方案实现的可能性较大。虽然海尔布伦纳的悲观主义来自他的这样一种设想,即为了防止生态灾难,需要实行超国家的全球专政,但阿格尔担心资本主义民族国家会阻止走向社会主义所有制。因此,要通过废除浪费性的过度生产来消灭异化和拯救生态系统,实行社会主义所有制是必要的。

阿格尔为此还批判了资本主义国家政治权力的尚武而非对话的倾向及其产生的生态灾难。"9·11"恐怖主义事件发生后,美国政府借打击恐怖主义的名义,动员国家在国外进行军事冒险活动,却没有积极地与国际社会中的相关利益方展开对话,更没有积极反思自身的霸权主义。"恐怖主义产生了法西斯主义,而致使军事国家悬置了公民自由,参与军事冒险,导致平民死亡。恐怖战争没有胜者,它们只会吞噬生命、资源、军事国家自身,毁坏美国儿童的梦想。"①阿格尔批判了恐怖主义行为,但也反思了美国在反恐怖主义中的不当立场。军事国家被动员起来去追捕和打击所谓的恐怖主义,对国内的及阿富汗的民众都带来了新的恐怖。阿格尔认为,真正解决针对现代性的反动问题的方法在于超越现代性,颠覆了包括资本主义在内的启蒙运动的绝对支配计划,因为恐怖战争很容易被那些把资本主义和现代性加以混淆的人们所执行。

三、抑扼环境保护运动

一般说来,资本主义国家里的环境保护运动往往是群众为了保护生态

---

① Ben Agger, *Postponing the Postmodern: Sociological Practices, Selves and Theories*. Lanham, MD: Rowman & Littlefield, 2002, p.216.

环境、维护自然权利、寻求生态对话的民主运动。资本主义政治权力的过度集中,既扼制了生态民主,也压抑了生态运动。阿格尔的这种看法,十分类似于科尔曼等人对资本主义集权政治的生态批判。在科尔曼看来,权力的过度集中和民主的日益削弱,主要通过两种方式酝酿着环境危机。①奥康纳也指出,在诸多的新社会运动中,那些投身于生态运动的人们或多或少地都会提及到同一件事,那就是国家反应迟钝,压制群众,而且还十分官僚主义;国家太依赖于专家,隐瞒关键的统计数据,对公众撒谎,几乎做不好任何事情。②

面对严重的生态危机,北美各地时常爆发群众性的环境保护运动,以抗议生态环境的不断恶化。但是这些环保运动因为触及了资本的利益,而往往遭受为资本利益服务的政治权力的压制。阿格尔曾回忆说,“在课堂上,我不但看到了抗议的队伍,也看到警察极力用催泪瓦斯驱散群众”③。这意味着,压制和统治的循环将会持续化,打破这种循环取决于推翻资本主义权力,而这多半是一项很艰巨的任务。“资本主义权力的严酷现实将使左翼生态运动不能超越舒马赫的‘小规模技术’去提出充分发展的工人管理的社会主义概念。资本主义甚至在过度生产和过度污染的地方也很兴旺。”④此外,那些有权者总是力图掩蔽他们的权力及其对人们日常生活的影响,诱导人们相信实质性的社会变革是不可能的,可能的只是个人的改善。⑤阿格尔坦言,资本主义大公司及其在华盛顿和渥太华的政治代表,对生态运动的激进挑战所做出的可能反应,将是趋向政治极权主义。

总而言之,阿格尔认识到当代资本主义国家在履行其保护资本不受生产不足、消费不足的经济影响的使命时,必须表现出其相应的政治职能。阿格尔对当代资本主义政治的生态批判,意味着官僚集权制下的民众很难有生态作为,自然的权利就很难得到保障。阿格尔所批判的等级制和官僚制包括但不局限于资本对劳动的支配及高雅文化对大众文化的支配现象。“女权主义后现代批判理论质疑了这些价值等级化,解构了各种借助于它

① [美]丹尼尔·A.科尔曼:《生态政治:建设一个绿色社会》,梅俊杰译,上海:上海译文出版社,2006年,第62页。

② [美]詹姆斯·奥康纳:《自然的理由:生态学马克思主义研究》,唐正东等译,南京:南京大学出版社,2003年,第489页。

③ Ben Agger, *Postponing the Postmodern:Sociological Practices,Selves and Theories*. Lanham, MD:Rowman & Littlefield,2002,p.32.

④ Ben Agger, *Western Marxism:An Introduction*. Santa Monica:Goodyear,1979,p.332.

⑤ Ben Agger, *The Virtual Self:A Contemporary Sociology*,Boston:Blackwell,2004,p.31.

们而使这些等级制本体论化并得以再度产生的话语及实践。"①解构等级制和官僚制的话语与实践，势必要对扭曲了人、自然、社会三者之间关系的当代资本主义文化加以生态批判。

第三节　文化霸权对生态意识的遮蔽

当代资本主义社会的生态危机，既是经济问题和政治问题，也是文化问题。虽然不能绝对地说生态危机本质上就是文化危机，但生态危机确实关联着文化因素。资本主义社会的意识形态必然积极地为维护资本对人与自然的双重支配而摇旗呐喊，营造鼓吹生产主义、消费主义、实证主义等有悖于生态文明及其建设的文化环境。这种文化环境下的当代资本主义社会，泛在地弥散着借助于文化工业而催生虚假需求的虚假意识，诱导人们接受资本主义所灌输的有利于资本的价值观念，从而误以为只能屈从于当下的社会现实而无法改变它。这样一来，当代资本主义社会的主流意识形态、意识形态化的实证主义、普遍存在的虚假需求，就悄无声息地遮蔽了敬畏自然、尊重自然、顺应自然、保护自然的生态意识。这要求人们必须深刻认识当代资本主义社会生态危机的文化成因，对当代资本主义社会的文化加以生态批判。基于法兰克福学派批判理论的文化批判路向，阿格尔主要从意识形态、实证主义、虚假需求三个方面批判了当代资本主义文化对生态意识的遮蔽。

一、反生态的意识形态

在资本主义社会中，占统治地位的文化、思想、观念、意识，总是资产阶级的文化、思想、观念、意识。资产阶级的意识形态家，竭力把他们所代表的那个阶级的意识形态说成是唯一合理的意识形态，并将它加以广泛宣传，让人们接受。阿格尔一再声明，社会事实作为社会存在，固然有其事实合理性，但不等于它一定具有价值合理性。混淆事实合理性与价值合理性，进而让人们必须把所有的社会事实都接受为社会宿命，是资产阶级意识形态一贯的欺骗伎俩。②为此，必须对资本主义社会的意识形态做出深刻的生态批判。

① Ben Agger, *Gender, Culture and Power: Toward a Feminist Postmodern Critical Theory*. Westport, CT: Praeger Publishers, 1993, p.66.

② Ben Agger, *Socio(onto)logy: A Disciplinary Reading*. Champaign: University of Illinois Press, 1989, pp. 2–18.

意识形态批判的前提是对意识形态的确认。"在后现代资本主义社会中,对意识形态的确认已经是一件很困难的事情,因为意识形态不仅仅是思想也是实践,甚至常常在实践中以无意识的形式而表现。"①尽管意识形态批判固然越来越困难,但阿格尔也强调,我们绝不能像鲍德里亚那样认为真实和虚假已经完全不能区分。阿格尔首先将矛头指向"意识形态终结论"。丹尼尔·贝尔在 20 世纪曾经提出了"意识形态终结论",认为在发达资本主义中,政治冲突和政治竞争已经消失,与之相伴的还有意识形态终结,因为技术满足了所有的人类需求。②阿格尔认为贝尔这种观点是错误的,因为意识形态事实上至今不但没有终结,而且与以前相比有过之而无不及,一直笼罩着人们。意识形态终结的断言,本身就是一种意识形态。作为意识形态的"资本主义、种族主义、性别歧视,一直在蹂躏自然与人的思想及肉体"③。阿格尔告诫人们,绝不能忽视那种把支配加以掩蔽与合法化的意识形态的存在。

不过,当代资本主义社会的意识形态,的确较之以往发生了变化,呈现了新形式。阿格尔惊叹电子媒体在快速资本主义中加速、强化了意识形态的生产与传播。意识形态只能从视频、广告、文化节目这样的促销文化和媒体文化中被加以解读。这些文化给人的印象是,电视节目不是文本而是世界,借助于摄像机镜头而无偏见或无视角地再现生活世界。"它们事实上是有选择性的,因为它们利用精心选择的视角而解释世界,它们有意地建构了人物、情节与气氛。"④但是人们往往不能看透它们的本质。媒体文化与广告文化随意复制这个世界,通过怂恿消费者从生活方式、娱乐、旅游来思考自己的生活,从而保持了资本的运作及其有效性。人们的生活不再听从于系统性社会理论的善良建议,而基本上受制于暴露在观看者和阅读者眼前的后文本图像。

后结构主义与后现代主义揭示了意识形态本身已经从书本中弥散出来而成为社会文本,女权主义也揭示了文本就像性一样充当了社会再生产的中介。阿格尔把当今意识形态的主要特征概括为,一种来自各种不同话

---

① Ben Agger, *Socio(onto)logy:A Disciplinary Reading*. Champaign:University of Illinois Press, 1989,p.17.

② Ben Agger, *Gender,Culture and Power:Toward a Feminist Postmodern Critical Theory*. Westport,CT:Praeger Publishers,1993,pp.53-54.

③ Ben Agger, *The Discourse of Domination:From the Frankfurt School to Postmodernism*.Evanston:Northwestern University Press,1992,p.13.

④ Ben Agger, *Critical Social Theories:An Introduction*. Boulder:Westview Press,1998,p.125.

语的社会文本,这些不同话语构成了人类学家所说的"文化",或者是马克思主义者所说的"意识形态"。阿格尔着重解构了货币、科学、大厦和数字这样的社会文本,认为它们是隐蔽的意识形态。在他看来,"劳动是资本对劳动力的支配,而这种支配然后以货币的文本形式把自身扩散为真理。高楼借助于表面上的合理性,而塑造了那种被认为是一种自然形式的公共生活。数字以货币化哲学的意义标准及价值标准取代了思想"①。由于大量的社会文本弥散到人们的日常生活中,以致社会文本书写了人们的生活,尽管它们没有明显的创作性中介。其结果是,"导致了公共话语、书本文化、公共领域、交往理性的逐步衰落,造成了意义的贬黜,从而阻碍了人们书写具有真实意义的真正文本,弱化了各种对话和民主交往。公共领域被那些默默支持各种不利于自由与正义行为的伪装诡计所占领"②。书本如同事物,不能再被人们解读为分析性思考的有待修正的作品,而完全是作为默认现状的符码而入侵到外部环境中。这些霸权性话语向人们灌输对命运屈从的思想,强化了宿命论的逆来顺受和自我导向的额外压抑。

当代资本主义不断地深化人们的虚假意识,暗示人们对人与自然实行双重支配的现存社会制度是不可避免的、合乎理性的,从而消解了人们的生态意识。马克思已经在《资本论》第一卷中通过对商品拜物教的著名分析而提出了虚假意识存在的可能性。根据马克思,商品拜物教指的是劳动过程被神秘化为似乎不是有心人有意识建构这一方式。虚假意识的这一特征,在资本主义社会中是无力去感受及认识社会关系是可以被变革的历史结果。"支配"在法兰克福学派的术语论中是指,外部剥削与让外部剥削不受抑制的那种自我约束的结合物。③阿格尔用社会学的术语对此来加以说明,那就是人们内化了那些诱导他们有效地参与生产劳动及在生产劳动中分工的特定价值观及规则。为了解释帕森斯所说的霍布斯秩序问题:为什么人们服从于有组织的工业社会? 古典的非马克思主义社会理论家涂尔干、韦伯、帕森斯等人的回答是,人们之所以服从,是因为他们拥有以理性的方式解释世界的共同价值观及信仰。尤其是,人们相信可以通过遵从社会规则而实现不过分的个人改善,除此之外的大规模社会变革是不可能

①　Ben Agger,*Fast Capitalism:A Critical Theory of Significance*. Champaign:University of Illinois Press,1989,p.39.

②　Ben Agger,*A Critical Theory of Public Life:Knowledge,Discourse and Politics in an Age of Decline*. London/ Philadelphia:Falmer Press,1991,p.3.

③　Ben Agger,*The Discourse of Domination:From the Frankfurt School to Postmodernism*. Evanston:Northwestern University Press,1992,p.203.

的。如同法兰克福的思想家,阿格尔也认为,这些反复灌输服从于戒律的共同价值观,同人们的客观解放利益是矛盾的。①马尔库塞指出,支配在晚期资本主义必须被强化,以使人们从有关结束稀缺性及辛苦劳作的现实主义图景中转移视线。②人们受教于通过压抑性的非升华,来满足他们的需求,以当今如此丰富的消费者选择的自由来换取实质性的社会政治自由与经济自由。

商品化的后现代主义思潮在当代资本主义社会一路高歌后,大有成为主流意识形态之势。阿格尔在《支配的话语:从法兰克福学派到后现代主义》(1992)中,也着重批评了像《纽约时报》这样的美国主流媒体所体现的商品化的后现代主义在处理环境问题时所暴露出的弱点。阿格尔指出,"对那些着迷于个人主义的雅皮士与后雅皮士来说,很容易把它联系到建筑环境与自然环境的退化,因为他们是如此地迷恋于商品。具有讽刺意义的是,后现代环境主义在指控环境的商品化时,把环境主义也变成了商品。可以看到有诸多企业与环境运动存在紧密关系:公司把推销环境意识作为它们自己社会关怀的证据。这不是否认环境主义存在激进化的可能性,而是说在资本主义消费主义情境下环境主义后现代化所存在的自我矛盾"③。这段话告诉我们,美国的主流意识形态尽管在形式上也可能表现出对生态环境的关照,但它在本质上是按照资本的逻辑、为资本的利益行事。因此,人们决不能盲目轻信地被当代资本主义主流意识形态的生态意识虚假性所蒙蔽。

总而言之,虽然一定的社会存在决定一定的社会意识,但是一定的社会意识因其具有相对自主性,而导致它又不仅局限于反映一定的社会存在,还会融合于社会存在,甚至还可以借助于其他社会手段来建构新的社会事实,从而变成新的社会存在。尽管资本主义社会本身是一种历史现象,具有种种不合理性,但是它为了自身的存在,竭力通过意识形态的说教来制造、传播虚假意识,并让人们接受虚假意识,促成虚假意识的生产与再生产,以证明自己的存在是必然的、合理的、不可改变的。这样的不良后果是,当代资本主义社会诱骗一部分人沉溺于异化消费,惩戒一部分人顺从于现

① Ben Agger, *The Discourse of Domination: From the Frankfurt School to Postmodernism.* Evanston: Northwestern University Press, 1992, p.202.

② [美]赫伯特·马尔库塞:《单向度的人——发达工业社会意识形态研究》,刘继译,上海:译文出版社,2008年,第198页。

③ Ben Agger, *The Discourse of Domination: From the Frankfurt School to Postmodernism.* Evanston: Northwestern University Press, 1992, p.78.

实,训导一部分人屈从于命运,从而满足了一部分人的幻觉,减轻了一部分人的焦虑,转移了一部分人的注意力,进而延缓了自身的寿命。在当代资本主义意识形态的蒙蔽下,自然遭受支配的命运就很容易被人们错误地认为是不可避免的、天经地义的、无需大惊小怪,人们也无需改变这个社会现状,无需去为自然的解放而奔走呼号。

二、逆生态的实证主义

实证主义最初只是社会科学领域的一种研究方法,但它随着资本主义社会的发展,却日益成为当代资本主义社会意识形态不可忽视的、甚至是最主要的新形式。20世纪40年代,霍克海默和阿多诺在《启蒙辩证法》中把实证主义这种新意识形态全面地追溯到启蒙运动。尽管他们支持对宗教和神学加以祛魅所作的努力,但认为基于实证主义科学的特定启蒙模式,不足以一劳永逸地禁止神学。①霍克海默和阿多诺指出,就科学的实证主义理论未能了解它们对现状的掩盖而言,它们反而成了一种新的神学及意识形态。霍克海默和阿多诺争论的更多的是,如果从人们像实证主义那样毫无批判地看待现实,进而不假思索地把它永恒化这一点来说,实证主义已成为晚期资本主义最主要的意识形态形式。如此一来,实证主义成为训导人们被动适应现实的世界观和方法论,人们需要批判它。正是出于当代资本主义社会意识形态批判和文化研究的需要,阿格尔不断地批判了作为异化科学的意识形态化的实证主义②,从而成为阿格尔整个学术思想的重要特色。在此过程中,这种实证主义批判蕴含了对实证主义之于生态文化毒害的内在批判,也是阿格尔生态马克思主义思想的一个鲜明特点。

首先,作为意识形态的实证主义,一贯标榜自身价值中立,但事实上并非如此。"也就是说,实证主义在本质上是服务于资本的,控制人和自然的。从这个意义上说,实证主义哲学是有价值内涵的。"③在《启蒙的辩证法》中,霍克海默和阿多诺的独到见解,是把实证主义科学认定为一种意识形态。阿格尔认为霍克海默和阿多诺不是反对科学本身,而是反对围绕科学在发达资本主义社会使用的意识形态氛围。实际上,作为意识形态的实证主义,

---

① [德]马克斯·霍克海默、西奥多·阿道尔诺:《启蒙辩证法:哲学片段》,敬渠东等译,上海:上海人民出版社,2003年,第23页。

② Ben Agger, *Texting Toward Utopia: Kids, Writing, Resistance: Kids, Writing, and Resistance.* Boulder: Paradigm Publishers, 2013, p.152.

③ 王雨辰:《国外马克思主义生态观研究》,武汉:崇文书局,2020年,第42页。

把自然看作服务于人类需要的工具和客体。[1]阿格尔的生态马克思主义思想,不仅继承了法兰克福学派关于需要对实证主义加以批判的看法,而且强调了实证主义实质上把人与自然均遭受支配的社会当下凝固为永恒的社会存在,从而对现实加以辩护与复制的功能。

其次,实证主义暗示了人们可以无需对所研究现象的本质加以判断的情况下而接受这个人与自然遭受支配的世界。人们认为自己经历的世界是合理的及必然的,对人的行为加以不可避免地限制。辩证的想象力,就其能成为改变未来世界的潜力而言,它反对实证主义。阿格尔还强调,实证主义取消了生活世界概念,"生活世界这一概念没有进入实证主义的视野,从而导致实证主义不能真正理解社会变革的可能性等重大社会问题"[2]。这就是说,实证主义充其量只是希望认识世界,而不是致力于改造世界。就热衷于支配人与自然的当代资本主义社会而言,仅仅认识它是远远不够,最重要的是去改造它。

实证主义不仅吞噬了具有批判力的文本性,也导致写作不再能与它所揭示的世界保持独立。这不仅复制了那个自然遭受支配的世界,而且把诸如私密、性、文本性之类原本不是政治的事物加以政治化,进而使批判很难以神圣的文本性来决定理智议程和政治议程。发展了批判理论的阿格尔,要批判实证主义在日常生活层面及社会理论层面都把社会世界简化为因果模式。在此意义上说,大量资产阶级的社会科学都处于法兰克福批判理论的犀利攻击之下,批判它们缺乏辩证想象力以便使社会科学家能透过既定社会事实的表象看到新的社会事实——阶级社会、父权制、种族主义、自然支配的终结。[3]通过否认想象具有思考如何超越以存在论特质而描述存在范畴的能力,实证主义把意义加以了贬黜。实证主义批判,就是要揭示这种把想象力加以删节的情形,指出想象是一种理解各种边缘性是如何被惩戒的方式。

再次,实证主义把自身扩散到如同自然的文本-物体中,拒绝把自身解读为叙述性例证,从而拒绝了可能的生态批判。当资本主义社会发展到阿格尔自己所说的"快速资本主义"时,文本被物质化而变成了物体,凝固到自然中,成为一面存在论上被认为是不可改变之物的镜子。实证主义把这

---

① Ben Agger, *Texting Toward Utopia: Kids, Writing, Resistance: Kids, Writing, and Resistance.* Boulder: Paradigm Publishers, 2013, p.187.

② Ben Agger, *The Virtual Self: A Contemporary Sociology.* Boston: Blackwell, 2004, p.34.

③ Ben Agger, *A Critical Theory of Public Life: Knowledge, Discourse and Politics in an Age of Decline.* ondon/Philadelphia: Falmer Press, 1991, p.24.

面镜子掩蔽为它所假装无预设反映的自然的一个构成部分。作为文本性的镜子,实证主义不仅归属于世界,而且通过掩蔽自身而复制了世界。阿格尔说,这远没有高估那种被普遍化为一种全球性语言游戏的实证主义力量,只是把实证主义看作被编码到外部环境中而作为自我解读的惩戒的源泉。马克思把自己对货币的解读看作相应的意识形态批判;货币以掩蔽其所再现从而繁殖的社会关系的方式把自身物化到外部环境中。①对马克思来说,意识形态与世界保持着一定的距离,从而可以被解读为一种具有自主性的而即使是错误的叙事,但今天的意识形态把自身掩蔽在文本中,事实上,它们通过似乎只是反映了这个凝固的社会自然而解读自我。那些被弥散到建筑环境、文本环境、数字环境中的写作,以它们所希望被解读的那种方式而更加引起人们的注意,事实上,这种行为本身就是一种文化实践。在快速资本主义中,那些被掩蔽在文本 - 物体中的写作,不认为解读是一种创造性行为,从而鼓吹那个被它们描述为无法避免的僵化世界。这样的例子,随处可见。马克思所质疑的那种资产阶级经济理论描述了一个类自然的经济世界,它被认为体现了一种不可改变的合理性。最近,在社会学内部中出现了众所周知的帕森斯与巴列斯对父权制家庭的辩护, 在经验上被它所诱引的家庭行为所"证实"。这不是说任何事情都可以被"解读"为文本,而只是说文本实践是一种强有力的物质力量,尤其是当它在以掩蔽了自己创作性的方式而出现时。作为一种知识理论的实证主义,是写自我掩蔽性写作的一种经验形式,把自身混同于它所揭示的那个世界。因把自身混淆于论题,写作成了意识形态,这是无预设地再现知识模式的实质。在快速资本主义中写作被去文本化,以掩蔽其自身消除与世界差异的企图,它希望把世界本体论化为一种不变的历史,诱引人们要么像尼采所说的那样钟情于命运,要么像舍勒所说的那样只知道屈从,甚至是嫉恨。②实证主义取消了走向人与自然解放的乌托邦,认为这种社会理想不可能被人们感知、度量和操作。

最后,实证主义把政治的价值论转化为实际的存在论,不再让自身与世界保持了一定的距离,从而既妨碍了人们对自然的深入理解,也拒斥了思辨性的理论建构。阿格尔把实证主义科学视为异化文本中的一个典型,

① Ben Agger, *Fast Capitalism: A Critical Theory of Significance*. Champaign: University of Illinois Press, 1989, p.52.

② Ben Agger, *Fast Capitalism: A Critical Theory of Significance*. Champaign: University of Illinois Press, 1989, p.42.

因为它把写作凝固为对其所描述的世界的从属。女权主义首先批判了这种扭曲了生产与再生产之间关系的异化文本性,因为异化的文本性无情地导致了私人领域从属于公共领域、妇女从属于男性、自然从属于资本,从而剥削那些典型地发现她们自己对再生产肩负更大责任的妇女。①在女权主义批判的基础上,阿格尔指出异化的文本性繁殖了所有形式的生产对再生产的君临。这种异化的文本性,实际上起到了一种意识形态的作用。资本主义社会中,生产领域的占据者为了从"他者"那里获得特权,以异化的文本性的形式扭曲生产与再生产之间的真实关系。这种具有意识形态功能的异化文本性宣称生产者具有价值、主导性,而再生产者是他者,则应处于无价值或从属性的地位。作为异化文本性的男性至上主义文化和生产主义文化,强迫包括自然在内的各种遭受压迫的所谓"他者"去接受他们所谓低等的命运。借助于看来好像只是把社会再现为天然,这种意识形态就再度产生了对再生产的无情支配。

实证主义在时间上把理论和实践加以割裂,以便无限期地拖延作为理论的实践。②实证主义还反对必要的简单性,以便把思考的注意力从理解它的复杂对象中转移。实证主义从来没有解决主体是如何理解客体这一哲学问题的,除了说这不是一个问题。③历史唯物主义指出,只有主体理解了他们自身主体性的客观性,并从那里开始努力,才能理解客体。因此,必须揭批实证主义在常规语言与学科语言中存在的话语暴力,④以便把可以为包括自然在内的各种遭受压迫的所谓"他者"进行辩护的鲜活语言从平庸的实证主义束缚中解放出来,从而剥夺实证主义的话语特权,让以前那些没有发言权的沉默者——包括自然——也有权进入有关社会问题的平等讨论中来。

简而言之,社会当下不是社会存在的全部,社会存在除了包含社会当下之外,还包括社会过去与社会未来。但是资本主义为了掩盖自己过去不光彩的历史和未来必然被社会主义所取代的命运,它往往让人们只注重当

①　Ben Agger, *Socio(onto)logy: A Disciplinary Reading*. Champaign: University of Illinois Press, 1989, pp.230-235.

②　Ben Agger, *Texting Toward Utopia: Kids, Writing, Resistance: Kids, Writing, and Resistance*. Boulder: Paradigm Publishers, 2013, p.184.

③　Ben Agger, *Texting Toward Utopia: Kids, Writing, Resistance: Kids, Writing, and Resistance*. Boulder: Paradigm Publishers, 2013, p.185.

④　Ben Agger, *A Critical Theory of Public Life: Knowledge, Discourse and Politics in an Age of Decline*. London/ Philadelphia: Falmer Press, 1991, p.36.

下的社会存在而忽略其历史与未来。为此，当代资本主义社会利用包括实证主义在内的各种手段，极力掩饰自己的不合理性，尽量让人们相信现存的社会是合理的，并使之深深地内化于心、外化与行，实现对人与自然的双重支配。这里需要指出的是，实证主义欺骗，如同其他虚假意识的有意蒙蔽，对生态意识的积极形成和有效培育都是极其不利的。虽然也像莱易斯、奥康纳等人一样批判了科技因不当使用而产生的不良后果，但阿格尔从文化的角度对实证主义的生态批判，是他区别于其他生态马克思主义者的一个重要标志。

三、非生态的虚假需求

当代资本主义社会为了欺骗人们，除了采用上文所论述的意识形态掩饰和实证主义误导外，它还不断地制造虚假需求。在一定的文化意义上可以说，虚假需求也是一种虚假意识。但是这种虚假需求的满足，从生态的角度看则是非理性的。[①]"在发达的资本主义社会中，利润的抽取是借助于助长虚假需求以及把消费者引诱到无止境的消费与政治顺从之中而实现的。"[②]由此可见，对商品的需求，是连接商品生产和商品消费的重要中介。虚假需求既是过度生产出来的各种商品最终走向过度消费的催化剂，也是过度消费拉动过度生产的助推剂。在自然资源因过度生产而惨遭劫掠和生态系统因过度消费而蒙受污染的生态灾难中，败坏了生态意识的虚假需求也难辞其咎。因此，阿格尔认为，必须提出生态马克思主义的需求理论，以阐明生态危机将迫使资本主义社会削减商品生产，促使人们通过"期望破灭的辩证法"去调整人们的需求和价值观，培育生态意识，从而教化人们从异化消费中摆脱出来。[③]阿格尔为此着重从文化的角度批判了虚假需求对生态意识的败坏。

阿格尔对虚假需求的生态意识批判观，直接源自对霍克海默等人生态需求理论的不满、对马克思需求理论欠缺的批评、对马尔库塞等人虚假需求理论的借鉴。霍克海默等人虽然批判了当代资本主义社会的支配现象，但他们所进行的批判只是对现存制度的抽象否定，只对激进的社会变革提出了微弱的希望，而没有对当代资本主义社会的生态危机理论与现代阶级

---

①　Ben Agger, *The Discourse of Domination : From the Frankfurt School to Postmodernism*. Evanston : Northwestern University Press, 1992, p.146.

②　Ben Agger, *The Discourse of Domination : From the Frankfurt School to Postmodernism*. Evanston : Northwestern University Press, 1992, p.203.

③　Ben Agger, *Western Marxism : An Introduction*. Santa Monica : Goodyear, 1979, p.272.

激进主义的需求之间提供联系的环节。阿多诺认为发达资本主义社会的人们并不想也不可能期望得到解放,因为专横的意识形态力量从根本上扭曲了人们的需求。相应的结果是,因为他和霍克海默都没有提出能重新评价人的需求的新的危机理论,所以他们也不可能提出一种作为马克思辩证法重要核心的能导致某种自我解放的压力和阶级激进主义的需求理论。阿格尔也认为,人们可以透过《资本论》的表面了解马克思的需求理论,发现马克思判定工人阶级的成员由于失业或一贫如洗会起来造反。马克思没有必要把这一设想说的很明确,因为他认为由利润率下降所引起的严重经济危机显然将使得工人阶级采取具体的行动。从这个意义上说,马克思的需求理论并没有"错",但是马克思对 19 世纪后期的资本主义出现危机趋势的估计,则证明是高估了经济危机的严重性。阿格尔推崇马尔库塞在《单向度的人》中对虚假需求的深刻分析,赞扬马尔库塞洞察到资本主义必须把人们的注意力从异化中转移出来。[1]马克思主义者为了更好地理解当今虚假意识的制度化形式,需要一种关于人类需求的理论。

马尔库塞的《单向度的人》就详尽分析了单向度性思考在人类需求层面上成为一种需求形式,从而"内投"于人们内心深处的社会行为。对于马尔库塞来说,现代资本主义社会的极权主义并不是由某些现代的戈培尔策划的有意识的宣传活动实现的, 而是通过对人的需求的巧妙操纵而达到的。一个双向度的社会制度将保存私人经验与公共经验之间的区别,从而允许人们理智而批判地思考自己的需求。而一个单向度的社会制度则会培育特殊的需求, 这些需求然后又以排除其批判性考察的方式而加以内化。阿格尔像许多人一样认为,马尔库塞区分了真实需求和虚假需求,对批判理论做出了理论贡献。为了特定的社会利益而从外部强加在个人身上的那些需求,即把艰辛、侵略、痛苦和非正义加以永恒化的需求是虚假的。[2]虚假需求就是单向度性特征"内投"的结果,虚假需求的满足就是马尔库塞所说的"痛苦中的欢乐",即心甘情愿地服从。马尔库塞对人类需求的讨论,是基于马克思把个人需求视为社会需求的观点。但是,由于马尔库塞重新抓住了生物学内核,为马克思的社会决定需求的理论,补充了来自欲望非压抑性升华的真实需求这一看法。

---

[1]　Ben Agger, *The Discourse of Domination:From the Frankfurt School to Postmodernism*.Evanston:Northwestern University Press,1992,p.146.

[2]　[美]赫伯特·马尔库塞:《单向度的人——发达工业社会意识形态研究》,刘继译,上海:译文出版社,2008 年,第 6 页。

　　在阿格尔看来,北美广泛存在的虚假需求的社会背景是:北美在二战后的重建中对经济实行凯恩斯主义国家管理的程度要胜于欧洲;北美在二战后比起二战时的生产节制来,制造了大量的消费品,提高了消费者的预期;北美从来没有过全面的社会主义运动,阶级冲突相应是钝化的,导致了国家干预及对人们需求的无休止控制。虚假需求正是当代资本主义社会的一个重要特征,它催生于各种不良文化氛围的培育。"广告和消费文化必须刺激那些超出人们在19世纪时的基本需求。"①当代资本主义社会中的很多需求就是通过大众文化而生产、再生产出来的。当今的资本主义需要寻找减少存货的方式,使人们忙于工厂和展厅,使人们的消费把存货变为利润。如果人们不去消费,经济就会整体下滑,因为私人公司及企业就没有资源,缺乏充分的资金流来维持自身的运转。或者至少是企业会裁员。资本主义对异化消费中的各种虚假需求和虚假意识的刺激,还要取决于人们对这些刺激的接受和赞同。借助于对马克思的商品拜物教、卢卡奇的物化、葛兰西的霸权、马尔库塞的单向度性范畴,阿格尔指出人们的虚假需求既源自意识形态的欺骗,也源自人们单向度地思考,甚至是欠思考地接受各种社会文本的劝诱。虚假需求之所以是虚假的,不仅是因为其内容有害,也因为它们是消费者的"自由"地选择。

　　阿格尔指出,马克思没有花费太多时间来思考需求的真假,因为在早期资本主义阶段,一般没有把需求视为问题,像"内投"这样的问题还不存在。工人的贫困强迫他们去行动,这在马克思看来是革命性变革的主要源泉,但是马克思没有预见到在一个更发达的资本主义阶段,资产阶级内心动员的结构性需求。马尔库塞为马克思的理论补充了生物学的维度,有助于人们解释需求的真假:虚假需求是一种不能自由实现的自我决定状态,而真实需求则出现于欲望外化的非压抑性升华。马尔库塞并没有预先描绘这些真实需求的内容,但用早期马克思的话说就是,真实需求涉及通过创造性实践而实现的自我外化。②马尔库塞在《论解放》中指出,希望具体描绘出真实需求内容的想法是空想,因为只有在丰富的自我解放过程中,才能决定这些需求。马尔库塞保留了马克思与恩格斯关于人们既可以是渔夫也可以是猎人与批评家,在不同角色之间变换的思想。马尔库塞也同意马克思关于自由状态可以是以令人难以置信的多种形式需求与创造性劳动而

① Ben Agger, *Speeding Up Fast Capitalism:Cultures,Jobs,Families,Schools,Bodies.* Boulder: Paradigm Publishers,2004,p.16.

② Ben Agger, *The Discourse of Domination:From the Frankfurt School to Postmodernism.*Evanston:Northwestern University Press,1992,p.145.

表现出来的看法。①

诸多生态马克思主义者,如马尔库塞、莱易斯、休斯等人,都十分注重分析生产、商品、需求、消费、生态之间的内在联系。②就生态马克思主义而言,马尔库塞开了虚假需求批判的先河,认为晚期资本主义已经产生了虚假需求,这种需求被晚期资本主义社会通过巧妙操纵而成为社会支配的新形式;其弟子莱易斯深入探讨了技术、商品、满足三者之间的密切关系,主张重新评估和削减人们的物质需求,培育和提高人们的精神需求;休斯总结归纳了历史唯物主义的"需要"概念的内涵、回应了西方绿色思潮对马克思主义所设想的共产主义社会"按需分配"原则的质疑;阿格尔则立足异化消费和地球生态系统有限性之间的矛盾,努力揭示生产、消费、人的需求、商品和环境之间的关联,希望人们重新理顺商品、满足、幸福的关系,从而调整人们对需求的性质和质量的看法。因此,阿格尔对虚假需求的生态批判,为剖析当代资本主义社会的生态危机提供了理论切口,为当代资本主义社会的生态变革提供了理论动力,为构想生态社会主义及其美好生活提供了理论视角。因此,阿格尔对虚假需求的生态批判,既发展法兰克福学派的批判理论,也丰富了生态马克思主义(流派)思想。

第四节　异化消费对绿色生活的疏远

一般说来,当代资本主义社会的生态危机,是根植于商品过度生产的经济问题,是来自维护资本利益而漠视自然权利的政治问题,是源自宣扬虚假意识、诱导虚假需求的文化问题,也是与异化消费密不可分的日常生活问题。在当代资本主义社会中,人们的日常生活也因资本的逻辑而被广泛动员起来,遭受殖民化。阿格尔在反思当代资本主义社会里被毁的日常生活时,持续地思考了日常生活殖民化的主要原因及其对人与自然的危害,并对美好生活这一规范性问题进行了探讨。在阿格尔看来,尽管美好生活的内涵十分丰富,不胜枚举,但其本质上是包含了社会正义以及人与自然和谐相处的非异化生活。③从生态马克思主义的角度看,美好的绿色生活是基于日常生活方式的绿色化低碳化。阿格尔对作为过度生产的必然逻辑

---

① Ben Agger, *The Discourse of Domination: From the Frankfurt School to Postmodernism*. Evanston: Northwestern University Press, 1992, p.146.

② 王雨辰:《国外马克思主义生态观研究》,武汉:崇文书局,2020 年,第 71 页。

③ Ben Agger, *Cultural Studies as Critical Theory*. London/Philadelphia: Falmer Press, 1992, p.144.

的异化消费的生态马克思主义批判,就是要揭露异化消费不仅戕害了人们的绿色生活本身,也危害了人们用以体验绿色生活的健康身体。

一、过度生产的必然产物

资本主义要完成过度生产这一过程,就需要加速商品流通、刺激商品消费等中介环节作为必要的支撑。为此,阿格尔对资本主义过度生产与异化消费之间这一基本关系进行了分析。在他看来,商品的过度生产必须与商品的异化消费相匹配,如果异化消费跟不上过度生产的步伐,那就不可能从过度生产的商品中榨取过多的剩余价值,从而不可能把过多的剩余价值转化为大量的利润。在第二次世界大战爆发之前,大多数人日常生活的需求是基本的生存需求,也不需要广告和信用卡公司的人为刺激。时尚无购物广场、电子商务、主题娱乐公园、新闻与娱乐的融合,这用马尔库塞在《单向度的人》中的短语来说,就是还没有"虚假需求"。很多人都没有预见到资本主义为了保全自身而有朝一日会从崇尚节俭转向崇尚消费,借助于举债而延缓统治。在第二次世界大战结束后,资本主义需要人们所做的不是积蓄,而是消费,甚至是超出支付能力而用信用卡消费,以便购买他们劳动所生产的商品,从而避免出现因消费不足而导致的经济危机。[1]当今的资本主义在过度生产商品之后,需要寻找减少存货的方式,使人们忙于异化消费以便把存货变为利润。如果人们不去消费,经济就会整体下滑,因为私人公司及企业就没有资源,缺乏充分的资金流来维持自身的运转。或者,至少是企业会裁员。这就形成了一个恶性循环:失业的工人无法消费,造成别的企业停产或裁员。最终,就形成广泛的失业及经济萧条。这对资本主义来说是很危险的情境,存在爆发革命的危险。这是二战后资本主义的基本困境,此时新教徒的勤俭节约精神,在信用卡的帮助下被消费观念所取代。快速的消费依赖于贪婪的需求、有计划的废弃、刺激疯狂的消费者日益适应于迷恋下一件大事情。因此,消费对资本主义的利益而言至关重要。[2]

为了扩大过度生产出来的商品的消费量,当代资本主义就会动员人们去盲目而无止境地购物,实现阿格尔所说的作为"异化消费"的过度消费。所谓异化消费,是指人们为了补偿自己那种单调乏味的、非创造性的、常常

---

① Ben Agger,*Postponing the Postmodern:Sociological Practices,Selves and Theories.* Lanham, MD:Rowman & Littlefield,2002,p.156.

② Ben Agger,*Speeding Up Fast Capitalism:Cultures,Jobs,Families,Schools,Bodies.*Boulder: Paradigm Publishers,2004,p.16.

是报酬不足的劳动而致力于获取商品的行为。其实,阿格尔的这种看法是对马尔库塞相关思想的继承。这种异化消费出现的原因来自两个方面:一是来自外界的,一是来自人们内心的,前者在于工人在劳动过程中的异化劳动和资本主义对虚假需求的诱导,而后者来自人们的虚假意识。如前文所述,在分析资本主义生产过程中存在内在矛盾时,阿格尔已经指出工人在此过程中所从事的劳动是异化劳动,并且这种劳动异化的程度在不断加剧。同时,从事这些异化劳动的人数,也就是工人阶级的队伍也在不断扩大。当人们不能从资本主义过度生产的异化劳动中获得满足的时候,就要在劳动之外去寻找满足。

当代资本主义诱导人们花费大量的时间去收看电视、浏览网页、接受那种塑造身份的广告,从而操纵了人们的消费意识。人们的身心不再是资本主义的禁区,而是异化消费的欣然猎取对象。"当前的经济体系要求人们从新教伦理的那种节约精神转向消费意识,花费'自由'的时间去购物、娱乐、旅游,然后再加倍努力地工作以免出现信用卡透支,这是一个恶性循环。任何批判的社会学思想,都将会注意到那些花费在工作以外时间的所谓休闲,并不是真正的自由,因为人们并没有摆脱文化工业与其它产业的束缚。人们被诱惑去购物、消费、进行自我改善,但所有这些事情都推动了文化工业的繁荣,实现了文化工业对人们身心的操纵,转移了人们对自我生活加以反思的注意力。"①这就是说,异化消费对于当代资本主义来说是一件好事情,因为怂恿人们去异化消费,既可以使当代资本主义借助于商品的销售而获得更多的利润,又可以消解人们对被毁生活的批判。

二、绿色生活意涵的腐蚀剂

阿格尔指出,异化消费固然最终根源于当代资本主义社会制度及其过度生产,助推于意识形态的欺骗、文化工业的蛊惑、虚假需求的诱引,但也与消费者的错误选择密切相关。异化消费虽然短暂地满足了消费者的虚假需求,临时缓解了消费者的身心压力,暂时悬置了消费者的生活烦忧,但是它对于真正的绿色生活来说,却是强烈的腐蚀剂。在这个意义上说,异化消费距离美好生活也很遥远。

首先,异化消费所获得的满足不是绿色生活意义上的满足。绿色生活意义上的满足,不仅涉及非异化的消费,还要涉及整个人与自我、他人、共同体和自然之间的和谐关系,是多形态的。在阿格尔看来,其实,"人的最终

---

① Ben Agger, *The Virtual Self: A Contemporary Sociology*. Boston: Blackwell, 2004, p.107.

满足在于生产活动而不在于消费活动"①。这里所说的生产活动实质上就是指美好生活中那种融合了生产性和创造性的非异化劳动,而不是资本主义生产中的异化劳动。古典二元论认为劳动(生产)与休闲可以区分开,从而创造了那种把真实需求降格为消费与文化的虚假情景。但是继承了马尔库塞满足思想的阿格尔,则认为真实需求是那些把工作与休闲、生产与消费有机统一的需求,人们在那种既是生产性也是创造性的工作、休闲、消费中完全可以实现自身的人性和真正满足。如果说马克思在《资本论》中论述了生产与消费之间的密切联系,那么马尔库塞则更进一步地分析了工作与休闲的二元对立在助长虚假需求中的系统作用。在单向度的虚假意识支配下,一部分消费者忘记了真正的满足与快乐是可以在非异化的工作、休闲、消费中实现的。莱易斯等人在后来研究需求与消费时,指出马尔库塞所说的虚假需求是不可满足的,认为其原因简要地说就是繁忙的消费者跟不上商品出现于诱惑的不断变换。阿格尔也进一步指出,无止境地提供丰饶产品以缓解那些作为消费者的异化者的痛苦,在面临急剧的能源与资源短缺的情况下,变得越来越不可能。②一旦发达资本主义完全不能提供丰富商品时,源自虚假需求的异化消费这一期望就破灭了。如此一来,结果如何?乐观地看,那就是阿格尔希望人们调整自我的价值观和生存方式。

其次,异化消费所感受的幸福不是绿色生活意义上的幸福。优美的生态环境,本身就是绿色生活和幸福生活的主要维度。和莱易斯等人一样,阿格尔也认为,往往只根据疯狂的异化消费来确定人的幸福,恰恰是当代异化的重要特征。"当评估北美以收入而言的这个'最富裕'的地区中人们的酗酒率、抽烟、肥胖、心脏病出现的比率时,关于人们沉迷于无限消费的问题,就不再是牵强的。"③在批评海尔布伦纳对生态命令所做的极权主义的解决方案只会加剧完全依据不断增长的消费来确定幸福的趋势的同时,阿格尔也认同海尔布伦纳关于人类也许最终不是根据量的消费(多少商品)而是依据质的消费(更好的文化、艺术、精神的享受和实现)来确定幸福的观点。④阿格尔也承认,资本主义社会制度的缺陷,固然导致了人们在其中不得不通过个人的高消费来寻求幸福的环境,但消费者把幸福完全等同于

---

① Ben Agger,*Western Marxism:An Introduction*. Santa Monica:Goodyear,1979,p.309.

② Ben Agger,*Western Marxism:An Introduction*. Santa Monica:Goodyear,1979,p.319.

③ Ben Agger (with S.A McDaniel),*Social Problems Through Conflict and Order*. Toronto:Addison-Wesley,1982,p.268.

④ Ben Agger,*Western Marxism:An Introduction*. Santa Monica:Goodyear,1979,p.321.

受广告操纵的消费的错误观念也难脱干系。那种物质消费主义的幸福观，删减了绿色生活中幸福的丰富内涵。

最后，异化消费所体现的自由不是绿色生活意义上的自由。阿格尔认为，只有当自我可以掌控自己的劳动、与自然和谐相处、与他人共享自由时，个体才是完全自由的。①这不是纯粹的理想主义的自由，不是像弗洛伊德所说的那种实现不受约束的科幻般景象。这种自由虽然是受到制约的自由，但是人们认识到它是嵌入在自然、身体、欲望及历史之中的，也就是嵌入在海德格尔与萨特所说的存在之中。阿格尔把异化消费视为不能从中获得真正自由的消费，这是"因为这种消费的目的不是为了满足人们的基本需求或真实需求，而是真正自由的苍白反应"②。异化消费表面上是可以被消费者"自由选择"的商品消费，其实质上是被虚假意识和虚假需求所误导的"自由选择"，而非消费者摆脱外力支配的真正的自由选择。那些虚假意识和虚假需求蒙蔽人们"要多吃肉类、多喝酒水、参与竞选、教育孩子要性别分明、过分地流于琐事、过度地工作而压抑自我"③。对于那些处于贫困线以上的人们来说，正过着阿多诺所说的那种被毁生活。这种被毁生活，由错误的选择所引导，既伤害了自己，也伤害了他人。阿格尔指出，在某种意义上说，资本主义之所以能够如此幸存，是因为人们做出了错误的政治选择与个人选择，选择了那些有利于男性、白人对非白人的种族统治、对自然的控制而再生产了资本主义市场及性别角色，而不是拒绝如此努力地工作，拒绝歧视妇女与有色人种，拒绝破坏环境。④

阿格尔始终坚持对异化消费、异化劳动、虚假需求、广告刺激和生态危机等因素之间复杂关系的分析，揭示了异化消费与生态危机之间的矛盾。这种矛盾表现为，资本主义生产过程中所包含的异化劳动，充当了过度生产和过度消费的中介；身处资本主义生产过程中的人们所从事的劳动是异化劳动，而要缓解这些异化劳动，人们就通过个人的高消费来寻求满足；虚假需求和广告刺激了商品的大量消费，对业已脆弱的生态系统造成进一步的压力，从而加剧了生态危机。异化消费的幻觉欺骗了异化消费者，让他们看不清自己遭受支配的生活的真正实质。这也就是说，尽管异化消费者在商品消费方面具有很丰富的知识，但他们既不去反思自己为什么会过着这

① Ben Agger, *The Virtual Self: A Contemporary Sociology*. Boston: Blackwell, 2004, p.119.

② Ben Agger, *Western Marxism: An Introduction*. Santa Monica: Goodyear, 1979, p.324.

③ Ben Agger, *The Virtual Self: A Contemporary Sociology*. Boston: Blackwell, 2004, p.129.

④ Ben Agger, *The Virtual Self: A Contemporary Sociology*. Boston: Blackwell, 2004, p.128.

样的生活，也不去思考这个世界曾是什么、它为什么是今天这个样子、将来应该怎样等问题。[1]如果说心智健全的人会追问自己的生活是否有意义、为什么自己的生活是这样的、如何过上美好生活等问题，那么异化消费者则很少，甚至压根不会去思考关于自己是否应该花费这么多时间去工作，而其余的时间却耗费在诸如消费和购物之类的虚假休闲活动之上的严肃问题。对日常生活无反思、欠批判的异化消费者，只是顺从地接受现实的既定安排，专注于日常生活的异化现实，很少想去为更美好的生活、社会正义和自然的解放而奋斗[2]。因此，美好生活被异化消费删减了内容、几乎掏空了意义之后，就沦为了悲惨的被毁生活，剩下的就是围绕异化消费旋转的疯狂购物、久坐工作、异化休闲等较为单调的日常生活。在这种生活状态下，自然与身体均遭受异化的现象，是必然的。

三、绿色生活主体的身体异化

健美的身体对于绿色生活的体验及其优美生态的建设来说，都至关重要。但是异化消费不仅背离了美好生活本身，也毁坏了用于感知绿色生活和建设优美生态的健康身体，导致了身体的异化，成为异化身体。阿格尔认为，马克思、弗洛伊德、马尔库塞和一些女权主义理论家都注意到人们的身体已经成为各种力量争夺的战场，在这个战场上不断地发生着涉及深度心理的、家庭的、性的和政治的战争。随着迅速发展的信息技术极力诱导人们从事那种对自然与人都不利的异化消费，比如购买信用卡，吃高脂肪的食物和进行整容，资本主义过滤了私人领域的所有方面，身体首当其冲。在节奏更快的资本主义社会中，身体较之互联网、电视和媒体文化出现以前，甚至更具可塑性，更容易被操纵。与过度生产相伴的异化消费不断地扩张，把身体动员起来加以殖民化、商品化、客体化，以保证人们去消费和转移视线。由异化消费所塑造的异化身体，不是去获得生活的自由，而是成为僵化的社会力量。

首先，人们的身体在异化消费的主导下，成为暴饮暴食的容器。阿格尔指出，美好生活这一历史性概念，强调免于饥饿，是很容易被人理解的。直到饥饿的身体被"消费者"饱食的身体所取代，它才受到高度重视。当人们

---

[1] Ben Agger, *Postponing the Postmodern: Sociological Practices, Selves and Theories*. Lanham, MD: Rowman & Littlefield, 2002, p.6.

[2] Ben Agger, *Texting Toward Utopia: Kids, Writing, Resistance*. Boulder. Paradigm Publishers, 2013, p.120.

面临可吃的大量食物时,很容易吃得过多,热量不断积累,转化为脂肪,造成新的健康风险。长期饥饿和营养不足的烦恼,现在转变成饱食和营养过剩的问题。[①]如同莱易斯,阿格尔也注意到了暴饮暴食对人们身体的危害。[②]北美社会中对暴饮暴食充满了诱惑,到处是快餐馆和酒吧,广告在诱导人们多吃多喝。美国人经常在家外吃饭,或是因为他们时间很紧张,或是因为他们做饭技术很差。餐馆和酒吧倾向于让消费者海吃海喝,以赚取更多的收益,而消费者迟早就会变胖。现在的食品也极其丰富,人们可以随时随地的获取它们,及时满足食欲。不过,这些便利的食品常常是高热量的,高盐高脂。脂肪阻塞着人们的血管,削弱了身体机能,容易生病。后现代性的特征之一是"超大型",阿格尔由此想到了罗马帝国的放纵。他认为其女儿的同学中至少有三分之一是超重的,而且是严重的超重。[③]

其次,人们的身体在异化消费的诱导下,变为节食、健身的对象。各种餐饮广告引诱人们先是暴饮暴食,在让人们变得肥胖之后,餐饮商家又劝说人们耗时耗钱地去进行节食、消费特定的减肥产品、健身。[④]因此,身体不是私人生活的资本禁区,而是资本的欣然猎取对象。对那些被诱导饮食过度,然后又节食的人们来说,节食健身成为资本的一种盈利项目。[⑤]这是一种矛盾:一方面借助于那些有害于人们健康的包括饮食和休闲在内的生活方式,让人们生病,一方面通过辅疗、去健身馆、吃节食片、塑身,甚至是整形手术来给人们治病。那些完全是逐利的企业,既伤害着又"治疗"着人们商品化的身体。在阿格尔看来,这些疗法并不起效,因为他们没有抓住整个工作、休闲、饮食方式这一问题核心。[⑥]

再次,人们的身体在异化消费的蛊惑下,沦为了供他人欣赏的客体。阿格尔批评有些妇女在身体上也只是关注于她们的化妆、头发、服饰、洁白的牙齿,以及节食。很多妇女称呼自己是"女孩"或"小姑娘",崇拜女性化,把自己的身体视为吸引男性注意力的对象。[⑦]比这更糟糕的是,在美国这种偏

---

① Ben Agger, *Body Problems: Running and Living Long in Fast-Food Society*. London: Routledge, 2011, p.11.

② [加拿大]威廉·莱易斯:《满足的限度》,李永学译,北京:商务印书馆,2016年,第28页。

③ Ben Agger, *The Virtual Self: A Contemporary Sociology*. Boston: Blackwell, 2004, p.100.

④ Ben Agger, *Speeding Up Fast Capitalism: Cultures, Jobs, Families, Schools, Bodies*. Boulder: Paradigm Publishers, 2004, p.67.

⑤ Ben Agger, *The Virtual Self: A Contemporary Sociology*. Boston: Blackwell, 2004, p.107.

⑥ Ben Agger, *Body Problems: Running and Living Long in Fast-Food Society*. London: Routledge, 2011, p.26.

⑦ Ben Agger, *The Virtual Self: A Contemporary Sociology*. Boston: Blackwell, 2004, p.108.

好自我展示的、希望留下痕迹的暴露文化境遇下，一些男性或女性的身体过度裸露地出现于网络空间。资本操控下的各种在线色情文化习惯于把身体商品化，让一些消费者在虚假意识的支配下欣然接受低俗庸俗媚俗的身体展示。尽管在某种意义上说，这种情况暗示了人们不满于当下的社会现实，寻求别样的刺激生活，以实现身心的愉悦，但是低俗庸俗媚俗的身体展示误导了人们耗费大量的时间、精力、金钱去麻醉自我，从而严重损害了身体。阿格尔特别希望人们正确地对待爱欲，去减轻人生的痛苦，创造生活的幸福，得到真正的满足。①

最后，人们的身体在异化消费的驱使下，变成了久坐工作的奴隶。一些后工业社会理论家认为，互联网、信息技术和先进的生产力一道，能够解放人们的劳动，使人们在单位时间内的生产率更高，从而使人们的工作时间减少。不可否认的是，数字技术确实带来了一系列的方便，减少了一些交易成本，提高了生产效率。人们的工作时间真的减少了吗？通过对工作时间的研究表明，答案并非如此。工人的产量可能会提高，之所以如此，与其说是他们使用了新技术，而不如说是他们工作的时间更长。②人们的工作时间越来越长？换句话说就是，为什么人们的工作变得多起来？阿格尔将之归为四方面的原因：一是在经济上要求家庭中的夫妇二人都去工作，甚至还要打零工，以便应付异化消费所需要的开销，尤其是偿还信用卡的债务；二是信息技术诱导人们不是把工作在办公室完成，而是把工作带回家；三是工作成为一个避风的港湾，在那里人们可以摆脱家庭和照顾孩子的烦恼。工作是休闲，休闲也是工作。人们希望回避家庭的压力和孩子，工作可以把自己与他人联系起来，建立共同体，进行面对面的或者是网上的交流。这对于那些承担了家务和照顾孩子任务而在工作中可以享受与男同事一定程度平等的女性来说尤其是真的。最后，也许是最重要的，资本主义的经济殖民化了私人生活和个人时间。它希望人们生产的更多，而不分散注意力。资本主义希望人们"一直工作"，对此而言，互联网、电子邮件、手机、传真机和寻呼机充当了极为便利的工具。从上述的四个主原因中，人们可以发现异化消费罪责难逃。越来越多的工作要完成，就意味着久坐少动的生活方式成为常态。这种久坐的生活方式，对身体的伤害可想而知。

---

① Ben Agger, *Oversharing: Presentations of Self in the Internet Age*. New York: Routledge, 2012, p.43.

② Ben Agger, *Speeding Up Fast Capitalism: Cultures, Jobs, Families, Schools, Bodies*. Boulder: Paradigm Publishers, 2004, p.69.

异化的身体对自然生态有何不良影响？异化的身体，不仅因其暴饮暴食而消耗了大量的资源、污染了环境，还因其病态而不可正确感知生活现实、无法进行生态审美。快速增肥的食物是有害的，那些不爱运动的人却喜欢吃这些食物。身体健康的人们知道不能只是或主要是吃肉，没有碳水化合物作为补充，疲劳就使人不愿意去运动。人们必须突破异化状态，以便把自己的身体体验为人性的和面向自然的健康身体。①阿格尔认为马克思、马尔库塞、佩特里尼和一些女权主义理论家的思想，都启迪人们从食物、饮食、运动等方面关注异化消费所造成的身体异化。食物也是一种自然，它向人们表明了人类作为感性存在的本质。人们可以在饮食中实现自我身体再生产的欢欣，也可以在工作和休息中通过身体运动获得欢欣。身体的运动，有助于实现身体健康的新陈代谢。

综合上述四节内容，我们可以发现阿格尔从对当代资本主义社会过度生产的生态批判入手，继而着重批判了官僚政治、意识形态、实证主义、虚假需求、异化消费等生活方式对人与自然的双重支配，落实到与异化劳动、异化生产、异化意识、异化休闲、异化消费等诸多社会异化现象密不可分的异化身体上。需要指出的是，阿格尔在进行这些批判时，不是孤立地对其中某一个方面的批判，而是极力揭示它们之间的内在联系。阿格尔这种视野宽广的多维度生态批判，继承并拓展了马克思的异化理论和法兰克福学派的支配理论，为生态马克思主义流派的理论发展作出了积极探索。在生态批判广度上，可以说阿格尔是目前生态马克思主义者中的佼佼者。尽管这些批判有其值得商榷的地方，但它彰显了阿格尔生态批判的鲜明特色。阿格尔始终认为，"资本主义、种族主义、性别歧视、对自然的支配，这些现象的持久性迫使左派要把它们理解为辩证的过程，从而颠覆它们"②。这就意味着，在对当代资本主义社会加以生态（马克思主义）的多维度批判之后，紧接着的任务就是对当代资本主义社会加以生态变革。摆在这一任务面前的主要问题是：生态变革可以可能？生态变革的主体是谁？生态变革何以实现？对这些问题的回答，就是接下来一章要重点阐述的内容。

---

① Ben Agger, *Speeding Up Fast Capitalism: Cultures, Jobs, Families, Schools, Bodies*. Boulder: Paradigm Publishers, 2004, p.158.

② Ben Agger, *The Discourse of Domination: From the Frankfurt School to Postmodernism*. Evanston: Northwestern University Press, 1992, p.48.

第四章　当代资本主义生态变革:解放自然

　　当代资本主义社会是一个对人与自然都加以支配的不人道社会,从自由、平等、民主、正义等进步的价值观来审视它,对之加以生态变革十分必要。阿格尔既不同意后现代主义和后工业主义中所表露的鉴于人们已经进入后现代而无需变革当代资本主义社会的观点,也不同意现代主义中认为因当代资本主义社会通过采取各种措施可以解决其自身社会危机而无需根本变革它的观点。针对马克思主义内部的机械决定论和悲观主义,阿格尔认为,既不能像前者那样坐等资本主义自己崩溃而盲目乐观,也不能像早期法兰克福学派的理论家那样因资本主义学会了各种处理危机的机制就认为主体性衰落和资本主义解决了自身的内在矛盾, 从而产生悲观主义。"在历史上悲观主义的影响下,今天的马克思主义不能再过早地放弃社会变革的可能性。"①阿格尔分析了生态变革的历史必然性和现实可能性在于,社会结构不是永恒的当下、大众自我存在能动的意识、科学技术具有解放的潜力、日常生活也是抵制的场所、社会危机也是变革的契机。既然生态变革是可能的,接下来的问题是,"变革的主体是否真正存在,以及他们的变革实践是否会获得成功"②。阿格尔拒绝了主体性衰落的看法,回答了谁来变革的问题。尽管阿格尔没有抛弃马克思当年所提出的工人阶级这一变革的集体主体,但他也认为在当下的形势中,社会变革的主体也有所变化。阿格尔分析了生态变革的个体主体和集体主体,指出个体要积极地重塑自我并参与各种新社会运动,集体主体要打破身份和门户的狭隘界限,认识到共同的解放利益,避免政治内耗,形成政治联盟,从事共同的解放事业。生态变革的主体确定之后的任务就是,提出生态变革的理论指导和实践举措。"理论家的见解与想象会影响到他们对社会变革所采取的立场,也暗示了他们对主体性概念的立场。一旦迈开了这一步,他们就提出一定的经验战略。这些经验战略导向并提出一种根植于日常生活反抗现存制度的变革

---

　　①　Ben Agger, *The Discourse of Domination: From the Frankfurt School to Postmodernism*. Evanston: Northwestern University Press, 1992, p.240.

　　②　Ben Agger, *The Discourse of Domination: From the Frankfurt School to Postmodernism*. Evanston: Northwestern University Press, 1992, p.262.

理论。"①阿格尔强调,生态变革必须坚持以马克思主义为指导,朝着社会主义的方向前进,进而提出了生态变革的具体战略。

第一节　生态变革的历史必然性

当代资本主义社会是一个充满异化和危机的非人道社会,务必将其加以变革。与一些怀疑论者和悲观论者不同,阿格尔坚信变革当代资本主义社会是可能的。而这种可能性既可以借助于马克思的辩证方法在逻辑上加以分析,也可以从实际经验上对之加以确认。

一、当代资本主义社会只是人类历史的片段

毫无疑问,当代资本主义社会是生态变革的根本对象,但当代资本主义社会能否被加以生态变革? 当下颇为流行的错误观点是,后现代资本主义利用各种调节自身危机的应对机制,仍能够显示出一定的生命力,以致有些人把社会未来归结为当下的永恒存在。在阿格尔看来,这是一种后工业社会的社会哲学立场。它宣称未来就是现在,技术会使人们自由,文化是如此的丰富,以致人们无需寻找时代之外的历史之谜。当下的资本主义真的终结了历史吗? 阿格尔不以为然,认为"这种主流的后现代主义在自我满足的傲慢立场中忽略了历史"②,坚信当代资本主义社会是可以被变革的。

为了寻找理论根据,阿格尔归纳了马克思辩证方法的三个基本特征:一是它认为现存的社会制度不可避免地要灭亡;二是它从每一种社会形式的不断运动中来理解这一社会形式,也就是认识到现代社会现实的历史根源;三是它"不崇拜任何东西",它在本质上是革命的,并致力于理论与实践的结合。阿格尔从中引申出来的结论是,"马克思已经正确地指出了资本主义社会是一个矛盾的体系,必然通过财富的集中与积聚而颠覆自身,资本主义社会是暂时的"③。马克思以资本主义必然灭亡的思想,结束了《资本论》第一卷。在阿格尔看来,马克思认为按照资本积累的一般规律,资本的集中是不可避免的。同时,马克思所说的劳动的社会化必将迅速发展,工人

---

①　Ben Agger,*The Discourse of Domination:From the Frankfurt School to Postmodernism*.Evanston:Northwestern University Press,1992,p.262.

②　Ben Agger,*The Discourse of Domination:From the Frankfurt School to Postmodernism*.Evanston:Northwestern University Press,1992,p.286.

③　Ben Agger,*Speeding Up Fast Capitalism:Cultures,Jobs,Families,Schools,Bodies*. Boulder:Paradigm Publishers,2004,p.28.

阶级也必将参与世界市场。马克思把这些叫作资本主义生产的内在规律。随着资本日益集中在少数资本家手中,随着产业后备军的日益壮大,以及随着雇佣劳动日益屈从于并适应于资本积累的需要,工人阶级势将进行反抗。这个阶级是由资本生产过程本身的机构所训练、联合和组织起来的。最后,"剥夺者就要被剥夺了"。

　　阿格尔进一步指出,当代资本主义的社会结构也不是固定不变的。他说,人们仅仅被动地认识外部世界是不够的,还必须改变那些在特定历史时刻被认为是制约了人们行为的社会结构。马克思已经清楚地指出,在社会生活中不存在永恒不变的社会结构。反倒是,那些特定历史时期中的社会组织结构与经济组织结构是可以变革的。这样,马克思也就描绘了社会统治的历史可变性。阿格尔随之相信,"马克思会认同资本主义社会结构不是固定不变的,而是随着历史的变化而变化的看法"[1]。因此,资本主义社会是马克思所说社会主义的前史,它因自身不可克服的内在矛盾和社会危机而趋于灭亡,尽管这个可能性不是像第二国际的考茨基那样的马克思主义者所主张的经济决定论意义上的必然性。那些经济决定论者认为,资本主义内在矛盾以及由此产生的诸如经济萧条、高失业率、生态破坏此类的各种资本主义危机是如此的严重,以致让资本主义制度在没有阶级意识的无产阶级的积极参与的情况下也会自动地解体。人们固然不能夸大无产阶级阶级意识的积极作用,但也不能夸大资本主义内在矛盾的消极作用。在阿格尔看来,至于资本主义何时灭亡,那是经验意义上的另外一回事。

　　如果说当代资本主义社会生态变革的历史必然性根植于资本主义社会的内在矛盾,那么资本主义社会生态变革的现实可能性主要在于人们干预历史的主观能动性。阿格尔认同与唯心史观不同的唯物史观的主张,相信全部历史本来是由人的活动构成的。所以,人们既然可以创造历史,那就相应地可以干预历史的发展,而不仅仅是被动地服从历史的摆布,成为历史的婢女。阿格尔一贯反对各种形式的宿命论,不希望人们在历史面前消极无为,被动地接受历史的碾压。阿格尔指出,天真的进步主义没有能认识到当下的历史本质,导致他们要么是空想主义的思考,要么仅仅是改革主义。与此不同的是,具有积极理性的人们要对当下加以辩证分析,指出它在历史上来自何处、它在未来又走向何方。这种辩证运动,揭示了当下既凝结了过去,也预示了新事物,这是直线发展的因果性概念及实证主义所不能

① Ben Agger,*The Discourse of Domination:From the Frankfurt School to Postmodernism*.Evanston:Northwestern University Press,1992,p.131.

理解的。①换言之,现在,就是过去和未来的交汇点。在资本主义社会可变性这一问题上,尽管阿格尔承认资本主义的阶级本性及其权力体系已经不再局限于某一个国家或地区之内,是实现社会主义的巨大障碍,但是他通过以20世纪60年代欧美新社会中所展示的大众激情为例,告诉人们只要认真分析欧美资本主义国家的危机趋势,就可以而且必然会对社会主义前景产生乐观主义的看法。人们要真正在实践中去干预资本主义社会发展的历史,那就主要借助于培育、提高那种支持社会主义前景的阶级意识,以及在实践中进行阶级斗争。

干预当代资本主义社会的历史,要有无产阶级的阶级意识。现在有吗?阿格尔延承了卢卡奇的阶级意识理论,认为卢卡奇所说的无产阶级的阶级意识,在当下资本主义社会中就表现为能动的阶级激进主义。②阿格尔指出,正如卢卡奇探讨第二国际科学的马克思主义为什么失败时所指出的那样,是因为考茨基和其他科学的马克思主义者没有为有阶级意识的无产阶级安排积极的角色。考茨基根据马克思《资本论》中的所谓经验分析,认为资本主义内在矛盾正在被直接转变为资本主义的崩溃和社会主义的改造,因此不需要驾驭危机趋势的能动的阶级激进主义。同样,法兰克福学派在20世纪四五十年代,没有过多考虑通过有组织的阶级激进主义去利用资本主义自身的危机而进行社会主义革命的可能性。这在阿格尔看来,是极其错误的。因此,阿格尔告诉自己,必须超越法兰克福学派早期成员霍克海默和阿多诺等人的悲观主义,接受法兰克福学派另一位成员马尔库塞等人的乐观主义。

无产阶级的阶级意识,是无产阶级的历史理性,也是一种无形的社会力量,更是无产阶级变革资本主义社会的实践先导。这种历史理性根植于资本主义社会的发展之中,来自异化和剥削的普遍现实。这是这种历史理性为工人阶级提供了希望,从而让工人阶级相信,确实有可能建立一种有别于资本主义的新的社会主义制度。作为无产阶级历史理性的体现者,工人阶级作为一种集体主体,不仅认识到建立社会主义是可能的,还能够意识到终身在实现这种历史理性的过程中起到的作用,从而能够驾驭历史的发展,揭示和实现历史的目标,真正把历史推向前进。但是在资本主义社会里,不能假定工人阶级天生就具有一定的阶级意识,这是因为资本主义社

---

① Ben Agger, *The Discourse of Domination: From the Frankfurt School to Postmodernism.* Evanston: Northwestern University Press, 1992, p.138.

② Ben Agger, *Western Marxism: An Introduction.* Santa Monica: Goodyear, 1979, p.4.

会会极力消解工人阶级的历史理性与阶级意识。因此,必须批判资产阶级意识形态、揭露资产阶级意识形态的神秘化,以便工人阶级免受资产阶级意识形态的操纵,保存无产阶级的阶级意识和历史理性。尽管这个过程可能会很艰难,但终究是会成功的。

干预资本主义社会的历史,就是要变革资本主义社会。变革者除了要具备无产阶级的阶级意识外,还必须有阶级斗争。这种阶级斗争,是变革资本主义社会的强大物质力量。以俄国革命为例,阿格尔对此作了说明。他说,俄国革命对像卢森堡那样从列宁的胆识和坚忍不拔党的精神中受到启发的西方马克思主义者是一个极大的鼓舞。布尔什维克的革命暴动虽然在实际上是不符合马克思当初所设想的那种方式进行的,但它依然是对资本主义社会的第一次严重打击。布尔什维克的冲击波震撼了整个西欧、北美的工人阶级,甚至震撼了整个世界。之所以如此,是因为在1871巴黎公社革命之后还没有取得过如此重大的马克思主义的政治成就。阿格尔还列举了历史上其他方面的成功先例,比如,"法国和美国的大革命、文艺复兴、爱因斯坦的相对论和怀特兄弟制造飞机等现象"[1]。阿格尔相信,如果在这些愤世嫉俗的年代坚持想象,那么革命是一种取决于诸多自我的集体意志,他们不但可以利用诸如新格兰城市会议、圣彼得堡冬宫外的公共广场、伯克利大学校园的自由演讲区,如同马里奥·萨维奥(Mario Savio)和其新左派人士,在那里反对大学对军事-工业复合体的串通,也可以利用网络空间。[2]

总而言之,阿格尔根据历史唯物主义的观点,指出了资本主义社会是历史的产物。不管当代资本主义实际存在的时间是长是短,它总是历史的片段。作为变革当代资本主义社会的工人阶级或其他革命者,迟早会具备一定的阶级意识,并积极地投身于干预当代资本主义社会的历史进程中去。

二、加速支配"他者"亦是加速自身灭亡

在批判当代资本主义社会时,阿格尔强烈地指责它把人和自然视为所谓的他者而进行全方位、多领域地支配。他也同时指出,加速的当代资本主义社会虽然强化了对人与自然的双重支配,甚至让法兰克福学派的批判理

---

① Ben Agger,*Postponing the Postmodern:Sociological Practices,Selves and Theories.* Lanham, MD:Rowman & Littlefield,2002,p.13.

② Ben Agger,*Speeding Up Fast Capitalism:Cultures,Jobs,Families,Schools,Bodies.* Boulder: Paradigm Publishers,2004,p.28.

论也难以揭批这种支配，但是这种支配也必然加速人与自然的双重反抗，从而加速当代资本主义社会自身走向灭亡。

应该承认，在晚期资本主义社会里，作为支配了包括工人阶级在内的诸多反对资本主义的其他阶层和人士的虚假意识，较之以往更普遍、更深地根植于人们的身心之中，渗透到人们个性的最深层。这就不仅阻止了阶级斗争，也阻止了诸多个体的自我解放活动。阿格尔引证了保罗·比康（Paul Piccone）的观点，认为资本主义社会在其成熟阶段，发现如果不输入那种借助于有见识的长期计划而保证未来利润的富于创造性主体，它就不能幸存。那种官僚化的资本主义，一旦规制所有的生活经历，它就会停滞。阿格尔认为，比康正确地把单向度性做了分期，指出了资本主义社会培育了那些表面上破除了 20 世纪 50 年代消费 – 顺从综合症的需求。尽管阿格尔认为比康对单向度性加以分期是很重要的，因为这避免批判理论丧失了它自己的辩证法特征。但是在阿格尔看来，比康在分析"人为的消极性"时指出的马尔库塞所描述的单向度性，是针对于历史上早期垄断资本主义中最具压抑性及整编性的时期。晚期资本主义的最近发展阶段，在方法上放松了对主体性的控制，像霍克海默和阿多诺一样，马尔库塞也错误地把整体性动员现实加以了永久化，从而认为虚假需求在实际上是不可避免的。当 20 世纪 60 年代的反文化批判被扩展为 90 年代冷静的理论激进主义时，比康没有确认这种由社会系统本身所制造的消极性是否可以被激进化。

事实上，资本主义社会的单向度性不是完全绝对的，而只是一种大致的概括。否则，就存在否认马尔库塞自己在《单向度的人》中的"变革可能性"的危险。在《单向度的人》中，马尔库塞认为革命形势的特征在于模糊性，但也不是完全没有希望。①对单向度性的认识，构成了马尔库塞在该书结尾所说的大拒绝，通过个人的理性与选择，实现对虚假需求的否定。这就提出了对虚假需求加以自我超越的可能性问题。如同马尔库塞，阿格尔也强调资本主义社会中的个人可以通过批判的反思颠覆他自己扭曲的需求，这不仅仅是意识层面的，也是欲望层面的。个人也是社会变革的战场，这是因为单向度性已经威胁到破坏资本主义社会中大众的个体性。如果没有这种个体性，没有至少在思想与情感上反对全面管理的有效个体，阶级斗争

---

① 　Ben Agger, *The Discourse of Domination: From the Frankfurt School to Postmodernism*. Evanston: Northwestern University Press, 1992, p.147.

确实是不可能出现的。①

在日常生活中所存在的创造新的文化实践及文化产品的潜力,被法兰克福学派理论家所忽视。为了幸存甚至繁荣,这些大众文化极力有意地把它们定位在主流之外,小报、杂志、刊物、画廊、视频、报纸,甚至是电视台,都隐藏着一些致力于写作与描画一种替代性日常生活的反文化霸权的人。阿格尔看好这些反霸权现象,视之为一种新型的文化生活,"蕴涵着创造一种民粹主义文化的丰富的政治可能性。在这种文化生活中,文化生产者能比在今天的主要文化街道上更多地主导他们自己的文化生产及文化接受。法兰克福的理论家是如此地厌恶美国霸权的粗野,以致他们不相信存在有知识的公民能够从底层变革文化的可能性。对于阿多诺而言,没有勋伯格、贝克特及卡夫卡,而只有平庸的录音助兴音乐,它把贝多芬的音乐变成了背景噪音"②。

阿格尔同意弗洛伊德马克思主义者马尔库塞、现象学马克思主义者保罗·比康、存在主义马克思主义者萨特和梅洛·庞蒂及哈贝马斯与女权主义者的观点,认为创造新社会制度的唯一出路是从生活世界开始。"如同马尔库塞已经强有力指出的,今天的社会变革在总体性意义上应始于个人的解放。只有保证日常生活的变革,才能自下而上有效地挑战极权主义倾向。"③从《西方马克思主义导论》(1979)经《批判社会理论导论》(1998)到《快速资本主义的再加速:文化、工作、家庭、学校和身体》(2004)直至其2015年去世,都反映了阿格尔的这种一贯立场。阿格尔认为,批判的社会现象学是一种诠释学理论,对理解微观层面与宏观层面之间的关联及冲突是特别有用的,它将支配溯源到人们把它体验为日常生活的所谓生活世界,进而既揭示了人们是如何被他人操纵及自我操纵的,也揭示了社会变革是如何必须来自主体性及主体间性层面的。阿格尔评价马尔库塞的《论解放》在法兰克福学派批判理论的框架中很好地解释了这一点,马尔库塞在该书中认为社会变革需要从家庭开始。如果不是这样,如果社会变革牺牲于遥远未来的前景,那么社会变革仅仅是以一种极权主义取代另一种极权主义,尽管它在名义上是一种新的意识形态。女权主义也认为那些发生

---

① Ben Agger, *The Discourse of Domination:From the Frankfurt School to Postmodernism*.E-vanston:Northwestern University Press,1992,p.149.

② Ben Agger, *Gender,Culture and Power:Toward a Feminist Postmodern Critical Theory*. West-port,CT:Praeger Publishers,1993,p.128.

③ Ben Agger, *The Discourse of Domination:From the Frankfurt School to Postmodernism*.E-vanston:Northwestern University Press,1992,p.273.

在厨房、托儿所及卧室的事情都是政治的,反映了传统政治的新变化。女权主义人类学家及女权主义人种学方法论者追溯了日常生活、社会结构与政治结构之间的密切关系,同样主张解放必须源自日常生活,并要重建日常生活。①

创造性的新感性也源自日常生活。这意味着必须以人们的"命运"来解读"支配",从而把宿命解构为一种欺骗性的非历史性建构。另外,必须把解放理解为关涉斗争中的人们。人的解放不会背着他们秘密地发生,也不是在超群的及超个人层面上出现的。在告诫人们不要迷信黑格尔关于理性吊诡的宿命论观点的同时,阿格尔也劝说人们可以利用黑格尔的辩证思想,比如,黑格尔认为总体是真实的,是指个人的解放需要人类的解放。类似的,如同马尔库塞所揭示的,个人与社会之间的辩证法也不能被抛弃。"当马克思主义与女权主义成为一种活生生的理论,一种人格形式,知性的整个本质就发生了变化,质疑了深层情感偏好与习惯。"②辩证法要求人们把思想看作一种活动,导向创造一种真正的民主化知性,使之成为重要的社会变革之路。总体性政治,必须是在日常生活的基础上实现。在阿格尔看来,鉴于资本主义社会中的支配是总体性的,对资本主义社会的变革也就不应局限于某一方面的变革,其目标应涉及全面的总体的解放,这样,作为社会变革的政治应该是总体性的政治。甚至,人们需要把他们自己与全球性整体政治的关系理论化,这也是女权主义和马尔库塞的批判理论的一个实质性目标。③政治的微观物理学完全存在于日常生活之中,"在晚期资本主义中,几乎没有什么事物未被殖民化,也没有什么与解放不相干"④。几乎每一种实践都受到惩戒社会的支配影响,相应地,几乎每一种实践都应该被重建。

还应该承认,在晚期资本主义社会里,虚假需求的消极性往往被资本主义社会的广告孵化为一种生活方式,以便让人们持久地关注所谓的"个人发展"与生活意义的塑造。"广告通过描绘一幅幅图景而再生产了日常生活,伪称人们在日常生活中体现了他们的个人意志。……借助于把这些活

①　Ben Agger, *Critical Social Theories : An Introduction*. Boulder : Westview Press, 1998, p.32.

②　Ben Agger, *The Discourse of Domination : From the Frankfurt School to Postmodernism*. Evanston : Northwestern University Press, 1992, p.274.

③　Ben Agger, *Gender, Culture and Power : Toward a Feminist Postmodern Critical Theory*. Westport, CT : Praeger Publishers, 1993, p.27.

④　Ben Agger, *A Critical Theory of Public Life : Knowledge, Discourse and Politics in an Age of Decline*. London/ Philadelphia : Falmer Press, 1991, p.14.

动凝固为值得预期的做法,再生产了各种'宿命',就像社会科学中对所谓社会规律的描述而实现这些规律一样。"①但是人们完全可以解构广告,暴露它们是呈现特定虚假需求主张的文本,揭露它们如何满足了人们的幻觉、减轻了人们的焦虑、诱导了人们去购物、相信并模仿这些文化所宣传的所谓美好生活方式。阿格尔进一步指出,虚假需求也许本身就是短暂的,至少它们的满足是生态非理性的。作为马尔库塞学生的莱易斯,提出一种基于变革他所说的高度集中的市场布局而提供满足模式的解决方案。从葛德文到马克思以来的社会主义诸多文献,都把小规模的生产与消费作为一个迫切需要。在此意义上,人们对马克思主义的黑格尔理解,曾一直回避了具体化的政治经济集中化形式,没有认识到科学技术的分散化要与权力及财富的分散化相一致。

毫无疑问,当代资本主义社会在加速对人与自然的支配时,主要借助于融合在资本主义社会生产过程、政治过程、文化过程、社会过程中的科学技术而实现。因此,科学技术曾经遭到海德格尔、马尔库塞、哈贝马斯、莱易斯等多人的强烈批判。但是从唯物辩证法的角度看,在批判科学技术支配人与自然的同时,也应该看到科学技术还具有解放人和自然的内在潜力。阿格尔注意到了这一点,这主要源自他对马克思、马尔库塞等人关于科学技术思想的解读。如同马尔库塞等人,阿格尔也清醒地认识到,科学技术的压迫性职能,根源于包括当代资本主义社会在内的私有制社会对科学技术的不当定位和实际滥用。比如,作为当代资本主义社会隐蔽的意识形态的实证主义,对科学技术的一个最根深蒂固的错误假设是,科学技术是用来操纵自然和社会的一个重要而无偏见的工具。其实,科学技术的压迫性职能,是特定社会环境中对科学技术加以滥用的结果,而这种状况可以借助于变革相应的社会制度来加以改变。在打破科学技术的压迫性职能之后,人们可以利用各种科学技术的解放潜力来消除人们劳作的艰苦,淡化康德所说自由与必然之间的边界,使人们摆脱社会时间的束缚而获得更多的自由时间。甚至可以借用马尔库塞的弗洛伊德式术语来说,就是实现"爱欲化"的工作,在人们与自然接触而实现创造性的感性中,游戏般地利用科学和技术。②

---

① Ben Agger, *Postponing the Postmodern:Sociological Practices, Selves and Theories*. Lanham, MD:Rowman & Littlefield, 2002, p.67.

② Ben Agger, *Postponing the Postmodern:Sociological Practices, Selves and Theories*. Lanham, MD:Rowman & Littlefield, 2002, p.20.

科学技术既可以成为支配的工具,也可以成为解放的手段。阿格尔以互联网为例,对科学技术所具有的双重功能做过说明。尽管他不否认互联网把日常生活的节奏加快到把很多事情交织在一起,致使人们变得越来越迷茫和顺从,但是在他看来,"诸如互联网之类的信息技术也可以挫败意识形态,给人们以停顿而放缓日常生活,互联网还可以帮助人们研究社会科学和社会理论,进而成为人与自然解放的手段"[1]。就科学而言,阿格尔明确写道:"虽然科学不能被用于支配自然和社会,但是科学可以被用来解放自然和社会,其实,一旦揭开了扭曲性支配的面纱,科学就成为了人们一种自我表现的中介。"[2]这就回到了早期马克思关于克服资本主义异化的可能性的沉思,这也意味着人们与他人、共同体、工作,甚至是自然之间的关系完全可以是"平和的"[3]。阿格尔指明,科学技术的解放潜力,在资本主义社会中远未被发掘。

最后,也是最重要的,人们可以实质性地重建科学技术本身。阿格尔的这一观点是对马尔库塞新科技观的直接继承。阿格尔赞扬马尔库塞是解读与理解马克思《1844年经济学哲学手稿》完整意蕴及其关于技术支配段落的少有几个马克思主义者之一。阿格尔做出如此评判的理由是,马尔库塞不同于由自然主义认识论所赋予活力的"正统"马克思主义者,而是像马克思一样认为,科学与技术完全可以不成为支配自然与社会的工具,而实现科学技术的人性化设计。[4]在阿格尔看来,马尔库塞已经阐明,解放后的真实意识会促进科学与技术的发展,实现人们对自然的保护和在生活中获得满足。科学技术将倾向于成为艺术,而艺术会创造更美好的现实:将不存在想象与理性、高级技能与低级技能、诗化思想与科学思想的二元分割与根本对立。

三、生态危机也是生态变革的契机

如前文所述,阿格尔对马克思的危机理论进行了修正,但这不意味着

---

① Ben Agger, *Speeding Up Fast Capitalism : Cultures , Jobs , Families , Schools , Bodies.* Boulder : Paradigm Publishers, 2004, p.33.

② Ben Agger, *The Discourse of Domination : From the Frankfurt School to Postmodernism.* Evanston : Northwestern University Press, 1992, p.202.

③ Ben Agger, *Postponing the Postmodern : Sociological Practices , Selves and Theories.* Lanham, MD : Rowman & Littlefield, 2002, p.21.

④ Ben Agger, *The Discourse of Domination : From the Frankfurt School to Postmodernism.* Evanston : Northwestern University Press, 1992, pp.200–201.

他否认了社会危机的存在和社会危机所具有的引发社会变革的功能。阿格尔对马克思危机理论加以修正的一个重要原因就在于,根据当代资本主义社会危机的新形式而与时俱进地提出社会变革的新战略。在面对当代资本主义社会的生态危机时,阿格尔与各种悲观主义者不同,相信生态危机正是生态变革的难得契机。在他看来,刚刚出现的源自增长极限与生态制约之间矛盾的生态危机就已经为激进的生态变革乃至整个社会变革提供了良好机遇。

阿格尔除了认同哈贝马斯关于合法性危机的思想外,也指出资本主义发展的早期阶段所特有的经济危机已经被诸如合法性危机、财政危机、生态危机之类的新型危机形式所排移(displace)或冲淡。他认为,哈贝马斯所说的合法性危机,源自自由主义及其个人创造性意识形态的几近崩溃,它侵蚀了晚期资本主义政治合法性基础与文化合法性基础。物质充裕本身并不能保证政治制度的稳定,尤其是在人们对工作领域与休闲领域的不满未能被消费所缓解时。"阶级冲突现在主要转移为,对社会制度合理性与人性的愤世嫉俗,后现代的大众不完全相信经济、政治、文化上的精英,从而拒绝强加的权威、退出公共领域。当下明显的经济、生态、政治危机,使深化的社会主义激进主义更加尖锐化。"①人们可以把现代性的危机视为一种机会,以重新思考现代主义对所谓进步本质的假定,尤其是对现代主义把现代性与资本主义及其对自然的技术征服混合在一起的做法加以重新思考。②这种重新思考,"在美国背景下,对大政府与大企业的嫉恨可以转化为呼吁建立那种基于生产与消费、工作、休闲之间十分和谐的小规模社会主义"③。

面对生态危机,"期望破灭的辩证法,不但可以导致人们对需求的重新表达,也可以使人们因从劳动中获得满足的前景而改变看法"④。阿格尔之所以抱有这样的乐观主义,主要来自他对个体自我具备相对自主性的评估。"不可根除的主体性,是我所说的辩证感性的支撑,它产生于对社会存在本质的洞见。"⑤这里,从一般意义上阐述个体的相对自主性,在下一节论

① Ben Agger, *The Discourse of Domination:From the Frankfurt School to Postmodernism*. Evanston:Northwestern University Press,1992,p.100.

② Ben Agger, *Speeding Up Fast Capitalism:Cultures，Jobs，Families，Schools，Bodies*.Boulder: Paradigm Publishers,2004,p.29.

③ Ben Agger, *The Discourse of Domination:From the Frankfurt School to Postmodernism*.Evanston:Northwestern University Press,1992,p.147.

④ Ben Agger, *Western Marxism:An Introduction*. Santa Monica:Goodyear,1979,p.325.

⑤ Ben Agger, *The Discourse of Domination:From the Frankfurt School to Postmodernism*.Evanston:Northwestern University Press,1992,p.260.

述社会变革的主体性时,将会再次涉及这一问题。为什么说作为个体的自我具有相对自主性? 在阿格尔看来,主要有以下三个原因。

首先,人是社会环境的能动创造者。阿格尔信奉"环境创造了人,同样,人也创造了环境",认为这就是马克思和恩格斯所概述的关于物质条件和再创造这些条件所需要的人的意志之间的辩证法,它是马克思辩证方法的本质。这句话意味着,人具有一定的能动性,人可以是社会环境的创造者。借助于对黑格尔在《精神现象学》中所阐述的主(人)奴(隶)辩证法,阿格尔多次阐明人在根本上是自由的,不是完全被动的奴隶。他说:"黑格尔曾经指出奴隶在根本上也是自由的, 因为他们借助于黑格尔所说的认知辩证法,有认可其主人成其为主人的能力。用更加通俗的话说就是,为了认识到自己的主人地位,主人需要奴隶仰视自己,承认自己的支配地位。尽管奴隶是被束缚的,客观上服从于其主人,但是奴隶并不缺少抵制其主人意志的能力,可以拒绝承认其主人从而否认其主人的身份。"①阿格尔进一步指出,当马克思把黑格尔的理想主义自由哲学转换到唯物主义根基上时,他就把这种观点向前推进了一大步,这是因为,毕竟,不管奴隶如何认识到自己具有被主人所否认的能动性,但那种能力仍然是被奴役的。尽管自由始于想象,但是这需要解放自身的肉体和他人的肉体。用一种更适合于当今形势的术语来说就是,日常生活的日常性可以被那些拒绝接受平庸的日常生活就是充分的社会存在的人们所挑战。

其次,人也是欲望不可耗竭的储存器。通过对马尔库塞思想的解读,阿格尔支持马尔库塞把关于性的思想补充到批判理论中的做法。这样,借助于强调人是欲望不可耗竭的储存器, 明显地挑战了虚假主体性这一假设。马尔库塞已经指出,人们可以在非额外压抑的社会秩序中实现爱欲化的劳动与休闲。在接受卢卡奇物化分析的基础上,马尔库塞认识到资本主义可以通过创造虚假或扭曲的需求而维持自身,指出了变革的主体有能力建构、变革这个世界,物化只是压制了但没有根除这种能力。在此意义上,尽管异化不亚于一种总体性状况,日益变得越来越广泛,但它还是为爱欲及政治自由留下了一定的空间。爱欲冲动摆脱了工具理性相似的、均质化影响,保存了处于被毁生活表象之下的真正人性,阿格尔强调,这对批判理论来说极为重要,因为它缓解了霍克海默和阿多诺的悲观主义,为发展更可行的政治战略与理论战略提供了一把钥匙。由于超越了虚假主体性思想,

---

① Ben Agger, *Postponing the Postmodern: Sociological Practices, Selves and Theories*. Lanham, MD: Rowman & Littlefield, 2002, p.90, p.212.

马尔库塞为重新介入政治的马克思主义开启了远景,使它可以再度中介现存的政治力量与社会力量。①

最后,人还具有自我反思的能力。阿格尔把后现代性的一般特征解读为无根基性、运动性、焦虑、历史健忘、个人主义,赞扬拉什(1977)很好地称之为自恋主义。但这种集成的受支配的自我,借助于自我反思,仍可以理解世界并改造世界,因为在全球化时代,自我具有极度的世界性,拥有很多关于细节、技术、新闻、信息、大众文化、标准化测试、流言、上网方法、普通航程、旅游、连锁超市、主题公园、阴谋、不明飞行物、电视剧、信用卡之类的实践知识。这种自我反思,如果是基于那种可以揭穿现存意识形态骗局的历史想象力,通过理解自我而对付这种自我集成,重塑能动性,可能导致社会变革。②

总而言之,在阿格尔看来,对当代资本主义社会加以生态变革是可能的。但这毕竟是一种可能性,更重要的是如何把这种可能性转化为现实性,也就是实现真正的生态变革。这个问题首先就涉及当代资本主义社会的生态变革主体的当下辨识和积极塑造,以完成生态变革的任务。

第二节 生态变革的双重主体

在《共产党宣言》中,马克思和恩格斯给予作为社会主义革命主体的工人阶级以高度评价:"在当前同资产阶级对立的一切阶级中,只有无产阶级是真正革命的阶级。其余的阶级都随着大工业的发展而日趋没落和灭亡,无产阶级却是大工业本身的产物。"③如果说马克思和恩格斯因参加了欧洲工人运动的实践而亲身感受到了无产阶级的力量,那么阿格尔则因参加了北美新左派运动而亲身感受到了激进个体和新社会运动的力量。在生态变革的主体问题上,阿格尔指出,马克思和恩格斯当年所主张的由工人阶级作为变革当代资本主义社会的主体的传统模式在当今资本主义社会中暂时式微了。借助于马尔库塞的弗洛伊德主义马克思主义、萨特等人的存在主义马克思主义和左翼女权主义等思想,阿格尔提出了当代资本主义社会的生态变革的个体主体;在吸收哈贝马斯的新社会运动思想的基础上,阿

---

① Ben Agger, *The Discourse of Domination: From the Frankfurt School to Postmodernism*. Evanston: Northwestern University Press, 1992, pp.252-254.

② Ben Agger, *Postponing the Postmodern: Sociological Practices, Selves and Theories*. Lanham, MD: Rowman & Littlefield, 2002, p.4.

③ 《马克思恩格斯选集》(第一卷),北京:人民出版社,1972年,第261页。

格尔提出了作为集体主体的新社会运动,从而确认了当代资本主义社会变革主体的现实存在。

一、生态变革主体的经验存在

就当代资本主义社会变革问题而言,不论是非马克思主义者、反马克思主义者,还是包括西方马克思主义者在内的各种流派的马克思主义者,都无法回避当代资本主义社会变革由谁来开展这一重要的理论问题和实践问题。在《支配的话语:从法兰克福学派到后现代主义》(1992)中,阿格尔直言,自己从 20 世纪 70 年代以来就一直思考了这个问题,坚持认为主体性的现实存在,反对后现代主义对它的怀疑。①纵观阿格尔的著作,我们可以发现,在当代资本主义生态变革的主体性这一问题上,他除了反对后现代主义对变革主体的怀疑外,也批判了阿尔都塞的无主体历史观和早期法兰克福学派的悲观主义,其目的在于确认变革主体的经验存在。

对于后现代主义者而言,"巴特已经宣布主体死亡,德里达解构了传统西方哲学中的单一而稳定的主体,福柯为了理解惩戒性社会而废黜了主体"②。如果真要是这样的话,既然当代资本主义社会变革的主体已经不存在,那也就无所谓生态变革了。阿格尔并不认同这些后现代主义者的看法,而是认为即使主体性在一定历史环境中出现了衰落,但也绝不意味着主体的完全死亡。换言之,社会变革的主体性,是不可根除的。阿格尔发现,"后结构主义和后现代主义在处理主体性问题时存在一个令人感到奇怪的矛盾:一方面,他们把主体看作是无用的,甚至是反生产性的虚幻;另一方面,他们又把叙事性的和人种学的自我叙事,定位为知识的有效模式,取代调查研究的客观经验主义。后现代关于主体或自我的思想,不管它希望被视为何物,但都反映了这种关于主体性的矛盾立场。后现代主义者在他们力图取消西方理性主义时都拒绝主体性,但在力图取消经验社会科学,特别是它的量化模式时,又都接受了主体性"③。阿格尔指出,后现代主义决定以叙事能力来掩盖个人,即使声称作为解读者和书写者的主体都已经死亡,但这仍然是建立在形而上学的而不是经验的基础上。至于人们能否讲述他

---

① Ben Agger, *The Discourse of Domination: From the Frankfurt School to Postmodernism*. Evanston: Northwestern University Press, 1992, p.8.

② Ben Agger, *Gender, Culture and Power: Toward a Feminist Postmodern Critical Theory*. Westport, CT: Praeger Publishers, 1993, p.71.

③ Ben Agger, *Gender, Culture and Power: Toward a Feminist Postmodern Critical Theory*. Westport, CT: Praeger Publishers, 1993, pp.38–39.

们那貌似合理的日常生活和社会世界,在主流意识形态具有麻痹性和当今世界很复杂的情况下,这是一个可以争论的问题。后现代主义宣布了主体的死亡,其实质是否认当代资本主义生态变革主体的客观存在。同时,阿格尔还批判了在西方马克思主义内部与这一观点有些类似的阿尔都塞的无主体历史观。

除了认为后现代主义和阿尔都塞在当代资本主义社会变革的主体性这一问题上存在缺陷外,阿格尔也不满于早期的法兰克福学派,尤其是霍克海默和阿多诺对主体性已经衰落的看法,批判他们因看不到变革希望而表现出了过度的悲观主义。阿格尔说,霍克海默和阿多诺在他们察觉到工人阶级不可能成为一个成功的现当代资本主义社会变革的主体时,夸大了资产阶级对政治反抗加以孤立与整编的程度,没有把马克思主义再政治化,从而完全抛弃了马克思与卢卡奇关于社会主义革命主体能动性的观点。早期法兰克福学派之所以持有因人们个体性衰落观点而否认政治激进主义的可能性,主要是因为他们没有把心理分析与社会文化分析的视角结合起来,以人类学基础这种方式去理解人性中的欲望,他们没有认识到在生活世界层面上的各种反抗。[1]阿格尔反对霍克海默和阿多诺的悲观主义态度,极力以激进主义来超越他们。

早在 1977 年,《辩证的感性 I:批判理论、科学主义和经验主义》一文中,阿格尔就写道:"我认为批判理论能克服它抽象的哲学否定和理智的激进主义倾向,[2]其办法主要有两个:一是确立一个主体性概念,这个概念会使得批判理论能够认识到和找到可以创造新制度的经验上的斗争事例;二是确立一个适应理论和实践之间关系的方向,这个方向将更接近于马克思自己的理论具有劝告作用的思想。第一个任务的特征涉及认识论的各种策略,第二个任务的特征涉及政治策略。"[3]在 15 年后的《支配的话语:从法兰克福学派到后现代主义》(1992)一书中收录该文时,阿格尔对以上这段话略有修改地表述为:"我为那种支持将之再政治化导向的社会变革的批判理论设置了两相任务。首先,我们必须提出一种基于政治斗争可能性的人

---

① Ben Agger, *The Discourse of Domination:From the Frankfurt School to Postmodernism*.Evanston:Northwestern University Press,1992,pp.250-258.

② 阿格尔这里所说的"理智激进主义"是指,霍克海默和阿多诺以否定辩证法批判主体性的衰落从而相信人们除了思考他们自己的绝望之外别无他物。详细内容可参见下一注释所提到的文章。

③ Ben Agger,Dialectical Sensibility I:Critical Theory,Scientism and Empiricism,*Canadian Journal of Political and Social Theory*,Vol.1,No.1,1977,p.24.

性概念,这种政治斗争使人们可以察觉到他们自己所遭受的剥削,能够构想一种替代性制度,并为之而奋斗。我认为关于积极的建设性的主体性的假设必须成为当代批判理论的基础。因为消除了这种假设,认为人们已被全面支配,所以霍克海默和阿多诺否认了解放斗争存在的可能性。我的第二个任务是为马克思关于批判理论的劝说性功能思想中的理论与实践之间的关系重新寻找基础。在此意义上,理论来自于实践,但又指导实践,把它安置在分析的总体性中,以揭示其变革性意义。"①以上两段话意在说明,阿格尔"拒绝了霍克海默和阿多诺关于主体性衰落的观点,挑战他们积极变革之现实性上的失败主义立场"②,肯定了当代资本主义社会变革主体的客观存在。阿格尔反对霍克海默和阿多诺在现当代资本主义社会变革上因对变革主体性的失望而产生的悲观主义,认为需要重返马尔库塞在《论解放》(1969)中所表现的社会变革的乐观主义。阿格尔肯定了主体性的经验存在,那他所说的体现了主体性的主体又是谁呢?这就涉及阿格尔对个体主体和集体主体的阐述。

二、生态变革的个体主体与集体主体

阿格尔把当代资本主义社会中进行生态变革的斗争性个人视为个体主体。他的这种看法,一方面是对他在《西方马克思主义导论》(1979)中所说的个人主义马克思主义的继承,另一方面主要是对女权主义和人种学方法论的借鉴和吸收。阿格尔对个人主义马克思主义的最初系统论述,主要体现在《西方马克思主义导论》(1979)中。在该书中,阿格尔系统阐述了个人主义马克思主义所包含的主要流派,即马尔库塞所代表的弗洛伊德马克思主义、萨特与梅洛·庞蒂所代表的存在主义马克思主义、恩卓·佩奇(Enzo Paci)和保罗·比康(Paul Piccone)所代表的现象学马克思主义,而马尔库塞的著作则非常集中地代表了这种类型的西方马克思主义。阿格尔之所以把这种类型的马克思主义称为个人主义的马克思主义,是因为它所包含的这三种不同流派的马克思主义体现了一种共性:"进行斗争的个人是任何有意义的阶级斗争理论的出发点。"③阿格尔在这里实际上已经指出了当代资本主义生态变革的个体主体问题,但是这一点并没有引起国内外学术界的

① Ben Agger, *The Discourse of Domination: From the Frankfurt School to Postmodernism*. Evanston: Northwestern University Press, 1992, pp.239–240.

② Ben Agger, *The Discourse of Domination: From the Frankfurt School to Postmodernism*. Evanston: Northwestern University Press, 1992, p.241.

③ Ben Agger, *Western Marxism: An Introduction*. Santa Monica: Goodyear, 1979, p.232.

应有重视。

阿格尔认为,这种类型的马克思主义之所以产生,是因为出于对决定论的马克思主义、卢卡奇的黑格尔主义马克思主义和法兰克福学派的历史悲观主义所做出的回应。具体地说,它反对决定论马克思主义在革命改造中对个人的忽视,反对卢卡奇因只关注作为集体主体的工人阶级而没有把工人阶级归结为各个具体的个人,反对霍克海默和阿多诺所认为的不仅不存在革命的集体主体,也不存在能进行有意义的激进政治活动的个体主体。①这是不是在忽视阶级斗争或用个体去取代集体主体呢?阿格尔的回答是否定的,因为它不是用纯粹的个人反抗去代替阶级斗争,而是致力于在进行斗争的个人与更大范围意义上的阶级激进主义之间建立一种可以付诸实施的恰当关系。②

从20世纪80年代以来,阿格尔着重吸收了女权主义对社会中个人与政治关系的洞见,进一步强调了个体在生态变革中的作用,揭示了个人的自我解放不仅仅是个人的事情,它也反映并预示了社会结构的变革。在《性别、文化和权力:走向女权主义后现代批判理论》(1993)中,阿格尔写道:"个人的即是政治的,政治的即是个人的。社会变革必然涉及人们的思想、身体和私生活,不应出现那种在变革中为了结果而牺牲过程的极权主义的权宜之计。也不存在以遥远未来解放的名义而压制人们的正当理由。事实上,正如马尔库塞那样关键地指出,我们日常生活中的变革预示并反映了更大的社会结构变化。因此,为了保证我们今天的选择能在新社会制度中实现,我们就必须以马尔库塞所说的'新敏感性'来引导。一旦将政治和个人、日常生活和主要制度割裂开来,我们就拒绝了当下与未来之间的辩证关系,进而毁灭了民主。"③阿格尔在21世纪,还注意到孩子们利用微博、短消息等多种方式来表达他们自己的社会反抗。④从阿格尔的相关论述中,我们可以清楚地发现:他不是仅仅把个人作为社会变革的"工具",而是把个体的解放视为社会变革的"目的";社会变革绝不能忽视个人、日常生活、政治这三者之间的密切关系;积极的个人作为社会变革的一种主体时,会推动整个社会结构的变革。

---

① Ben Agger, *Western Marxism:An Introduction*. Santa Monica:Goodyear,1979,p.233.

② Ben Agger, *Western Marxism:An Introduction*. Santa Monica:Goodyear,1979,pp.230–231.

③ Ben Agger, *Gender,Culture and Power:Toward a Feminist Postmodern Critical Theory*. Westport,CT:Praeger Publishers,1993,p.2.

④ Ben Agger, *Texting Toward Utopia:Kids,Writing,Resistance:Kids,Writing,and Resistance*. Boulder:Paradigm Publishers,2013,p.13.

　　阿格尔在关注变革当代资本主义社会的主体性问题时,反对各种否认变革主体存在的悲观主义。他强调了个体主体的重要作用,相信个人在自我的日常生活中,借助于各种可能手段,既改变自我,也改变社会。但这不意味着阿格尔忽视了当代资本主义社会生态变革的集体主体。毫无疑问,马尔库塞关于社会变革的个人激进主义思想,对 20 世纪六七十年代的欧美新左派和学生运动产生了重要影响。但在阿格尔看来,马尔库塞还没有找到一种能够实现新左派非极权主义目标并超越了自发性的集体主体。阿格尔指出,马尔库塞之所以最后悲观地走向了美学理论,其原因可归结于20 世纪 70 年代美国的政治环境。当时各种激进的政治已经被整编,工人阶级和其他主体自我矛盾地支持关于严重经济危机与社会危机的新保守主义解决方案。[①]其实,纵观阿格尔的著作,我们也可以发现,他从不否认工人阶级的存在,但在对工人阶级能否像马克思和卢卡奇所说的那样作为变革资本主义社会的集体主体上,还是存在怀疑,尽管这不是说阿格尔不承认阶级斗争和否认集体主体的存在。

　　在《延缓后现代:社会学实践、自我和理论》(2002)中,阿格尔认识到当代资本主义社会变革的这些边缘性的集体主体包括很多:妇女、有色人种、殖民地与后殖民地的居民、同性恋者等。他一方面对这些集体主体抱有变革资本主义的积极希望,因为他们是强大的反对力量,也是新社会运动的中坚力量;另一方面,他也对这些集体主体在当代资本主义社会变革中能否保持团结表示担心,因为那种过度多元化的集体主体概念存在的一个危险就是个人主义——身份政治。不过,阿格尔也指出,与之相对的另一个危险是,狭隘地依赖于白人男性这一历史主体,[②]因为事实上他们与今天世界历史上所发生的事情没有关系,甚至在晚期资本主义有组织或无组织的劳动中也是如此。鉴于资本主义社会变革的传统革命模式中工人阶级这一集体主体的当下衰落,阿格尔提出:“不是寻找传统的革命性工人阶级,马克思主义者与女权主义者将寻求那些认同在生活世界层面支配社会过程与政治过程的新社会运动。”[③]可见,对于阿格尔而言,如果说在关于当代资本主义社会的生态变革的个体主体的认识上,比较接近于马尔库塞等人的个

① Ben Agger,*The Discourse of Domination:From the Frankfurt School to Postmodernism*.Evanston:Northwestern University Press,1992,p.151.

② Ben Agger,*Postponing the Postmodern:Sociological Practices,Selves and Theories*. Lanham, MD:Rowman & Littlefield,2002,pp.83—84.

③ Ben Agger,*The Discourse of Domination:From the Frankfurt School to Postmodernism*.Evanston:Northwestern University Press,1992,p.265.

人解放观,那么,在关于当代资本主义社会的生态变革的集体主体的认识上,则比较接近于哈贝马斯等人的新社会运动观。

第二次世界大战之后,尤其是 20 世纪 60 年代以后,生态运动、女权运动、和平运动、少数族裔反种族歧视运动、人权运动、同性恋运动等"新"社会运动取代了 19 世纪和 20 世纪早期的工人运动与妇女运动等"老"社会运动。新社会运动的"新"特征在于:在传统社会运动中,人们之所以加入一个社会运动往往是因为某种物质需求,但在新社会运动中,人们加入运动的主要动机往往是为了实现一些非物质性的需求;传统社会运动背后往往有着一个诸如社会主义之类的宏大意识形态,而新社会运动则不以宏大的意识形态为指导;传统社会运动的目的是要改善参加者的经济增长地位,甚至打破国家机器建立新型政权,而新社会运动并不如此激进;传统社会运动的组织形态是分层的,具有严密的等级化组织,而新社会运动则多采取一种大民主性的、平等的组织形态。[1]当代资本主义社会中新社会运动的兴起,通常被认为是与 20 世纪 60 年代以来发达工业国家的政治、文化变革紧密相连。[2]对于新左派来说,新社会运动"象征着在传统认同基础(即工人阶级意识)日益削弱的情况下新型先进阶层(如学生)和新的认同感(如学生、女性、同性恋者和环境保护者)的兴起。新社会运动是现代化或资本主义合法化危机的体现,是人们在新的社会条件下寻找自我认同的结果,是为控制和定义主流文化而进行的斗争"[3]。所以,新社会运动反映了一场现代化价值与后现代化价值之间的冲突(Cohen 1985)。对当代资本主义社会中的新社会运动,阿格尔抱有强烈的希望。

三、生态变革主体的重塑与协同

尽管阿格尔在探讨变革资本主义社会的主题时因其深受存在主义马克思主义等个人主义马克思主义的影响,而把理论焦点偏向于个体主体,但是他也知道经典马克思主义所强调的个体,尤其是那些处于社会底层的人们,是如何被社会条件和物质条件所限制,因而不能仅仅通过改变个体的观点和态度来摆脱异化状态。因此,当代资本主义社会的生态变革的伟大计划,必须由个体主体与集体主体的重塑与联合来完成。

---

① 赵鼎新:《社会与政治运动讲义》,北京:社会科学文献出版社,2006 年,第 290—291 页。

② Robert O'Brien,*Contesting Global Governance*:*Multilateral Economic Institutions and Global Social Movements*. English:Cambridge University Press,2000,p.17.

③ 赵鼎新:《社会与政治运动讲义》,北京:社会科学文献出版社,2006 年,第 291 页。

当代资本主义社会的生态变革的个体主体的重塑,关键是大众自我的生态重塑。大众自我,既是生态变革的潜在个体主体,也是生态变革的重要对象,还是通往全面阶级意识与激进主义而实现资本主义社会结构变革的必要中介。"为了实现社会变革,大众必须改变自我"①,阿格尔之所以这样认为,其理由在于,"今天的社会变革,在总体性意义上应该始于个人的解放"②。当代资本主义社会中的大众要重塑自我,转变为具有生态意识和生态素养的生态公民,必须培养生态变革意识。生态变革意识是一种真实意识,不同于虚假意识。在《西方马克思主义导论》(1979)中,阿格尔主张把民粹主义与马克思主义嫁接在一起,以形成一种生态变革意识。为此,他把马克思所说的作为虚假意识的意识形态概念改造为"能够指导和组织社会运动的任何一种制度的信念"③,意识形态也就被视为一种关于制度的信仰。这样,民粹主义和马克思主义结合后所形成的一种新的意识形态,就不再是否定意义上的虚假意识。借助于这种意识形态,向人们灌输那种可以超越目前异化状态的解放意识。大众具备变革意识后,还需提高交往能力。

在《公共生活批判理论:衰败时代的知识、话语和政治》(1991)中,阿格尔发展了哈贝马斯的交往思想和阿克曼(Bruce Ackerman)的中立性对话思想。在肯定阿克曼认识到对话具有去合法性(delegitimating)的潜力、哈贝马斯认识到对话具有民主化潜力及动员潜力的同时,阿格尔也批评阿克曼作为一个自由主义者只关心清晰的辩护性对话,批评哈贝马斯作为一个笛卡尔主义者和康德主义者则因将交往实践与科技世界的符号编码加以了严格地区分而把对话局限于人际交往领域。阿格尔希望在此基础上重建批判理论的对话理论,以扩大对话的范围而走向平等对话的共同体。④为此,阿格尔把"对话"这一概念加以激进地重构,使之不仅包括人际交往,还包括我们与文本、文化、经济及外部世界进行的生产性介入交往,以及这些生产性介入之间的彼此交往。具体地说,阿格尔所提出的这种对话交往包括人与人之间、人类与符号、人类与自然之间的三种对话交往形式。相应地,交往能力可以被视为涉及三种相互关联的能力类型。第一种是工具性能力。

---

① Ben Agger, *Speeding Up Fast Capitalism:Cultures, Jobs, Families, Schools, Bodies.* Boulder: Paradigm Publishers, 2004, p.164.

② Ben Agger, *The Discourse of Domination:From the Frankfurt School to Postmodernism.* Evanston:Northwestern University Press, 1992, p.273.

③ Ben Agger, *Western Marxism:An Introduction.* Santa Monica:Goodyear, 1979, p.275.

④ 申治安:《通往平等对话的共同体:本·阿格尔"快速资本主义"思想研究》,北京:知识产权出版社,2020年,第137页。

这种能力是作用于自然的能力,其方式是既要通过融合工人劳动中的生产性、再生产性及创造性为一体而使劳动更人性化,也要尊重外部世界的身份,把它看作一个对话的伙伴;第二种是认知与读、写文本的能力。这种能力是指掌握及应用由认知以及文本所支撑的复杂技术符码与社会经济角色, 从而使我们更容易地适应各种社会劳动分工与性别劳动分工的能力;第三种是组织能力。它是指可以让人们合作地协调他们不同的生产关系,而不用屈服于管理精英的官僚制管理。由此可以发现,一旦人们具备了上述这些交往能力,不仅可以如同哈贝马斯强有力地指出的那样学习政治交谈,而且还可以从事劳动、建立亲密关系以及写作,保持人类与自然的非对抗性关系,从而让人们享受到生产劳动既是生产性的也是创造性的,克服自由与必然的二元主义。这提出了人与自然之间的对话关系,人们在这种关系中以一定的美学标准来调节它,这也许甚至是"自然的权利(莱易斯,1972)"①。

在信息化的资本主义时代,大众要把自我重塑为生态公民,还必须颠覆个体的自我集成(self-assemblage)。阿格尔这里所说的自我集成是指,以前的个体自我是在私人领域、教化的家庭及偏僻的乡村中成长,而现在的个体自我则几乎塑造于电视、收音机、学校、广告、同龄人、民族、宗教、体制、方言、饮食及时尚,个体自我是被文化工业所集成的,这就像其他工业所生产的福特汽车和牛仔裤一样。个体自我的集成是文化及社会后现代转向的一个最重要特征。个体自我集成的结果是:其一,个体自我仅仅成为一个接受杂物的容器,把生活体验为焦虑,甚至是无望;其二,个体自我不知道自己是谁,或者不知道自我是由什么构成的,对自己的生活及事情只是进行表面化的理解。后现代主义可能会称之为无根基性,而阿格尔则愿意把这看作对过去健忘的结果;其三,作为理性另一面的欲望,在购物、旅游、上网、收看电视节目、"煲电话粥"等方面无情地膨胀,个体自我非理性地选择自我、价值观和生活习惯。自我集成对大众自我的全面发展具有极大的危害性,是一种自我解放的困境。阿格尔提出的破解之策是"自我反思,也就是理论地思考,这种理论思考有两层含义:人们应该以世界的过去及可能的未来理解世界,这种能力为历史想象力所改善;人们还应该以世界的结果和能动者来理解自我,这种能力为社会学想象力所改善"②。阿格尔坚

---

① Ben Agger,*A Critical Theory of Public Life:Knowledge,Discourse and Politics in an Age of Decline*. London/ Philadelphia:Falmer Press,1991,pp.151-173.

② Ben Agger,*Postponing the Postmodern:Sociological Practices,Selves and Theories*. Lanham, MD:Rowman & Littlefield,2002,p.6.

信,人们借助于实践理性可以理解自我从而颠覆这种自我集成,重塑个体的能动性以实现进一步的生态变革。

大众在重塑自我时,可以通过培养和提高实践理性,进行自我思考并与别人进行民主交往。人们可以用一种不是很高深的、非专门性的语言很好地把自己的生活加以理论化,并创造他们自己的生活。因此,自我还必须优化自己的生活方式。阿格尔说:"如果不改变生活方式,让极少数人享受,而让其他人从事异化的劳动,过着节奏很快而无意义的生活,那就根本不会改变什么。"①阿格尔建议人们在 21 世纪应该这样去生活:定期关闭那些支配了这个世界及生活的电子产品;不要让家庭成为工作场所;或者被工作搞得一塌糊涂;吃健康的绿色食品,抵制快餐和熟食;不要为自己和孩子制定太多的计划;抵制生产主义;把日常生活视为与政治紧密相关的事情;有意地放慢生活节奏等。大众在完成自我重塑之后,还要积极参与到新社会运动之中。阿格尔指出,哈贝马斯在"正统"马克思主义的阶级斗争理论与后马克思主义的社会运动视角之间找到了一条道路,他在保留了马克思主义的变革性社会政治行动思想的同时,严重警示了左翼正统思想要关注那些被传统马克思主义所认为是与政治不相关的新社会运动。这些新社会运动包括有色人种运动、女权主义运动、同性恋运动、反殖民主义运动、反核武器运动、环境主义运动、和平激进主义运动等。阿格尔赞同哈贝马斯把各种新社会运动安置在更大的历史唯物主义框架中,整合了它们各自激进的观点。阿格尔赞扬哈贝马斯的新社会运动理论以更大的理论视角揭示了新社会运动的根源及其对社会产生的结构性影响。新社会运动理论指出了抵制系统支配的诸多场所,它带有实践目标及社会动员的视角,类似于后现代理论对多重声音与微小叙事的强调。②阿格尔支持这些新社会运动,认为它们是来自基层的反抗,是社会反抗与政治斗争的新形式。

如果说传统社会运动的组织往往有着等级分明的组织结构和权力集中的核心领导者,那么新社会运动"在组织成员进行集体活动时,出现了非中心化和非等级化的趋势"③。新社会运动的倡导者认为,传统社会运动虽然反对的是强权和专制,但是它们的这种组织形态本身延续了传统文化的专制性。因此,新社会运动往往倡导或呈现出非中心化、非等级制和网络化

① Ben Agger,*Speeding Up Fast Capitalism:Cultures,Jobs,Families,Schools*,Bodies. Boulder: Paradigm Publishers,2004,p.153.

② Ben Agger,*Critical Social Theories:An Introduction*. Boulder:Westview Press,1998,p.176.

③ [英]罗宾·科恩、保罗·肯尼迪:《全球社会学》,文军译,北京:社会科学文献出版社,2001年,第444页。

的组织形态。新社会运动的组织者在决策时采取的是直接民主和全体通过制,而不是传统社会运动组织的少数服从多数原则。所谓的领导也往往只是运动的一个召集人而已。为了避免不同形式的新社会运动出现内讧或被资本主义分化,阿格尔特别强调,这些新社会运动必须团结起来,为变革整个资本主义社会结构这一共同事业而形成合力。类似地,生态马克思主义的另一代表人物约翰·贝拉米·福斯特在总结关于西北太平洋沿岸原始森林斗争的失败教训时,点明了无阶级倾向的环保主义的局限性,强调"组建更广泛的劳工－环保联盟,汲取西北太平洋沿岸保护原始森林斗争的教训,必以往任何时候都显得重要"①。

面对当代资本主义社会的政治压迫现实,如同福斯特等生态马克思主义者,阿格尔也强调生态运动与其他社会运动团结合作的重要性。自从马克思和恩格斯创立马克思主义以来,马克思主义就关注工人阶级的政治斗争与社会主义解放事业,具有强烈的政治导向。苏东剧变,西方马克思主义者在重新探讨社会主义革命及其未来的过程中,纷纷把目光投向了绿色生态运动,主张各种新社会运动紧密团结,共同反对资本主义制度。"社会主义者(包括马克思主义者)、无政府主义者、受压迫的少数民族、生态地区主义者以及生态女权主义者应相互倾听,并了解了他们受到了怎样的关注,在如今,对于他们来说,没有比这更重要的事情了。"②像奥康纳、福斯特等生学马克思主义者一样,阿格尔也认为忽视了阶级、种族、性别、国际不平等问题的单一环保运动是不可能取得根本成功的,环保组织和劳工组织应该结成坚强的劳工–环保联盟。

阿格尔为此重申了生态马克思主义的政治导向,图绘了红绿团结的认知地图。这一重新绘制批判理论认知地图的目标,可以被看作既是对西方马克思主义所强调的总体性的坚守,也是对后现代主义非难"宏大叙事"的积极回应。阿格尔的这幅认知地图,体现了对各种等级制的一般批判。从批判的普遍性这一视角看,它优于后现代主义的文本解构、法兰克福学派的支配批判、女权主义的男性特权批判,因为它揭示了一些表面上看似分离而实际上属于同一结构性逻辑的不同支配现象。这样,有助于人们认知到他者化现象的普遍性,使人们可以更好地掌握社会生活中失落的总体性,

① [美]约翰·贝拉米·福斯特:《生态危机与资本主义》,耿建新等译,上海:上海译文出版社,2006 年,第 99 页。

② [美]詹姆斯·奥康纳:《自然的理由:生态学马克思主义研究》,唐正东等译,南京:南京大学出版社,2003 年,第 457 页。

并且能够证明那些在社会整体中彼此似乎不相干的因素在根本上是同一个完整历史的组成部分。阿格尔的这幅认知地图,也告诉人们总体性政治在社会变革中十分重要,因为"缺乏总体概念,政治斗争将注定不是沦为改良主义,就是再度生产出压迫性的力量"①。阿格尔的这幅认知地图,还揭示了各种反抗及新社会运动之间存在共同利益,为联盟政治提供了相关理论基础,有助于在实践中克服政治斗争一盘散沙的分裂局面,以便协调各种政治运动及社会化运动。

第三节 坚持以马克思主义为指导

面对当代资本主义生态危机与环境保护运动,各种理论纷纷登场,参与生态实践。就其生态变革而言,如果没有正确的生态变革理论来改造落后文化、引导生态转型,就不会有成功的生态变革实践。那么,究竟应该由什么理论来改造落后文化、引导当代资本主义社会的生态变革呢? 这既是一个至关重要的理论问题,也是一个不可回避的实践问题。在阿格尔看来,只有坚持从马克思主义的科学指引, 并朝着生态社会主义的不断前进,否则,各种生态变革必然走上歧途。

一、马克思主义立场的坚守

应该承认,早在 20 世纪六七十年代,西方发达资本主义社会严峻的生态危机现实,就已经促使西方学者对人与自然如何和谐相处这一问题加以了理论上的积极反思。目前,全球环境危机的观念已经深深地扎根在大多数文化人的心目中,这一观念的核心视域也已经转向了对世界经济的增长与发展对自然环境的影响这一主题的严肃讨论上来。②各种理论反思的结果是,形成了形形色色的社会思潮和理论流派。正如有些学者所指出的那样,"这些思潮和流派大致可以分为'绿绿派'(Green-greens)和'红绿派'(Red-greens)两大阵营。属于前者的主要派别有生态激进主义者(ecofunda-mentalism)、生态无政府主义者和主流绿党等, 他们的理论统称为生态主义,而属于'红绿派'阵营的,既有一些社会民主主义者,也有一些马克思主

---

① [美]道格拉斯·凯尔纳、斯蒂文·贝斯特:《后现代理论:批判性质疑》,张志斌译,北京:中央编译出版社,1999 年,第 247 页。

② [美]詹姆斯·奥康纳:《自然的理由:生态马克思主义研究》,唐正东等译,南京:南京大学出版社,2003 年,第 214 页。

义者,他们的理论统称为生态社会主义。……在生态社会主义阵营中,唯有那些带有强烈的马克思主义倾向的人才是生态马克思主义者"①。阿格尔、威廉·莱易斯、詹姆斯·奥康纳、约翰·贝拉米·福斯特、安德烈·高兹、戴维·佩珀、保罗·柏格特等人就是典型的生态马克思主义者,他们"比较自觉地运用马克思主义的观点和方法,去分析当代资本主义的环境退化和生态危机,以及探讨解决危机的途径"②。他们的生态马克思主义思想,共同构成了生态马克思主义(Ecological Marxism)③这一西方马克思主义新兴流派。

　　作为一种新兴理论流派的生态马克思主义,因其坚持从马克思主义对当代人类社会面临生态问题的深刻反思,尤其是对当代资本主义社会的生态批判而产生了广泛影响,越来越引起人们的普遍关注和研讨。在一定意义上可以说,生态马克思主义"无疑代表了 20 世纪最后的岁月和 21 世纪起始阶段里西方马克思主义,甚至整个马克思主义发展的一个新阶段"④。目前,生态马克思主义正在变成一种大家都认可的、并且为之努力工作的马克思主义理论,努力使之不断发展下去。在世界各地,尤其是在非洲、亚洲和拉丁美洲,数以千计的政府组织或非政府组织,以及多个政党正在推进一些在思想渊源上与生态马克思主义相近或者相关的行动计划。虽然实践已经证明,作为"既是西方马克思主义发展的新形态,同时又应当被归属于马克思主义阵营中"⑤的生态马克思主义,具有其他绿色理论所不具有的理论优势和实践优势。但是仍有一些非马克思主义者和反马克思主义的顽固分子,不愿意接受这个事实。

　　面对这种状况,阿格尔始终强调要毫不动摇地坚守马克思主义立场,强调马克思主义不仅没有过时,还具有极强的现实解释力和引领力。毋庸讳言,阿格尔对马克思的辩证方法以及马克思主义实质的把握存在一定的

---

①　陈学明、王凤才:《西方马克思主义前沿问题二十讲》,上海:复旦大学出版社,2008 年,第285—287 页。

②　俞吾金、陈学明:《国外马克思主义哲学流派新编·西方马克思主义卷》(下册),上海:复旦大学出版社,2002 年,第 575 页。

③　在笔者看来,应该区分"生态马克思主义"在不同语境下的不同含义。便于区分,可以把阿格尔首创并将它用以特称他在 19 世纪 70 年代的生态危机理论的"生态马克思主义"视为狭义的生态马克思主义,而把作为西方马克思主义一个流派的"生态马克思主义"视为广义的生态马克思主义。

④　陈学明、王凤才:《西方马克思主义前沿问题二十讲》,上海:复旦大学出版社,2008 年,第285 页。

⑤　王雨辰:《生态批判与绿色乌托邦:生态马克思主义理论研究》,北京:人民出版社,2009年,第 11 页。

理论偏差,甚至是严重错误。但是从总体上看,阿格尔对马克思主义立场的始终坚守的确难能可贵。这首先体现在他既反对"正统"马克思主义者把马克思主义教条化,也反对一些马克思主义者对马克思主义的背离。正如他自己所言,真正信仰马克思主义的学者在北美大学中不多。马克思主义的一些深刻洞见,在北美校园里失去了很多政治特色,仅仅成为研究"工具"。更致命的是,一些马克思主义者没有开放地借鉴马克思主义以外的理论,忽视了来自批判理论、女权主义及后现代主义的挑战。马克思主义对现代的那群人来说,是没有希望的老一拨,他们中的大多数人没有把后现代主义与马克思主义加以有用的综合。面对这种艰难的处境,阿格尔始终把自己及其所理解的马克思主义,定位于教条的马克思主义与后马克思主义之间。① 在《支配的话语:从法兰克福学派到后现代主义》(1992)这本书开篇的前四章,阿格尔讨论了教条的马克思主义者对新马克思主义者的不同批评。教条的马克思主义者通过坚持马克思主义不可修正来保护马克思主义免于过时,其他马克思主义者把马克思主义转换成了实证主义科学,把它归结为科学主义。这四篇文章中的每一篇都涉及这个主题:只有通过既驳斥教条的马克思主义,才能让马克思主义重新恢复活力。而这一任务的完成,在阿格尔看来,最好借助于把马克思主义创造性地应用到当下环境之中,发展出本土化的马克思主义。②

　　其次,阿格尔虽然吸收了非马克思主义的积极因素,但是他也回应了一些理论的无端指责,从而显示了他一贯的马克思主义立场。统治美国社会学的正统反马克思主义者把马克思社会学化,欺骗性地把马克思同化到资产阶级社会学理论的典范中。阿格尔在《批判社会理论导论》(1998)中把美国社会学的理论大致划分为三种主要类型:实证主义理论、诠释学理论以及批判理论。阿格尔对实证主义理论持有强烈的反对态度,对诠释学理论持有保留态度,对批判理论持有赞同态度。实证主义社会学理论,因在美国占据了主流而被信奉为"真正的社会学",从三个方面批评了法兰克福学派的批判理论、批判性后现代主义和左派女权主义:①它们不是量化的,未能达到科学的方法论标准;②它们公开承认政治,拒绝采用实证主义所主张的价值中立立场;③它们没有"数据",表现为纯粹的思辨。③阿格尔对这

①　Ben Agger,*The Discourse of Domination:From the Frankfurt School to Postmodernism*.Evanston:Northwestern University Press,1992,p.4.

②　Ben Agger,*The Discourse of Domination:From the Frankfurt School to Postmodernism*.Evanston:Northwestern University Press,1992,p.14.

③　Ben Agger,*Critical Social Theories:An Introduction*.Boulder:Westview Press,1998,p.146.

些批评不以为然,指出量化方法不是社会理论的唯一方法论,一旦把它视为唯一合法的方法论,那就是学科话语霸权和意识形态欺骗,对之不但不能予以承认,还要大力加以批判;认为那种主张社会理论采取价值中立的非政治立场,仅仅是一种神话,在现实中完全做不到;至于理论中有无"数据",也不能作为判断理论的标准。此外,"'真正的'社会学家、新自由主义者及新保守主义者宣称马克思'一切'都是错的,尤其是马克思关于无异化、无阶级社会的政治思想是错误的"①。如果马克思的"一切"都是错误的,那么根源于马克思思想的马克思主义与西方马克思主义的正确性就很成问题了。阿格尔对这种极端的反马克思行为予以强烈驳斥,点明其实质是在欢呼所谓的资本主义胜利、社会主义崩溃、马克思主义终结,指出"马克思本人是一个人道主义者与民主主义者,不但不支持恐怖政体,而且反对恐怖政体"②。

最后,阿格尔始终强调马克思主义并没有过时,绝不可弃之如敝履。阿格尔认为,所谓的马克思主义的大量"危机",涉及特定马克思主义者的思想偏差。他们的信念发生了动摇,他们很少能在原本马克思主义中找到支持他们的东西。在一些极端的后现代主义者完全地抛弃马克思主义,并把马克思主义看作19世纪思想家的失效激情之时,阿格尔却坚定地站在马克思主义的立场上。与他们截然相反的是,阿格尔一直坚信:"因为异化存在,所以马克思主义存在,而且必然存在。"③这用哈贝马斯的话说,就是"马克思主义并没有终结"④,用詹姆逊的话说就是"庆贺马克思主义的死亡就像庆贺资本主义的胜利一样不能自圆其说"⑤。如果说美国主流的社会学理论家、"真正的"社会学家、新自由主义者及新保守主义者对马克思主义的批评完全是充满敌意的,那么阿格尔认为那种批评西方马克思主义中存在蒙昧主义和过度专注于基层(groundedness)的弊端的行为则是相对"友善"的。⑥阿格尔承认,西方马克思主义中的法兰克福学派等理论的确存在蒙昧主义倾向,其深奥的术语和理论往往不容易为一般人所理解,这应引起注意,但绝不能因此而拒绝西方马克思主义和马克思主义;对于西方马克思

①　Ben Agger, *Critical Social Theories: An Introduction*. Boulder: Westview Press, 1998, p.154.

②　Ben Agger, *Critical Social Theories: An Introduction*. Boulder: Westview Press, 1998, p.152.

③　Ben Agger, *Western Marxism: An Introduction*. Santa Monica: Goodyear, 1979, p.230.

④　[德]哈贝马斯:《现代性的地平线——哈贝马斯访谈录》,李东安、段怀清译,上海:上海人民出版社,1997年,第4页。

⑤　陈学明、马拥军:《走进马克思:苏东剧变后西方四大思想家的思想轨迹》,北京:东方出版社,2002年,第135页。

⑥　Ben Agger, *Critical Social Theories: An Introduction*. Boulder: Westview Press, 1998, p.157.

主义过度专注于基层的弊端,阿格尔认为需要在全球视角与地区视角之间保持平衡,以便拒绝把国际化与本土化、宏大叙事与微观叙事加以二元割裂,但也不能因此否认底层人民的反抗能力,更不能忽视人民的日常生活。

总之,要引导当代资本主义社会的生态变革走上康庄大道,就必须坚持马克思主义。接下来的问题是,面对形态多样的马克思主义,应该坚持哪种马克思主义? 这也是阿格尔长期思考的问题。

二、马克思主义的北美化时代化

阿格尔明确提出,要坚持用马克思主义来引导当代资本主义社会的生态运动,但是他所说的马克思主义不是一般意义上的马克思主义,而是针对他所生活的北美资本主义社会现实而提出的北美化的马克思主义。北美化的马克思主义,实际上就是把阿格尔自己所理解的源自马克思的辩证方法和西方马克思主义的马克思主义,这种马克思主义在阿格尔早期的学术思想中,又被他称为“生态马克思主义”[1],或称为“北美马克思主义”[2]。如果说仅仅是探讨阿格尔早期的生态马克思主义思想,用其当时首创的这个术语,是可以的,但是用这个术语来涵盖阿格尔整个生态马克思主义思想,则不太恰当。其实,阿格尔整个生态马克思主义思想,乃至于其整个学术思想,始终坚持马克思主义的北美化、时代化。换而言之,就是北美化、时代化的批判理论。阿格尔之所以要提出用北美马克思主义来引导北美当代资本主义社会的生态变革,主要原因有以下两个方面。

首先,现有的马克思主义不能完全满足北美生态变革的现实需要。阿格尔承认,从经典马克思主义到新马克思主义的诸多样态的马克思主义,都有值得肯定和借鉴的地方。但是北美的马克思主义者也要看到它们的理论局限,必须摆脱马克思主义的欧洲中心化、教条化、经院化等不良倾向,[3]否则,北美的生态变革理论与实践都会受挫。为此,阿格尔对马克思主义北美化做了溯源考流、整合重建等理论探索。[4]20世纪70年代末,阿格尔在阐明自己用以分析资本主义生态危机等现实问题的马克思主义时,就将其马克思主义思想的西方马克思主义传统的根源追溯到马克思的辩证方法。这

---

①　Ben Agger, *Western Marxism:An Introduction*. Santa Monica:Goodyear, 1979, p.272.

②　Ben Agger, *Western Marxism:An Introduction*. Santa Monica:Goodyear, 1979, p.277.

③　Ben Agger, *Western Marxism:An Introduction*. Santa Monica:Goodyear, 1979, p.276.

④　申治安:《溯源考流、整合重建、辩难驳责——本·阿格尔对西方马克思主义发展所做的积极探索》,《理论月刊》2012年第3期。

种返回马克思思想的研究方法，不仅有助于揭示马克思主义的理论本源，也有助于建构可被简化为"异化—矛盾—危机—批判—变革—解放"的分析当代资本主义生态危机的理论框架。这种理论框架的内涵是，资本主义社会存在普遍的异化，其根源在于资本主义社会的内在矛盾；资本主义社会内在矛盾又必然会导致包括生态危机在内的各种危机，为了根除这些危机，就要批判资本主义社会，对之进行社会变革，最终走向人与自然的双重解放。阿格尔的这种分析框架既可以容纳关于资本主义社会的异化理论、内在矛盾理论、社会危机理论、社会批判理论、社会变革理论，也可以容纳关于社会主义的解放理论。其实，这一理论分析框架，也是阿格尔生态马克思主义思想乃至生态马克思主义流派的理论框架。

　　阿格尔不仅在诠释马克思辩证方法的基础上提出了分析当代资本主义生态危机的理论框架，也选择性地检视了马克思主义主要流派的理论得失。在《西方马克思主义概论》(1979)一书中，阿格尔纵向地评析了第二国际中科学主义的马克思主义、黑格尔主义的马克思主义、个人主义的马克思主义和当时的主要新马克思主义。他指出，西方马克思主义理论演变的逻辑在于，不同的马克思主义者因对待马克思辩证方法的不同立场而表现出不同的理论分歧，显现了他们的理论得失。19世纪末20世纪初，诸如伯恩斯坦、考茨基和卢森堡的第二国际理论家们提出了种种与革命斗争前景密切相关的马克思主义，虽然他们的分歧在于如何最大限度地加速他们所认为是不可避免的刚出现的危机问题，但是他们都认为早期资本主义正在接近它的末日。第二国际的这种科学的马克思主义不是像马克思的辩证方法所要求的那样把社会结构的作用与人的作用联系起来，而是夸大了社会结构的作用，采用了一种决定论的立场。作为黑格尔主义的马克思主义者的卢卡奇和柯尔施认为，工人阶级之所以未能实现考茨基和卢森堡那样的社会主义革命，是因为工人阶级对自己的历史责任缺乏"阶级意识"。阿格尔肯定了这种黑格尔主义的马克思主义因对阶级意识的强调而在一定意义上超越了科学的马克思主义的决定论，但批评它忽视了个人的意识及其作用。20世纪三四十年代的早期法兰克福学派理论家也从意识衰落入手认为，不要说工人阶级，就是个人也较以前更加异化了，因而看不到关于有组织的阶级斗争的希望。在阿格尔看来，这是把马克思主义降格为悲观主义哲学。到了60年代，伴随着各种新社会运动和新左派运动的兴起，弗洛伊德主义的马克思主义、存在主义的马克思主义和现象学马克思主义纷纷登上了马克思主义的理论舞台，它们被阿格尔称为个人主义的马克思主义。他把这种个人主义的马克思主义高度评价为："既驳倒(法兰克福学派)

对支配所作的批判，又驳倒僵硬的经济正统观点（决定论）。"①不过，阿格尔也批评它"缺少一种能围绕 70 年代的重大主题来构建阶级激进主义，并把这种阶级激进主义集中于发达资本主义的特殊危机点上的危机理论"②。

　　在检讨以上西方马克思主义的演进历程之后，阿格尔综合现代马克思主义的诸多危机理论，重建马克思的危机理论，提出了"生态马克思主义"。20 世纪 70 年代之后，阿格尔又对其他西方马克思主义的诸多流派进行了评价。他反对科莱蒂等人的新实证主义的马克思主义，认为它具有实证主义特质而把批判理论当作黑格尔的理想主义加以抛弃；③拒绝罗默等人分析的马克思主义，认为它的理论基础是分析哲学而具有实证主义色彩。④在承认阿尔都塞在关于意识形态与理论实践方面的有意义探讨的同时，反对其结构主义的马克思主义关于无主体历史的主张，批评他制造了早、晚期的两个"马克思"。⑤对作为后现代主义的马克思主义者的福柯、德里达、鲍德里亚、利奥塔等，阿格尔既借鉴了他们的批判思想，也否定他们对主体性和总体性的怀疑。⑥虽然同情拉克劳和墨菲的后马克思主义对重新定义政治所做出的积极努力，但阿格尔不同意他们对马克思主义的抛弃。⑦阿格尔对西方马克思主义诸多流派理论得失的检讨，既是为了说明不能拿现成的任何一种马克思主义来指导北美的生态变革实践，也为了实现不同流派之间的理论对话，整合重建出北美马克思主义，以引导当代北美资本主义的生态变革。

　　其次，构建一种作为新型意识形态的北美马克思主义。从意识形态重建的角度，阿格尔重新探讨了北美生态变革的理论基础问题。在他看来，生态变革的首要任务不是考虑如何能够取消各种商业公司的权力，而是考虑生态激进主义运动的新型意识形态要求。虽然传统的马克思主义者将会向

---

① Ben Agger, *Western Marxism:An Introduction*. Santa Monica:Goodyear, 1979, p.230.

② Ben Agger, *Western Marxism:An Introduction*. Santa Monica:Goodyear, 1979, p.237.

③ Ben Agger, *Gender,Culture and Power:Toward a Feminist Postmodern Critical Theory*. Westport,CT:Praeger Publishers, 1993, p.25.

④ Ben Agger, *The Discourse of Domination:From the Frankfurt School to Postmodernism*.Evanston:Northwestern University Press, 1992. pp.41–42.

⑤ Ben Agger, *Socio(onto)logy:A Disciplinary Reading*. Champaign:University of Illinois Press, 1989, p.16、46、79、144 etc.

⑥ Ben Agger, *Gender,Culture and Power:Toward a Feminist Postmodern Critical Theory*. Westport,CT:Praeger Publishers, 1993, p.1.

⑦ Ben Agger, *The Discourse of Domination:From the Frankfurt School to Postmodernism*.Evanston:Northwestern University Press, 1992. p.297.

生态激进主义敞开自己的思想,并从关于工业社会和社会主义变革的自由主义的甚至是保守的设想着手,但是按照传统的看法,原有的社会主义意识形态无助于思考北美的生态运动与生态变革。在这种情况下,要激起北美群众对雇佣劳动的北美资本主义制度和它所导致的异化消费的有组织的反抗,就必须找到合乎北美实际的新型意识形态。阿格尔希望,在马克思主义政治传统之外去寻找可能导致他所期望的有组织的阶级意识的生长土壤。这并不是要忽视北美生态变革的目标,而是要重新提出一套可以清楚表述这一目标的理论和政治的词汇,以作为北美生态变革的理论前提和实践突破口。这就需要深入地探讨北美的经济社会现实和历史文化传统,以便形成北美化时代化的马克思主义。

当代北美经济社会的实际是怎样的呢? 概括地说,就是反对生态变革的力量在当下处于优势,而支持生态变革的力量暂时处于劣势。从不利于生态变革的一面看,资本主义权力占据统治地位,有实行高压统治的极权主义政府和组织规模庞大的企业;高度集中的、官僚化的生活阻碍了人们的个性发展、分裂了人的存在,以至于消解很多工人的阶级意识,缺乏传统马克思主义意义上协调一致的工人阶级斗争形式;北美工人阶级对非资本主义制度是个什么样子只有极其模糊的概念,往往用传统的像无产阶级专政这类的表述来充实这些模糊的想象;马克思主义在北美除了极其淡化的议会社会民主主义这一形式外,已经与有组织的劳工失去联系;大多数美国人对传统的马克思主义和社会主义依然保持着距离,并不知道怎样才能有效地反对和废除现存的压迫着他们的各种权力。但是事物具有两面性。从有利的一面看,发达资本主义国家的经济危机等各种危机,也可以教育人们更加清醒地认识现实。阿格尔指出,人们对社会生活的一切方面都需要官僚化和形成专家与非专家的关系日益不满,期望破灭了的辩证法可以促使期望落空了的消费者对在商品消费中寻求意义的社会制度进行激进的批判,思考如何超越资本主义社会经济制度。还有更重要的,也是阿格尔特别强调的,那就是北美的美国和加拿大有长久而深厚的民粹主义的文化基础和政治基础。综合两个方面的因素,阿格尔积极主张把传统的北美民粹主义和马克思主义结合在一起,"构筑北美的民粹主义马克思主义的意识形态"①。这种民粹主义马克思主义的新型意识形态,可以在北美的土壤中不断生长,能够把民粹主义引导到马克思主义、社会主义方向上去,从而激化北美未来的生态变革。

---

① Ben Agger, *Western Marxism: An Introduction*. Santa Monica: Goodyear, 1979, p.278.

三、北美马克思主义的生态实践指向

作为指导社会主义革命的马克思主义理论和变革资本主义社会的实践之间，存在辩证关系。一方面，"离开了马克思主义传统，因工业生产必然下降所造成的消费期望的破灭，就不会引起激进的变革"①。另一方面，"马克思主义不应是一种纯粹思辨的方案，否则，就是自我欣赏"②。阿格尔批评霍克海默和阿多诺就曾因为割断了理论与实践的关系，而走向了纯粹的意识形态批判，出现了资本主义社会变革上的悲观主义。"在阿多诺看来，主体性不再存在，那么理论就必须抛弃它传统的劝告功能。理论也不再是像马克思与恩格斯在《共产党宣言》中所说的那样，是一种激进行为主义的表现力量。相反，批判理论只是提出对完全被毁生活的解释，变得越来越抽象，不关注政治，与有组织的马克思主义保持了距离。"③阿格尔这里所要强调的是，作为马克思主义的批判理论必须介入实践中，劝导革命的主体从事社会主义革命。

理论源于实践，但又要指导实践。主张马克思主义理论积极地反映社会实践、干预社会实践，是阿格尔的一贯信条。知识分子与社会运动对话，是理论与实践相结合的政治体现。在马尔库塞的"新感性"思想的基础上，阿格尔提出了或称为激进经验主义的"辩证的敏感性"这一术语，指出它既是一种认知战略，也是一种政治战略。它受到马克思在论述费尔巴哈问题时提出的"实践的批判的活动"思想的启发，挑战了客观知识的科学主义观。通过颠覆思辨与行动的二元论，激进经验主义避免了那种具有被卢卡奇认为是"资产阶级思想二律背反"特征的传统理论的抽象倾向。激进经验主义是一种"日常"活动，是一种自我对象化模式。它把自身的理论建构与产生人们斗争的生活世界联系起来，极力实现对生活世界中出现的解放性行动加以结构性理解。④阿格尔反对各种所谓价值中立的理论，包括他所说的韦伯式马克思主义在内，指出批判理论不但要把公共生活理论化，自身也要走向公众。

激进的经验主义一旦实现了理论与实践的辩证法，就成为一种政治行

① Ben Agger, *Western Marxism: An Introduction*. Santa Monica: Goodyear, 1979, p.275.

② Ben Agger, *Western Marxism: An Introduction*. Santa Monica: Goodyear, 1979, p.3.

③ Ben Agger, *The Discourse of Domination: From the Frankfurt School to Postmodernism*. Evanston: Northwestern University Press, 1992, pp.251–252.

④ Ben Agger, *The Discourse of Domination: From the Frankfurt School to Postmodernism*. Evanston: Northwestern University Press, 1992, p.261.

动方式。这种批判的社会科学借助于支配认知过程而摆脱了传统思辨理论的政治不介入。在《公共社会学:从社会事实到读写行动》(2000)中,阿格尔明确提出了"公共社会学"的概念,阐明社会学的写作必须揭示重大的社会问题,极力影响公众和政治,旨在复兴葛兰西所说的有组织观念的知识分子(organic intellectual)的角色。[①]深受葛兰西的实践哲学和卢森堡的革命学说的影响,阿格尔认为,马克思的辩证方法已经指出,革命斗争必须有分工,马克思主义理论工作者不仅要解释马克思主义,还要组织、领导工人阶级,指导阶级斗争。换言之,激进的知识分子能够通过对资本主义内在矛盾进行理论和经验的分析,并把这些分析用于解释工人的异化,从结构的和历史的角度阐述克服异化的可能性,从而对社会主义运动做出有效的贡献。在阿格尔看来,"葛兰西所说的有组织观念的知识分子克服了脑力劳动与体力劳动的分工"[②],这种知识分子不再超然于生活世界的现实斗争,而与现行的各种社会运动进行对话,积极介入各种社会抗争与政治斗争之中。

正是基于理论与实践之间的辩证关系,阿格尔自觉建构北美马克思主义,积极回应北美当代资本主义社会的生态危机。那么,"怎样用马克思主义来指导生态运动,从而使我们能够提出介于能源浪的资本主义和能源浪费的极权的社会主义之间的这种'第三条道路'呢?"[③]也就是说,"如果能激发起工人阶级非官僚化和分散化的社会意识,那么社会主义变革的进程,就可能不是从传统的社会主义方案(工业国有化、工人管理、总罢工等),而是从不同形式的解放的意识形态开始"[④]。这体现了阿格尔在思考北美生态变革时的一种战略导向,那就是以发展的马克思主义来解决不断发展的实际生态问题。

北美生态马克思主义的实践切入点,就是用它来指导和教育工人和广大群众具备工人阶级意识和社会主义意识形态,从而激进地批判当代资本主义社会,朝着社会主义迈进。如同霍克海默,阿格尔也认为不能假定工人阶级一定具有革命意识,阶级斗争必须采取政治教育的形式,批判资产阶

[①]　Ben Agger, *Public Sociology:From Social Facts to Literary Acts*. Lanham, MD:Rowman and Littlefield , 2000, p.258.

[②]　对"organic intellectual"这一术语而言,国内学术界多翻译为"有机知识分子",俞吾金教授对此提出了疑问,在《究竟如何理解并翻译葛兰西的重要术语:organic intellectual》一文中,主张把它翻译为"有组织观念的知识分子"。

[③]　Ben Agger, *Western Marxism:An Introduction*. Santa Monica:Goodyear, 1979, p.331.

[④]　Ben Agger, *Western Marxism:An Introduction*. Santa Monica:Goodyear, 1979, p.334.

级意识形态对工人的蒙蔽，反对资产阶级意识形态操纵工人意识的行为。对于工人阶级来说，现代的异化意味着他们面对各种劳动的和非劳动的官僚化感到无能为力、无所作为。工人的那种无能为力、无所作为的感觉也可以成为新的社会主义意识形态的出发点，即先从批判官僚统治和分工着手，然后彻底地批判资本主义。北美马克思主义就是要通过向工人揭示非官僚化的社会制度，引导他们摆脱单调乏味的办公室和工厂的例行公事和技术分工。教育工人对这种劳动破碎化及其官僚化的过程进行批判，产生关于新形式的社会政治组织的要求，最终产生关于社会主义所有制的要求。阿格尔认为，社会主义所有制必须被看作由工人进行管理的及工业技术分散化、最终非官僚化的所有制。因此，对分工的批判也可以发展成赞同非极权主义形式的社会主义所有制的呼声。工人可以先反对高度破碎化分工所造成的压抑及官僚化，他们对异化的批判可以最初表现为对官僚化组织的批判。

伊里奇和弗雷莱等人以不同的方式强调指出，普通群众对社会不满的无助感既起因于在政治和经济上遭受资产阶级的统治，也源于在思想认识上遭受统治，这两方面的原因往往不相上下。面对北美的现实，对于普通美国人来说，他们可以批判自己面对的按照官僚制组织起来的、制度化的技术统治及职业化。阿格尔对于人性所固有的各种可能性所做的基本假设是，人是自我决定的，而且确实需要自我决定。阿格尔对人性的这种看法，不同于海尔布伦纳和韦伯，因为他认为人在专家和专业协调人员全面支配着自己生活的情况下，会选择自我管理的自由。不过，阿格尔也承认，人们在现实生活中往往并非如此。怎么办？北美马克思主义就要积极引导这种民粹主义转向思想解放。因此，"通过正确评价企图解决资本主义生态危机的努力所开辟的社会主义前景，民粹主义和马克思主义可以结合在一起"①。

第四节　朝着社会主义的生态渐变

阿格尔不希望在当代资本主义社会框架内根除生态危机问题，而是主张推翻当代资本主义社会制度，走向"人与自然完全和谐一致"②的社会主义社会。为此，阿格尔提出了针对当代资本主义社会的生态变革的多项具体措施。这些生态变革举措，除了上文已经论述的其既是生态变革的理论

①　Ben Agger, *Western Marxism: An Introduction*. Santa Monica: Goodyear, 1979, p.338.

②　Ben Agger, *Western Marxism: An Introduction*. Santa Monica: Goodyear, 1979, p.321.

指导,也是生态变革重要举措的马克思主义北美化之外,还主要包括紧扣整体的全面的解放目标,经济社会等方面的分散化和非官僚化,以及生产资料所有制的社会主义化等。不过,从总体上看,阿格尔所设计的这些社会变革举措具有非暴力的特点。这与他反对暴力革命有关。

一、紧扣全面解放的总体性目标

阿格尔始终坚持总体性方法论,对社会主义也有一个总体性把握。阿格尔主张,作为整体解放的社会制度的社会主义,在解放对象上不会仅仅局限于某一些人、某一种族,甚至人类自身,还要涉及自然、符号。这是因为作为自由对立面的异化是总体性的,相应地,在非异化的社会主义社会中获得了自由的人们的解放也应该是全面的解放, 它既涉及主体自我的解放,也涉及主体间的解放和主客体间的解放。在现实的运行中,整个社会主义是过程和结果的统一,不会为了结果而忽视过程。

首先,社会主义应该是整体解放的社会。在女权主义提出要解放妇女与家务劳动、批判的后现代主义提出要解放想象力、法兰克福学派提出要解放大众文化时,一方面,阿格尔赞同地指出,在马克思主义、女权主义、后结构主义与后现代主义中体现的这种批判的以及反极权主义的传统,强调了生产与再生产活动之间保持密切和谐的可能性;另一方面,阿格尔也批评它们都只是片面地抓住了解放的某一方面, 所以这些解放也是不彻底的。在阿格尔看来,左派生态学观点的核心在于,坚持马克思和马克思主义人道主义者所重申的"人的解放与自然的解放是密不可分的"①的观点。尽管阿格尔对哈贝马斯在重建历史唯物主义方面所做出的努力表示理解和赞扬,但他也多次表示,哈贝马斯在此过程中对早期马克思和马尔库塞等人关于全面解放的议程有所删节。②正如马尔库塞令人信服地指出的那样,哈贝马斯把对话局限于人际行为领域,而不能超越他所说的交谈共识目的论。但是这种结果,"充其量,对哈贝马斯来说,对话的批判理论,只能导致意识到民主化对话机会的重要性,而不是像早期马克思及包括马尔库塞在内的法兰克福学派理论家那样, 意识到要把对话自身加以激进的重构,不仅包括人际交往,还包括我们与文本、文化、经济及外部世界进行的生产性

---

① Ben Agger, *Western Marxism:An Introduction*. Santa Monica:Goodyear,1979,p.200.
② Ben Agger, *The Discourse of Domination:From the Frankfurt School to Postmodernism*.Evanston:Northwestern University Press,1992,p.179.

介入的交往及这些生产性介入之间的彼此交往"①。在《公共生活的批判理论:衰败时代的知识、话语和政治》(1991)中,阿格尔写道:"就生产与再生产之间的关系而言,可以更理性及更民主地分配财富与组织亲密关系。所谓的'生产方式'(劳动、科学、技术及文本),都可以被加以实质性的变革,尤其是在更高级的阶段中,那种先进的技术性基础结构把我们从马克思所说的那种最讨厌的'必要劳动'中解放出来。"②可见,阿格尔所说的解放,是要把包括想象力、身体、性、家务劳动、大众文化、无产阶级、同性恋者、第三世界、自然等在内的所有遭受压迫及被贬值的"他者"都加以解放,并使其获得真正解放。

阿格尔在提出整体解放时主要吸收了马克思和马尔库塞有关总体性解放的观点。阿格尔把马克思的核心分析概念确认为"异化",认为马克思在《1844年的经济学哲学手稿》中已经指出,在早期市场资本主义社会中,异化主要表现为异化劳动,它是总体化的。这种异化劳动也"是一种总体性的无权,在那种情况下,工人所失去的不仅仅是体面的工作,还有工作保障,对生产过程的支配,以及与老板、工友、甚至是自然之间的人道关系,人们失去了思考、写作、绘画、爱的创造性能力"③。换言之,人们与他自身、他的劳动过程、他的类本质和他人都是相疏远的。在马克思逝世以后,卢卡奇和法兰克福学派都认为资本主义社会中随着资本主义的发展,人们的意识和心灵也异化了,出现了卢卡奇所说的物化意识、法兰克福学派的支配和生活世界的殖民化。除了西方马克思主义所说的异化之外,女权主义认为,人们的私人生活领域也是异化的。阿格尔不但认同这些关于资本主义出现了全面异化的看法,也指出批判性的话语和辩证想象力的进一步衰落。异化,已经不局限在马克思所说的经济剥削领域,蔓延到了经济领域之外的政治、文化、心理等诸多领域。这样,解放应该是全面的,应该消除所有的异化现象,局部的解放和个别的解放并不是真正意义上的解放。阿格尔认为马克思在早期思想中指出异化存在的同时,也强调存在不需要压迫人类(异化)的合理社会制度,而且这些制度可以通过旨在实现社会结构改造的积极政治斗争来达到。马克思的人性概念,建立在他认为能在社会主义制

① Ben Agger, *A Critical Theory of Public Life: Knowledge, Discourse and Politics in an Age of Decline*. London/ Philadelphia: Falmer Press, 1991, p.168.

② Ben Agger, *A Critical Theory of Public Life: Knowledge, Discourse and Politics in an Age of Decline*. London/ Philadelphia: Falmer Press, 1991, p.169.

③ Ben Agger, *Socio(onto)logy: A Disciplinary Reading*. Champaign: University of Illinois Press, 1989, pp.153–154.

度下解放出来的人的潜能基础之上。其实，这种非异化的社会制度，也就是
马克思和恩格斯所说的共产主义社会，在那时，"人化的自然界"将同人的
劳动一起获得解放，而人化的自然界将反映和促进"同人的本质相适应的
感觉"，使人类能够恢复他们与自然界的创造性的和自我创造性的关系。[1]

　　除了继承马克思早期思想中的整体解放观之外，阿格尔还继承了马尔
库塞的思想，他认为马尔库塞的"新敏感性"揭示了生产性劳动可以保留它
旨在人类再生产的工具性特征，同时它应被体验为一种自我创造性的自
由。这种观点是不同于哈贝马斯的，因为它融合哈贝马斯所区分的技术与
实践，颠覆各种诸如主体与客体、快乐与痛苦、娱乐与工作此类的致命性二
元对立，而这些二元对立不必要的把我们束缚于僵硬的社会劳动分工与性
别劳动分工之中。另外，考虑到我们今天巨大的生产能力，阿格尔也强调，
我们可以从很多种明显是非满足性工作中解放出来，而从事更多在工具合
理性与关于幻想的、想象的、爱欲身体的合理性之间的界限上几乎是模糊
的自我外化活动。[2]在他看来，生态社会主义要解放的是"整个资本主义的
社会关系：人与机器之间的关系、人与自然之间的关系、人与人之间的关
系、人与概念之间的关系"[3]。阿格尔保留了马克思和马尔库塞关于劳动完
全解放的目标，因为这种目标是基于那种融合了生产性、再生产性及创造
性的劳动。阿格尔的整体解放思想强调了，内在于全面自我外化能力展露
的变革可能性，不再局限于交谈，而是包括我们生产上、再生产上、文本上、
技术上及组织上介入的所有方面。人们不仅可以如同哈贝马斯强有力地指
出的那样去学习政治交谈，而且还可以从事劳动、建立亲密关系及写作，保
持人类与自然的非对抗性关系，从而让人们享受到工作既是生产性的也是
创造性的，克服哈贝马斯所坚持的自由与必然的二元主义。这也提出了人
与自然的对话关系，我们在这种关系中以一定的美学标准来调节它，也许
甚至是莱易斯所说的"自然的权利"[4]。这样人们应该留给子孙的是一个没
有被劫掠及破坏的世界，人们将会认识到，人们的社会自由在很大程度上
依赖于调控自然，而不是剥削自然环境。可见，阿格尔所想说明的是，在人

---

① Ben Agger, *Western Marxism: An Introduction*. Santa Monica: Goodyear, 1979, p.18.

② Ben Agger, *A Critical Theory of Public Life: Knowledge, Discourse and Politics in an Age of Decline*. London/ Philadelphia: Falmer Press, 1991, p.170.

③ Ben Agger, *The Discourse of Domination: From the Frankfurt School to Postmodernism*. Evanston: Northwestern University Press, 1992, p.213.

④ Ben Agger, *A Critical Theory of Public Life: Knowledge, Discourse and Politics in an Age of Decline*. London/ Philadelphia: Falmer Press, 1991, p.170.

们自己内在自然与"外在"自然之间,不存在像沿袭笛卡尔传统的哲学家那样所力图划定一个十分清晰的界限。

　　社会主义的整体解放,也应该体现为生产生活实践可以兼容生产性与创造性。由于历史的局限,资本主义社会里出现了作为生产活动的异化劳动不能体现出劳动者的创造性、生产活动面临再生产活动等问题,进而导致生产活动、创造性活动、再生产活动三者是分离的、对立的。阿格尔认为,这些问题在生态社会主义里将得到解决,其结果就是生产活动、再生产活动和创造活动的合理兼容,不再让生产活动、创造性活动、再生产活动相互冲突。阿格尔借鉴了马克思、马尔库塞等人的劳动解放思想,指出劳动(或称为生产活动、工作)既是生产性的,也是创造性的。也就是说,人们可以开始在他们的日常生活中把工作与休闲融合起来,或者把生产性与非生产性及创造性的劳动融合起来。阿格尔认为,马克思把劳动(实践)看作一种有用的社会行为,借助于外化人们的价值与渴望,把个体人性化。马克思的这种思想,对西方二元主义传统的实质性挑战在于,他在1844年手稿中主张我们不必把劳动的社会功用与劳动的本能创造性加以区分。这是一个革命性观点,因为马克思把社会劳动从严格表述的必然领域中解放出来,为那种根植于自由与必然统一的合理性理论铺平了道路。

　　继承了马克思上述思想的马尔库塞,强调"劳动的爱欲化"。它是指那种可以成为充满爱欲的个人实现创造性与生产性自我外化的劳动,已经从资本主义强加的额外压抑中解放出来。阿格尔指出,马尔库塞注意到弗洛伊德对成熟性成人的心理力比多分析具有洞见。但是弗洛伊德没有充分地注意基本压抑的强度中的历史维度。弗洛伊德理解了文化创造特征及工作特征依赖于对欲望的控制与疏导,马尔库塞继承了弗洛伊德后指出,如果要让人们有效地成为文化创造者与劳动者,就要人们控制他们的爱欲中心。马尔库塞重新评价了心理分析,认为把人们从额外压抑中解放出来可以促进对欲望的基本控制。弗洛伊德没有看到额外压抑是历史的,因为他认为控制是每一个成功文明所不可或缺的部分。因此,弗洛伊德是悲观的,他认为对个体而言,压抑与升华的负担对个体来说是很沉重的,以致社会需要勤奋的工作与严格的服从。马尔库塞认为,由于弗洛伊德所处时代的局限,他不能也不可能思考那种深深地立足有效基本压抑与本能性能量升华之个体化基础上的非异化文明。马尔库塞在没有抛弃欲望的历史性及其意蕴的情况下,历史化了弗洛伊德,强调了加之于个体压抑量的可变性。马尔库塞认为,额外压抑是特定高级技术秩序的产物,这种秩序没有其他的方式可以实现严格的纪律与意识形态的顺从。个人内化并深化了异化,忽视了大量技术性创造。这样，在异化劳动体制下就失去了很多把创造性实践加以解放的机会。①

阿格尔强调，马尔库塞认为要基于对现行技术的合理控制而实现异化劳动的终结，额外压抑是根植于特定社会中异化劳动的历史性产物。一旦根除了额外压抑，异化劳动的客观性结果就会消失，人们就获得与他们自我积极欲望的接触。马尔库塞与弗洛伊德一样认为在工作与欲望之间存在一种主要联系。马尔库塞没有认为在一个非异化的社会秩序中，人们会为所欲为，反倒是人们会从事实践，也就是马克思所说的社会自由的外化，把生产性、创造性劳动统一起来的，甚至在阶级社会中缓解自由与必然的区分。这种在工作与休闲中实现生产性与创造性的融合，是马尔库塞那种基于新感性之多形态爱欲化新型而持久工作关系思想的主要目标。马尔库塞指出，借助打断额外压抑（虚假）需求的连续体，人们获得解放不是为了无休止自恋式自我沉溺，而是为了早期马克思所说的那种生产性与创造性的实践。马尔库塞受到马克思的启发，从最初的《爱欲与文明》到最后的《论解放》都一直在思考非异化劳动的可能性。但是他是以心理分析来为马克思创造性实践思想寻找基础的。

批判理论的心理分析基础使马尔库塞理解了欲望与劳动之间的关系。他吸收了弗洛伊德的快乐原则思想，认为也可以把这个原则改造成新的现实原则。这两种原则的融合是马尔库塞创造新形式工作的乐观主义的根源，这种新形式的工作可以是及时创造性的，也是休闲的，既是力比多的满足，也是社会责任的实现。马尔库塞批判理论中的创新是基于创造性与生产性的融合，工作与休闲的融合这一思想，但是这些都是受到马克思的启发。②在《西方马克思主义导论》（1979）和《支配的话语：从法兰克福学派到后现代主义》（1992）等多部著作中，阿格尔始终认为，人们不要也不能过度着迷于主流西方哲学传统对自由与必然、工作与休闲的区分，指出了生产活动、再生产活动和创造活动的合理融合。阿格尔认为，人们在生态社会主义社会里借助于对生产工具与再生产工具的自我管理，及借助于生活中非生产性领域的直接民主，是完全可以创造替代性的工作形式与工作组织的。

其次，如果说总体性解放是阿格尔从静态层面考察了社会主义的总体

---

① Ben Agger, *The Discourse of Domination : From the Frankfurt School to Postmodernism.* Evanston : Northwestern University Press, 1992, pp.93-94.

② Ben Agger, *The Discourse of Domination : From the Frankfurt School to Postmodernism.* Evanston : Northwestern University Press, 1992, pp.95-96.

性目标,那么过程与结果的辩证统一则表明阿格尔又从动态的层面上考察了社会主义的总体性目标。如前所述,在阐述变革资本主义社会的社会主义革命时,阿格尔已经指出了社会主义革命的双重意义,即社会主义革命既是在变革资本主义社会,也是在建构社会主义。即便是在社会主义胜利之后,社会主义仍然要不断发展。阿格尔宣称生态社会主义,不仅是一个值得追求的结果,也是一个民主而人道地推进的过程,二者应做到有机统一。他指出,穿梭于偶然性和能动性的变革行为,既不是一切,也不是虚无,也许是最真实的自由。

恩格斯在《社会主义从空想到科学的发展》一文中评价圣西门的空想社会主义思想时写道:“在1816年,圣西门宣布说政治是关于生产的科学,并且预言政治将完全为经济所包容。虽然经济状况是政治制度的基础这样的认识在这里仅仅以萌芽状态表现出来,但是对人的政治统治应当变成对物的管理和对生产过程的领导这种思想,即最近纷纷议论的‘废除国家’的思想,已经明白地表达出来了。”①恩格斯在这里表达了一个重要的历史唯物主义观点是:人类在向共产主义社会过渡时的共和国,应该是社会共和国,即公共权力的阶级属性应该也必然会逐渐消失,从而让社会把国家政权重新收回。但是在《社会(本体)学:一种学科解读》(1989)一书中,阿格尔批评了恩格斯的这种设想,责备恩格斯的这种观点是“对物的管理”的静态的、中央集权的社会主义观,并有意让自己作为文本对话的社会主义观区别于恩格斯的这种社会主义观。②阿格尔自信这种生产性文本的观点,抓住了社会主义的过程性和历史性,把社会主义既视为一个过程,也视为一个结果。这种文本形式的社会主义,反对把社会主义描述为一个可以准时到来并随之而顽固不变和人道的抽象事件。阿格尔还断言自己所理解的这种社会主义,打断了支配的明显连续体,把科学意义上的“必然性”批驳为一种虚假的必然性。

无疑,阿格尔对恩格斯“关于人的政治统治应当变成对物的管理和对生产过程的领导”这一思想存在一定误解,因为恩格斯在提出这种观点时既没有像阿格尔所理解的那样把社会主义看作静止的,也没有把社会主义的过程和结果加以割裂,更没有忽视社会主义对人的解放而言所具有的重要意义。不过,虽然阿格尔误解了恩格斯,但是他对社会主义的过程与其结

---

①　《马克思恩格斯选集》(第三卷),北京:人民出版社,1972年,第410—411页。

②　Ben Agger,*Socio(onto)logy:A Disciplinary Reading.* Champaign:University of Illinois Press, 1989,p.16.

果之间有机联系的强调还具有重要的借鉴意义。这也告诫人们在社会主义建设的过程中,不能因只顾美好的"结果"而不计"过程"是否合理。阿格尔认为,如果没有"西方马克思主义"传统的理论家支持,以及那些在有些方面保留了更多的是早期马克思而不是哈贝马斯的总体化思想的女权主义者、后结构主义者及后现代主义者的支持,哈贝马斯的交往思想也是不完全的。这些理论家,在写作中反对第二国际的马克思主义传统及马克思主义自身的性别歧视,为批判理论补充的思想是,社会变革的"过程"与"结果"及生产与再生产,都应该模糊到不可区分。以革命当务之急的名义而区分过程与结果,只能招致威权主义统治时间的延长而倾向于自我永久化。因此,这些理论家认为,民主及共同体的价值观必须在社会主义革命开始就起到引导作用,而不应该被拖延到遥远未来的对来自资本主义"正题"与社会主义"反题"的 完美"合题"实现的虚假审判之时。

　　另外,过程与结果的融合所产生的思想,也与葛兰西的表述相关。这就是知识分子与公众应该一直处于对话之中:理论家会把人们在资本主义中异化的经历利用为他们一种资源来对系统危机指向进行更多的结构分析,这些理论分析以意识形态批判甚至是战略洞见的形式反馈到无产阶级及其他团体之中,从而促进他们实现被劝导的行为。在阿格尔眼里,葛兰西具有对话精神,主张"反霸权"活动是在知识分子与公众之间及公民之间抛弃神秘化的及提高意识的对话。[1]如同马尔库塞,阿格尔认为,社会主义过程与社会主义结果一样重要。那种人为地划分出的社会主义过程与社会主义结果,只会招致灾难。然而这不是说阿格尔认为过程与结果是同一的。在阿格尔看来,过程与结果的区分是辩证的,而不是绝对的。[2]

　　总而言之,阿格尔认为,从解放的具体内容来看,社会主义应该涉及人、自然、语言等所有受支配者的全面解放。也就是说,"最终,在我们所有生产性与再生产性活动中,成为一种与自然、符号系统、社会角色及他人之间的非支配性关系模式"[3]。从生产活动、再生产活动和创造活动三者之间关系的角度看,未来的生态社会主义是一个非异化生产的、全面自由的社会,实现了生产活动、再生产活动和创造活动的有机融合。

---

① Ben Agger, *A Critical Theory of Public Life: Knowledge, Discourse and Politics in an Age of Decline*. London/ Philadelphia: Falmer Press, 1991, p.69.

② Ben Agger, *The Discourse of Domination: From the Frankfurt School to Postmodernism*. Evanston: Northwestern University Press, 1992, p.93.

③ Ben Agger, *A Critical Theory of Public Life: Knowledge, Discourse and Politics in an Age of Decline*. London/ Philadelphia: Falmer Press, 1991, p.152.

二、经济社会的分散化和非官僚化

面对当代资本主义社会因经济社会集中化、官僚化而产生的生态危机,海尔布伦纳等人认为,还需要在现有基础上进一步集中各种权威。阿格尔认为,乍看之下,海尔布伦纳那的观点似乎是合理的,但是仔细一想,海尔布伦纳等人的观点值得商榷。这是因为业已集中化的全球政治、经济制度,如果再进一步集中的话,只能使得人们更加依赖于异化消费,以补偿人们异化劳动所带来的痛苦。过多地依赖重要的全球权威们的魄力,并不能真正解决当代资本主义生态危机问题。这是因为,全球政治、经济进一步集中的做法,会直接引起消费者的反抗,消费者会发泄对政治集权主义的不满,从而使自己更疯狂地诉诸消费活动。人们也许会回答说,形成无增长经济从而拯救地球生态所需要的政治集权主义,不会容忍来自下面的上述要求。而阿格尔会说,政治极权主义要么必然是一切社会经济决策都由少数集中的精英做出;要么就会出现公众对这种制度的要求会迅速升级的趋势。这两种趋势都不利于当代资本主义社会生态危机的解决。

不同于海尔布伦纳等人的看法,阿格尔认为,巨大而集中管理的政治、经济受到两方面的制约:一方面官僚化的管理者不完全了解消费者的偏好,另一方面官僚化的管理又具有高度调节和操纵的特点。凡是海尔布伦纳等人认为,一定程度的政治集权主义是拯救地球和人类所必须的可行的权宜之计的地方,阿格尔则认为,还存在其他可行的、比较分散化的、很少极权主义的经济社会组织方式。不过,阿格尔有所退步地承认,扩大国家的调节作用,以便让经济发展更趋理性化,也是限制经济增长的重要举措。为了支配对稀有资源的消费,可能需要国家不断地对经济发展加以干预。通过比较进步的税收制度和保证年收入制度,来重新分配财富,以防止资本主义社会中低收入阶层起来造反。至于如何扩大资本主义国家的调节作用这一问题,阿格尔比较模糊地指出,"在全面的计划性与市场的无政府状态也许会存在一种中间的组织形式,它能够使得生产和消费得到合理确定"①。这也表明,在反对犬儒主义或后现代主义过早地抛弃政治时,阿格尔对当代资本主义国家所能够起到的积极作用仍抱有不太切合实际的幻想。这主要来自他虽然主张分散化,但赞成社会主义计划的适度集中。

要真正做到限制非理性的经济增长,必须制约不民主的公共权力。随之而来的就是要限制非理性的经济增长和约束不民主的公共权力。早在

---

① Ben Agger, *Western Marxism：An Introduction*. Santa Monica：Goodyear, 1979, p.321.

《西方马克思主义导论》(1979)中，阿格尔就指出左翼生态人士莱易斯对西方工业文明延续的具体方案做出了最清楚、最系统的表述。阿格尔认同莱易斯等人的看法，强调在经济增长面临生态极限时，必须限制经济增长，趋向稳态经济。"这种放慢工业增长的社会制度的目标是逐步拆散工业化经济的庞大制度结构和尽可能地减少每个人对这种结构的依赖。"[1]在随后的生态马克思主义思想中，阿格尔仍然坚持当初这种看法。接下来就看看阿格尔所强调的"分散化"和"非官僚化"。

阿格尔严厉抨击了资本主义社会在政治、经济、文化等方面的权力不平等，因为无权招致并深化了无权，[2]但是阿格尔并没有放弃政治的价值，因为在他看来，犬儒主义和后现代主义都不是积极的政治立场。正如齐格蒙特·鲍曼所说："公共权力已经失去了它的多数令人可恶的压制性的能力，但是它也失去了很大一部分为别人提供条件并授权别人的能力。解放斗争并没有结束。但如果进一步推下去，它就必定会让多数解放历史竭尽全力地加以毁灭和推开的东西死而复生。在今天，任何真正的解放，它需要的是更多而不是更少的'公共领域'和'公共权力'。"[3]在政治民主上，阿格尔更倾向于基层民主和直接民主。如同哈贝马斯、雅各比等人，阿格尔也发现公共领域在快速资本主义中有所衰落，他呼吁要复兴公共领域，建构民主对话的共同体。在复兴公共领域的路径上，阿格尔着重强调了公共话语的塑造、公共知识分子的培育、公共生活的繁荣。重塑制度边界，也是打破权力专制的必然要求。支配的全面管制已经把自我和公共领域之间的边界摧毁，这种制度趋同把政治从公共领域排移到以前被认为不是政治的社会场所和私人场所中，[4]其结果是，公共领域被体验为对个人的威胁或与人们不相干。自我的边界必须被重塑，以免自我被消解、破坏而成为虚无。与自我边界重塑相伴随的，还应有公私边界、个人与政治之间边界的重塑，以致人们可以认识和实现日常生活中的政治，重新把人视为万物的尺度。[5]"重新把人视为万物的尺度"，很容易使人们联想到戴维·佩珀在批判生态

① Ben Agger, *Western Marxism: An Introduction*. Santa Monica: Goodyear, 1979, p.308.

② Ben Agger, *Postponing the Postmodern: Sociological Practices, Selves and Theories*. Lanham, MD: Rowman & Littlefield, 2002, p.134.

③ [英]齐格蒙特·鲍曼：《流动的现代性》，上海：上海三联书店，2002年，第78页。

④ Ben Agger, *Postponing the Postmodern: Sociological Practices, Selves and Theories*. Lanham, MD: Rowman & Littlefield, 2002, p.150.

⑤ Ben Agger, *Speeding Up Fast Capitalism: Cultures, Jobs, Families, Schools, Bodies*. Boulder: Paradigm Publishers, 2004, p.167.

中心主义时,对重返人类中心主义的强调。

　　分散化和非官僚化,不仅仅是针对政治的、经济的权力及其运行方式,也涉及技术使用和生产过程。阿格尔借用了舒马赫的那种源自地方文化及发展层面的适度技术观,强调合理地发展和使用科学技术,①使那些阻碍非官僚化和民主化的生产部门自动化。不过,经济发展并不必然需要完全自动化的发达技术,而只要有较发达的技术就行了。人们以自我及共同体的构建取代商品生产而成为经济社会目标,实质性地取代了西方社会的价值体系。②

三、生产资料所有制的社会主义化

　　阿格尔特别强调,分散化和非官僚化,还要以当代资本主义社会生产资料所有制的社会主义化为基础,换句话说就是逐渐把当代资本主义社会的生产资料所有制改造为社会主义生产资料所有制。一旦不能把分散化和非官僚化的双重目标与传统的马克思主义的社会主义所有制的目标联系起来,左翼自由生态运动将会停滞不前。③因此,北美的左翼生态运动,绝不能放弃马克思主义所主张的社会主义所有制。④只有建立了社会主义的所有制,才能最终破解生态危机、经济增长等当代资本主义社会诸多难题。逐步建立起社会主义所有制,对当代资本主义社会生态变革来说,虽然任务艰巨,但是必须重视。阿格尔在研读马克思《1844年经济学哲学手稿》等马克思主义经典文献的基础上,认为马克思令人信服地论证了异化劳动是由雇佣劳动和阶级统治制度造成的,而这种制度通过雇佣劳动关系使得工人从属于资本家,从属于工人所不能掌管的生产过程。要限制当地资本主义社会过度生产的经济增长,就必须把资本主义的生产资料所有制变革为社会主义所有制。社会主义所有制意味着,或者由社会主义国家支配生产资料,或者由工人直接管理生产资料。对于工人阶级的解放而言,管理生产资料与拥有生产资料同等重要。⑤

　　只有在生产资料所有制逐步社会主义化的基础上,按照小规模技术发

①　Ben Agger, *Speeding Up Fast Capitalism: Cultures, Jobs, Families, Schools, Bodies*. Boulder: Paradigm Publishers, 2004, pp.159–160.

②　Ben Agger, *Speeding Up Fast Capitalism: Cultures, Jobs, Families, Schools, Bodies*. Boulder: Paradigm Publishers, 2004, p.161.

③　Ben Agger, *Western Marxism: An Introduction*. Santa Monica: Goodyear, 1979, p.332.

④　Ben Agger, *Western Marxism: An Introduction*. Santa Monica: Goodyear, 1979, p.331.

⑤　Ben Agger, *Western Marxism: An Introduction*. Santa Monica: Goodyear, 1979, p.334.

展起来的民主地组织和非强制性协调的生产过程,才能使工人从官僚化的组织系统中解放出来。①在工厂中实现工人直接管理的分散化和非官僚化,也是经济权力民主化的关键所在。分散化需要伴之以工人对生产过程的直接管理,即生产过程的非官僚化和自我管理。工人直接管理,既涉及工人对生产过程的直接管理,也涉及工人对工业组织的直接管理。阿格尔的这一思想,在很大程度上来自对解体以前的南斯拉夫的工人管理经验的思考。在当下,尽管他不主张把生产资料立即归还给工人,但主张应该由工人管理来取代资本主义生产过程中因官僚制组织而带来的强制性协调,要把创造性的理性和自我指导权交还给长期生活在专家奴役之下的工人。②社会主义所有制本身,可以理解为集中化与分散化这两极之间的连续统一体。阿格尔认为,20 世纪 70 年代的苏联的社会主义所有制是高度集中的,而南斯拉夫的社会主义所有制则是高度分散化的。社会生活全面非官僚化的可能性,在一个分散化的社会主义所有制的制度中,要比在一个集中化的社会主义所有制的制度中大得多。③阿格尔也明确指出,绝对的分散化或集中化,官僚化或非官僚化,在现实生活中是不存在的。从生态危机解决的角度看,分散化更能保证环境得到保护。

　　总之,阿格尔在当代资本主义社会的生态变革方面,坚信变革是可能的、变革的主体是客观存在的。这种不怕困难的革命乐观主义,难能可贵。阿格尔提出,要建立社会主义所有制、新型的生态技术体制、工人管理的生产体制,反对经济社会生活中的社会过度控制,注重理论与实践、个人与集体、日常生活与社会结构、政治与经济之间的相互关系,主张依托于个人解放和新社会运动。这些看法也具有较为积极的理论意义和现实价值。这里也需要明确指出的是,阿格尔关于采取自下而上的非极权主义的非暴力革命方式,具有空想性;对民粹主义之于生态变革的潜在作用,有所高估;对苏联和南斯拉夫的历史考察,也不完全准确。阿格尔不仅提出了变革当代资本主义社会的战略路径,也构想了超越当代资本主义社会的生态社会主义社会。

---

① Ben Agger, *Western Marxism:An Introduction*. Santa Monica:Goodyear,1979,p.328.

② Ben Agger, *Western Marxism:An Introduction*. Santa Monica:Goodyear,1979,p.336.

③ Ben Agger, *Western Marxism:An Introduction*. Santa Monica:Goodyear,1979,p.329.

第五章　生态社会主义构想：
人与自然的完全和谐

变革当代资本主义，不仅在于推翻不合理的当代资本主义社会制度，也在于走向人与自然和谐共生的生态社会主义。在其整个学术生涯中，阿格尔一直积极思考马克思主义和社会主义的前途问题。阿格尔对未来社会主义面相的构想，是一个不断深化的过程。尽管阿格尔在不同时期对其理想中的社会主义有不同的称呼，但他对之本质规定性的认识并没有改变。那种社会主义的总体目标，应该是人类和自然都摆脱了异化而实现全面解放的美好社会。在对社会主义社会加以总体性把握的同时，阿格尔没有忽视对未来社会主义轮廓的大致勾画，尽管这是一个粗线条的勾画而非细节性的描绘。[①]在阿格尔看来，生态社会主义在经济上应该是节约资源能源的稳态经济，在政治上应该是尊重自然权利的民主政治，在文化上应该是崇尚开放包容的生态文化，在社会上应该是遵循自然节律的美好社会。鉴于他使用过的"生态社会主义"这一概念，既能够体现阿格尔所构想的非异化社会的实质，也比较合乎生态马克思主义的普遍提法，笔者就依此概念来指称他所构想的未来社会主义。

第一节　节约资源能源的限量生产

阿格尔在设计变革当代资本主义过度生产的战略时，就已经提出要缩减当代资本主义社会的过度生产，使之不再无止境地追求大量、高速的经济增长，从而趋于稳态经济模式，实现"人与自然的生产和谐"[②]。无论是稳

[①] 阿格尔对生态社会主义蓝图没有加以详尽描绘。在《公共生活批判理论：衰落时代中的知识、话语和政治》一书的第 8 页，阿格尔明确写道："如同弗雷泽（N·Fraser），我不愿为未来的美好社会绘就一幅蓝图：一些规划主义已经用它们所设计的方式完成了这项任务，从而割裂了社会变革过程与社会变革结果之间的关系。当考虑到民主的生命和时代时，结果就是过程。"

[②] Ben Agger, *Speeding Up Fast Capitalism: Cultures, Jobs, Families, Schools, Bodies*. Boulder: Paradigm Publishers, 2004, p.155.

态经济模式,还是生产和谐,阿格尔对生态社会主义经济构想的实质是强调限量地而不是过度地生产商品。

一、稳态经济模式

20世纪70年代,阿格尔就对北美和苏联在工业化进程中因追求商品的过度生产和异化消费的现象进行了反思。阿格尔这一时期对生态社会主义的思考,在理论上主要是基于西方马克思主义,尤其是黑格尔主义的马克思主义、东欧人道主义的马克思主义、存在主义的马克思主义、现象学的马克思主义及各种新马克思主义的人本主义与民主的价值诉求,在实践上主要是基于欧美资本主义社会的生态危机现实和苏联东欧的社会主义实践。他着重指出,西方资本主义社会的这种异化消费,是对工人在生产过程中所付出的异化劳动的一种补偿。他也直言,当时的东欧、苏联社会主义国家也存在着类似的异化消费现象。他写道:"苏联也是一个高度集中的、工业发达的和大量消耗能源的社会。虽然消费至上主义的道德价值学说还不像消费社会那样迅速地兴起,大部分现存的生产能力都被用作军工生产,但是苏联正在成为一个基本侧重于消费的经济社会。最近有关苏联及其生活反思的著作清楚表明,在苏联和美国的消费者及其生活方式之间存在着'日益趋同的现象'。"[1]阿格尔把东西方这两种不同社会制度下工业社会的共性概括为:"无论是资本主义社会,还是社会主义社会,它们都具有以下特征:技术规模庞大、能源需求高、生产和人口都很集中、职能越来越专业化、供人们消费的商品的花色品种越来越多。"[2]在这种广泛的工业化背景下,消费主义在世界各地蔓延,其结果是造成了全球性的生态危机。

在一般的经济学理论中,稀缺性被定义为人类需求和特定资源供给之间的紧张关系。阿格尔批评了这种定义方式,因为这种定义的前提假设在于人类是不知满足的消费者。既然人们的需求无限,那么就稀缺性而言,唯一可变的就是商品的供给量。要不断增加用以满足人类需求的商品供给,就需要不断地提高生产力,扩大生产和消费,从而屡屡挑战经济增长的经济极限和生态极限。与经济学关于稀缺性定义一致的,是社会学关于社会问题的根源在于稀缺性和社会问题随着稀缺性的克服而根除的理论假设。阿格尔指出:"这种无限生产和无限增长的模式,是功能主义进化论的核心。社会进步为国民生产总值的增长率所度量。社会进步等于经济增长,

① Ben Agger, *Western Marxism：An Introduction.* Santa Monica：Goodyear, 1979, pp.189-190.

② Ben Agger, *Western Marxism：An Introduction.* Santa Monica：Goodyear, 1979, p.309.

这自从孔德以来就被植入西方社会学之中。"①阿格尔认为,资本主义经济增长的理论预设是完全错误的,它将人的需求等同于无止境的商品消费需求,将经济社会发展等同于无止境的经济增长,但是无止境的过度生产和无止境的过度消费因生态极限而不可能实现。出路何在?

　　如前文所述,阿格尔在《西方马克思主义导论》(1979)中追问了怎样用马克思主义理论来指导生态运动,从而使人们能够提出介于破坏环境的资本主义和能源浪费的社会主义之间的"第三条道路"这一问题。他的答案是,"未来的社会主义应是一种缩减商品生产的、不再使劳动与闲暇异化的、工人自治的、非极权的、分散化的和非官僚化的社会主义"②。这种社会主义就是他所说的"生态健全的社会主义"。生态健全的社会主义采取稳态经济模式,强调在政治、社会、经济生活中都要坚持分散、民主的原则,其最终的目标是要实现人与自然的完全和谐。何为稳态经济模式? 阿格尔在后来的一部合著中把它定义为,"那种既不扩张,也不收缩的经济模式"③。在他看来,坚持稳态经济模式的思想家有很多,比如,傅立叶、马克思、拉斯金、莫里斯、克鲁泡特金、布克钦、弗洛姆、伊里奇、戈德曼、麦克弗森、马尔库塞、戴利、莱易斯等人。

　　稳态经济模式"将提供质的改进机会"④,具有重要意义。首先,它可以限制经济增长的过度生产。一旦生态社会主义实现了经济模式的分散化、非官僚化和社会主义化,就可以在生产和消费之间建立一种适于生存的、非扭曲的良性关系。⑤人们不再像在资本主义社会的工作生活中那样遭受挫折和异化,不再会表现出极大的物质贪欲。生产和消费之间的良性循环,又反过来促进适度生产。阿格尔认为,早期的马克思已经提供了一种关于稀缺性、需求和环境之间关系的深刻观点,强调了当人们不再迷恋于无休止的商品消费而普遍追求创造性的工作时,在稀缺性、需求和环境之间就会获得平衡。其次,稳态经济模式可以实现人们的自由。在稳态经济中,人们会认识到"更多"不是"更好"。⑥人们在当前之所以变得越来越柔弱并依

①　Ben Agger (with S.A McDaniel),*Social Problems Through Conflict and Order*. Toronto:Addison-Wesley,1982,p.245.

②　Ben Agger,*Western Marxism:An Introduction*. Santa Monica:Goodyear,1979,p.273.

③　Ben Agger (with S.A McDaniel),*Social Problems Through Conflict and Order*. Toronto:Addison-Wesley,1982,p.282.

④　Ben Agger,*Western Marxism:An Introduction*. Santa Monica:Goodyear,1979,p.308.

⑤　Ben Agger,*Western Marxism:An Introduction*. Santa Monica:Goodyear,1979,p.322.

⑥　Ben Agger,*Western Marxism:An Introduction*. Santa Monica:Goodyear,1979,p.337.

附于消费行为，是因为劳动中缺乏自我表达的自由和意图，但人们在稳态经济中会抛弃虚假需求，转向真实需求。尽管阿格尔没有提出一套明确的"真实需求"，但他认为"它是把自我实现的劳动与有益的消费结合起来"①。在这一点上，阿格尔从马克思的《1844 年经济学哲学手稿》中得到了启发，马克思在其早期著作中对人的自由提出了一种见解，早已强调非异化生产的自我表达、自我外化的特质。最后，稳态经济模式可以保护生态环境。阿格尔说，无需什么想象，就可以使人们认识到，人们在稳态经济下会过着一种较少现代"便利设施"的简朴生活，会少吃营养较多的以粮食喂养的肉类而吃生态上较少浪费的非肉类的蛋白物质。②如此一来，对自然环境也不会造成严重破坏。

二、合理的生产方式

稳态经济模式的实现，需要以合理的生产方式为基础，而这种生产方式，又必须以社会主义制度的建立为前提。从社会经济制度的视角看，"社会主义首先是一种基于工人对生产资料加以支配和使用的经济制度"③。阿格尔所提出的小规模的非极权主义的社会主义理论，为国家问题研究的人员提供了理想因素，使他们越过资本主义的界限而看到新型的社会主义经济结构。非极权的生态社会主义，就是一种节约能源的、小规模的、非官僚化的社会制度。这种"特定形式的分散化和非官僚化的社会主义，将是培育新的生态意识的理想温床，这种生态意识的形成，既可以解决生态需求，又可以反对我们称为异化消费的现象"④。阿格尔主张分散化，但并不意味着他必定反对任何集中的社会主义计划概念，他也并不提倡返回到虚构的自由经营的纯粹资本主义市场那里去。相反，如果所谓的供应能满足需求的话，全面的计划性与市场的无政府状态之间，会存在一种中间样态的生产组织形式，这种生产组织形式能使得生产和消费得到合理的确定。⑤

生态社会主义的生产方式，主要借助于包括生态理性在内的全面理性。人与自然的冲突，实质上是人与人的冲突，也就是人把自然当作宰制的对象，并依此来支配他人。当人与自然和谐相处时，人就不再支配自然，而

①　Ben Agger, *Western Marxism：An Introduction*. Santa Monica：Goodyear, 1979, p.323.

②　Ben Agger, *Western Marxism：An Introduction*. Santa Monica：Goodyear, 1979, p.323.

③　Ben Agger（with S.A McDaniel）, *Social Problems Through Conflict and Order*. Toronto：Addison-Wesley, 1982, p.282.

④　Ben Agger, *Western Marxism：An Introduction*. Santa Monica：Goodyear, 1979, p.332.

⑤　Ben Agger, *Western Marxism：An Introduction*. Santa Monica：Goodyear, 1979, p.321.

是去调控自然。阿格尔指出,支配自然和调控自然的主要区别在于前者涉及暴力,后者涉及培育。人对自然的调控,实质上是人们认识到了那种支配自然的工具合理性是理性的堕落,需要让理性向其本真价值回归。"理性从20世纪80年代末以来一直是资本主义加速的受害者,工具合理性,甚至是害怕教条理性的后现代主义者,都对理性充满敌意。但是法兰克福学派的弗洛伊德主义马克思主义,萨特等人的存在主义马克思主义、左翼女权主义理论都令人信服地表明,人们可以发展那种不是践踏自我和破坏自然的理性与合理性。早期马克思把这种具体化的人道的理性安置在身体主体(body subject)的基础上。"①对自然加以理性调控这一思想,有些类似于高兹等人建议的把经济理性转向生态理性。

　　资本主义社会因资本的逻辑把理性降格为工具理性、经济理性,在经济、文化乃至于日常生活的取向上表现为坚持"计算和核算的原则"、效率至上的原则、越多越好的原则。②为了克服经济理性,高兹阐述了生态理性的重要性,高兹认为,生态理性是人们基于对自然环境的认识和自身生产活动所产生的生态效果对比,意识到人的活动应有一个生态边界并加以自我约束,从而避免生态恶化危及人自身的生存和发展,其目标是要建立一个人们在其中生活得更好而消费更少的社会。③高兹的这种观点,又类似于莱易斯所说的人们应该建立一个"较易于生存的社会"④。从阿格尔本人所表述的思想看,与高兹、莱易斯等人所阐述的生态理性有异曲同工之妙,他们都认为人与自然应该处于一种非对抗的和平状态。

　　生态社会主义的生产方式,还需要生态技术的支撑。阿格尔详细地阐述过马尔库塞的新科技思想,认为马尔库塞在关于弗洛伊德的论述中希望借助于实现人们的审美能力而颠覆了对工具理性的膜拜。阿格尔指出,马尔库塞认为欲望可以用改变我们与自然互动基本模式与思想的方式来释放,这是马尔库塞首次对控制自然的论述,其中的美学维度可以成为解放那些非升华性爱欲的一个中介,根据快乐原则而重建技术。⑤也就是说,马

---

① Ben Agger, *Speeding Up Fast Capitalism: Cultures, Jobs, Families, Schools, Bodies*. Boulder: Paradigm Publishers, 2004, p.146.

② 俞吾金、陈学明:《国外马克思主义哲学流派新编·西方马克思主义卷》(下册),上海:复旦大学出版社,2002,第599页。

③ 张一兵:《资本主义理解史》(第6卷),南京:江苏人民出版社,2009年,第146—147页。

④ Ben Agger, *Western Marxism: An Introduction*. Santa Monica: Goodyear, 1979, p.315.

⑤ Ben Agger, *The Discourse of Domination: From the Frankfurt School to Postmodernism*. Evanston: Northwestern University Press, 1992. p.207.

尔库塞认为,技术可以被改变成交往情境与满足之合理性。马尔库塞并没有混淆哈贝马斯所说的两种逻辑,即一种是理解自然的逻辑,一种是理解他人的逻辑。这是因为,马尔库塞的技术概念也考虑到了一些关于人与自然对话的类型。马尔库塞希望复活人性,其中包括人性与自然的关系。只有把所有他者——可能是自然,也可能是人——视为与人的主体性具有潜在的密切关系,人们才能够非破坏性地与世界的其他部分共存。虽然在严格意义上说,人们不能和树木与动物进行对话,但是在另一种意义上,借助于把树木与动物视为拥有一些内在价值,甚至是天赋的权利,人们就可以文雅而负责任的对待自然和他人。在阿格尔看来,马尔库塞对支配自然加以关注的出发点和落脚点,都是为了解放人们外在的自然和内在的人性。就技术及其使用的动机而言,阿格尔和马尔库塞一样都相信技术可以被重建为非支配性的生产工具,从而不必属于攻击自然的武器储备。①

三、人与自然的生产和谐

阿格尔清楚地认识到,生产是最终解决全球贫困和满足人们需要问题的唯一正确答案。因此,阿格尔不反对生产本身,而只是反对那种挥霍地消耗自然资源能源、破坏生态环境系统的过度生产。虽然阿格尔一贯强调"小的就是美的",但他也明白,这种愿望只有在全世界人民的生存需要满足之后才能实现。如果考虑到当代资本主义国家财富集中的现实,那么现在距离那种理想还很遥远。②如同佩珀,阿格尔也认为,生态社会主义是人类中心论的和人本主义的,它拒绝把自然神秘化,以及由此导致的任何反人道主义的行为,尽管它重视人类精神和自然的权利。在生态社会主义社会,最终的自然限制构成了人类改造自然的边界,对资源问题的回应会重视合理的消费,但更注重生产方式的合理性。"生态社会主义将改变人的需求,遵循威廉·莫里斯的多样化路线重新界定财富,而这也包括一个所有人都拥有合理的物质富裕生活的'底线'。但是所有这些物质需要可通过社会主义生产来实现,因为现实中存在着对它们的限制,尽管人类需要一般来说在社会主义发展中将总是变得更加复杂和丰富。"③

---

① Ben Agger, *The Discourse of Domination: From the Frankfurt School to Postmodernism*. Evanston: Northwestern University Press, 1992. p.207.

② Ben Agger, *Texting Toward Utopia: Kids, Writing, Resistance: Kids, Writing, and Resistance*. Boulder: Paradigm Publishers, 2013, p.25.

③ ［英］戴维·佩珀:《生态社会主义:从深生态学到社会正义》,刘颖译,济南:山东大学出版社,2005年,第355页。

　　在吸收马尔库塞等人相关思想的基础上,阿格尔从适度生产的角度提出了一个十分值得关注的观点:即把社会进步"视为不是对自然的征服,而是与自然保持生产和谐"①。这意味着,"自然会成为一种思辨与幻想的对象,而认知则成为生产性的想象与艺术。认知会拒绝那种为了短期工具性目的但又伪称概念可以穷尽不可穷尽现实的剥削自然行为。另外,对自然的注视与爱慕将成为一种目标,一种自我创造的模式。马尔库塞不是仅仅因为造成生态危机而反对支配自然。他关注把劳动的爱欲力量重新定位以指向本能地满足目标。在资本主义下,对自然的支配是额外压抑的升华,导致了霍克海默所说的'自然的反抗'"②。在生态社会主义中,人们也可以利用解放后的自然来安排生活,因为自然有其自身的节令和节律,所有的事情可以依此而回归。人们把自然修复和救赎为一种标准,以此来判断其他行为和安排是否合理。

　　阿格尔对人与自然生产和谐的构想,反映了他希望人(类)在自然中真正外化其自我本质,真正实现其人的本质。通过对马克思、霍克海默、阿多诺、马尔库塞、莱易斯等人所说的那种体现了创造性与生产性相融合的非异化劳动思想的继承和发展,阿格尔也特别强调"生产"之于人与自然和谐相处的极端重要性。人与自然的生产和谐,不仅解放了自然,也解放了人类,其最终目的在于实现人的全面而自由的发展。为此,阿格尔做了思想史的考察。他指出,马克思、恩格斯构想了借助于共产主义来实现人与自然的彻底和解;霍克海默和阿多诺曾设想要通过生产救赎自然;马尔库塞继承了席勒的作为自由自我表现形式的娱乐思想,相信随着爱欲生命中非额外压抑的释放,科学技术可以被转化为一种娱乐性的、不破坏自然的生产手段;莱易斯提出了人的满足最终在于生产活动而不在于消费活动的重要观点,强调人们要把注意力集中于融合了生产性和创造性的非异化劳动领域,在此过程中获取幸福和满足,而不是沉溺于无止境的消费。③

　　人与自然的生产和谐,也强调了这种和谐的广泛性。阿格尔在探讨当代资本主义的生态危机时,不是像有些批评者所说的那样没有注重它的全球性维度,而是看到了这种生态危机已经超出了地区界限,蔓延到整个全

---

①　Ben Agger,*Speeding Up Fast Capitalism*:*Cultures*,*Jobs*,*Families*,*Schools*,*Bodies*. Boulder:Paradigm Publishers,2004,pp.154–155.

②　Ben Agger,*The Discourse of Domination*:*From the Frankfurt School to Postmodernism*.Evanston:Northwestern University Press,1992. p.206.

③　俞吾金、陈学明:《国外马克思主义哲学流派新编·西方马克思主义卷》(下册),上海:复旦大学出版社,2002 年,第 644 页。

球生态系统。在阿格尔那里，人与自然的生产和谐在范围上的广泛性，主要有三个方面的体现：首先，从空间维度上看，人与自然的生产和谐，不是某一个地区或国家内部的和谐，而是全球范围内的人与自然的和谐。这是因为，经济的全球化，本身就意味着生产的全球化。其次，从时间维度上看，人们不是局限于一时的生产，而是时时的生产都"需要采取措施来保护自然的永恒循环"①。其实质，就是要实现人与自然的永续发展。再次，从内容维度上看，要实现各种生产及其再生产中的平等交往。这些交往"不仅包括人际交往，还包括人们与文本、文化、经济及外部世界进行的生产性介入的交往，以及这些生产性介入之间的彼此交往"②。可见，阿格尔所说的平等交往，是对哈贝马斯的人际平等交往的继承和拓展。

总而言之，人与自然相处和谐，是马克思主义的经典命题，其深刻意蕴在于以人的全面自由发展来超越人与自然均遭受的普遍异化。阿格尔把生产和谐作为生态社会主义的价值依归，与奥康纳把生产正义作为生态社会主义的价值诉求具有一定的相似性。③人与自然的生产和谐，是阿格尔对如何实现人与自然和谐这一问题长期思考的结果，具有较丰富的理论内涵和实践意义。就这一点而言，也是阿格尔区别于其他生态马克思主义者的重要标志。

第二节　尊重自然权利的民主政治

从阿格尔对当代资本主义过度生产、官僚政治的强烈批判和对其加以生态变革的论述中，我们就可以发现，他反对当代资本主义社会权力的集中化、官僚化、精英化，痛恶极权主义。通过继承马克思、法兰克福学派、人道主义马克思主义者、存在主义马克思主义者的人道主义的、民主的政治思想，结合自己在苏联东欧社会主义国家及在北美及西欧多国的实际见闻和生活经历，阿格尔在构想生态社会主义的政治图景时，十分注重公民在政治生活中的直接参与平等对话，以实现尊重包括自然权利在内的各种正当权利的民主政治。

---

① Ben Agger, *Speeding Up Fast Capitalism：Cultures，Jobs，Families，Schools，Bodies*. Boulder: Paradigm Publishers, 2004, p.154.

② Ben Agger, *A Critical Theory of Public Life：Knowledge，Discourse and Politics in an Age of Decline*. London/ Philadelphia：Falmer Press, 1991, p.168.

③ ［美］奥康纳：《自然的理由：生态马克思主义研究》，唐正东等译，南京：南京大学出版社，2003 年，第 535—538 页。

一、参与式直接民主

阿格尔的生态马克思主义思想,始终坚持积极变革资本主义社会的强烈政治导向。从其民主观看,阿格尔把民粹主义①视为激进民主的同义词,倾向于公民直接参与的激进民主,对作为间接民主的代议民主颇有微词。在他看来,"民粹主义是一种意识形态和社会运动,它在美国出现于安德鲁·杰克逊政府时期,就其文化影响与政治影响而言则延续至今。民粹主义者相信'人民'应该积极地参与到自己社会命运的抉择中,拒绝被专家、专业人员和老板所操纵。它可以被视为激进民主的同义词"②。由此可见,阿格尔十分看重作为激进民主的民粹主义的民主价值。

面对20世纪后三十年的国际政治现状,阿格尔希望公民直接参与政治生活,从而既可以避免西方资本主义社会中公民政治抵制的低度组织化,也可以避免苏联模式的高度官僚化。公民参与政治,也是民主的要义。民主需要积极的辩论、评论及批判,而公共领域就是这种积极辩论、评论及批判的平台。冷战刚结束后,他就写道:"当下的政治抵制是破碎的与分散的。通过提供一种变革模式也许可以把它们组织起来,从而使这些孤立而无力的小团体团结起来。这种类型的协调借助于鼓励抵制而发展他们自己的自信与选择自由——这就是认知的自我管理观的解放内容——以避免先锋队主义的败坏。"③为此,阿格尔呼吁:"激进的知识分子应帮助人们把那些抵制专家与非专家之间劳动分工的努力组织起来,鼓励将激进民主当成创造新制度与避免先锋队主义的最直接手段。"④同时,阿格尔也希望公民积极提高自身参与政治的能力,实现政治认知的自我管理,以"保证理论的先锋队主义不会具体化为柯尔施所说的对无产阶级的专政"⑤。

随着互联网的广泛应用,信息技术极大度降低了文化生产和传播的成本,民主化了知识、信息、娱乐、对话、甚至是共同体,这在文化局限于时间、

---

① 在阿格尔看来,民粹主义的内涵极其丰富,既可以作为意识形态,也可以作为民主形式,还可以作为社会运动。

② Ben Agger, *Western Marxism:An Introduction*. Santa Monica:Goodyear,1979,p.343.

③ Ben Agger, *The Discourse of Domination:From the Frankfurt School to Postmodernism*. Evanston:Northwestern University Press,1992,p.270.

④ Ben Agger, *The Discourse of Domination:From the Frankfurt School to Postmodernism*. Evanston:Northwestern University Press,1992,p.269.

⑤ Ben Agger, *The Discourse of Domination:From the Frankfurt School to Postmodernism*. Evanston:Northwestern University Press,1992,p.272.

空间和社会阶级的早期资本主义时期是完全不可想象的。从公民参与的直接民主的角度审视，阿格尔看好很有政治前途的电子民主，因为电子民主不但降低了民主的运作成本，也可以让公民参与政治的对话既是地方性的，也是全球性的。这样，公民参与政治，或在聊天室中，或借助于电子邮件就可以实现，从而在一定程度上打破了公民在参与政治时所受的时空局限。公民自我可以通过像素把自己留在荧幕上，他们也可以通过叙述故事，创造自我，解剖自我。通过认同他人对不自由的解释，人们也可以创造共同体，矫正和丰富自己的政治理解，把自己的解释和他人的解释整合起来。①

从阿格尔对民粹主义的论述中，我们可以发现，民粹主义在他的民主理论视域里不是一个贬义词或中性词，而是一个褒义词。其实，民粹主义远非阿格尔所理解的这样简单，它是一个具有极其复杂丰富内涵的概念。民粹主义"既是一种政治心态、一种政治思潮，又是一种社会运动，同时还是一种政治策略。作为一种政治心态，它是一种非常复杂而又反复无常、变异多端的政治心理。作为一种复杂的政治思潮，它既没有内在的逻辑统一性，也缺乏一般理论的系统性，它在各个国家和地区，并且在同一国家和地区的不同时期的表现形式都有差异，而且它由于没有自身独立完整的理论体系，它常常又依附于其它政治思想和意识形态上。作为一种社会运动，它往往主张依靠民众自下而上地对社会进行激进改革。同时在社会运动中它常常又把民众作为达成目标的一张根据和手段，赞扬民众的力量和智慧，运动的领导者常常把它作为实现其目的的一种手段"②。

正如有些学者所指出的那样，对民粹主义的分析要采取科学的、辩证的态度，既不能因其反映了人民大众的强大变革力量而过度崇拜它，也不能因其具有内在的多变性而全盘否定它。客观地说，阿格尔在设计自己的生态变革战略和构想生态社会主义愿景时，并不是主张绝对的民粹主义，因为他不但希望把欧洲的马克思主义嫁接到北美的民粹主义上去，也希望民粹主义朝着社会主义的方向而不是资本主义的方向去发展。就阿格尔的民粹主义倾向而言，问题不在于他对代议制民主、官僚制、精英统治的生态批判无关痛痒，也不在于他鼓励公民主宰自己命运的自由追求全无道理，而在于他在主张激进民主时因对民粹主义、代议制民主、官僚制、精英统治缺乏辩证地分析而导致他高估了民粹主义的民主潜力，最终在生态社会主

---

①　Ben Agger, *Postponing the Postmodern：Sociological Practices*, *Selves and Theories*. Lanham, MD：Rowman & Littlefield, 2002, p.22.

②　[英]保罗·塔格特：《民粹主义》，袁明旭译，长春：吉林人民出版社，2005年，第1页。

义的民主政治展望问题上陷入难以摆脱的理论困境。

　　民粹主义既无法替代现实生活中的代议制民主,也无法在生态社会主义中完全实现。实际上,现代民主政治几乎都是代议制民主政治。①诸多学者都指出:"从历史发展的角度看,与直接民主制相比,代议民主制的必要性和优越性是显而易见的。"②其一,代议制民主比较成功地解决了民主的规模和民主的实现之间的矛盾。在西方国家,代议制民主借助于选举制度、政党制度等制度安排不但解决了民主在现代社会和大国条件下有限实现的问题,而且也相对地满足了公民参政的要求。其二,代议制民主是沟通市民社会与政治国家的一座桥梁,是规范市民社会与政治国家相互关系的一个准绳。代议制民主有助于克服直接民主制下因国家与社会的高度合一而造成的民主与自由的紧张。其三,代议制民主比直接民主具有更大的包容性。直接民主因其过于强调"民主"和"直接"的纯粹性而缺乏一定程度的包容性和弹性,但代议制民主较之直接民主可以给人民提供更大的自由度。其四,代议制民主可以较有效地克服民意中的非理性成分,避免政府的决策受大众一时情绪的左右。这是因为代议制民主可以借助于各级代表机构和代议程序而对民意进行过滤、筛选和综合,在一定程度上可以防止民主蜕变为多数人的暴政。

　　当然,这不是说作为间接民主的代议制民主是一个尽善尽美的制度,也不是说直接民主不值得追求,而是说间接民主在现时代是一个相对较好而又不可或缺的制度。其实,自产生之日起,代议制民主就饱受各种质疑。一个不争的事实是,如今在西方,议会政治的衰落、协商民主的勃兴、电子民主的出现,对代议制民主造成了极大的冲击,但代议制民主仍然是现代西方国家的主要民主形式。在当下的西方社会,还没有发现有哪种形式的直接民主可以完全代替代议制民主。在一定意义上可以说,其他各种形式的民主只不过是代议制民主的补充,阿格尔等人所主张的激进民主也不例外。正如塔格特所言:"民粹主义的困境在于民粹主义者拒绝政党,因而就忽视了政治沟通联系的重要性,放弃了代议制政治。这就使民粹主义产生了许多问题,除了鼓吹抛弃代议制政治之外,却提不出解决代议制政治问题的办法。新民粹主义看到了政党所存在的问题,但它自身所固有的对政党和困难的矛盾性使得新民粹主义在实际中采用而在意识形态上又拒绝

---

① ［英］保罗·塔格特:《民粹主义》,袁明旭译,长春:吉林人民出版社,2005年,第147页。
② 曹沛霖、陈明明、唐亚林:《比较政治制度》,北京:高等教育出版社,2005年,第135页。

政党形式,这意味着新民粹主义者不能提出解决这些问题的方法。"①

二、根植于基层的民主管理

在《西方马克思主义导论》(1979)一书中谈到未来的生态社会主义时,阿格尔所使用的两个主要概念就是分散化和非官僚化。在他看来,这两个概念既适用于生产过程,也适用于政治过程。②未来的生态社会主义,一旦实现了分散化和非官僚化的民主管理,不但可以保护环境不受破坏,而且可以实现一种完全不同于当代资本主义社会集权管理的民主管理制度。这种思想贯穿了阿格尔生态马克思主义思想始终,并且强调民主管理有助于实现社会平等。

阿格尔认为,马克思关于社会主义民主政治的观点,意味着在共产主义条件下工人必须直接参与管理自己的劳动过程以及其他公共事务。作为民主管理的工人控制,主要包括两个组成部分,一是工人要控制那些涉及投资战略及计划或办公的日常管理;二是工人要控制技术工具,以致工人不再与生产工具相异化,也免于被别人控制。在西方,尤其是在德国与斯堪的纳维亚,那些追求工人控制的运动经常缺少的是第二个维度。在这种情境下,工人控制意味着工人或工会更有效性地与政府或企业进行合作性谈判。在德国所谓的三方制度所反映的倾向只是把工人控制删节为资本主义福利国家或大资本轻描淡写的处理机制。③在阿格尔看来,真正的工人控制不但需要在经济决策中的民主,还需要工人对劳动过程本身的控制。这可以从马尔库塞的创造性实践理论与自我管理权威理论中得到启示,那就是如果工人实现了这两种意义上的控制,那么工人将会把他们的工作体验为以"满足之合理性"而进行的创造性实践;如果工人没有控制生产过程与支持这种生产过程的工具,那他们仍然异化于可能的创造性实践。④

如同马尔库塞,阿格尔也承认那种自我管理的生态社会主义权威,是建立在民主讨论之后所达成的共识基础之上。人类是理性的,只要他们理

---

① [英]保罗·塔格特:《民粹主义》,袁明旭译,长春:吉林人民出版社,2005年,第119页。

② Ben Agger, *Western Marxism:An Introduction*. Santa Monica:Goodyear,1979,p.325.

③ Ben Agger, *The Discourse of Domination:From the Frankfurt School to Postmodernism*.Evanston:Northwestern University Press,1992,p.189.

④ Ben Agger, *The Discourse of Domination:From the Frankfurt School to Postmodernism*.Evanston:Northwestern University Press,1992,p.190.

解了交往合理性,就可以在共同体内和平相处。①他举例说,20 世纪 70 年代,不同于政治权力高度集中和官僚化色彩及其浓厚的苏联社会主义模式的南斯拉夫工人自治模式,就很好地体现了民主管理;尽管南斯拉夫工人自治模式还没有完全实现权力的分散化和非官僚化,但是南斯拉夫的社会主义所有制的制度根植于工人的民主管理。民主管理令人感兴趣的地方在于,它非常有助于调动人们自身的主体性和积极性,从而实现真正的社会平等。在批判当代资本主义社会的等级制支配时,已经暗含了阿格尔对资本主义社会中各种不平等现象的痛恨和对未来社会主义社会实现各种平等的期望。生态社会主义社会中的这些社会平等,炸毁了以往资本主义社会中普遍存在的"在男人与女人、资本与劳动、白人与有色人种、异性恋与同性恋、第一世界与第三世界、社会与自然之间的致命等级制"②,从而不仅解放了作为被压迫者的妇女、劳动、有色人种、同性念、第三世界和自然,也解放了作为压迫者的男人、资本、白人、异性恋、第三世界和社会。其实,简单地说,阿格尔的社会平等观,就是要消除当代资本主义社会中的各种不平等,而在生态社会主义实现社会平等。

社会平等首先涉及人与人之间的平等,而这种平等又主要具体化为男女平等、种族平等、异性恋者同性恋者平等。阿格尔认为,一些女权主义理论已经很好地揭示了男女平等,甚至异性恋者同性恋者平等这一问题。"女权主义理论认为,性别劳动分工是男女之间严重的性别不平等所在,把家庭加以了问题框架化及政治化。同样,女权主义者认为家庭形式的存在不是单一的,而是多元的,包括从单亲家庭到同性恋家庭。事实上,她们认为,所谓的那种丈夫在外赚取工资而妻子呆在家里的核心家庭,在美国不是普遍现象,这就迫使我们改变研究家庭的概念及方式,承认人们私密生活行为的丰富多样性。"③至于种族平等,在生态社会主义是完全可以实现的。在一个没有种族、性别和阶级严格区分的社会中,白色和黑色,就不再是歧视与不平等的所指。在一个没有种族主义的社会中,种族就和性别一样,不再是一个与歧视相关的理论范畴。④社会平等也涉及人与社会之间的平等。阿

① Ben Agger, *The Discourse of Domination: From the Frankfurt School to Postmodernism*. Evanston: Northwestern University Press, 1992, p.183.

② Ben Agger, *Gender, Culture and Power: Toward a Feminist Postmodern Critical Theory*. Westport, CT: Praeger Publishers, 1993, p.4.

③ Ben Agger, *Critical Social Theories: An Introduction*. Boulder: Westview Press, 1998, p.174.

④ Ben Agger, *Postponing the Postmodern: Sociological Practices, Selves and Theories*. Lanham, MD: Rowman & Littlefield, 2002, p.127.

格尔早在 20 世纪 70 年代末就认为,苏联事态的发展使得像马尔库塞这样的思想家们确信,如果社会主义变革不以人人平等参与其中为出发点,并创造出一种不需要等级制支配的管理组织形式,那么这种社会主义革命就没有必要了。马尔库塞的"新敏感性",意味着可以创造出社会主义的阶级激进主义新形式,而不给人类加上沉重的官僚主义义务。这样,马尔库塞回到了马克思关于社会主义是男女和睦地共同工作、民主组织起来的思想。[①]阿格尔在 20 多年后的 21 世纪初依然认为,生态社会主义会重新把人视为万物的尺度,人们可以重塑政治和公共领域。换句话说就是,人们既不破坏自我最深处的心灵,也不回避自我有序进入公共领域而成为社会贡献者的责任。[②]

虽然阿格尔社会平等思想的主色调是强烈反对二元主义的等级制支配,但是这绝不意味着他否认合理的等级制关系、权威和差异。阿格尔认为,就等级制关系、权威、差异而言,我们对其要区分出合理的与不合理的这两种情况,而不能泛泛而论,相互混淆。阿格尔赞同马尔库塞关于"理性权威"本身不是一种支配形式的看法,因为马尔库塞不想对飞行员和脑外科医生的权威提出非难,因为基本的压抑而非额外的压抑,是成熟的理性和负责任的权威所必须的。就像马尔库塞所说的那样,成熟文明的功能取决于大量协调的安排,而这些协调转过来又必定支撑着已经被承认的和可以被承认的权威,等级关系本身并非不自由。[③]同样,在生态社会主义里,依然存在着各种差异,但是这些差异不会被用来作为建构不平等关系的事实依据。相反,这些真正的差异,恰恰是社会平等的具体表现。

不过,我们必须看到,阿格尔所主张的基于民粹主义的民主管理,无法完全替代现实管理所需的官僚制,即便是生态社会主义也不例外。戴维·毕瑟姆在其所著的《官僚制》一书的开篇首段写道:"我们都乐于憎恶官僚制。官僚制同时表现出笨拙的无效率和咄咄逼人的权力这样两种相互矛盾的形象。一方面是无能、官僚主义和人浮于事,另一方面是操纵、拖延和拜占庭式的阴谋诡计。在某种程度上,几乎没有哪一种邪恶不可以算到它的帐上。官僚制罕见地受到了所有政治派别的诅咒。右派以自由市场的名义寻

---

① ［美］本·阿格尔:《西方马克思主义概论》,慎之等译,北京:中国人民大学出版社,1991 年,第 361 页。

② Ben Agger, *Speeding Up Fast Capitalism:Cultures*,*Jobs*,*Families*,*Schools*,*Bodies*.Boulder: Paradigm Publishers,2004,p.167.

③ ［美］本·阿格尔:《西方马克思主义概论》,慎之等译,北京:中国人民大学出版社,1991 年,第 373 页。

求对它的限制,中间派以开放和责任的名义改革它,左派以参与和自我管理的名义想取而代之。然而,它展示了抵制所有这些侵犯的惊人能力。"①这些反对官僚制的派别产生于不同的学科阵营,并且从不同的角度对之加以批判②,但这些批评主要围绕以下三个问题:"(1)绩效不佳;(2)权力过多;(3)压制个体"。作为新左派的阿格尔,也围绕这三个主要问题批评了官僚制,指出美国的民粹主义在社会主义的引导下,通过对官僚制的批判而实现"分散化和非官僚化"③。但是阿格尔在这方面没有对官僚制的积极意义加以辩证分析,而只是看到官僚制的内在局限。

尽管官僚制因存在局限而备受多方诟病,但它依然具有顽强的生命力。"韦伯分析了官僚制组织产生的原因并得出一个结论:随着资本主义兴起而逐步发展起来的理性国家、有技术专长的官吏阶层及合理性的法律,为官僚组织的成长提供了制度基础和推动力。"④从行政管理的角度看,如果人们认为"任何领域中持续的行政管理不用依靠在办公室工作的人员也能得到实行,这纯粹是一种幻想"⑤。从民主制度的角度看,官僚制度也不可或缺。"民主制度本身的成功依赖于一个成功的官僚制度,如果没有官僚制度,那么就没有一个靠选举产生的政府能够成活。"⑥官僚体制可以"使选举算数"⑦。除了使选举算数这一政治贡献外,官僚体制的政治贡献还有"为系统补给燃料、坚持目标、对政策进行干预、促进向上移动、促进公民参与"⑧。如果说国家的消亡是一个自然历史的过程,那么官僚制的消亡也只能是一个自然历史的过程。

三、包容自然的民主对话

20 世纪 70 年代后,通过解读哈贝马斯等人交往理论之后,阿格尔把

---

① [英]戴维·毕瑟姆:《官僚制》,韩志明等译,长春:吉林人民出版社,2005 年,第 1 页。

② [美]查尔斯·T. 葛德塞尔:《为官僚制正名:一场公共行政的辩论》,张怡译,上海:复旦大学出版社,2007 年,第 14 页。

③ Ben Agger, *Western Marxism: An Introduction*. Santa Monica: Goodyear, 1979, p.325.

④ 唐兴霖:《公共行政学:历史与思想》,广州:中山大学出版社,2000 年,第 211 页。

⑤ [英]戴维·毕瑟姆:《官僚制》,韩志明等译,长春:吉林人民出版社,2005 年,第 55 页。

⑥ [美]查尔斯·T. 葛德塞尔:《为官僚制正名:一场公共行政的辩论》,张怡译,上海:复旦大学出版社,2007 年,第 26 页。

⑦ [美]查尔斯·T. 葛德塞尔:《为官僚制正名:一场公共行政的辩论》,张怡译,上海:复旦大学出版社,2007 年,第 209 页。

⑧ [美]查尔斯·T. 葛德塞尔:《为官僚制正名:一场公共行政的辩论》,张怡译,上海:复旦大学出版社,2007 年,第 203-213 页。

哈贝马斯等人关于民主交谈的政治思想补充到自己早年关于权力分散化和权力非官僚化的思想当中，强烈主张民主对话。在阿格尔看来，对哈贝马斯来说，就像古希腊人，最高的善就人们而言就是政治生活，借助于理想交谈而达成共识。①在吸收马尔库塞、阿克曼等人有关思想的基础上，阿格尔把哈贝马斯所说的交往概念，扩展到了人与人之间的对话、人与自然的对话和人与符号的对话。这样，他就把交往（对话）能力，不仅看作人际交谈的能力，也看作从事包括阅读、写作在内的各种生产性与组织性活动的能力。民主对话，就是要"在我们所有生产性与再生产性活动中，存在一种与自然、符号系统、社会角色及他人之间所具有的非支配性关系模式"②。也就是说，通过民主对话，人们的自我外化活动既满足了自我表达的需求，也尊重了的"他者"的权利及需求，不管这里所说的"他者"是人，还是自然。关于阿格尔的民主对话思想，这里先仅从生态社会主义政治的角度来概述它，随后再从生态社会主义文化的角度对之加以阐述。

民主对话是生态社会主义的实质所在。在阿格尔看来，"借助于利用马克思最初对生产性活动与创造性活动相融合的想象，这把对话思想深化为揭示了平等主义的对话关系是真正社会主义的实质，通过劳动及写作，它可以存在于人类与自然的关系之中，也可以存在于人际之间，人们尽力民主地处理那些借先进技术而提供的剩余产品"③。阿格尔认为，我们不能仅仅是用理性主义者的视角来审视对话者之间的话语性交谈，还要把对话视为与自然及他人之间进行的文本性活动及创造性劳动。平等对话主体之间的讨论，既是一个过程，也是一种结果；马克思原本意义上的社会主义，不仅仅是一种实现个体自我本质的自由，也是一种主体间的自由。④

民主对话也是形成生态社会主义政治的公共话语的内在要求。公共话语形成于民主对话，又促进了民主对话，二者相辅相成。在阿格尔看来，哈贝马斯所说的理想交谈情境，或者是马克思所说的社会主义，其共同点在于两者都强调共同体的民主对话。民主对话的共同体，在那种承担义务而

① Ben Agger, *The Discourse of Domination：From the Frankfurt School to Postmodernism*.Evanston：Northwestern University Press，1992，p.185.

② Ben Agger, *A Critical Theory of Public Life：Knowledge，Discourse and Politics in an Age of Decline*. London/ Philadelphia：Falmer Press，1991，p.152.

③ Ben Agger, *A Critical Theory of Public Life：Knowledge，Discourse and Politics in an Age of Decline*. London/ Philadelphia：Falmer Press，1991，p.168.

④ Ben Agger, *Fast Capitalism：A Critical Theory of Significance*. Champaign：University of Illinois Press，1989，p.80.

又自我意识到还存在不同版本的世界中被创造。①他明确指出:"没有公共话语,民主就要覆灭。没有公共话语,专业知识的权威就不会受到挑战,成为惩戒性知识而完全是自我复制。但是,批判理论必须超越尼采的消极主义而走向对美好社会的建构,在肯定性文化中,受害者的惨叫被欢呼的肯定所淹没。"②阿格尔完全同意哈贝马斯关于公共话语是美好社会的一种规范性原则而值得坚持的观点。

民主对话还可以构建生态社会主义政治的新型交往关系。阿克曼的公共政治交谈、哈贝马斯的社会交往理论及西方马克思主义传统都认为,对话应该被看作对现存不良秩序的一种批判资源,引起对这种不良秩序的挑战。进入政治对话之后,人们可以最终走向对政治、经济、文化、性别及社会活动的自我管理。而对这一愿景的表达,贯穿于从早期马克思到马尔库塞及其以后社会主义者的乌托邦想象之中。借助于民主对话,人们不仅可以重建哈贝马斯交往理论中所强调的人际交往关系,也可以重建在生产性劳动领域中的人与自然关系,尽力卓越地利用科技的工具合理性。因此,"对话机会的民主化,可以最终实现劳动、技术、文本性及公共对话的民主化及实质性重建"③。这种新型对话在人类事业中的政治意蕴是,既关系到复杂的符号系统及职业角色,也关系到我们的人际伙伴。这不但预示了人与自然的崭新关系,也预示了一整套崭新的社会生产关系及再生产关系。④

最后,民主对话也是生态社会主义的人们在自然中自由外化的需要。阿格尔指出,马克思修正了黑格尔的观点,指明了人类在自然中的自我对象化,只有在一定历史条件下才会出现异化。毫无疑问,民主对话会涉及人与自然之间的对话。在生态社会主义里,人们会把自然当作一个平等的朋友和伙伴,而不是一个任人宰割的他者;在与自然进行生产交往的时候,积极与之实现平等对话,顺应自然发展的规律。之所以如此,是因为生态社会主义伦理要求人们,不能再像资本主义社会那样把自然视为人类的他者。人们必须做到这一点,也可以做到这一点。"那种社会主义的及女权主义的

① Ben Agger, *Socio(onto)logy: A Disciplinary Reading*. Champaign: University of Illinois Press, 1989, p.132.

② Ben Agger, *A Critical Theory of Public Life: Knowledge, Discourse and Politics in an Age of Decline*. London/ Philadelphia: Falmer Press, 1991, p.8.

③ Ben Agger, *Socio (onto)logy: A Disciplinary Reading*. Champaign: University of Illinois Press, 1989, p.168.

④ Ben Agger, *A Critical Theory of Public Life: Knowledge, Discourse and Politics in an Age of Decline*. London/ Philadelphia: Falmer Press, 1991, p.171.

伦理具有以下一些特征：它涉及对他者的尊重与关怀；涉及马尔库塞所说的'满足之合理性'；涉及人性与非人自然的新型关系——这种伦理约束我们对环境的态度。这些伦理实践的特征，对马克思所构想的共产主义而言，比起把共产主义经济主义地等同于生产工具集体所有来说，要更加真实。"①通过民主对话，人与自然可以成为真正的命运共同体。

第三节　崇尚自然在场的开放文化

阿格尔所积极主张的民主对话，既是一个政治范畴，也是一个文化范畴。也就是说，民主对话不仅要体现为生态社会主义的政治理念、运用于政治实践，也要显示为生态社会主义的文化理念、贯穿于文化实践。概括地说，这种新文化，主要具有开放性、对话性、互惠性、亲生态的特质。所谓的开放性，就是这种文化不再是少数精英垄断的文化，而是大众可以接近的文化；所谓对话性，就是这种文化承认文化形式的差异性，甚至是自身存在一些局限，从而愿意接受别人的批评；所谓互惠性，就是不同的文化主体在交流中得到文化素养的提升；所谓亲生态，就是这种非实证主义的文化不再反生态，而是促进人与自然的和谐共生。在阿格尔那里，生态社会主义文化的这四种特性，往往又相互交融、密不可分。在生态社会主义文化建设上，必须坚持对话互鉴的民主原则、发展非实证主义的新科学、从事积极的阅读与写作。

一、对话互鉴的新文化

在 20 世纪八九十年代，伴随后现代主义等社会思潮的兴起和苏东社会主义的剧变，各种不同理论对马克思主义、社会主义和资本主义做出了观点不同甚至是立场相对的解读。在这一阶段，西方社会的一个重要的特征是，资产阶级意识形态进一步转化为各种话语，弥散到了人们的日常生活之中，钝化了人们的想象力和批判力。在此情境下，阿格尔也进一步思考了生态社会主义的实质和特征。在 1989 年出版的《社会(本体)学：一种学科解读》中，基于对后现代主义话语理论、哈贝马斯交往理论的吸收，阿格尔写道："作为话语，好的政治充分意识到自我的优劣；它的读、写可矫正性在对话的文雅实践中向其它版本敞开，这就相当于哈贝马斯所说的每一种

---

① Ben Agger,*The Discourse of Domination:From the Frankfurt School to Postmodernism*.Evanston:Northwestern University Press,1992,p.273.

交谈行为都倾向于达成共识,我需要补充的是,好的交谈认识到它自己具有德里达所说的容易引起争论的不确定性。这里的社会主义完全是一本书,它在自我倾听的过程中,他人的写作从没有停止,无比高兴地把真正民主的本质视为文本间性的不同声音。"①在20世纪90年代,基于对衰败时代的知识、话语和政治的反思,阿格尔又提出了一种关于公共生活的批判理论。借助于该理论和对社会主义的再反思,阿格尔把作为真正共同体的社会主义的特征概括为"公开、异质性及和平"②。体现了主体间性的互文本性的思想,在这种共同体的建构中,起到了一种想象力的作用,并把哈贝马斯的理想的交谈情境视为一种规范性的社会交往伦理。阿格尔强调了对话互鉴在社会主义文化中的重要作用。

首先,对话互鉴的文化,体现了生态社会主义乃至人类所追求的善。在反思当代资本主义社会里公共书本、本真意义、批判话语逐步走向衰落后,阿格尔写道:"问题在于,美好的社会,不管它的名称是社会主义,还是理想的交谈情境,都是它借之以解决不同意见的交谈——认识到我们不能实现一个固定的解决方案。击败反动的版本,是一回事,这也是我们所努力的,但拒绝所有用以挑战及矫正的交谈又是另一回事。善(good)存在于目标的实现中,即使'目标'一直在回避我们。或者,即使善没有在过程中得以实现,但至少,我们借助于制度化的交往民主可以避免恶。"③这样,追求善的社会主义,从来不会满足于现状;它需要以民对话互鉴的形式重塑善。

善,既应该是未受束缚的谈话,也应该是这种谈话所塑造的存在秩序。④阿格尔认为,在通过对话来对善加以指称之前,人们不能对善进行详细描述。基于平等对话的思考,已经把自己嵌入社会建构中,描画了理想中社会安排的专门特征,然后极力在实践中使之实现。阿格尔在这里是从两种意义上来理解实践的,一是指创造性活动;一是指试错意义上的活动。这样以来就可以理解,如果不能相信它存在无法实现最初目标的可能,那么实践在事实之前是无法确定的。特别是在一种版本需要时间来制止武断

①　Ben Agger, *Socio(onto)logy : A Disciplinary Reading*. Champaign : University of Illinois Press, 1989, p.9.

②　Ben Agger, *A Critical Theory of Public Life : Knowledge , Discourse and Politics in an Age of Decline*. London/ Philadelphia : Falmer Press, 1991, p.49.

③　Ben Agger, *Fast Capitalism : A Critical Theory of Significance*. Champaign : University of Illinois Press, 1989, p.91.

④　Ben Agger, *Fast Capitalism : A Critical Theory of Significance*. Champaign : University of Illinois Press, 1989, p.111.

时,体现了对话互鉴的实践就保证了其他版本来矫正最初版本。实现文化繁荣的较好办法,就是把对话互鉴原则整合到作为善的建构过程的商讨、争论及矫正之中。"善本身就要求对话。善不能被立即提供,也不能在没有其它修正版本出现时就把它弃之不管。"①尽管实践不都是对话或文本,但是对话互鉴则是一种实践。在希望每一个人都成为批评家,也就是成为一个书写者的时候,对话互鉴就是在进行"批判"。此时的"批判",介入到对共同理性的互惠性追求之中。"在它通过对其它版本的读写尊敬而建立了共同体,或者抛弃了那种基于形而上学的或政治的特定偏见而倾向于压制对话的描述时,对话就是好的。"②

其次,对话互鉴的文化,是真实意识的自由表达和善意批评,从而达成社会共识。作为一个西方马克思主义者,阿格尔相信阅读和书写文本是一种重要的自我表达方式,但这无需丧失文本性的特质,而是欢迎读者以高雅的方式在共同体中对之做出回应。阿格尔从文化的角度把社会主义看作一本无止境的书,这本书生成于那些对之有不同看法但又尊重其他版本的读写关系。其实,社会主义会把其他版本视为我们人性化的认知。只有人们在以公开的身份介入辩论中,对创作本意的发掘才是一种社会主义议程,仅仅把那些将自身掩蔽在刻意而为的虚假事实中的意义加以表述,还是不够的;人们可以借助于批判将它们改写,从而勾画一个人与自然和谐共生的美好社会。③

虽然人们利用词语来描述其自身与世界,但他们在针对些词语的意义进行争论时所完成的事情不仅仅是要找到真理本身。在阿格尔看来,其实人们无法找到固定的真理,因为对诸多原因而言没有一种固定的解释。这不是否认人们要建立一种对话互鉴的共同体以便在那里可以培育和精炼不同意见。"对话的共同体,构成于相互竞争的版本。这些不同版本,在遵守文雅交谈原则下相互矫正,从而预示了一个新社会。在那个新社会里,遵守文雅交谈原则,成为普遍现象。"④这就意味着人们需要保持自我版本的应

---

① Ben Agger, *Fast Capitalism：A Critical Theory of Significance*. Champaign：University of Illinois Press, 1989, p.111.

② Ben Agger, *Fast Capitalism：A Critical Theory of Significance*. Champaign：University of Illinois Press, 1989, p.112.

③ Ben Agger, *Fast Capitalism：A Critical Theory of Significance*. Champaign：University of Illinois Press, 1989, p.66.

④ Ben Agger, *Fast Capitalism：A Critical Theory of Significance*. Champaign：University of Illinois Press, 1989, p.142.

有谦卑,倾听他人对世界与理论的不同解释,以借鉴其他版本。借助于理解各种读写的可矫正性,对话互鉴拒绝盲目崇拜各种绝对的版本,从而保护了真理。阿格尔建议最好把真理安置在平等交谈者的理想交谈情境中,拒绝真理被任何人所垄断。"人们在主张这种创作性时满怀激情地认识到,真理出自于质疑、探讨、文雅的矫正。"①

最后,对话互鉴的文化,塑造了新型的读写关系,有助于促进人的解放与全面发展。阿格尔在解构"快速资本主义"时就已经指出,实证主义文化往往把文本的作者本意加以掩蔽并压制读者,从而造成书写者和解读者之间的不平等。相反,好的阅读和写作不但可以实现主体间的民主对话,也可以创造一个和平的共同体。它既可以把主体间的关系民主化,也可以把体现了知识的文本民主化。"在这个文雅批判的共同体中,书写者认识到自己与其他书写者密不可分,后者的版本激励着回应。如果这种方式被解读为命名社会主义的另一种方式,他(她)会感到高兴。"②社会主义需要一种关于非极权主义的主体间性的规范性及构成性的观点以充当个人与社会之间的中介,或者是哈贝马斯所说的系统和生活世界问题框架的中介。换言之,人们需要一种作为文本间性实践的社会主义,在这种实践中,阅读和写作事实上都成为生产性实践,在经验上和分析上都不再被限定为从属性的上层建筑领域。文本间性理论,可以成为一种关于社会主义的实质性文化理论,因为它可以解决主客体之间关系的中介问题。只要"交往"包含了写作和再现的艺术,以及"理性"包含有其自身的唯物主义观,它们都可以被视为一种交往的理性主义。"交往理性主义是历史唯物主义的另一种称呼,或者更好的说,辩证唯物主义应该成为对话唯物主义。"③

对话互鉴的文化,可以通过塑造新型的读写关系促进人的解放与全面发展。"各种解放既存在个性,也存在共性。各种解放在为自身争取权利的时候,也欢迎其它的交谈者。"④历史地看,人们越是因为缺乏交谈而互不了解,对问题的异议越是被边缘化为疯狂的愤怒。人要成其为人,就意味着在

① Ben Agger, *Fast Capitalism: A Critical Theory of Significance*. Champaign: University of Illinois Press, 1989, p.111.

② Ben Agger, *Socio(onto)logy: A Disciplinary Reading*. Champaign: University of Illinois Press, 1989, p.2.

③ Ben Agger, *Socio(onto)logy: A Disciplinary Reading*. Champaign: University of Illinois Press, 1989, p.50.

④ Ben Agger, *Fast Capitalism: A Critical Theory of Significance*. Champaign: University of Illinois Press, 1989, p.106.

人们的差异中也可以实现相似的体验。这如同哈贝马斯所暗示的，不仅每一种交谈行为都倾向于达成共识，而且每一种意见都可能会改变一种事态，因为交谈在那里是一种获得互惠的友好行为。阿格尔坚信，当马克思指出人们可以用餐完毕后坐在饭桌旁进行批判时，马克思是有所指的。那就是马克思构想了他自己版本的社会主义，希望身处其中的每一个人都可以成为批判者。在指出哈贝马斯也希望每一个人都是批判者的基础上，阿格尔所补充的看法是，"批判"可以采取多种修辞方式。"最具有政治意义的形式，往往最不表现为公开的政治形式，尤其是在把政治仅仅理解为人们集合的另一种形式的时候。这样以来，在人们开始从事文本写作时无需说自己在进行未受扭曲的和不受约束的交谈。"①借助于让它们作为战斗性言语的功效经受住考验，关于未来的构想就变成了现实。

　　总起来说，阿格尔从对话互鉴的文化角度思考了生态社会主义，明确指出生态社会主义致力于把自身视为一种无止境的读、写实践；没有任何人可以垄断话语权。②阿格尔还强调了，生态社会主义文化必须始终坚持对话互鉴，否则就会倒退到扭曲的文化环境中去。

二、亲生态的新科学

　　如同技术，科学也常常被认为是生产力，甚至是第一生产力，对社会发展进步起到积极的推动作用。但是科学技术，尤其是实证主义科学，在西方发达工业社会的历史条件下，又体现出意识形态的某些功能。如前文所述，阿格尔对此已经做了批判。在批判实证主义科学、借鉴马尔库塞等人新科技思想的基础上，阿格尔始终强调要摒弃实证主义科学，发展亲生态的"新科学"③。

　　首先，这种新科学承认价值承载，拒绝价值中立。阿格尔赞成霍克海默和阿多诺关于实证主义科学在易受神秘化影响方面并不亚于神学的观点，坚信对价值中立不假思索的迷恋如同相信上帝一样，都是成问题的；以保持价值中立的名义而力图回避价值讨论，实际上是对不合理现实的价值默许。④阿

①　Ben Agger, *Fast Capitalism: A Critical Theory of Significance*. Champaign: University of Illinois Press, 1989, p.106.

②　Ben Agger, *Socio(onto)logy: A Disciplinary Reading*. Champaign: University of Illinois Press, 1989, p.157.

③　Ben Agger, Marcuse and Habermas on New Science, *Polity*, Vol. 9, No. 2, pp.151-181.

④　Ben Agger, *A Critical Theory of Public Life: Knowledge, Discourse and Politics in an Age of Decline*. London/Philadelphia: Falmer Press, 1991, p.34.

格尔接受并继承了法兰克福学派批判理论的人道主义特质,主张新科学必须旗帜鲜明地坚持社会正义、自由、民主等价值诉求。如同存在主义马克思主义,法兰克福学派的批判理论较之其他西方马克主义流派更加关注个人的解放。从阿格尔整个学术思想看,法兰克福学派的这种人道主义特征连同存在主义马克思主义对阿格尔影响颇深。阿格尔始终倾向于把包括马克思主义在内的所有科学加以人道主义化和民主化,相信科学的任务不是只在于认识世界,而更在于改造世界,其最高目标就是帮助人与自然实现双重解放。

其次,这种新科学公开承认自己涉及一定的视角、特定的兴趣、丰富的激情、潜在的争辩、政治的导向,摒弃绝对的客观主义。阿格尔指出,在研究者受到哈贝马斯所说的兴趣引导时,这些兴趣框定并构成了研究活动及对研究结果的理解。哈贝马斯反对把知识与兴趣加以实证主义的二分,认为最有效的科学会承认自己的兴趣基础,从而主动约束自己科学文本情境中的模糊性。由于难以避免自我欺骗,研究者必须时刻进行反思,切忌狂妄自大。新科学会克服认识论与实质性社会理论之间的不当区分,揭示方法如同科学与哲学,不仅仅是一种技术工具,而是一种语言手段。运用这种语言手段,把特定的主张隐蔽地嵌入到数字、图表及量化分析等复杂难懂的话语、实践之中。[1]霍克海默和阿多诺反对社会科学中无思想的量化与方法论化书写,他们有助于对方法论的解构。后结构主义也同样对方法论主义提供了富有成果的批判,揭示了科学的方法可以被人们解读,从而被改写为一种就其本身而言就是富有激情的、视角性的及政治的文本。从事科学的人们,不管他们意识到与否或是否承认,他们的主观性总是程度不同地深深嵌入科学之中。

再次,这种新科学致力于塑造跨学科的科学图景,反对过度专业化的学科分工。针对美国科学研究中画地为牢、固步自封的现象,阿格尔主张,要像阿多诺、马尔库塞等人那样,把单一学科的理论发展为跨学科的理论。阿多诺在对实证主义社会学进行连续抨击的过程中,和法兰克福学派的其他成员一起构建了一种新的社会学,即批判的社会学。阿多诺认为,这种社会学的特征在于强调社会研究的综合性。阿多诺对实证主义社会学将科学与非科学、哲学与具体学科分开,将科学与艺术割裂,使社会学片面专业化的做法深恶痛绝。他提出,"批判的社会学"坚持科学与非科学、哲学与具体

---

[1] Ben Agger, *A Critical Theory of Public Life: Knowledge, Discourse and Politics in an Age of Decline*. London/Philadelphia: Falmer Press, 1991, p.34.

科学、科学与艺术的统一,强调社会学科的综合或交叉学科的性质。在他看来,把科学与非科学或前科学加以严格的区分,是实证主义思维方式的体现,"批判的社会学"应反其道而行之。他特别强调艺术在社会学中的作用,他认为社会学本应该是一门艺术。①新科学的跨学科性,意在质疑一些科学的学科身份及学科领地,从而对传统学科理论化的概念、方法和主题等都提出了深刻的挑战。比如,人们不能再安全地假定社会学是明显地区分于诸如政治科学及人类学这样的相邻学科,人们也不能再假定人文学科及社会科学的可分离性。阿格尔也指出,这不是说跨学科性是原来传统学科认同的死结。不过,对于有些人来说,跨学科性仅仅是学术地支持交叉学科的一个理由,但仍保持实质与方法的二元区分。一个对塑造跨学科的科学图景感兴趣的人,会反对实证主义价值观,坚持可以解放想象力的总体性理解,这就比单一学科更具优势。这个人的知识身份,就不再局限于所谓的某一学科及专业主义的界限,不再把自己局限在对某一个学科的贡献。相反,他超越单一学科之间的区分,深入更多的学科及方法以便理解科学知识。②

最后,这种新科学内含"新感性"和生态理性,拒斥支配自然的片面感性和工具理性。阿格尔的这种新科学观,是对法兰克福理论家科学观的继承和发展。阿格尔尤其推崇马尔库塞在构想人与自然的非对抗性和谐时所提出的"新感性"和"满足的合理性",指出这种"新感性"和"满足的合理性"相信一种合理的科技秩序完全可以塑造人与自然的和谐关系。在这种新型的秩序中,是人类负责任地主导科技,而不是技术支配人类和自然。③在阿格尔看来,马尔库塞把他所说的新感性与平静的(pacified)科学与技术关联起来,指出了新感性是新科学的主体感性。解放后的意识,会促进科学与技术的发展去揭示事物的可能性,实现人们对生活的保护和在生活中获得满足。技术将倾向于成为艺术,艺术将可能创造现实。将不会存在想象与理性、高级技能与低级技能、诗化思想与科学思想的对立。这也许是马尔库塞整个作品中最具乌托邦的看法,但他实际上以美学的特质而确认了一种新科学与新艺术。受到康德《判断力批判》中有关思想的影响,马尔库塞认为,艺术中包含了伦理自由与必然的最终统一,非升华的科学知识分子不应把科学等同于只是负责任的应用科学。非压抑的知识分子会把自然看作美丽

---

① 陈学明:《西方马克思主义教程》,北京:高等教育出版社,2001 年,第 330 页。

② Ben Agger, *Critical Social Theories:An Introduction*. Boulder:Westview Press,1998,p.14.

③ Ben Agger, *The Discourse of Domination:From the Frankfurt School to Postmodernism*.Evanston:Northwestern University Press,1992,p.99.

的物体,一面可以反射他们自己的镜子。由于破坏自然,技术合理性也破坏了人的心灵与欲望。①美学化的科学的终极目标,将会是实现"作为艺术品的社会"。这种新科技观,在其内部包含着一种源自塑造与调控自然的满足模式。科学虽然可以转化为人们的一种自我满足的模式,但是它不会失去其认知目的及客观性。科学的客观性,将与那种致力于研究及调控外部世界的主观性统一起来。类似地,技术在不抛弃它的工具合理性的同时,也能体现出一种游戏冲动。借助于这种游戏冲动,人们可以在接触自然、塑造自然中获得身心的欢乐。如同马尔库塞,虽然阿格尔不赞同自然辩证法类似于历史辩证法,甚至错误地反对自然辩证法的存在价值,但他坚信科学包含着人与自然关系重要存在论主张与政治主张的自我外化模式。②

三、积极的生态读写活动

人们要远离虚假意识、虚假需求所型构的罗网,就必须做到文化自觉。阿格尔把从事积极的阅读和写作活动视为文化实践的两种基本形式,而阅读基础上的写作又是文化生产的主要方式。因此,积极的生态读写活动,对于促进人与自然的和谐共生具有重要意义。

首先,积极的生态读写活动,有利于追求崇高的精神生活,超越危害自然的消费主义。积极的阅读与写作,是一种不可或缺的文化生活方式。这意味着阅读和写作不是被动的生活义务,而是主动的休闲娱乐,可以摆脱精神生活的消费主义平庸。如果人们学会了写作自己的生活,阅读他人的作品,就学到了安排自身世界的读写能动性。这种能动性一直是现代性的希望,理性地管理世界。借助于写作,人们所讲述的故事具有文学的吸引力,以吸引读者,让他们在此过程中接受了启发和教育,有助于他们对自身、社会和自然产生新的理解。这种想象力可以导致人们改变自己的生活,避免错误,做出建设性和创造性的行为。阅读和写作都是社会活动形式,享受着与别人、与自然交流的快乐,从而也具有个人的和政治的双重意蕴。在阿格尔看来,生态社会主义的文化在一定意义上还需要浪漫主义,以便实现思想变为行动的令人兴奋的力量。这首先是在个人层面,接着是在集体层面,甚至是在全球层面。

其次,积极的生态读写活动,可以与他人、自然进行文明对话。这也是

---

① Ben Agger,*The Discourse of Domination*:*From the Frankfurt School to Postmodernism*.Evanston:Northwestern University Press,1992,p.201.

② Ben Agger,*The Discourse of Domination*:*From the Frankfurt School to Postmodernism*.Evanston:Northwestern University Press,1992,p.143.

美好社会的题中应有之义,因为积极的读写活动优于暴力争斗,追求一种不是被冲突、竞争和商业所耗竭的新型人际关系。①在生态社会主义社会里,体现了创作者写作方法的叙事技巧,不再像实证主义文化那样是神秘的、隐蔽的和去作者化(deauthorization),而是公开的、作者化的(authorization)。实证主义文化的写作,是那种把作者掩蔽在第三人称格式、虚假客观性、文献述评、摘要、数学方法、数字气息及大量的技术细节之下的写作。而非实证主义文化的这种公开性叙事,是一种新的叙事方式,把创作性(authoriality)公开于由平等对话者所构成的共同体。人们不仅希望讲述自己的故事;他们也希望听到别人的故事,也希望与别人交往,建立平等对话的共同体。读写活动,不再是文化精英的特权行为。以往的精英隐语必须向局外人公开,承认其结果的可矫正性,进而征求其他版本的文雅矫正的方式而被加以改写。事实上,对创作目的的挖掘和对叙事结果的改写,在解构性解读的一般性实践中也是密不可分的。它预示着一种全新的文化秩序,其中的再生产本身也被重新估价为一种创造性活动。②

再次,积极的生态读写活动,可以培养人们的批判理性,深刻理解人与社会、自然、自我之间的内在联系。借助于阅读和写作,自我可以追问自己来自何处,明了自我是如何形成的。这不但可以变革自我,也可以劝说他人。③阿格尔把互联网看作一种辩证现象,因为互联网在支配人们的同时,也使得具有活力的公共领域成为可能,在互联网上有很多对话、读写及公开发表言论的机会。④在主张人们进行积极写作时,阿格尔也提醒人们不要像有些后现代主义者那样过度地"迷恋文本性"⑤。否则,公共写作就丧失了其政治蕴涵。这样,通过揭示作者及其写作技巧,可以开启科学文本,暴露它在科学共同体中所固守的那种讨论。不管作者力图使自己变得多么牢不可破,他绝不可能完全从自己的解释中排除自己,排除自己的偏见,不可能定义自己的所有术语,也不能完全清晰地理解每一种意义。这就是德里达

---

① Ben Agger, *Postponing the Postmodern:Sociological Practices*, *Selves and Theories*. Lanham, MD:Rowman & Littlefield,2002,pp.29-30.

② Ben Agger, *Fast Capitalism:A Critical Theory of Significance*. Champaign:University of Illinois Press,1989,p.82.

③ Ben Agger, *Postponing the Postmodern:Sociological Practices*, *Selves and Theories*. Lanham, MD:Rowman & Littlefield,2002,pp.23-25.

④ Ben Agger, *Postponing the Postmodern:Sociological Practices*, *Selves and Theories*. Lanham, MD:Rowman & Littlefield,2002,pp.29-70.

⑤ Ben Agger, *Fast Capitalism:A Critical Theory of Significance*.Champaign:University of Illinois Press,1989,p.100.

所说的不确定性,文本的开放无止境性,等待新的文本来矫正和补充。这种新的文本是对现存文本的解构性解读,以便揭露这些文本的错误思路、内在冲突、前后矛盾、延异、注解、写作风格、修辞目的。这不是一种可以被批评家从外部加以应用的读写方法,而是所有文本在其写作活动的易错性及人为性被仔细研究时,就会出现的倾向。考虑到文本的不确定性,不是批评家解构文本,而是文本自我解构。解构不是虚无主义,也不拒绝所有的价值观,它完全是非专业主义的,否认那种排除其被批判的专业主义写作。①这对于解构反生态的文本、培养生态批判意识来说,其价值不可小觑。

最后,积极的生态读写活动,不必拘泥于实证主义写作的陈规陋习。不同于以往的实证主义写作,非实证主义书写着不必遵循严格而僵化的书写规范,可以自由地书写自己和他人的生活,这些生活当然包括对其所处自然环境的体察。在阿格尔眼里,即便写作的对象是科学,也可以采用非专业主义的文学性叙事技巧。科学不仅仅是一面镜子或纯粹的再现,而是一种文本、一种版本、一种生活,用概念、数字、理论、数据来加工这个世界。这种符码是可以被解开的,科学的假设和规则也是可以被审视和争论的,它的世界也是可以被挑战的。把科学解码为小说,不是要终结科学,而是要把它延伸为文学,显示作者的写作技巧。去专业主义的科学,可以一般化地把科学共同体扩展到公众。受过良好教育的读者,可以理解那些深奥的概念和带有注释的书籍。把科学解读为小说,事实上民主化了科学,为它提供了可能的对话者,超越了像社会学和物理学这样正式学科的专业化边界。②阿格尔这里要说的是,应该抛弃所谓纯粹的客观性目标,颂扬作者在其文本中的在场,把科学理解为引发更多小说的契机。这意味着,普通大众也可以随笔式地书写自己的生活见闻和生活体验,进行通俗易懂的生态叙事。

第四节　遵循自然节律的美好生活

面对不可逆转的全球化和高新科技带来的经济社会巨变,生态社会主义中的人们会如何生活? 阿格尔认为,未来的整个社会和大众自我都积极地优化自己的日常生活,让时间、科技等影响人们生活的社会因素服务于

① Ben Agger, *Postponing the Postmodern: Sociological Practices, Selves and Theories*. Lanham, MD: Rowman & Littlefield, 2002, p.28.

② Ben Agger, *Postponing the Postmodern: Sociological Practices, Selves and Theories*. Lanham, MD: Rowman & Littlefield, 2002, p.25.

美好生活。概括地说,那就是借助调控生活节奏,过着快慢有序的适速生活;凭依充实生活内容,体验多态满足的幸福生活;通过解放生活方式,实现自我实践的自由生活。

一、快慢有序的适宜节奏

在现代性视域中构想生态社会主义时,阿格尔提出了作为乌托邦①的舒缓现代性,以超越当代的快速资本主义社会。21 世纪初,信息技术和娱乐技术继续迅猛发展,较以往带来了更大、更多、更深刻的全球性变化。阿格尔认为,自己如同他人一样毫无例外地被拖入其中。他在《快速资本主义:关于意义的批判理论》(1989)出版的十年后,开始把互联网理论化为一种重要的后福特主义及后现代的动力。他认为,不仅需要强调因互联网等信息技术和娱乐技术所带来的全面的、支配的特征,还需要指出它们在恢复现存佩特里尼所说的缓慢生活中的辩证潜力。在现代性的框架中,阿格尔分析了各种所谓的现代性和后现代性的现象,以乌托邦隐喻了社会主义。"在今天这个冷漠时代,要思考乌托邦的概念,其困难不言而喻。如果我们要阻止现代性与资本主义混合趋势的话,我们就必须思考乌托邦,这种混合必须被消解,以免我们把当下视为充分的社会存在,或者完全为了支持后现代性而否认了现代性。早期马克思思想仍然是可以用来进行乌托邦思考,从而把现代性推向超越了资本主义的新阶段的极少数思想资源之一。"②

在《快速资本主义的再加速:文化、工作、家庭、学校和身体》(2004)中,阿格尔把马克思看作一个现代主义者,指出马克思认为资本主义没有完成现代性,也就是说,其实资本主义只是前史的一个阶段,前史以后才是真正的历史,到那时,现代性可以全面地展开,人们利用技术去满足自身的需求,并让自身与自然保持平和的关系。在此基础上,阿格尔提出了他自己所说的作为乌托邦的"舒缓现代性",这种舒缓现代性"是文明的一个阶段,在那里,现代的制造技术及信息技术被用来放慢生存的节奏,从而重塑公共与私人、自我与社会之间的边界,几乎不存在了加速的后现代的或者是互联网的资本主义"③。他对未来社会的描绘是:"现代性作为历史终结的图景,

---

① "乌托邦"既可以作为一个贬义词,意指空想主义,也可以作为一个褒义词,意指未来的社会主义。阿格尔在这里取的是后一种含义。

② Ben Agger, *Postponing the Postmodern:Sociological Practices,Selves and Theories*.Lanham, MD:Rowman & Littlefield,2002,pp.211–212.

③ Ben Agger, *Speeding Up Fast Capitalism:Cultures,Jobs,Families,Schools,Bodies*.Boulder: Paradigm Publishers,2004,pp.148–149.

需要被转型为舒缓现代性。舒缓现代性是现代性的最后一个阶段,人们在那里建构无摩擦的共同体,借助于互联网和其它信息技术和娱乐技术而进行读写活动。与此共存的还有,借助于节奏缓慢的生活、饮食、成长、家庭、工作,人们获得简朴生活的愉悦。这样,问题就不是空间和速度。在舒缓现代性中,快慢共存。"①

舒缓现代性,是阿格尔利用前现代及资本主义现代的图景对现代性事业完成的概念化,其目的在于既抨击资本主义的异化,也抨击制度边界的消解,以便我们回归那种节奏缓慢的用餐、生活及共同体。阿格尔指出,"前现代是不充分的,因为它是赤贫的和非理性的;现代也是不充分的,因为它与资本主义对自然和他者的征服紧密相关;后现代也是不充分的,因为它取消了乌托邦"②。在同意马克思和哈贝马斯的现代性价值、德里达和阿多诺关于那种源自启蒙运动的现代性存在隐性的傲慢与支配的看法、佩特里尼关于蘸少许橄榄油的面条及帕尔马干酪等优于大号汉堡包的观点的基础上,阿格尔提出的解决办法是,"保留前现代的缓慢生活观,保留现代性中的技术可以充分发展的前景、电子民主和共同体,保留后现代对启蒙运动把理性等同于科学的傲慢看法的质疑"③,然后把这些合理性的因素综合在一起。

尽管阿格尔肯定佩里特尼以缓慢生活的名义正确地反对了农业企业、杀虫剂、泰勒式的快餐馆和连锁超市,但他也倡导人们必须以那种不消除特定的快速技术,包括借助于媒体文化和互联网,以非异化方式把缓慢性嵌入现代性中,走向快慢之物的共存。这种现代性,既不是资本主义的快速现代性,也不是那种完全抛弃了现代性的后现代性。在这种舒缓现代性社会里,人们可以随心所愿地在生活节奏上选择快慢,既可以远足去品尝地方风味和地方文化,也可以呆在家中写信,阅读书报,或进行文化创作。创造者,是舒缓现代性中的一种公民特征。舒缓现代性,把现代性事业——工业生产、民主、城市、医疗和科学——与诸如共同体、私密性、礼仪、有机低脂饮食、运动及体育锻炼、纸莎草纸、和纸浆之类的前现代性元素融合在一

---

①　Ben Agger, *Speeding Up Fast Capitalism: Cultures, Jobs, Families, Schools, Bodies*. Boulder: Paradigm Publishers, 2004, p.150.

②　Ben Agger, *Speeding Up Fast Capitalism: Cultures, Jobs, Families, Schools*, Bodies. Boulder: Paradigm Publishers, 2004, p.154.

③　Ben Agger, *Speeding Up Fast Capitalism: Cultures, Jobs, Families, Schools*, Bodies. Boulder: Paradigm Publishers, 2004, p.154.

起。①阿格尔还对节奏缓慢的电子产品使用、饮食、成长、家庭、劳动等方面做了较为详细的描述。②

　　在使用电子产品方面，阿格尔主张，定期关闭那些支配了我们这个世界及生活的电子产品。即使我们必须使用它们——比如互联网——我们也应该有选择的和注重实效的，如果我们在被联系时，不能让可能的联系手段成为强制性的相见。关闭手机，忽视电子邮件，不再使用机器回应和来电显示。看一个小时或更短时间的电视，除了有像"9·11"事件和伊拉克战争这样重要的事件才延长一些时间。如果是有必须要看的电视节目，要和孩子们一起看，以致你也可以享受他们的世界，用自己的解释帮助他们理解。

　　在饮食方面，人们拒绝快餐和速食，吃健康的食品。健康的食品，既包括含有碳水化合物的食物，也包括含有蛋白质的食物，而这最好从绿色菜源那里购买，抵制连锁超市、快餐广告和速食广告。以一种调整身体、获得快乐、消除厌倦的方式，成为身强力壮的人。身强力壮的人知道需要吃什么，也就是他们的身体会告诉他，我们需要花茎甘蓝、米饭、豆类和一些鸡肉。运动，也可以克服异化，就像乔治·希恩（George Sheehan）在《跑步与存在》（1978）一书中所说的那样。虽然你不一定是非要去跑步，或喜欢花茎甘蓝，但是要成为一个有健康身体的人，也就是马克思所说的有机身体，使得自己和他人及自然密切相处。人们要睡得好、做好梦、友好、过好生活，在健康饮食和运动时感到更加强壮和更有活力。美的身体，让你可以感觉得到它是有朝气的而充满自信的。

　　在成长方面，不要过度计划地安排时间。不管是对自己，还是对孩子，都是如此。人们要成为全面发展的人，就需要时间。人们也需要很多没有被组织的时间，也就是那些没有列入计划的时间。善于管理时间的人，把时间嵌入自己高兴的生活中。比如，在星期日下午"为自己"预留两个小时的时间。这两个小时总比没有好，为了享受真正放松和空闲的惬意，人们需要无计划的时间。在那些时间中，人们常常会以一种意外的方式发现自我。在那些时间中，人们思考、休闲、工作、享受与家人及朋友的温馨。重新认识生命周期和孩子的发展，延长孩子的孩提时代，保护孩子们免遭成人时代的入侵和加速。在缓慢现代性中，人们还必须采取其他措施来扭转孩提时代的

---

① Ben Agger, *Speeding Up Fast Capitalism: Cultures, Jobs, Families, Schools, Bodies*. Boulder: Paradigm Publishers, 2004, pp.151-152.

② Ben Agger, *Speeding Up Fast Capitalism: Cultures, Jobs, Families, Schools, Bodies*. Boulder: Paradigm Publishers, 2004, pp.157-165.

删减,让孩子们可以利用康德所说的"有目的的无目的性"来学习、认知和建构他们的认同。可以肯定的是,孩子们需要引导和组织,但是他们也需要意外发现,这是在舒缓现代性中舒缓生活的标志之一。不让孩子们接受课外辅导,除非必须那样做。孩子们需要无组织的玩耍,在学校中也需要有表现创造力的机会。

在家庭和劳动方面,不再让家庭成为电子工作场所,或者被工作搞得一塌糊涂。反观眼下,人们没有把与家庭、朋友和个人事情不相关的工作时间降到最低限度;人们以付酬工作的方式所做的事情,几乎都没有持久的影响;学术界很多人因为发表文章或出版书籍而占去很多用于假期、家庭、孩子和共同体的时间;工作很好,也很必要,但是工作狂就是违背了工作的宗旨;迷恋于上班早退,经常错过"重要的"会议。相反,马克思早已认识到,无异化的劳动是人类生活的共产主义目标。也就是说,在一个美好的社会中,人们可以自由挑选那些用来表现自我的工作,成为艺术家或手艺人。

二、真实需求的合理满足

阿格尔在批判资本主义社会时曾经指出,日常生活被哈贝马斯所说的系统加以严重殖民化,但这并不意味着日常生活不可改变。类似于"生活世界"概念的"日常生活",对马尔库塞等人来说就是潜在激进主义的诞生地,人们的一种自我解放场所。[①]日常生活,对于一些女权主义者来说,它既是个人领域也是公共领域。对于阿格尔来说,日常生活在社会变革和个人解放之间起到中介的作用。如同马尔库塞和一些女权主义者,阿格尔不仅把日常生活看作反抗资本主义的重要场所,也把日常生活视为生态社会主义幸福生活的各种真实需要的多种形态满足的主要平台。

真正的幸福来自真实的而非虚假的满足。阿格尔反对异化消费、虚假需求、虚假满足,赞成合理消费、真实需求、真实满足。在他看来,真实需求包括有意义的工作、共同体、政治自由等诸多方面,绝不受限于狭隘的消费。真实需求是人们自由决定的需求,不像虚假需求那样是被各种广告和文化工业所操作。当人们自由的时候,会正确地使用理性,也就是具备马克思主义者所说的判断力,能够辨别什么东西对自己、身体及家庭确实是有益的。真实需求不仅是合理的,也是多样的。通过研读马克思、马尔库塞、莱

---

① Ben Agger, *The Discourse of Domination: From the Frankfurt School to Postmodernism*. Evanston: Northwestern University Press, 1992, p.259.

易斯等人的需求思想，阿格尔强调他们从来没有说人们的真实需求是千篇一律的，比如，要求人们都去吃燕麦粥、褐色米饭、寿司和果冻，但是他们均指出，人们都有的合理需求是政治自由、有意义而非异化的工作等需求。在此基础上，联系女权主义者和环保主义者眼下所迫切要求解决的身体政治、食物、运动、化妆品、服饰等对21世纪理论家和行为主义者来说的重要问题，阿格尔指出，人们还有健康身体、合理饮食、必要打扮和美满家庭等真实需求。

生活在生态社会主义里的人们走出了因虚假需求而进行异化消费的误区，获得合理消费的真实满足。阿格尔指出，生态社会主义会因避免生态危机而有计划的缩减工业生产。这种生态指令"是生态极限从根本上提出了削减商品生产和消费的迫切要求"[1]。在生态社会主义中，人们不再把全部时间花费在为市场谋利的商品生产上，而是把时间花费在为了社会与家庭而塑造完善的自我等活动上。这样，社会发展的目标是用自我的创造性活动和生产性活动，也就是马克思当年所说的"实践"，来消除过度的商品生产，铲除异化消费的生产根源。如前文所述，阿格尔以北美这个收入而言"最富裕"的地区为例，指出因人们沉迷于无止境消费，不但导致了酗酒率、抽烟、肥胖、心脏病出现的比率节节攀升，也造成了对自然环境的强迫性支配。阿格尔主张借助一种新的社会想象力重新评价人的需求，缓解人们的物质匮乏，消除人们的虚假需求，实现资源和需求之间的平衡。因此，人们应该也可以过着简朴的生活，这将从最低消费中获得感知的满足。比如，一旦人们不再被引诱为贪食者，食用健康食物的快乐会得以强化。这并不意味着阿格尔主张清教主义，因为他明确阐述了清教主义和健康的适度之间所存在的深刻区别：前者是自我拒绝的，而后者是保持自我与自然的和谐，取之于自然，用之于自然。[2]

生态社会主义中人们也将全面地满足多种合理的需求。阿格尔指出，马尔库塞认为二战后资本主义社会中人们的身体成了客体，而不是主体，遭受餐饮、节食和体育产业的影响。身体主体只是一种客体，作用于媒体文化和各种政治经济因素，它们把欲望区隔化了。[3]资本主义社会的那种单一的、快餐式的、区隔化（compartmentalized）的虚假需求的满足，本质上是片

①　Ben Agger, *Western Marxism：An Introduction.* Santa Monica：Goodyear, 1979, p.319.

②　Ben Agger（with S.A McDaniel）, *Social Problems Through Conflict and Order.* Toronto：Addison-Wesley, 1982, pp.262-263.

③　Ben Agger, *Speeding Up Fast Capitalism：Cultures, Jobs, Families, Schools, Bodies.* Boulder：Paradigm Publishers, 2004, p.129.

面而虚假的满足。就它们存在的总体性而言,这些满足只能是物欲的、单调的,而不是爱欲的、多形态的。需求及其满足的区隔化是当代资本主义的一个重要特性,它拒绝给予人们有意义的工作、和谐的共同体,而是借助于提供消费、上网及口腹之乐等来满足人们无止境的碎片化需求。口欲的强迫性冲动之所以会存在,是因为人们还没有真正实现自我行为的统一。从生活方式的角度看,这必然涉及到节食、个人与动物及肉类之间的关系。那么,什么是真正的多形态满足? 简要地说,真正的多形态满足,不是虚假的单一的需求尤其是异化消费的虚假需求的满足,而是涉及人与自我、他人、共同体和自然之间多种关系上的各种真实需求的满足。

如同马尔库塞和莱易斯,阿格尔认识到身体和自然之间存在一定的联系,从而造成欲望和历史之间也存在联系,这就要求把欲望安置在整个身体主体的基础上,而不仅仅是消费领域。从北美现存工业社会的增长率和相应的浪费率的实际情况看,生态危机迫使人们调整自己的价值观和需求观。最终,人们会对新的简朴生活感兴趣,并开始不再从以广告为媒介的消费中,而是从小规模的生产生活和工艺式的消费中得到快乐。人类绝非像现有经济常识所说的那样是贪得无厌的动物, 人们会知道多少就"足够了"。因此,人们会把身体体验为感知的统一体,面向自然、社会和他人,在除了消费活动之外的其他活动中获得满足感和幸福感。生态社会主义中的人们,将把需求及其满足重新解释为一种建构性的社会议程,采取有效的措施把它从以前的资本主义文化工业中收回。[①]通过借鉴伊万·伊里奇关于建立基于人与人之间自主的、创造性的交往和基于人同自己社会环境交往的交往社会的看法,以及莱易斯所主张的"较易于生存的社会"的观点,阿格尔也相信人们在生态社会主义条件下可以发展恢复健康、安抚自己、进行运动、学习知识、建造房屋、埋葬死者等多种能力,其中的每一种能力都可以满足相应的需求。

总之,进入生态社会主义后,人们不再像从前那样迷信发达资本主义工业社会具有源源不断提供商品的能力,而会对人们在一个不完全丰裕的世界上的满足前景进行正确的评价。阿格尔的这种构想并不是提倡重新培育清教徒式的生活,而是希望人们纠正对美好生活的性质与质量的错误看法,从而正确认识人生的意义和幸福的含义。

---

① Ben Agger, *Speeding Up Fast Capitalism: Cultures, Jobs, Families, Schools, Bodies.* Boulder: Paradigm Publishers, 2004, p.130.

三、大众自我的自由实践

阿格尔在阐述马克思的辩证方法时就已经指出，无数个人的劳动在资本主义社会中是异化的，也就是不自由的。马克思构想了非异化的社会主义和共产主义社会，希望个体自我在创造性和生产性相融合的社会实践中实现自由的生活。

在《延缓后现代：社会学的实践、自我和理论》（2002）中，阿格尔写道："马克思为创造共产主义社会而苦苦思索，他认为在共产主义社会中，人们会找到适合于自己的工作。这些工作，不再支配于自上而下的官僚制管理，也不再为那些追求自身财富无限扩大的资本家所拥有。人们会在工作中实现自我，用黑格尔的话说，就是在外部世界里外化自我。他们可以画画、种庄稼、拉小提琴、写书、建造房屋、治疗身体、发行报纸、开飞机、做家具、教学、完成其它使生活成为文明可能的任务。人们有社会的本能，而不是自私和占有欲极强的人，因为人们认识到真正的人性存在于马克思所说的类存在物中——归属于比任何个人都伟大的一种事业，一种'社会'中。人们的劳动，既是自我创造性的表达，也是在帮助他人，在那种十分类似于卢梭'公众意志'的公共生活观念中，实现个人利益和社会利益的结合。"①在构想作为乌托邦的舒缓现代性时，阿格尔也写道："在舒缓现代性中，人们可以随心所愿地在生活节奏上选择快慢，既可以远足去品尝地方风味和地方文化，也可以呆在家中写信，阅读书报，或进行文化创作。"②据此，我们可以发现，阿格尔所说的"实践"，就是一种融合生产、生活、休闲与一体的自我创造性活动，而个体的实践实际上就是个人在生活中自由自在地活动。

自我实践是对异化个体生活的超越。"在快速资本主义中，作为个体的自我拥有两个最坏的世界：在公共领域中，自我被快节奏的工作、快餐、交通，甚至是宴会所支配，这是强化的社会自我；在私人生活中，自我也被拒绝享受一种健康的及共同体的私人生活。作为社会客体的自我，无法抵制社会制度对他（她）的侵袭，在公私边界被媒体文化和互联网消解后，人们感到十分地孤单，切断了有意义的联系，包括对欢宴的体验。"③但是这种被

---

① Ben Agger, *Speeding Up Fast Capitalism : Cultures , Jobs , Families , Schools , Bodies*. Boulder : Paradigm Publishers, 2004, p.93.

② Ben Agger, *Speeding Up Fast Capitalism : Cultures , Jobs , Families , Schools , Bodies*. Boulder : Paradigm Publishers, 2004, p.150.

③ Ben Agger, *Speeding Up Fast Capitalism : Cultures , Jobs , Families , Schools , Bodies*. Boulder : Paradigm Publishers, 2004, p.150.

毁的生活在生态社会主义中,可以被自由的实践所超越。实践的自由也是生态社会主义实践的起点。阿格尔把马尔库塞解读为,一个强调了"个人的解放不是社会主义实践的终点,而是社会主义实践的起点"①的思想家。他指出,马尔库塞对西方马克思主义的贡献在于他的这种思想,即人们可以认识到他们的虚假需求,成为实践的个体,从而打断支配的连续体。阿格尔认为马尔库塞的《论解放》是雄辩的,那些警句式的概述体现了人们可以也应该过着幸福的生活,成为他所说的本能上与环境上"平静"的主体。实践的自由还可以解放人们的身体。人们在生态社会主义中,不但可以在简朴的饮食中实现自我身体再生产的欢欣,也可以在工作和休息中通过身体运动获得快乐。身体的运动,可以实现健康的新陈代谢。鉴于很多人工作的时间越来越长,阿格尔提倡体育锻炼,以便使身体更加健康。人们不但要有健康的身体,还要让身体体验自然,这源自把身体既要体验为主体,也要体验为客体。人的身体,既是人性,也是自然。主体既是一种饮食和运动的主体,也是爱的主体,在自我工作及以享受缓慢生活的果实而补充自己的身体时,体验着全面的人性、舒缓的生活,与自然同步。②

　　实践的自由生活不仅是必要的,也是可能的。人们从支配中解放出来后,可以摆脱自由与必然的对立。在一种非极权主义的组织背景下,阿格尔相信,人们可以在创造性工作及与环境的和谐表达中获得满足。从事爱欲化的升华性的工作,会获得休闲和关怀的元素,这正好是早期马克思在勾画后资本主义社会中实践时所思考的。这种乌托邦可以始于工作的家庭化和人性化。自然获得了救赎,人们拥有实践自由的场所。借助于解读马克思的早期思想,阿格尔认为,自然提供了一种创造性的中介。如同马克思,他相信一旦资本主义被推翻,这种情况是可能的。自然既是人类事业之中沉默的伙伴,也是一种生存资源和人们自我表现的场所。③阿格尔还指出,阿多诺已经把值得追求的历史终结视为对自然的救赎,反映了阿多诺对启蒙运动普罗米修斯意志权力的尼采式批判。自然有其自己的节令和节律,所

---

①　Ben Agger,*The Discourse of Domination:From the Frankfurt School to Postmodernism*.Evanston:Northwestern University Press,1992,p.135.

②　Ben Agger,*Speeding Up Fast Capitalism:Cultures,Jobs,Families,Schools,Bodies*. Boulder:Paradigm Publishers,2004,pp.154-155.

③　Ben Agger(with S.A McDaniel),*Social Problems Through Conflict and Order*.Toronto:Addison-Wesley,1982,p.246.

有的事情可以依此而回归。①在舒缓现代性中,人们将把自然修复和救赎为一种标准,依此标准来判断其他行为与生活安排的合理性。

自我摆脱了异化时间的束缚,可以放慢生活节奏,进行自由的生活实践。当人们摆脱了社会时间的不当束缚,就拥有了自己的自由时间,可以适当地调整生活韵律,使之以一种快慢适度的节奏出现,显现生活的审美特性和艺术价值。阿格尔认为本杰明在理论化漫游者(Flaneur)时,很好地理解了这一点,这个漫游者为了把深刻体会世界主义的都市生活作为一种享受和生存模式,而漫游于巴黎。漫游者是后现代自我的反义词,这种自我可以完成多种任务,应对各种时间和计划,整理好优先次序,设置好议程和在房间里工作。后现代资本主义社会中繁忙的、商业化的自我个体沉溺于精心打扮,把身体视为商品,而漫游者却认识到身份存在于比外表更深的地方。②马克思在讲到共产主义社会中自由时间的意义时曾明确指出:"那时,财富的尺度决不再是劳动时间,而是可以自由支配的时间。"③可见,阿格尔对人们在时间上自由的体认,与马克思对自由时间意义的阐明不谋而合。

总而言之,阿格尔对生态社会主义经济、政治、文化、社会这四个主要方面的生态蕴含进行了系统思考。至此,通览阿格尔的生态马克思主义思想,我们可以发现阿格尔始终认为,只有坚持马克思的辩证方法和历史唯物主义立场,才能深刻理解当代资本主义社会生态危机的根源是资本主义制度及其生产方式,才能真正明白当代资本主义社会缘何无法克服与其他社会问题交叠共生的生态危机,才能深入批判异化日益加剧的当代资本主义社会,才能积极寻求变革当代资本主义社会的战略策略,才能不断走向生态社会主义,才能最终实现人与自然的和谐相处。在肯定阿格尔的这种理论立场的出发点和依托重建的批判理论来进行当代资本主义生态危机等相关问题加以经验研究的同时,我们也必须清醒地看到他在当代资本主义生态批判、生态变革与生态展望等方面还存在一些不可忽视的理论偏差。这些理论偏差集中表现为阿格尔对马克思辩证方法的诠释不够完整准确、对当代资本主义生态批判还不够彻底、对生态社会主义的构想还不完全科学。阿格尔的生态马克思主义思想的这些理论偏差的深层原因,在于

①　Ben Agger, *Speeding Up Fast Capitalism: Cultures, Jobs, Families, Schools, Bodies*. Boulder: Paradigm Publishers, 2004, p.150.

②　Ben Agger, *Speeding Up Fast Capitalism: Cultures, Jobs, Families, Schools, Bodies*. Boulder: Paradigm Publishers, 2004, pp.164–165.

③　《马克思恩格斯全集》(第46卷),北京:人民出版社,1979年,第222页。

他没有从当代资本主义社会的生产力与生产关系、经济基础与上层建筑之间内在矛盾上澄清其经验研究的规范性前提。"毫无疑问,一旦经验研究没有自我澄清规范性前提,就难以避免在纷繁的经验丛林中迷失方向,也难以避免在多样的理论丛林中陷入混乱。"①当然,我们虽然不能完全赞同阿格尔生态马克思主义思想的所有观点,但其中的一些思考与灼见对于我们建设美丽中国也具有启迪意义。

---

① 申治安:《通往平等对话的共同体:本·阿格尔"快速资本主义"思想研究》,北京:知识产权出版社,2020年,第172页。

第六章　阿格尔生态马克思主义思想
对建设美丽中国的主要启示

阿格尔生态马克思主义思想之于建设美丽中国有哪些启示？那些启示何以必要、何以可能？这些问题，是我们在研究阿格尔生态马克思主义思想时不可回避的重要问题。建设美丽中国，既要始终坚持以中国化的马克思主义，尤其是以习近平生态文明思想为根本遵循，也要自觉继承中华优秀传统文化、积极借鉴一切外来的优秀文化，并在此基础上融通这些思想资源。依照"对一切有益的知识体系和研究方法，我们都要研究借鉴"[①]，揭示已受学界关注的阿格尔生态马克思主义思想之于建设美丽中国的借鉴意义，有其必要性。这种必要性因"对国外马克思主义研究新成果，我们要密切关注和研究，有分析、有鉴别，既不能采取一概排斥的态度，也不能搞全盘照搬"[②]，以便发展 21 世纪马克思主义、当代中国马克思主义，加之生态马克思主义的生态理论、当代中国马克思主义的生态理论、马克思恩格斯的生态理论都属于马克思主义的生态理论，[③]而更应引起我们的重视。接下来的关键问题，不在于阿格尔生态马克思主义思想之于建设美丽中国有无启示，而在于有何启示。

阿格尔的生态马克思主义思想，虽然存在一些理论不足和实践缺陷，但是它在坚持用马克思主义分析生态环境问题、探讨人与自然和谐共生的现代化、坚信先进的社会主义制度可以解决生态环境问题、信奉人类社会最终走向实现"人类与自然和解及人类本身和解"的共产主义等方面，与建设美丽中国具有理论共性。这种在坚持马克思主义立场、探讨生态文明基本问题、紧扣全球化现代化的时代语境、追求人与自然双重解放上的高度契合性，使得阿格尔生态马克思主义思想可以为我们如何立足中国、借鉴外国、面向未来地深入思考建设美丽中国这一重大时代课题提供诸多具体启示。这些启示既包括出于阿格尔理论贡献的正面启示，也包括来自阿格

[①] 《习近平谈治国理政》(第二卷)，北京：外文出版社，2017 年，第 341 页。

[②] 习近平：《深刻认识马克思主义时代意义和现实意义 继续推进马克思主义中国化时代化大众化》，《人民日报》2017 年 9 月 30 日。

[③] 王传发、陈学明主编：《马克思主义生态理论概论》，北京：人民出版社，2020 年，第 4 页。

尔理论局限的反面启示;既包括阿格尔关于先进社会主义制度的生态文明建设优越性等看法之于我们必须毫不动摇地坚定走中国特色社会主义生态文明建设道路的确证性启示,也包括阿格尔对当代资本主义社会生态危机及其治理弊病等观点之于我们避免欧美资本主义生态环境灾难的防范性启示。系统探讨阿格尔生态马克思主义思想的这些启示,将有助于我们积极地建设美丽中国。

第一节　发展适度生产的生态经济

生态环境问题的本质,是人与自然关系的对抗,它的根子在于生产方式的不合理。阿格尔对当代资本主义社会不合理的生产方式的分析,尤其是对北美资本主义社会商品过度生产的批判,以及对那种既不是延续资本主义社会商品过度生产,也不是回到商品低度生产的"众所周知的愚昧时代"①的生态社会主义构想,启示我们要坚持绿色低碳的适度生产,不断推进中国特色社会主义生态文明建设。这种适度生产,就是要把商品生产活动限制在自然资源、生态环境乃至人的生命健康所能承受的合理限度之内,它不但超越了因社会生产水平不高而导致不能满足人们物质文化需求的低度生产,而且超越了以牺牲生态环境乃至人的生命健康为代价而换取经济增长的过度生产。简要地说,美丽中国建设视域下的适度生产,就是要发展绿色低碳的生态经济。

一、抓住生态环境问题的生产根源

马克思认为,一切生产都是人们在一定社会形式中并借这种社会形式而进行的对自然的占有。②经济增长或生产发展,对生态环境的影响不可忽视。阿格尔的生态马克思主义思想根植于当代资本主义社会的商品生产分析,正确地认识到当代资本主义商品生产不但在其生产过程内部存在根深蒂固的矛盾,而且在其生产过程同整个生态系统的相互作用方式上也存在不可化解的矛盾。③这种双重矛盾表现为:一方面,人们力图摆脱生产过程中极权主义的强制协调与异化劳动的身心负担,从而在情感上依附于对商品的异化消费;另一方面,资本主义商品生产的扩张动力导致自然资源不

---

① Ben Agger, *Western Marxism:An Introduction*. Santa Monica:Goodyear,1979,p.324.

② 《马克思恩格斯文集》(第八卷),北京:人民出版社,2009年,第11页。

③ Ben Agger, *Western Marxism:An Introduction*. Santa Monica:Goodyear,1979,p.272.

断减少和大气受到污染的环境问题。①为了解决资本主义商品生产的内外双重矛盾,阿格尔提出了生态变革以打破资本主义商品过度生产与过度消费的怪圈,走向稳态的生态社会主义经济。对此,我们既要看到阿格尔对当代资本主义生态危机根源的过度生产分析扭住了"生产"这个"牛鼻子",也要看到阿格尔虽然严厉批判了当代西方资本主义社会的生产方式及其后果,但没有完全科学地说明这个生产方式,没有辩证地分析当代资本主义商品生产的双重性,因而不能开出对付这个生产方式病症的有效药方,只能重弹走向稳态经济的老调。其实,恩格斯早在批评空想社会主义时就指出,空想社会主义者越是义愤填膺地反对资本主义生产方式对工人阶级的剥削,就越是不能明白指出这种剥削在哪里和怎样发生。

众所周知,当代资本主义社会基于资本逻辑的商品生产,犯下了很多令人发指的让人们在感情上难以接受的各种罪行,必须像阿格尔等人那样对之加以无情的批判。与此同时,我们也要认识到,当代资本主义社会的商品生产在实现人类社会革命的时候却充当了历史的不自觉的工具。正如马克思在剖析英国在印度的殖民时所写的:"英国在印度要完成双重的使命:一个是破坏的使命,即消灭旧的亚洲式的社会;另一个是重建的使命,即在亚洲为西方式的社会奠定物质基础。"②当代资本主义社会的商品生产,在没有完成其历史使命时不会退出历史舞台。当代资本主义社会的生产关系一旦不能容纳它所创造的生产力,就必然走向灭亡。因此,问题的关键不在于仅仅指出资本主义商品过度生产的不合理性,而在于像马克思那样科学地剖析资本主义商品过度生产的产生、生存、发展和灭亡,做到道德评价与历史评价的统一。

在历史唯物主义看来,人与自然的关系问题,归根结底是物质生产的问题。阿格尔对当代资本主义生态危机的生产分析,虽然存在不可否认的理论局限,但是这种生产分析法毕竟抓住了经济发展与环境保护之间关系的生产要领。这也启示我们要分析中国的生态环境问题,就必须从根底上揭示其生产原因,真正找到问题的根本症结所在;必须深刻地认识到生态环境保护的成败归根结底取决于经济结构和经济发展方式,③深刻地理解选择合理的生产方式之于美丽中国建设的极端重要性。习近平总书记2017 年 5 月 26 日在主持中共十八届中央政治局第 41 次集体学习时指

---

① Ben Agger,*Western Marxism:An Introduction.* Santa Monica:Goodyear,1979,p.272.

② 《马克思恩格斯选集》(第一卷),北京:人民出版社,2012 年,第 857 页。

③ 中共中央文献研究室:《习近平关于社会主义生态文明建设论述摘编》,北京:中央文献出版社,2017 年,第 19 页。

出,我国在资源利用上仍未彻底改变粗放的方式,急需推进绿色生产。资源利用依然粗放,主要表现为:我国单位国内生产总值能耗是世界平均水平两倍多,水资源产出率仅为世界平均水平的 62%,万元工业增加值用水量为世界先进水平的两倍;人均城镇工矿用地 149 平方米,人均村庄用地 317 平方米,远远超出国家标准上限;农业节水灌溉面积占不到有效灌溉面积的一半,农田灌溉水有效利用系数远低于 0.7~0.8 的世界先进水平;水资源过度开发利用,海河、黄河、辽河流域水资源开发利用率已经达到 106%、82%、76%,北方平原地区地下水平均开发利用率达到 85%,其中河北、天津、河南、山西超过 100%;地下水超采严重,超采区面积达到 30 万平方千米,平均每年超采地下水 170 亿立方米,由此引发地面沉降、地面塌陷、海水入侵、土地荒漠化、泉水衰减等一系列严重生态环境问题,华北平原成了巨大的漏斗区。①粗放型的生产,还导致污染物排放总量远远高于环境容量,严重污染空气、土壤和各种水源。面对我国生态环境问题依然十分突出,资源约束趋紧、环境污染严重、生态系统退化依然严峻的形势,如果不重视绿色生产、不落实绿色生产、不抓紧绿色生产,任凭存在的问题再恶化下去,我国发展必将是不可持续的。②

二、锚定节约资源能源的适度生产

人类社会的物质生产在资本主义社会出现之后,就主要表现为商品生产。资本逻辑主导下的资本主义社会的商品生产,必然以牺牲生态环境和工人利益为代价换取被资产阶级占有的大量财富。阿格尔在批判当代资本主义社会时,看到了其生产方式的不合理性,指出了其追求大量的商品生产和消费的经济增长对生态系统的严重破坏,呼吁缩减生产和消费。20 世纪七八十年代,阿格尔主张"要从根本上削减商品生产和商品消费"③。21 世纪初,他仍原则上坚持当初的看法,呼吁人们利用时间"去为社会与家庭发展自我,而不是去为市场生产商品"④。由此可见,阿格尔既没有认识到资本主义自身不会主动缩减商品生产,没有认识到商品生产在没有完全取消私有制的社会主义社会中也必然长期存在。因此,如果说阿格尔对资本主义因其贪婪本性而表现出生态破坏的批判有其积极意义,那么他因资本主

---

① 习近平:《论坚持人与自然和谐共生》,北京:中央文献出版社,2022 年,第 171 页。

② 习近平:《论坚持人与自然和谐共生》,北京:中央文献出版社,2022 年,第 172 页。

③ Ben Agger, *Western Marxism: An Introduction*. Santa Monica: Goodyear, 1979, p.319.

④ Ben Agger, *Speeding Up Fast Capitalism: Cultures, Jobs, Families, Schools, Bodies*. Boulder: Paradigm Publishers, 2004, p.159.

义生产方式的局限性而完全排斥商品生产的做法在理论上则类似于空想社会主义,在实践中也不切实可行。不过,阿格尔关于商品生产与生态环境之间关系的思考,倒是从生态马克思主义的角度确证了"绿水青山就是金山银山"的科学理念,启示我们务必在深刻把握商品生产规律的基础上锚定节约自然资源能源的适度生产,既要避免以牺牲生态环境为代价的过度生产,也要避免以放弃经济发展为代价的低度生产。

一般说来,人们在处理经济发展和生态环境保护的关系时,往往有两种错误的极端现象:一种是只顾经济发展,对自然资源能源加以疯狂地掠夺;另一种是只顾生态环境保护,不顾关系人们生活富裕的经济发展。对于前者,人们给予了很多的批评,而对于后者,人们的批评相对较少,甚至还有人片面地认为,保护生态环境就是要求人们不去触碰自然界。两极相通,看似水火不容的两种态度,实则都源于没有正确认识经济发展和环境保护之间的辩证关系。实践表明,一旦片面强调经济发展,就容易忽视环境保护;一旦片面强调环境保护,就容易忽视经济发展。我们如果既要金山银山又要绿水青山,就必须科学地认识商品生产的来龙去脉。

商品生产的出现,是人类社会发展的历史产物。商品生产,是以社会分工为前提的。在中世纪的社会里,以交换为目的的商品生产还只在形成中,但是随着生产力的发展,特别是随着资本主义生产方式的出现,商品生产空前扩展。资产阶级借助于开拓世界市场,使一切国家的生产和消费都成为世界性的,"它的商品的低廉价格,是它用来摧毁一切万里长城、征服野蛮人最顽强的仇外心理的重炮。它迫使一切民族——如果它们不想灭亡的话——采用资产阶级的生产方式;它迫使它们在自己那里推行所谓的文明,即变成资产者"①。可见,不管人们喜欢与否,资本主义商品生产必然会随着生产力的发展而产生。对于整个人类社会发展而言,资本主义的商品生产有其历史的合理性。马克思和恩格斯在《共产党宣言》中站在唯物史观的高度,肯定资本主义商品生产对促进生产力发展所起的历史作用时说:"资产阶级在它的不到一百年的阶级统治中所创造的生产力,比过去一切世代创造的全部生产力还要多,还要大。自然力的征服,机器的采用,化学在工业和农业中的应用,轮船的行驶,铁路的通行,电报的使用,整个整个大陆的开垦,河川的通航,仿佛用法术从地下呼唤出来的大量人口——过去哪一个世纪料想到在社会劳动里蕴藏这样的生产力呢?"②这样,资产阶

---

① 《马克思恩格斯选集》(第一卷),北京:人民出版社,2012年,第404页。

② 《马克思格斯选集》(第一卷),北京:人民出版社,2012年,第405页。

级借助于一切生产工具的迅速改进和交通的极其便利,"把一切民族甚至最野蛮的民族都卷到文明中来了"①。资本主义社会中的商品生产和商品交换,不但带来了生产力的空前发展,而且鼓舞了人们去不懈追求平等、自由、正义等社会价值。马克思指出,"商品是天生的平等派"②。正是因为伴随着商品生产的发展,平等、自由、正义才不仅作为意识形态,也作为一种政治法律制度在资本主义社会中被固定下来。尽管它们没有超出商品权利的范围,但毕竟是历史的进步。

承认资本主义商品生产的历史作用,不等于忽视资本主义商品生产的社会罪恶。在《共产党宣言》等著作中,马克思、恩格斯辛辣而深刻地批判了资本主义商品生产中体现了劳资关系的资本剥削、异化劳动,以及为资本主义商品生产服务的资本主义国家等政治制度。马克思说:"要使资本主义生产方式的'永恒的自然规律'充分表现出来,要完成劳动者同劳动条件的分离过程,要在一极使社会的生产资料和生活资料转化为资本,在另一极使人民群众转化为雇佣工人,转化为自由的'劳动贫民'这一现代历史的杰作,就需要经受这种苦难。如果按照奥日埃的说法,货币'来到世间,在一边脸上带着天生的血斑',那么,资本来到世间,从头到脚,每个毛孔都滴着血和肮脏的东西。"③当劳动力成为商品时,"原来的货币占有者作为资本家,昂首前行;劳动力占有者作为他的工人,尾随于后。一个笑容满面,雄心勃勃;一个战战兢兢,畏缩不前,像在市场上出卖了自己的皮一样,只有一个前途——让人家来鞣"④。

马克思和恩格斯也揭露了资本主义商品生产过程中的异化劳动。"劳动对工人来说是外在的东西,也就是说,不属于它的本质;因此,他在自己的劳动中不是肯定自己,而是否定自己,不是感到幸福,而是感到不幸,不是自由地发挥自己的体力和智力,而是使自己的肉体受折磨、精神遭摧残。因此,工人只有在劳动之外才感到自在,而在劳动中则感到不自在,他在不劳动时觉得舒畅,而在劳动时就觉得不舒畅。因此,他的劳动不是自愿的劳动,而是被迫的强制劳动。因此,这种劳动不是满足一种需要,而只是满足劳动以外的那些需要的一种手段。劳动的异己性完全表现在:只要肉体的强制或其他强制一停止,人们会像逃避瘟疫那样逃避劳动。外在的劳动,人

---

① 《马克思恩格斯选集》(第一卷),北京:人民出版社,2012年,第404页。

② 《马克思恩格斯文集》(第五卷),北京:人民出版社,2009年,第104页。

③ 《马克思恩格斯文集》(第五卷),北京:人民出版社,2009年,第870—871页。

④ 《马克思恩格斯文集》(第五卷),北京:人民出版社,2009年,第205页。

在其中使自己外化的劳动,是一种自我牺牲、自我折磨的劳动。"①恩格斯还批判了为资本主义商品生产服务的资本主义国家等政治制度。因为资产阶级在资本主义商品生产中占据统治地位,所以为资产阶级与资本主义商品生产服务的现代国家"不管它的形式如何,本质上都是资本主义的机器,资本家的国家,理想的总资本家"②。简而言之,资本主义的商品生产会利用一切手段来无情地剥削工人阶级,致使工人过着异化的生活。

即便是在社会主义革命取得成功后,作为共产主义初级阶段的社会主义阶段,只要公有制还没有完全取代私有制,商品生产依然会长期存在。只不过,这时的商品生产,是社会主义商品生产而已。社会主义为了最终消灭商品生产,不是人为地取消商品生产,而是积极地发展商品生产,促进其消亡。恩格斯在《共产主义原理》中回答第十七个问题"能不能一下子就把私有制废除?"时说:"不,不能,正像不能一下子就把现有的生产力扩大到为实行财产公有所必要的程度一样。"③俄国十月革命后,列宁在探索从资本主义向社会主义过渡时期的商品生产问题时也坦言:"我们没有做到一下子废除货币。我们说,目前货币还保留着,而且在从资本主义旧社会向社会主义新社会过渡的时期,还要保留一个相当长的时间。"④新中国成立后不久的社会主义建设初期,针对有人因急于要宣布全民所有制而主张废除商业、消灭商品生产的错误观点,毛泽东就明确指出:"现在,我们有些人大有要消灭商品生产之势。他们向往共产主义,一提商品生产就发愁,觉得这是资本主义的东西,没有分清社会主义商品生产和资本主义商品生产的区别,不懂得在社会主义条件下利用商品生产的作用的重要性。这是不承认客观法则的表现,……现在有人倾向不要商业了,至少有几十万人不要商业了。这个观点是错误的,这是违背客观法则的。"⑤实践也证明,人为地、过早地取消商品生产,必然遭受经济规律的惩罚。人们距离商品生产真正消亡的共产主义时代,还有很长的路要走。因此,绝不能因为资本主义商品生产必然导致人与自然关系的对抗,而在建设美丽中国的过程中一概拒绝商品生产,或主观臆想地认为可以随意缩减商品生产,去走低度生产的错路。

生产发展是人类文明和人们生活幸福的重要前提。中国特色社会主义要靠生产发展来不断巩固和前进,不可能也不应该因为经济社会发展中出

①　马克思:《1844 年经济学哲学手稿》,北京:人民出版社,2000 年,第 9 页。

②　《马克思恩格斯选集》(第三卷),北京:人民出版社,1995 年,第 753 页。

③　《马克思恩格斯选集》(第一卷),北京:人民出版社,2012 年,第 304 页。

④　《列宁全集》(第 36 卷),北京:人民出版社,1985 年,第 340 页。

⑤　《毛泽东文集》(第七卷),北京:人民出版社,1999 年,第 437—438 页。

现生态环境问题，我们就放慢发展的步伐或干脆放弃生产发展。"经济发展不应是对资源和生态环境的竭泽而渔，生态环境保护也不应是舍弃经济发展的缘木求鱼，而是要坚持在发展中保护、在保护中发展。"①建设美丽中国，就是要立足我国当前特殊的自然环境现状、经济发展水平、文化建设状况、社会政治条件及人口素质等实际，走出一条符合中国国情的社会主义生态文明建设新路。美丽中国建设的这条新路，一定要借助于中国特色社会主义制度的优越性。不过，我们也要注意绿色发展、绿色消费、理性消费，积极防范阿格尔指出的那种过度生产和过度消费，②从而让人们的生产满足、生活满足、生态满足有机统一。

总而言之，对于建设美丽中国而言，如果说完全拒绝商品生产是走不通的死路，无节制地推行商品生产是走不长的绝路，那么只有绿色低碳的适度生产才是走得好的正路。历史地看，我们在探索这条正路的过程中也走过不少弯路，当前和今后必须极力避免再走那些弯路。

三、切实推进绿色生产

生态环境问题不能简单地用缩减或停止商品生产的办法来解决，保护生态环境也不是盲目地反对商品生产。建设美丽中国，关键在于深刻认识和正确处理生态环境保护与经济发展的关系，在生态良好的条件下保证可持续的生产发展，并通过绿色的生产发展来保护生态环境，走好生产发展和生态良好互融共促的社会主义生态文明建设之路。如前文所述，阿格尔探讨了当代资本主义规模化、集中化、官僚化、高速化过度生产的生态后果，设计了分散化、民主化、适速化、社会主义化的生态变革战略，构想了人与自然"生产和谐"③的生态社会主义。阿格尔的这些思索，为我们在坚持和完善社会主义基本经济制度、践行绿色发展、实现高质量发展的语境下推进绿色低碳的适度生产提供了一些启示。

首先，坚持以人民为中心的生产发展。就阿格尔生态马克思主义思想而言，其逻辑起点在于指出当代资本主义社会的生态危机不仅掠夺自然资源、污染环境，也"加深异化、分裂人的存在"④；其最终的理论落脚点在于希望自然和人都获得解放。这显示出阿格尔继承了由卢卡奇所开创、法兰克

---

① 《习近平关于社会主义生态文明建设论述摘编》，北京：中央文献出版社，2017年，第19页。

② Ben Agger, *Western Marxism: An Introduction*. Santa Monica: Goodyear, 1979, p.324.

③ Ben Agger, *Speeding Up Fast Capitalism: Cultures, Jobs, Families, Schools, Bodies*. Boulder: Paradigm Publishers, 2004, p.155.

④ Ben Agger, *Western Marxism: An Introduction*. Santa Monica: Goodyear, 1979, p.268.

福学派所弘扬的西方马克思主义的人道主义传统,把人的存在问题安置在其生态马克思主义思想的显著位置。围绕着当代资本主义生态危机的来龙去脉,阿格尔系统地思考人的本质、需要、满足、异化、幸福、自由,乃至人类解放等重要问题。

阿格尔的这些系统思考对我们主要有四点启示:一是以西方资本主义社会化生产为镜鉴,始终坚守生产发展和环境保护的根本立场都是为了增进人民的福祉。我们要把人的全面而自由的存在作为社会主义社会化生产的最终目的,坚决克服见物不见人、无视人的存在、漠视人民合理需求、忽视群众幸福等错误的思想和做法。"建设美丽中国"就是为了人民福祉、民族未来,具有以人民为中心的内在的价值取向。

二是绿色低碳的适度生产要紧紧依靠人民群众,不仅竭力创造条件让广大生产者直接在生产活动中获得满足、体会快乐、感受幸福,还积极保障各行各业劳动者的合法权益,最大限度地减少劳动者在生产中的"无力感、无助感"①。习近平总书记指出,"良好生态环境是最公平的公共产品,是最普惠的民生福祉。对人的生存来说,金山银山固然重要,但绿水青山是人民幸福生活的重要内容,是金钱不能代替的。你挣到了钱,但空气、饮用水都不合格,哪有什么幸福可言。"②习近平总书记的这一重要论述,把以人民为中心的发展思想与生态文明建设、绿色发展、共享发展有机地统一了起来,要求切实保障人们群众的生态环境权。

三是绿色低碳的适度生产的成果不仅要满足人们的美好生活需要,也要满足人们的优美生态环境需要。其实,这也意味着绿色低碳的适度生产不只是满足人类当下的合理需要,也会满足我们赖以生存的生物圈中其他生物的生存需要,乃至满足整个生态系统为了维持自身多样性、稳定性、持续性而休养生息的内在需要,还会满足子孙后代的生存、发展需要。这也是绿色低碳的适度生产的题中应有之义。

四是绿色低度的适度生产还有助于人类的解放。"建设美丽中国"还蕴含了全球视野和人类情怀。习近平总书记多次指出我国生态文明建设具有全球性,强调应该牢固树立"人类命运共同体"的意识,共同呵护地球,建设一个 "清洁美丽的世界"。这既力求通过国内生态治理以维护国内生态安全, 又力求通过全球生态治理以维护全球生态安全。显然,"美丽中国"和"美丽世界"相互通达,国内生态治理和国际生态治理相互补充,国内生态

---

① Ben Agger, *Western Marxism: An Introduction*. Santa Monica: Goodyear, 1979, p.309.

② 《习近平关于社会主义生态文明建设论述摘编》,北京:中央文献出版社,2017年,第4页。

安全和全球生态安全相互统一。[①]"建设美丽中国"合乎中国人民的利益,也合乎整个人类的利益。

其次,走布局合理、规模适度、速度适宜、高效优质、绿色低碳的生产发展之路。阿格尔在剖析当代资本主义生态危机的成因和出路时,还讨论了当代资本主义社会化大生产的布局过于集中、规模趋于庞大、速度不断加快,从而导致生态质量日益下降、生态效益日益恶化等基本问题。这为我们从统筹生产的布局、规模、速度、质量、效益的角度,思考建设美丽中国应该走什么样的生产发展道路、如何走生产发展道路这一重要问题提供了启示。

我们必须自觉坚持生产布局、生产规模、生产速度、生产效益和生产质量相协调,因时、因地、因事制宜地做到生产布局合理、生产规模适度、生产速度适宜、生产效益好和生产质量高相统一。毫无疑问,我们不能像阿格尔所主张的那样普遍施行"分散化、小规模的生产"[②],但是实践也多次证明,那种以生产布局不合理、生产规模盲目扩大为基础的大生产,其生产速度越快,各种自然资源、能源的生态损耗量就越大,环境污染物的排放量就越高,生态破坏和生态危机就严重,生产发展的可持续能力和生态系统的自我修复能力也就越低,最终必然危害经济社会的永续发展和人的全面发展。同样,我们虽然不能像阿格尔所曾呼吁的那样必须"放慢工业经济速度"[③],但是实践也反复证明,那种单纯追求高速度、集中化的生产,其生产规模越大,往往越容易忽视生产的质量和效益。即使获得了一时一地的经济效益,但其社会效益和生态效益往往不理想,整体性的生产效益也就不高。

在生态承载力许可和尊重经济规律的前提下,面向高效优质的生产,不可简单地评价集散、大小、快慢、多少的优劣,不能笼统地说是集中好还是分散好、是大好还是小好、是快好还是慢好、是多好还是少好,生产布局宜集中则集中、宜分散则分散,生产规模宜大则大、宜小则小,生产速度宜快则快、宜慢则慢,生产数量宜多则多、宜少则少。当前,我国经济已经由高速增长阶段转向高质量发展阶段,继续深化供给侧结构性改革,积极扩大内需,构建新发展格局。这意味着我国经济增长的速度在整体上有所下降,更加注重生产力的合理布局,更加注重整体性的生产质量和生产效益,但并不意味着所有产业、所有地区均要"一刀切"地分散生产布局、放慢经济

① 张云飞、李娜:《开创社会主义生态文明新时代》,北京:中国人民大学出版社,2017 年,第 10 页。

② Ben Agger, *Western Marxism: An Introduction*. Santa Monica: Goodyear, 1979, p.332.

③ Ben Agger, *Western Marxism: An Introduction*. Santa Monica: Goodyear, 1979, p.320.

增速、缩小生产规模、减少生产数量。

再次,我们必须毫不动摇地坚持和完善作为美丽中国重要制度基础的中国特色社会主义基本经济制度。在这一方面,阿格尔生态马克思主义思想的相关思考,也为我们提供了一些启示。

必须坚持公有制经济的主体地位、科学对待非公有制经济。阿格尔在设计当代资本主义社会的生态革命战略时明确指出,其所主张的"分散化和非官僚化"是建立在"社会主义化"的基础上。①他特别强调,北美乃至整个西方资本主义社会中的左翼生态运动,绝不能放弃马克思主义所主张的社会主义生产资料所有制,②否则,左翼生态运动将会停滞不前。③遗憾的是,阿格尔并没有指明其所说的社会主义生产资料所有制是社会主义生产资料公有制或以生产资料公有制为主体,也没有指出不发达的社会主义,比如我国所处的初级阶段的社会主义,还必然会存在非公有制经济。尽管如此,但阿格尔深刻地认识到,不破除资本主义社会的生产资料私有制,就无法根治其生态危机;建立社会主义生产资料所有制,对解决生态环境问题极其重要。这告诉我们必须深刻地认识到公有制经济关乎美丽中国建设的成败,认识到既要充分发挥非公有制经济在建设美丽中国的进程中的积极作用,也要防范非公有制经济潜在的消极影响。

让有效市场和有为政府协同发力。绿色低碳的适度生产,涉及自然资源、能源的合理配置,既要发挥市场在其中的决定性作用,也要更好地发挥政府在其中的积极作用。阿格尔赞同莱易斯对当代资本主义社会"高强度市场架构"④的批判,有所保留地希望扩大政府的经济调节职能,让经济发展从经济理性趋向于生态理性,以便国家更好地配置生产资源、分配社会财富、维护社会稳定。面对如何扩大政府的经济调节职能这一难题,阿格尔虽然既不提倡纯粹的资本主义市场,也不反对适度集中的社会主义计划,但他并未给出明确的答案,只是猜测性地写道:"在全面的计划性与市场的无政府状态之间,也许会存在一种中间的组织形式,它能够使得生产和消费得到合理确定。"⑤阿格尔所谈论的这一问题的实质,在于要辩证地看待市场作用和政府作用。这启示我们在推进绿色低碳的适度生产时,务必用

---

① Ben Agger, *Western Marxism:An Introduction.* Santa Monica:Goodyear,1979,p.328.

② Ben Agger, *Western Marxism:An Introduction.* Santa Monica:Goodyear,1979,p.331.

③ Ben Agger, *Western Marxism:An Introduction.* Santa Monica:Goodyear,1979,p.332.

④ [加拿大]威廉·莱易斯:《满足的限度》,李永学译,北京:商务印书馆,2016年,第115页。

⑤ Ben Agger, *Western Marxism:An Introduction.* Santa Monica:Goodyear,1979,p.321.

好市场这只"看不见的手"和政府这只"看得见的手",让有效市场和有为政府有机统一、协同发力。一定不能把这两只"手"割裂开来,对立起来。

依法规范和引导各类资本健康发展。作为生产要素的资本具有二重性,是一把双刃剑。如同其他生态马克思主义者,阿格尔也探讨了当代资本主义生态危机的资本逻辑,指出资本出于其内在特性,一旦发现可用于生产、消费和资源掠夺的肥沃土地,它就会忽视国家界限,把整个地球殖民化。①这启示我们必须在严密关注我国现阶段资本规模显著增加、资本主体更加多元、资本运行速度加快、国际资本大量进入等明显趋势的基础上,深刻把握美丽中国建设所涉及的各类资本的一般特性和行为规律,科学区分国有资本、集体资本、民营资本、外国资本、混合资本等各种类型资本的不同性质及其相互关系,②既要积极利用各类资本服务于我国的经济发展和生态文明建设,也要依法加强对资本的有效监管,③严格防范资本对利润无节制的疯狂追逐,严厉打击资本的野蛮生长和无序扩张,"防止资本抱团结块侵害公共环境利益"④,避免它对生态环境的无情破坏。即使是对于一些环保企业,也要时刻警惕它以环保为障眼法的资本逐利行为。

最后,发展生态技术以全面促进资源能源的节约集约利用。一般说来,绝大部分生态环境问题源自对自然资源能源的过度开发和不当使用,节约自然资源能源是保护生态环境的重要举措。因此,"只有从源头上使污染物排放大幅降下来,生态环境质量才能明显好上去"⑤。在分析当代资本主义社会的生态危机时,阿格尔认为,无论是欧美资本主义社会,还是苏东社会主义社会,它们的工业化都具有技术规模庞大、能源需求量高、环境问题严重等特征。⑥为此,阿格尔认同那种节约自然资源能源的稳态经济模式,希望生态社会主义能够走出高能耗高排放高污染的环保困境。尽管阿格尔没有深入探究东西方社会生态问题的性质异同,幻想了节约自然资源能源的稳态经济模式,但他对合理使用自然资源能源的讨论,则启示我们必须毫不动摇地全面推动绿色发展,全面促进自然资源能源的节约集约利用,坚

---

① Ben Agger, *Texing Toward Utopia: Kids, Writing, Resistance: Kids, Writing, and Resistance*. Boulder: Paradigm Publishers, 2013, p.121.

② 《习近平经济思想学习纲要》,北京:人民出版社,2022年,第85页。

③ 《习近平谈治国理政》(第四卷),北京:外文出版社,2022年,第211页。

④ 潘家华等主编:《美丽中国:新中国70年70人论生态文明建设》,北京:中国环境出版集团,2019年,第443页。

⑤ 习近平:《论坚持人与自然和谐共生》,北京:中央文献出版社,2022年,第15页。

⑥ Ben Agger, *Western Marxism: An Introduction*. Santa Monica: Goodyear, 1979, p.309.

决摒弃高能耗高排放高污染的生产方式。

资源能源利用的节约集约是一项系统工程,涉及自然资源能源的利用方式、总量控制、强度约束、技术支持、制度保障等诸多方面。阿格尔着重从技术规模化、集中化、官僚化运用的角度批判了当代资本主义社会浪费性地使用各种自然资源能源。借用舒马赫关于新兴技术体制的看法,阿格尔呼吁沿着小规模、分散化、民主化的路线发展、运用技术,①以改造当代资本主义社会的生产技术。就技术的内在特质及技术使用的动机选择而言,阿格尔继承了马尔库塞的新科技思想,也相信技术可以被重建为非支配性的生产工具,从而不必属于攻击自然的武器储备。②阿格尔的技术观虽然存在过于偏爱小规模、分散化技术的局限,但也启示我们必须重视技术本身及其使用的生态效应,积极发展和使用环境友好型的生态技术以节约集约地利用自然资源能源,并依靠生态技术及其创新来改造传统产业、破解绿色发展所遇到的生态环境难题、引领绿色产业的清洁生产。习近平总书记2016 年 5 月 30 日在全国科技创新大会、两院院士大会、中国科协第九次全国代表大会上指出,要从全球变化、碳循环机理等方面加深认识,依靠科技创新破解绿色发展难题。③

第二节　建设注重对话的生态政治

自阶级产生以来, 人类社会的各种生态危机大都有其深刻的政治背景、国家要素和权力成因。在探讨当代资本主义生态危机时,阿格尔积极借鉴哈贝马斯等西方马克思主义者的国家理论,深究生态危机与政治统治之间的密切关系, 批判了当代资本主义政治所具有的维护资产阶级利益、迷恋权力高度集中、信奉精英主义治国、躲避向人民直接负责等支配人与自然的严重弊病,论及了苏联、南斯拉夫社会主义生态政治实践的得失,提出以基于对话的参与型基层民主来重建当代资本主义民主政治,以更好地尊重自然的内在价值、承认自然的主体身份、保障自然的应有权利。阿格尔的这些观点,启示我们要更加善于从政治上看生态环境,牢记生态治理的现代化语境,发展对话式生态民主。

---

① Ben Agger, *Western Marxism: An Introduction*. Santa Monica: Goodyear, 1979, p.327.

② Ben Agger, *The Discourse of Domination: From the Frankfurt School to Postmodernism*. Evanston: Northwestern University Press, 1992. p.207.

③ 习近平:《论坚持人与自然和谐共生》,北京:中央文献出版社,2022 年,第 145 页。

一、善于从政治上看生态环境

西方工业文明的不断发展，导致西方工业化国家频发环境公害事件，越来越引起人们从人口、技术、消费等不同视角关注生态危机。科尔曼认为，蕾切尔·卡逊在1962年出版的描述工业污染对自然环境的灾难性影响的著作《寂静的春天》，标志着生态环境问题作为美国工业社会的一个政治问题开始走上了历史舞台。①随后，越来越多的人们把生态环境与当代政治联系起来，极力揭示二者之间的内在联系，以期深刻地理解生态危机的成因与出路。不同于一般的生态主义者，甚至其他生态马克思主义思想者，阿格尔在最初构建自己的生态马克思主义思想时就凸显其政治逻辑。为了更好地揭示当代资产阶级政治统治的生态影响，阿格尔高度评价列宁的帝国主义理论②，积极吸收西方马克思主义者哈贝马斯、米利班德、奥康纳、莱易斯、布雷弗曼等人对包括北美资本主义国家在内的当代资本主义国家政治统治的合法性、极权化加以批判的国家理论，反复强调这些国家理论与自己的生态危机理论是"互相补充，而不是互相排斥"③的关系。尽管当代资本主义生态危机与中国生态环境问题所处的国内政治背景存在本质区别，阿格尔的生态政治观也存在一些值得商榷的地方，但他的相关论述也启示我们，更要善于从政治上看生态环境，以便深刻把握我国生态环境保护的政治特性、生态文明建设过程的政治保障和美丽中国建设成就的政治意义。

首先，要善于深刻把握我国生态环境保护的政治特性。阿格尔立足马克思主义政治学着重探讨了北美资本主义生态危机的政治缘由，一体两面地分析了资本主义商品生产与资产阶级政治统治交互作用下的生态灾难④，从而不仅把生态危机看成经济问题，也把它看成政治问题。这启示我们必须坚持这样的看法，即生态环境不仅是关系中国特色社会主义发展的重大经济问题，也是关系中国共产党使命宗旨的重大政治问题⑤。习近平总书记2013年4月25日在十八届中央政治局常委会会议上作了关于当年第一季度经济形势的重要讲话，特别强调"我们不能把加强生态文明建设、加强生态环境保护、提倡绿色低碳生活方式等仅仅作为经济问题。这里面有很

---

① ［美］丹尼尔·A.科尔曼：《生态政治：建设一个绿色社会》（前言），梅俊杰译，上海：上海译文出版社，2006年，第1页。

② Ben Agger, *Western Marxism: An Introduction*. Santa Monica: Goodyear, 1979, p.280.

③ Ben Agger, *Western Marxism: An Introduction*. Santa Monica: Goodyear, 1979, p.277.

④ Ben Agger, *Western Marxism: An Introduction*. Santa Monica: Goodyear, 1979, p.272.

⑤ 《习近平经济思想学习纲要》，北京：人民出版社，2022年，第8页。

大的政治"①。因此,我们要深刻理解美丽中国建设的新时代政治背景,认识到生态文明建设所处的位置较以前更加突出。把美丽中国纳入建成社会主义现代化强国目标之中;把人与自然和谐共生的现代化纳入中国式现代化的基本特征之中。

我们必须从"政治是统率,是大局"②的角度来理解社会主义生态文明建设。即便经济搞上去了,但这些后果损害了人们的绿色生活环境,折损了广大人民群众的幸福感,从而在问题严重的情况下引发老百姓强烈的不满情绪,甚至诱发群体性环境事件,"社会反映强烈"③。这严重影响了作为最大政治的人心,严重影响了良好的政治局面和政治稳定,也严重影响了"党和政府形象"④。面对生态文明建设这个"国之大者",必须自觉讲政治。我们还要深刻认识到务必把社会主义生态文明建设好,以实现对人民的庄严政治承诺。治国理政是重要的政治形式,我们党通过它来实现中华民族的伟大复兴。习近平总书记指出,"现在,人民群众对生态环境质量的期望值更高,对生态环境问题的容忍度更低。要集中攻克老百姓身边的突出生态环境问题,让老百姓实实在在感受到生态环境质量改善"⑤。因此,正确处理人与自然的关系问题,是我们党治国理政的重要任务,各地区各部门必须坚决担负起社会主义生态文明建设的"政治责任"⑥。

其次,要善于深刻把握我国生态文明建设过程的政治保障。鉴于政治和经济是交互作用的力量,阿格尔认为要破解当代资本主义生态危机难题,在政治上也要像在经济上那样必须施行分散化、非官僚化、社会主义化。也就是说,这三大主要战略不仅适用于资本主义生态变革的技术、生产过程,也适用于资本主义生态变革的政治过程,其结果不仅可以解决生态危机难题,保护生态环境,也可以从整体上变革当代资本主义社会的经济、政治等方面的制度安排。⑦尽管我们不能完全赞同阿格尔的战略主张,更不能将其战略主张生搬硬套过来,但他的相关论述为我们深刻把握我国生态文明建设过程的政治保障提供了一些启示。

---

① 《习近平关于社会主义生态文明建设论述摘编》,北京:中央文献出版社,2017年,第5页。

② 王沪宁主编:《政治的逻辑:马克思主义政治学原理》,上海:上海人民出版社,2004年,第281页。

③ 《习近平关于社会主义生态文明建设论述摘编》,北京:中央文献出版社,2017年,第4页。

④ 《习近平关于社会主义生态文明建设论述摘编》,北京:中央文献出版社,2017年,第85页。

⑤ 习近平:《论坚持人与自然和谐共生》,北京:中央文献出版社,2022年,第284页。

⑥ 习近平:《论坚持人与自然和谐共生》,北京:中央文献出版社,2022年,第21页。

⑦ Ben Agger, *Western Marxism:An Introduction*. Santa Monica:Goodyear,1979,p.325.

　　科学地配置权力,既要防止权力过度集中,也要防止权力过度分散。在建设生态文明的过程中,各级党委、政府都必须利用相应的公共权力开展生态环境保护工作。因此,从中央到地方,如何科学地划分各自的权限和责任,十分重要。虽然这个问题十分复杂,但必须坚持权力划分合理的重要原则,避免权力过度集中或过度分散的极端倾向。党的领导是我国生态文明建设的根本政治保证,全党全国各族人民都要坚决维护党中央权威和集中统一领导。①在这一点上不能有丝毫动摇。同时,也要注意各地区各部门具体的生态环境治理权不能过于集中,以免妨碍社会主义民主制度和党的民主集中制在生态环境治理实践中的贯彻执行,妨碍社会主义的发展和集体智慧的发挥②。

　　我国的生态文明体制必须随着美丽中国建设的大力推进而不断完善。党的十八大以来,党中央国务院高度重视并积极推进生态文明体制改革,生态文明制度体系更加健全。比如,建立中央生态环境保护督查制度,就是为了在污染防治上改变因权力过于分散而导致的九龙治水的状况,强化生态环境保护上的职能整合,做到生态环境治理实现统一的政策标准制定、检测评估、执法监管、督查问责。生态文明体制机制的健全完善,也是克服官僚主义的重要举措。克服官僚主义,具有艰巨性和长期性,当前和今后必须按照党中央的要求,加大纠正生态文明建设领域官僚主义的力度。

　　充分发挥社会主义制度之于生态文明建设的政治优势。先进的社会主义制度,在生态文明建设上具有较之资本主义制度所无法比拟的政治优势和制度优势。阿格尔认为,选择社会主义制度是替代现存资本主义社会制度的"理想方案"③,表现出对社会主义制度的政治认同,这也启示我们更应该自觉地坚定社会主义理想信念,利用中国特色社会主义制度优势建设生态文明,摒弃欧美资本主义国家先污染后治理或大污染小治理的,甚至只污染不治理的错误做法。苏联解体、东欧剧变之后,国内外曾经有一些人对社会主义有疑虑,甚至有些人持悲观态度。这是不对的,我们在生态文明建设的过程中必须充分发挥社会主义制度的政治优势。

　　最后,要善于深刻把握美丽中国建设成就的政治意义。社会主义生态理论与实践,也是阿格尔曾经思考的重点问题。他批评苏联像西方欧美资本主义社会一样崇拜韦伯的官僚化组织概念、浪费性地消耗大量的自然资

　　① 习近平:《论坚持人与自然和谐共生》,北京:中央文献出版社,2022年,第21页。

　　② 邓小平:《邓小平文选》(第二卷),北京:人民出版社,1994年,第321页。

　　③ Ben Agger, *Western Marxism:An Introduction*. Santa Monica:Goodyear,1979,p.286.

源和能源，①希望生态健全的社会主义能够避免苏联社会主义模式的生态政治弊端，以重新树立社会主义国家在生态文明建设上的良好政治形象。阿格尔对苏联模式生态局限的善意批评和社会主义国家的生态健全期盼，也启示我们必须建成美丽中国，以彰显中国特色社会主义制度的生态治理效能。

美丽中国建设，无论是在理论上还是在实践上都取得了举世瞩目的历史性成就。②这些成就主要表现为：在理论上形成了习近平生态文明思想，发展了马克思主义人与自然关系学说；在实践上提升了建设美丽中国的战略地位，出台了建设美丽中国的顶层设计，强化了建设美丽中国的制度保障，找到了建设美丽中国的可行途径，迈出了美丽中国建设的坚实步伐，实现了建设美丽中国的阶段性目标；在国际上中国日益成为全球生态文明建设的重要参与者、贡献者和引领者，得到国际社会的广泛肯定。③

我国生态文明建设的巨大成就，已经彰显了中国共产党领导、中国特色社会主义制度的政治优势。这种优势，在国内外都具有重大而深远的政治意义。中国共产党现在是具有重大全球影响力的世界第一大马克思主义执政党，中国已经成为世界上具有举足轻重地位、发挥重要引领作用的发展中社会主义大国。美丽中国建设，既着眼于中华民族永续发展，又致力于人类永续发展的崇高事业。中国特色社会主义生态文明建设的巨大成就，凝结着中国共产党治国理政的丰富智慧和宝贵经验，展现了中国理念，提出了中国方案，贡献了中国智慧，体现了中国担当。这不仅反映建设美丽中国顺应了注重绿色低碳发展和抢占全球产业竞争制高点的国际潮流和世界趋势，也给世界上其他国家尤其是广大发展中国家的绿色发展以深刻启示和重要借鉴。

二、牢记生态治理的现代化语境

生态治理现代化既是重要的政治理论问题，也是重要的政治实践问题。面对当代资本主义生态危机，乃至全球性的生态环境问题，人们应该把它放在现代性还是所谓的后现代性视域下来分析和解决呢？对于这一问题，出现了不同看法。在西方"政治终结论"甚嚣尘上的政治背景下，尽管阿格尔也借鉴了一些建设后现代主义的理论资源，但他坚决主张把人类社会

①　Ben Agger, *Western Marxism：An Introduction*. Santa Monica：Goodyear, 1979, p.331.

②　习近平：《论坚持人与自然和谐共生》，北京：中央文献出版社，2022年，第4页。

③　习近平：《论坚持人与自然和谐共生》，北京：中央文献出版社，2022年，第280页。

当下的生态问题放在现代性及其展开现代化的视域中,而不是放在一些极端后现代主义者所鼓吹的后现代性视域中来加以思考及解决。阿格尔的相关论述,启示我们在讨论美丽中国建设或生态治理时必须把它放在现代化,尤其是中国式现代化的语境之下,避免跌入认识误区和实践陷阱。

在一定意义上说,建设美丽中国,就是在坚持和发展中国特色社会主义的实践中大力推进生态治理,实现人与自然和谐共生的现代化。有学者认为,生态治理现代化有狭义和广义之分。"在狭义上,推进生态治理现代化就是要大力推进生态文明领域国家治理的现代化。围绕这一点,党的十八届三中全会已经做出了系统部署和安排。现在我们已经推出了一系列顶层新设计。在广义上,推进生态治理现代化,就是要按照中国特色社会主义'五位一体'的总体布局,将绿色化原则贯穿与渗透在国家治理现代化的各环节与全过程。例如,我们要形成推动绿色发展的经济制度和体制、政治制度和体制、文化制度和体制、社会制度和体制,提高驾驭绿色经济、绿色政治、绿色文化、绿色社会的能力。最后要提高党领导生态文明建设的能力和水平。"[1]推进新时代中国生态治理现代化,不仅关乎新时代中国特色社会主义的总体布局和战略布局,还关乎不断开创新时代建设美丽中国的实践新局,从而具有重要的现实意义和深远的历史意义。

大力推进生态文明建设,是人们对文明演进和世界现代化普遍规律的科学认识。因此,我们必须牢记生态治理的现代化一般语境。阿格尔认为,虽然现代性发端于西方资本主义社会,它在发展过程中也确实出现了各种不尽人意的地方,但是现代性的潜力还没有充分展示出来,它还是哈贝马斯所说的"一项未竟的事业"[2],仍然需要人们为之而不懈奋斗,不可盲目相信人类已经进入了一些极端后现代主义者所鼓吹的所谓后现代性社会。现代性既不等于资本主义社会,也不止步于资本主义社会。现代化不等于资本主义化,更不等于美国化。社会主义在处理人与自然之间关系的时候,也要借助于现代化来实现人与自然之间的和谐共生。[3]阿格尔的这种判断是正确的,也启示我们一定要在现代性及其展开的现代化的视域下来讨论和建设我国的生态文明,不要被各种后现代化的、反现代化的谬论俘虏。现代

---

①　张云飞、李娜:《开创社会主义生态文明新时代》,北京:中国人民大学出版社,2017 年,第 131—132 页。

②　Ben Agger, *Postponing the Postmodern: Sociological Practices, Selves and Theories*. Lanham, MD: Rowman & Littlefield, 2002, pp.200—201.

③　Ben Agger, *Speeding Up Fast Capitalism: Cultures, Jobs, Families, Schools, Bodies*. Boulder: Paradigm Publishers, 2004, p.45.

化是人类从传统社会进入现代社会的必经之路,是人类文明发展进步的必由之路,也是世界各国人民的共同追求,中国也不例外。生态文明既是人类社会历史发展的重要文明形态,也是人类社会现代化发展的重要产物。习近平总书记 2013 年 5 月 24 日在主持中共第十八届中央政治局第六次集体学习时指出,"生态文明是人类社会进步的重大成果。人类经历了原始文明、农业文明、工业文明,生态文明是工业文明发展到一定阶段的产物,是实现人与自然和谐发展的新要求。历史地看,生态兴则文明兴,生态衰则文明衰。古今中外,这方面的事例众多"①。习近平总书记在党的二十大报告中还指出,中国式现代化"有各国现代化的共同特征"。这些讲话告诉我们,必须科学认识人类文明规律和各国现代化的共同特征。

　　我们在建设美丽中国的过程中,不仅要牢记生态治理的现代化一般语境,还要牢记我国生态治理的中国式现代化特殊语境。这是基于对我国生态文明建设特殊规律的科学认识。阿格尔批评很多人只是由于看到现代性在历史上发生于资本主义社会、美国在资本主义社会发展及其全球化的过程中扮演着重要角色,就把现代性与资本主义和美国搅和在一起的错误思想,明确强调现代化不等于资本主义化,更不等于美国化。②阿格尔的这一正确看法,也再次说明了不同国家的现代化道路因其所处时代和自身国情差异而各不相同。党的二十大报告指出,中国式现代化是中国共产党领导的现代化,是具有中国特色的人口规模巨大、全体人民共同富裕、物质文明和精神文明相协调、人与自然和谐共生、走和平发展道路的现代化。只有深刻把握中国式现代化与其他国家现代化的区别,才能更好地理解我国生态治理现代化的个性,才不会照抄照搬外国生态治理现代化的具体做法。

　　阿格尔关于前现代性、现代性和后现代性之间关系的看法,对于我们在辩证地看待现代与传统、历史地看待人类文明、综合地吸收思想资源的基础上推进生态治理现代化也具有重要启示。2001 年美国发生了"9·11 恐怖袭击事件",阿格尔反思该事件后写道:"我们发现了现代(福特汽车公司)、后现代(互联网)、前现代(宗教激进主义)的共存,它们共同构成了一种复杂的总体性。我认识到,在对未完成的现代性计划加以保护的同时也要变革它,不但要反对后现代的犬儒主义,也要反对前现代的返祖现象

---

① 习近平:《论坚持人与自然和谐共生》,北京:中央文献出版社,2022 年,第 29 页。

② Ben Agger, *Speeding Up Fast Capitalism: Cultures, Jobs, Families, Schools, Bodies.* Boulder: Paradigm Publishers, 2004, p.45.

(atavism)。"①我们从这段话中可以发现,尽管阿格尔的观点存在把不同时代与其表征物不当匹配的局限,但他关于现代与传统的交织纠缠、人类文明的曲折前进、认真对待现代性的看法,启示我们应该认识到我国的现代生态文明是在传统农耕文明基础上发展而来的,非但不能把现代生态文明与传统农耕文明截然对立起来、相互割裂开来,还要积极把我国农耕文明优秀遗产与现代生态文明要素有机结合起来。习近平总书记强调,中华文明根植于农耕文明,我们要深入挖掘、继承、创新优秀传统乡土文化,赋予中华优秀传统乡土文化以新的时代内涵,让我国历史悠久的农耕文明在新时代展现其魅力和风采。②这告诉我们,我国的生态治理现代化不仅要积极吸收我国乃至人类农耕文明的生态环境保护优秀传统,也要积极借鉴外国工业文明的生态环境保护思想和行之有效的生态保护经验。当然,在生态治理现代化的过程中,我们也要自觉防范历史传统沉渣的泛起和现代性不当的展开。此外,即便生态治理现代化面临风险、遇到难题、遭受挫折,我们也要坚定信心、从容应对、敢于斗争,既不可抛弃现代化和生态环境治理本身,也不可幻想回到现代化以前的农耕时代。

三、厚植生态文明建设的民主对话基础

一般说来,当代政治视域下生态文明建设的三个基本依托是政治领导、生态民主和法治保障。在反思当代资本主义生态危机的成因与出路时,阿格尔着重批判了当代资本主义官僚政治的民主缺陷,提出在政治上也要实行分散化、非官僚化、社会主义化等战略举措来推动资本主义社会的生态革命,走向民主的生态社会主义。阿格尔的相关论述,为我们必须更加坚定地厚植新时代生态文明建设的平等对话基础提供了一些重要启示。

首先,把平等对话贯穿于生态文明建设全过程各领域各方面。综观阿格尔生态政治思想,我们可以发现他把民主政治,尤其是平等对话视为重中之重。在他看来,"美国当下的所谓政治民主,只是更为实质性民主的空壳"③。美国的民主政治劝说人们放弃直接民主和经济自决而倾向于代议制民主、职业化的政治领导及行政领导,这样的民主政治实质上支持资本主

---

① Ben Agger, *Postponing the Postmodern: Sociological Practices, Selves and Theories*. Lanham, MD: Rowman & Littlefield, 2002, p.199.

② 习近平:《论党的宣传思想工作》,北京:中央文献出版社,2020年,第294页。

③ Ben Agger, *Speeding Up Fast Capitalism: Cultures, Jobs, Families, Schools, Bodies*. Boulder: Paradigm Publishers, 2004, p.44.

义对自然的剥削,①而非积极促进人与自然的和谐共生。阿格尔还认为,从失败的革命中获得的一个重要教训是,民主不能仅仅停留在理想状态,而应通过公民等多元主体在日常生活中得以实现,尤其是要借助于平等对话,因为对话是民主的基础。阿格尔关于平等对话的观点启示我们,既需要重视平等对话之于生态文明建设的重要价值,也需要不断提高生态治理过程中治理主体与自然、符号、社会、他人进行平等对话、平等交往的能力,增强生态治理合力。

积极开展平等对话,是生态文明建设的题中应有之义,不可忽视。借助于后结构主义、后现代主义、女权主义与布鲁斯·阿克曼的政治对话理论,阿格尔扩展了哈贝马斯的交往概念,提出了关于对话的批判理论。阿格尔把哈贝马斯的局限于人际对话领域的交往概念扩展到包括人与人、人与自然,以及人与符号之间的交往,使之"不仅包括人际交往,还包括我们与文本、文化经济及外部自然进行的生产性介入的交往,以及这些生产性介入之间的彼此交往"②。最终,在所有生产活动与再生产活动中,作为对话的交往,成为一种与自然、符号系统、社会角色及他人之间的非支配性关系模式。③这样,经过阿格尔扩展后的交往概念,在一定意义上也就是他所说的对话,涵盖了人与自然之间的交往(对话)、人与符号之间的交往(对话)、人与社会之间的交往(对话)、人与人之间的交往(对话)。这启示我们要尊重自然的主体地位,认识到人与自然的主体间性,摒弃那种只把自然视为仅供人们盘剥的"他者"、客体的错误做法;要尊重自然的应有权利,不可随意地伤害自然界中的各种生命,注意与各种生命体进行必要的对话;要尊重生态文明建设利益相关方的合法权益。生态文明建设者无论是作为政府还是企业或公民,在解决具体的生态环境问题时要注重平等对话,以更好地彰显全过程人民民主的特色和优势,涉及多元主体的积极参与和主动配合。就像生态马克思主义者戴维·佩珀、詹姆斯·奥康纳等人主张在实现生态社会主义时要采取"红""绿"融合模式那样,阿格尔在论及变革资本主义

---

① Ben Agger, *Postponing the Postmodern: Sociological Practices, Selves and Theories.* Lanham, MD: Rowman & Littlefield, 2002, p.155.

② Ben Agger, *A Critical Theory of Public Life: Knowledge, Discourse and Politics in an Age of Decline.* London/ Philadelphia: Falmer Press, 1991, p.168.

③ Ben Agger, *A Critical Theory of Public Life: Knowledge, Discourse and Politics in an Age of Decline.* London/ Philadelphia: Falmer Press, 1991, p.152.

的社会主义革命时,也强调多元主体的团结,以增强社会革命的力量。①因此,平等对话,作为一种参与、过程和程序,有助于尽可能地就生态环境风险防范、生态治理决策、生态利益协调等诸多问题取得一致性意见。

在重视平等对话之于生态文明建设重要意义的基础上,还要不断提高治理主体在生态治理过程中的平等对话能力。在阿格尔看来,人们的平等对话能力主要包括以下三种主要类型②:第一种是工具性能力,这种能力是作用于自然的能力,其方式是既要通过融合工人劳动中的生产性、再生产性及创造性为一体而使劳动更人性化,也要尊重外部自然,把它看作与人对话的伙伴;第二种是认知与解读文本能力,是指掌握及应用由认知及文本所支撑的复杂技术符码与社会角色,从而使我们更容易适应各种社会劳动分工及性别劳动分工的能力;第三种是组织能力,是指可以与他人合作地协调不同的生产关系而不再屈服于官僚制管理的能力。可见,经过阿格尔深化后的平等对话能力概念,涉及工具的、认知的、文本的及组织的维度,它将有助于我们更充分地理解晚期资本主义在其技术统治形式下的支配特征,从而更好地帮助人们消除资本主义社会对人与自然所施加的双重支配。③这也启示我们,推进新时代中国生态治理现代化,多元的生态治理主体均应借助于平等对话来处理好人与自然之间的平等关系、人与符号之间的平等关系、人与社会之间的平等关系、人与人之间的平等关系。为此,生态治理主体必须提高自身的工具性能力、认知与解读文本的能力、组织能力。

生态治理,不仅要不断提高各生态治理主体的平等对话能力,还要持续增强多元主体之间基于平等对话的治理合力。习近平总书记指出:"绿化祖国,改善生态,人人有责。"④党的十九届三中全会审议通过了《中共中央关于深化党和国家机构改革的决定》,提出了深化党和国家机构改革的目标是,构建系统完备、科学规范、运行高效的党和国家机构职能体系,形成总揽全局、协调各方的党的领导体系,职责明确、依法行政的政府治理体系,中国特色、世界一流的武装力量体系,联系广泛、服务群众的群团工作体系,推动人大、政府、政协、监察机关、审判机关、检察机关、人民团体、企

---

① Ben Agger, *Postponing the Postmodern: Sociological Practices, Selves and Theories*. Lanham, MD: Rowman & Littlefield, 2002, p.196.

② Ben Agger, *A Critical Theory of Public Life: Knowledge, Discourse and Politics in an Age of Decline*. London/ Philadelphia: Falmer Press, 1991, p.172.

③ 申治安:《论阿格尔对哈贝马斯交往理论的重建》,《求索》2012 年第 11 期。

④ 《习近平关于社会主义生态文明建设论述摘编》,北京:中央文献出版社,2017 年,第 119 页。

事业单位、社会组织等在党的统一领导下协调行动、增强合力,全面提高国家治理能力和治理水平。2018 年全国人大通过的党和国家机构改革方案,就体现了在新时代增强国家治理现代化主体合力的努力。增强生态治理现代化的多元主体合力,不仅要坚持政府主导、企业主体、多方参与、全民行动的基本工作格局①,还要"构建政府为主导、企业为主体、社会组织和公众共同参与的环境治理体系"②。政府、企业、利益相关者、公民等生态治理现代化多元主体之间,针对建设美丽乡村、美丽城市、美丽中国实践中出现的生态治理问题,应该进行必要的、有序的、民主的沟通协商,发挥多元主体的各自优势,从而为新时代生态治理现代化共同发力。

其次,坚持和加强党对生态文明建设过程中平等对话的全面领导。通览阿格尔的整个学术思想,我们可以发现阿格尔固然希望用社会主义社会取代资本主义社会,坚定地追求民主政治,认识到阶级斗争的必要性,但他在政治上存在拒绝无产阶级专政这一严重的理论缺陷。阿格尔认为"无产阶级专政"对于民粹主义氛围浓厚的北美人民来说,却是不适合的"理论词汇"③。正是出于这种判断,阿格尔并未探讨当代资本主义国家共产党在生态变革中的政治作为,也没有讨论共产党在未来的生态社会主义中的领导作用,从而导致其生态政治思想不够深刻。这恰恰从反面启示我们:必须深刻理解党的领导是生态文明建设的根本保证,更加坚定地坚持和加强党对生态文明建设过程中平等对话的全面领导。

无产阶级专政理论,是马克思和恩格斯从唯物史观出发,在不断总结无产阶级革命斗争经验并进行理论创造的过程中形成和发展的。从马克思主义经典作家的无产阶级专政思想中,我们可以清楚地发现:无论是社会主义革命的成功,还是从社会主义向共产主义过渡,都离不开无产阶级专政。尽管阿格尔在自己的生态马克思主义思想中承认"阶级斗争在当下的资本主义社会中依然存在"④,也承认"资本主义尽管是社会历史的一个必要而不可避免的阶段,但还必然存在比资本主义更高级并超越它的阶段,那就是社会主义与共产主义"⑤,但他在阶级斗争是否必然采取无产阶级专政这一重大问题上持消极态度。相应地,他更没有认识到无产阶级专政在

---

① 《十八大以来重要文献选编》(上),北京:中央文献出版社,2014 年,第 632 页。

② 习近平:《决胜全面建成小康社会 夺取新时代中国特色社会主义伟大胜利》,《人民日报》2017 年 10 月 28 日。

③ Ben Agger, *Western Marxism: An Introduction*. Santa Monica: Goodyear, 1979, p.334.

④ Ben Agger, *Western Marxism: An Introduction*. Santa Monica: Goodyear, 1979, p.272.

⑤ Ben Agger, *The Virtual Self: A Contemporary Sociology*. Boston: Blackwell, 2004, p.58.

实现从有阶级社会向无阶级社会过渡中的历史必要性。阿格尔说:"在马克思是'预测'了制度的崩溃还是仅仅提出了一些可能的前景之间存在争议。这是十分重要的问题,因为社会主义的过渡理论与危机理论是紧密联系在一起的。我认为,无产阶级专政思想从来就不是马克思关注的中心议题;就其预测一种不可避免的崩溃而言,他远不是一个决定论者。"①阿格尔的这段话明显降低了无产阶级专政理论在马克思主义理论中的重要地位。

阿格尔为什么要如此低估无产阶级专政理论在马克思主义中的地位呢?这主要有以下原因:首先,阿格尔认为无产阶级专政是一种暴力革命方式,从而是不必要。他说:"基于生活世界的批判理论不愿意拖延革命的满足,以忍受目前的惩戒为代价而等待'未来'的解放。无产阶级专政的思想是不必要的;它以当下的牺牲来换取未来的收益。辩证的敏感性拒绝这种社会变革的牺牲模式,而是思考一种更具自我服务性的变革模式。"②从阿格尔这句话里我们可以发现,在他眼里,无产阶级专政因会为了未来的解放事业而以牺牲当下为代价,从而是值得怀疑的。其次,无产阶级专政容易导致国家社会主义,变成"科尔施所说的对无产阶级的专政"③,从而缺少民主。阿格尔还说:"国家社会主义依然是国家的而不是社会主义的,就像列宁委婉语的民主集中制,缺少的就是民主。"④最后,阿格尔认为,苏联在无产阶级专政的实践中造成了斯大林的极权主义。"对像卢森堡和葛兰西这样的思想家来说,马克思主义的本质主要是民主和'自治'。苏联的中央集权制往往以某些发展需要的名义推迟甚至无限期拖延实现工人直接民主的前景。然而在明眼的批评家看来,斯大林决定加强中央权力的真正原因不是为民主主义的马克思主义创造条件,而是为了巩固自己的政治统治。"⑤在否认无产阶级专政的必要性之后,阿格尔对激进民主和新社会运动寄予厚望,希望走非暴力的革命模式。

阿格尔在无产阶级专政这一重要问题上,尽管对非暴力的社会主义革

---

① Ben Agger, *The Discourse of Domination: From the Frankfurt School to Postmodernism*. Evanston: Northwestern University Press, 1992, p.246.

② Ben Agger, *The Discourse of Domination: From the Frankfurt School to Postmodernism*. Evanston: Northwestern University Press, 1992, p.276.

③ Ben Agger, *The Discourse of Domination: From the Frankfurt School to Postmodernism*. Evanston: Northwestern University Press, 1992, p.272.

④ Ben Agger, *The Discourse of Domination: From the Frankfurt School to Postmodernism*. Evanston: Northwestern University Press, 1992, p.298.

⑤ Ben Agger, *Western Marxism: An Introduction*. Santa Monica: Goodyear, 1979, p.86.

命方式做出了积极思考，并反思了苏联无产阶级专政中存在的各种失误，具有借鉴意义，但从整体上来说，他出现了认识上的偏差，否认了无产阶级专政的历史必然性和历史必要性，没有辩证地看待在无产阶级专政下"民主"与"专政"之间的对立统一关系。这就涉及马克思主义的一个重要理论问题：为什么说无产阶级专政具有其历史必然性和历史必要性？依照马克思主义经典作家的看法，阶级斗争必然导致无产阶级专政。在阶级社会中，"至今一切社会的历史都是阶级斗争的历史"[①]。在资本主义时代，资本主义的发展使得阶级对立趋于简单化，"整个社会日益分裂为两大敌对的阵营，分裂为两大相互直接对立的阶级：资产阶级和无产阶级"[②]。推翻资产阶级的政治统治、最终消灭阶级，是无产阶级的历史使命。革命的首要问题是政权问题，"工人革命的第一步就是使无产阶级上升为统治阶级，争得民主"[③]。这就是说，无产阶级必须通过革命使得自己在政治上成为统治阶级，实现无产阶级专政。无产阶级只有掌握了政权，才能真正地利用政权的力量剥夺资产阶级的生产资料，建立和发展社会主义制度。

　　无产阶级专政也是达到消灭一切阶级和进入无阶级社会的必要过渡。马克思在《哥达纲领批判》中指出："在资本主义社会和共产主义社会之间，有一个从前者变为后者的革命转变时期。同这个时期相应的也有一个政治上的过渡时期，这个时期的国家只能是无产阶级的革命专政。"[④]之所以在这个过渡时期的国家只能是无产阶级专政，主要是因为：首先，该时期在经济上还存在生产资料公有制和生产资料私有制之间的对立和斗争。其次，该时期在政治上还存在多个阶级，相应地也就存在各种阶级斗争。所以，"一个阶级的专政不仅对一般阶级社会是必要的，不仅对推翻了资产阶级的无产阶级是必要的，而且对介于资本主义和'无阶级社会'即共产主义之间的整整一个历史时期都是必要的，只有懂得这一点的人，才算掌握了马克思国家学说的实质"[⑤]。社会主义的实践证明，"事实上，没有无产阶级专政，我们就不可能保卫从而也不可能建设社会主义"[⑥]。遗憾的是，阿格尔没有科学而全面地认识到无产阶级专政既是阶级斗争的必然结果，也是实现从资本主义社会向社会主义过渡的必要条件。

---

① 《马克思恩格斯文集》(第二卷)，北京：人民出版社，2009年，第31页。

② 《马克思恩格斯文集》(第二卷)，北京：人民出版社，2009年，第32页。

③ 《马克思恩格斯文集》(第二卷)，北京：人民出版社，2009年，第52页。

④ 《马克思恩格斯选集》(第三卷)，北京：人民出版社，2012年，第373页。

⑤ 《列宁专题文集》(论马克思主义)，北京：人民出版社，2009年，第207页。

⑥ 《邓小平文选》(第二卷)，北京：人民出版社，1994年，第169页。

中国共产党的领导,是我国生态文明建设的根本政治保证,也是我国生态文明建设过程中有序、有效进行平等对话的根本政治保证。中国共产党历来高度重视生态文明建设,建设人与自然和谐共生的现代化,把节约资源和保护环境确立为基本国策,把可持续发展确立为国家战略。[①]通过对比当下中外生态文明建设的理论主张与实践成效,我们就可以立判高下。资本主义国家的资产阶级政党,即便在保护生态环境、进行生态治理上有所作为,但因其阶级局限,导致它们既不可能像中国共产党那样站在人与自然和谐共生的高度来谋划经济社会发展、促进人的全面发展,也不可能像中国共产党那样把生态文明建设摆在整个国家全局工作的突出位置、积极为建设美丽世界贡献力量。因此,在生态文明建设的理论与实践中,一定要防止国内外一些认识肤浅或别有用心的人把共产党的全面领导加以淡化、虚化、弱化或边缘化。当然,我们也要不断地提高党领导新时代生态文明建设的专业化能力和科学化水平。

最后,健全完备有效的生态治理体系。实现生态治理现代化,必须依靠制度、依靠法治。[②]根据新制度经济学的观点,制度一般包括正式制度、非正式制度及其实施机制。正式制度,主要是指各种正式的政治制度、经济制度、法律制度等,一般具有正式的制度文本。在全面深化改革总目标统领下,生态文明体制改革的具体目标就是紧紧围绕建设美丽中国,深化生态文明体制改革。目前,虽然在制度体制机制建立健全方面有了较大的进步,推进新时代中国生态治理现代化所需的基本制度保障已经具备,但是完善生态治理体系、改革生态文明体制、把生态文明建设纳入制度化、法治化轨道的步伐仍亟待加快。[③]应该承认的事实是,通观阿格尔的生态马克思主义思想,我们发现他没有专门而系统地论述过必须依靠法治来保障生态文明建设这一问题,从而导致阿格尔所构想的生态社会主义缺少厚实的生态治理体系。

虽然阿格尔没有专门而系统地论述过必须依靠法治来保障生态文明建设,但是这并不意味着阿格尔完全没有论及制度之于生态文明建设的重要作用。阿格尔关于小规模的新型科技体制的主张,[④]以及关于生态社会主

---

① 习近平:《论坚持人与自然和谐共生》,北京:中央文献出版社,2022年,第8页。

② 《习近平生态文明思想学习纲要》,北京:人民出版社,2022年,第84页。

③ 《习近平关于社会主义生态文明建设论述摘编》,北京:中央文献出版社,2016年,第109页。

④ Ben Agger, *Western Marxism:An Introduction*. Santa Monica:Goodyear, 1979, p.326.

义总体上应该是一种节约能源、小规模、非官僚化的制度的看法,①对我们完善生态治理体系也具有正、反两方面的启示。从正面来说,它启示我们,中国特色社会主义生态治理体系,应该是节约能源的、避免官僚主义的、绿色科技的、宜分则分宜合则合的制度体系。但是小规模的生态治理现代化方式及其相应的制度设计,也不是完全没有弊端的尽善尽美的治理方法。这从反面也启示我们,不能简单地否定与现代化治理相关的官僚制(或称之为科层制),也不能盲目迷信小规模的生态治理现代化方式及其相应的制度设计。

其实,我们还要注意生态治理现代化的正式制度建设和非正式制度建设的有机统一。在生态治理现代化中,既要加强正式制度建设,坚持用制度和法律保护环境,促使生态文明建设走上制度化和法治化的轨道,又要加强非正式制度建设,坚持将健康的生态意识上升为社会主流价值观,坚持用健康的生态文化和生态价值来引导与规范生态治理。不同于阿格尔生态马克思主义思想的北美资本主义社会语境,我们的生态治理现代化处于生产资料公有制和自然资源产权公有制的社会主义语境之中,这既为生态治理现代化奠定了社会主义经济基础,又为生态公平正义提供了社会主义制度保障,从而在客观上有助于将正式制度和非正式制度有机地统一起来。

第三节　繁荣自信开放的生态文化

从其受到一定价值观念等文化因素影响的角度看,生态环境问题也是文化问题。阿格尔批判资本主义意识形态为了维护资本对人与自然的双重支配而摇旗呐喊,指责它营造了鼓吹生产主义、消费主义、实证主义等有悖于生态文明及其建设的文化环境,指出那种文化环境下泛在地弥散着借助于文化工业而催生虚假需求的虚假意识、诱导人们接受资本主义所灌输的价值观念,构想了超越资本主义文化的具有开放性、对话性、互惠性、亲生态的新文化,以彰显对自然的敬畏、尊重、顺应和保护。阿格尔对当代资本主义文化的生态批判和对生态社会主义文化的构想,为我们摒弃错误的思想观念、繁荣新时代自信开放的生态文化提供了一些启示。

一、深刻认识生态环境问题的文化缘由

人类社会不仅对其环境的每一个反应都要经过一定文化的调节,而且

---

① Ben Agger, *Western Marxism:An Introduction*. Santa Monica:Goodyear,1979,p.331.

还要应对环境波动的影响,努力维持一定的文化。该过程具有两面性:积极的方面是人类需求可以变得越来越丰富多彩,这是人类文化的普遍特点。人类这种丰富多彩的需求既表现在强度上,也表现在广度上,从而产生了对需求的清晰表达、对人类及其与自然的关系的不断认识。消极的方面是人类表现出操纵自然的高傲态度,人类统治自然的思想意识是这种态度的极端形式。①应该说,很多生态马克思主义者,甚至是一些生态主义者,也都注意到了生态环境问题的文化成因。阿格尔对当代资本主义生态危机的文化分析,也启示我们要深刻把握我国生态环境问题的文化缘由。

首先,深刻认识意识形态导引着生态文明理念的树立与生态文明实践的实际展开。历史唯物主义认为,作为观念上层建筑的意识形态,尤其是一个阶级社会中的主流意识形态,关乎该社会占统治地位的主流文化的阶级性质和发展方向,影响该社会的生态意识和生态文化的形成和发展。阿格尔在分析当代资本主义的生态危机时着重批评了资本主义社会主流意识形态的反生态性,认为作为当代资本主义主流意识形态的"资本主义、种族主义、性别歧视,一直在蹂躏自然与人的思想及肉体"②。也就是说,资本主义的主流意识形态因其阶级局限性,不仅维护资产阶级对工人阶级的剥削,也维护资本对自然的剥削,从而不可能真正地、全面地引导资本主义社会树立彻底的生态文明理念和切实地开展生态文明建设。为此,阿格尔主张用作为社会主义意识形态的左翼生态激进主义批判并取代当代资本主义的主流意识形态,以促进人与自然的双重解放。阿格尔的这一看法,启示我们在建设具有强大凝聚力和引领力的社会主义意识形态的过程中,必须毫不动摇地坚持以社会主义意识形态引领全社会树立先进的生态文明理念,引导全社会进行生态文明建设。一般说来,一种意识形态的生态蕴涵越丰富、越强烈,它就越有利于生态文明理念的树立与生态文明实践的展开。反之,一种意识形态的生态蕴涵越稀薄、越微弱,它就越不利于生态文明理念的树立与生态文明实践的展开。因此,要高度重视社会主义意识形态工作,让我国的社会主义意识形态不仅积极推进国内人与自然和谐共生的现代化建设,也积极促进国际生态环境治理。

中国共产党第十八次代表大会旗帜鲜明地指出,建设生态文明是关系人民福祉、关乎民族未来的长远大计,必须把生态文明建设放在突出地位,

① [加拿大]威廉·莱易斯:《满足的限度》,李永学译,北京:商务印书馆,2016年,第133页。

② Ben Agger, *The Discourse of Domination:From the Frankfurt School to Postmodernism*.Evanston:Northwestern University Press,1992,p.13.

融入经济建设、政治建设、文化建设、社会建设各方面和全过程,坚持生产发展、生活富裕、生态良好的文明发展道路,大会同意将生态文明建设写入党章并作出阐述,使中国特色社会主义事业总体布局更加完善,使生态文明建设的战略地位更加明确,有利于全面推进中国特色社会主义事业。①生态文明维度,也必将随着我国社会主义意识形态工作的发展而愈加凸显。

我们必须自觉维护我国的意识形态安全,从而为美丽中国建设提供坚定的意识形态支撑。放眼全球,生态环境保护问题已经成为不同国家利益博弈的意识形态工具,我们要打赢生态环境保护领域的意识形态争夺战,就必须牢牢把握全球生态文明建设的主导权和话语权,用先进的社会主义生态文明理念占领意识形态领域新高地。2008 年全球金融危机后,为了促进全球经济复苏和应对全球气候变化、能源资源危机等挑战,国际社会特别是西方发达国家纷纷提出和推行"绿色新政""绿色经济""绿色增长",引发一种新的国际话语权斗争。②毫无疑问,中国在世界上已经高高举起社会主义生态文明建设的伟大旗帜,越来越成为全球生态文明建设的重要参与者、贡献者和引领者;习近平生态文明思想也越来越引起国际社会的广泛关注和深入研讨。同时,也要警惕西方资本主义国家打着"绿色"的幌子来威胁社会主义国家的意识形态安全,这不仅关乎我国的生态环境安全,也直接关系到我国的意识形态和文化安全。

其次,深刻认识生态文化应该也必然会成为主流文化。一定的生态环境问题,折射出相应的文化困境,意味着生态文化的微弱或缺失。一旦生态文化在社会主流文化中缺席或空场,这个社会的生态环境问题就很难不严重。面对当代资本主义社会的生态危机,阿格尔就指出:"北美 60 年代后期的反主流文化运动不只是一时的冲动和幻想。它使许多人懂得'更多'不一定就是'更好',高度集中的、官僚化的生活阻碍了人的个性发展。"③阿格尔为此批判了作为北美资本主义主流文化的生产主义、消费主义、实证主义等价值观念,呼吁人们用新的价值观来取代生产主义、消费主义、实证主义等反生态的错误观念,认为生态社会主义文化会真切地关爱自然。阿格尔的这一看法,启示我们必须深刻认识到生态文化作为社会主义主流文化之于大量生态环境问题解决的重要性。

---

①　《十八大以来重要文献选编》(上),北京:中央文献出版社,2014 年,第 46 页。

②　潘家华等主编:《美丽中国:新中国 70 年 70 人论生态文明建设》,北京:中国环境出版集团,2019 年,第 369 页。

③　Ben Agger, *Western Marxism:An Introduction*. Santa Monica:Goodyear,1979,p.337.

　　历史地看,中华文明孕育了丰富的优秀生态文化,一直被我国历史上的主流文化接纳。中国特色社会主义进入新时代后,绿水青山就是金山银山的理念逐步深入人心,全社会广泛弘扬和传播生态文化。生态文化已经成为我国社会主义文化的不可或缺的组成部分,成为生态文明新时代的主流文化,为我国生态文明建设提供强大精神动力、智力支持、行为依据和制度保障。①当然,生态文化也需要随着经济社会的发展而发展,它也需要不断地建设。在看到我国生态文化建设取得可喜成绩的同时,也应注意到它与建成美丽中国的目标要求还有很大差距,部分党员干部的发展观、政绩观、自然观还不正确,物质主义、消费主义等错误价值观念仍有市场,等等。因此,当前和今后还要进一步彰显生态文化,巩固和发展生态文化的主流文化地位。多措并举地让生态文化作为一种行为准则和价值理念在全社会扎根,让它自觉地体现在社会生产生活的各方面全过程。

　　最后,深刻认识生态文化研究关乎生态环境问题解决。实践表明,优秀的生态文化研究成果,有助于分析和解决现实的生态环境问题。目前,我国的生态文化研究,已经成为国家主导、国家规模和国家水平的研究,生态文化研究成果丰硕。生态文化研究方面的专著、论文、文学艺术和影视作品如雨后春笋般百花齐放、百家争鸣,呈现一派繁荣兴旺的景象。②阿格尔关于文化研究的相关论述,对持续推进我国生态文化研究也具有重要启示。

　　从事生态文化研究,是一种积极的生态读写活动,其目的在于引导人们追求并实现人与自然和谐共生的真正美好生活。阿格尔认为,晚期资本主义社会的文化大都表现出娱乐化、商品化、快餐化的特点,教导人们根据目前现状和眼前的方式,而不是根据最大限度的社会正义及人与自然和谐相处的方式来定义美好生活。这是在塑造人们的虚假意识,误导和欺骗人们。阿格尔说:“没有文化批判的公共话语,就丧失了文化解读的政治功能。当文化研究被局限在期刊、著作、会议、课堂时,简直难以想象文化研究的应有作用。”③为此,阿格尔反对文化研究沉迷于脱离实践的玄思,明言马克思主义的文化研究要“勇敢地参与文化上与政治上的斗争,运用手头的积极措施来让人们理解文化研究,批判性文化研究面临的挑战既要帮助人们

---

①　潘家华等主编:《美丽中国:新中国 70 年 70 人论生态文明建设》,北京:中国环境出版集团,2019 年,第 551 页。

②　潘家华等主编:《美丽中国:新中国 70 年 70 人论生态文明建设》,北京:中国环境出版集团,2019 年,第 482 页。

③　Ben Agger, *Cultural Studies as Critical Theory*, London/Philadelphia: Falmer Press, 1992, p. 187.

理论地、政治地解读文化,也不要让关于文化研究的文章程式化地解读理论,或者对阅读理论化;相反,在理论意义上,激进的文化研究必须教会人们怎样超越在景观社会里所繁殖的文化工业规则而去阅读、生活"①。阿格尔的这一论述,启示我们在进行生态文化研究时,必须揭示景观社会中的文化异化及其他异化的文化维度,唤醒沉迷于虚假意识中的人们,实现日常生活的文化革命。不过,也要防止对生态文化研究的狂热崇拜,不能因沉溺于文本愉悦而忘记了生态文化研究的最终目的在于实现人与自然的真正解放。一旦忘记了生态文化研究的这种最终目的,其研究成果对生态环境问题的认知和解决都无太大裨益。

　　生态文化研究应是一种跨科学研究,而不应局限于某一单一科学。阿格尔明确指出,"文化研究本质上是跨学科的。文化研究之所以是跨学科的,是因为传统学科不是以综合批判理论、文学理论、话语分析、妇女研究、社会学和政治经济学的方式来研究大众文化。传统学科束缚了人们去探究文化研究者所讨论的从电影理论到书本中的政治经济学理论。……没有理由拒绝文化研究的跨学科尝试,它也是目前酝酿着的最富有成效的跨学科项目"②。阿格尔强烈反对单一科学的、实证主义的文化研究形式,因为那样会导致文化研究的教条化、学科化、碎片化、中心化、霸权化、方法论化等弊病。这在阿格尔对社会学的学科解读、对实证主义科学的批判、对美国社会学重要期刊的解读等理论活动中表现得十分明显。阿格尔的这种跨学科文化研究思路,也启示我们在进行生态文化研究时要开阔视野,避免狭隘的学科局限,更不能存有学科偏见。

　　生态文化研究倡导跨学科的学术研究,反对碎片化的知识生产。法兰克福学派从产生到现在,虽然其主要代表人物几经更迭,但他们进行跨学科的综合研究这一取向却始终没有变更。阿格尔指出,法兰克福学派的最重要的理论贡献是,"用交叉学科的方法探讨了当时重大的社会问题和政治问题,打破了学术分工,将社会学、心理学、哲学运用于认识和提出当时的各种问题,并试图回答这些问题"③。阿格尔对法兰克福学派的这种研究取向赞誉有加,他指出:"即使是随意浏览马尔库塞、霍克海默和阿多诺的鸿篇巨著,也会发现他们出手不凡,展现了令人难以置信的创造性。他们不

①　Ben Agger, *Cultural Studies as Critical Theory*. London/Philadelphia:Falmer Press,1992,p.196.

②　Ben Agger, *Cultural Studies as Critical Theory*. London/Philadelphia:Falmer Press,1992,p.17.

③　俞吾金、陈学明:《国外马克思主义哲学流派新编·西方马克思主义卷》(上册),上海:复旦大学出版社,2002年,第129页。

知疲倦地穿越于基础性的社会理论、文化批评、知识史、政治经济学之间，覆盖了广泛的论题。今天，很少有人再能像法兰克福理论家那样具有百科全书般的博学与力量来进行写作。"①在阿格尔看来，知识的过度专业化，只能复制和繁殖碎片化的社会现实。他对美国主流社会学加以批判性解读，指出"哈贝马斯在其重建批判理论时，呼吁建立一种交叉学科的唯物主义，这种唯物主义把那些被错误地割裂的跨学科知识重新关联起来。他击碎了学科边界，有利于理论上进而是实践上的总体化。这延续了霍克海默、阿多诺和马尔库塞的最初动机，他们都理解被管制的资本主义是一个被复杂中介的世界，一旦它在专业化的学科中被裂化，就必须把它从知识上加以整合而理解为它原本的总体性。知识上的碎片化不但反映也进而繁殖了社会的碎片化"②。这也启示我们，作为科学知识的生态文化研究，它存在于特定的社会历史之中，如果它被恰当地应用，就可以促进生态环境问题的解决。

二、始终坚持马克思主义的生态指导地位

毫无疑问，建设美丽中国，必须坚持马克思主义的立场、观点和方法，特别是要坚持作为中国化马克思主义重要组成部分的习近平生态文明思想。阿格尔关于坚持以马克思主义，尤其是北美化马克思主义来指导北美左翼生态运动，这既关乎北美生态环境问题的解决，也关乎马克思主义自身前途和整个社会主义前途的看法，启示我们必须始终坚持马克思主义对生态文明建设的指导地位，更加自觉地学习宣传贯彻习近平生态文明思想，这不仅关系到新时代中国生态治理现代化的效能，也关系到 21 世纪马克思主义的发展和国际共产主义运动的推进。

首先，必须始终坚持马克思主义之于生态文明建设的指导地位，直接关系到新时代中国生态环境问题的解决、美丽中国建设的成效，乃至影响到全球生态治理的进展和美丽世界的建设。尽管阿格尔没有关于解决中国生态问题要坚持以马克思主义为指导的直接论述，但是他论证了马克思主义，尤其是《1844 年经济学哲学手稿》和《共产党宣言》等经典文献中相关思想之于生态问题剖析具有很强的适切性，阐明了这种理论适切性是其他非马克思主义理论所不可比拟的。阿格尔生态马克思主义思想的立论根基

---

① Ben Agger, *The Discourse of Domination: From the Frankfurt School to Postmodernism*. Evanston: Northwestern University Press, 1992, p.10.

② Ben Agger, *Socio(onto)logy: A Disciplinary Reading*. Champaign: University of Illinois Press, 1989, p.78.

是马克思的辩证方法，虽然他对马克思的辩证方法的解读存在思想偏颇，但他所认为的马克思辩证方法中的异化理论、人的解放观、资本主义社会制度的内在矛盾思想，对于理解人与自然之间的关系、理解资本主义社会制度局限、理解社会主义革命、理解共产主义的解放意蕴等诸多问题都具有很强的理论解释力的看法，则无可厚非。

阿格尔在 20 世纪 70 年代末指出，马克思在《1844 年经济学哲学手稿》中论述了人类与自然界之间的基本联系，提出了人性的解放要求非人的自然界的解放。在这一点上，马克思预见了后来的个人主义的马克思主义，特别是存在主义和现象学的发展，这些流派都强调人类生存的具体化的、与自然密切联系的性质。自然解放的概念是马克思主义人道主义的另一方面。[①]虽然生态危机在东欧社会主义国家的工业社会中没有引起像在西方那样的政治和理论反应，但是马克思主义人道主义者已在马克思早期著作中寻求对人类与自然之间的联系做出了正确评价，而这种评价正是当代左派生态学观点的核心。

因此，在解决中国生态环境问题和建设美丽中国上，我们既要有坚持以马克思主义为指导的理论自觉，更要有坚持以中国化的马克思主义生态理论为指导的理论自信，主动避免各种非马克思主义错误思想的干扰。一旦不坚持以马克思主义为指导，在解决中国生态环境问题和建设美丽中国时，就会失去政治灵魂、迷失理论方向，最终不得要领。中国的生态环境问题，是全球生态环境问题的一部分。中国生态环境问题解决的好坏，也直接关系到全球生态环境问题解决的好坏。实践已经证明，中国生态文明建设的成功经验，完全可以为世界其他国家或地区提供经验参考和实践借鉴。所以，我们必须始终坚持马克思主义对生态文建设的指导地位，更加自觉地学习宣传贯彻习近平生态文明思想。

其次，必须始终坚持马克思主义之于生态文明建设的指导地位，既关乎新时代中国特色社会主义的高质量发展，也关乎世界社会主义的健康发展。阿格尔始终注重剖析马克思主义与社会主义之间水乳交融的内在关系。他的《西方马克思主义导论》(1979)一书的主题，就是考察社会主义没有按照 20 世纪初许多马克思主义者所期望的方式在欧美出现的主客观原因。因此，阿格尔不是把那本书作为一部纯粹的思想史著作来写，而是作为可使当代现实充满生机活力的马克思主义著作来写。他认为，马克思的辩

---

① [美]本·阿格尔：《西方马克思主义概论》，慎之等译，北京：中国人民大学出版社，1991 年，第 306—307 页。

证法能够适用于当代北美社会,并能作为民主的社会主义的阶级激进主义的有效理论武器和政治武器。就阿格尔个人而言,追溯西方马克思主义的历史演变,从而实现他从未忘却的社会主义抱负的打算在 20 世纪 60 年代就形成了,那时候许多年轻的北美人对种族歧视和妇女歧视、印支战争均感到不满。①在谈到自己构建生态马克思主义理论的目的时,他再一次指出,生态马克思主义就是要找到走出过度生产过度消费困境的正路。这种北美化的生态马克思主义,有助于人们对社会主义的前途进行合理的思考。②阿格尔的这种思考方式,在其随后的著作中也持续出现。这也启示我们马克思主义及其内含的生态理论对中国特色社会主义和世界社会主义的发展至关重要。

在社会主义生态文明走向新时代,坚持马克思主义,尤其是习近平生态文明思想之于我国生态文明建设的指导地位,之所以关乎新时代中国特色社会主义的高质量发展,是因为马克思主义,尤其是习近平生态文明思想直接决定了中国特色社会主义生态文明建设的理论指引正确性和实践操作的正当性。党的十八大同意将生态文明建设写入党章并作出阐述,使中国特色社会主义事业总体布局更加完善,使生态文明建设的战略地位更加明确,这有利于全面推进中国特色社会主义事业。③

必须始终坚持马克思主义之于生态文明建设的指导地位,这关系到世界社会主义的健康发展。当下各国的生态环境问题,与世界的经济全球化、政治多极化、文化多元化、社会信息化紧密相关,已经具有了全球性。苏联社会主义生态失败的教训,告诫人们任何一个社会主义国家都要高度重视生态文明建设,极力避免因生态环境问题解决不当而不仅助推了本国社会主义社会的解体,也造成由此引发的国际社会主义运动的挫折。中国作为当前为数不多的社会主义国家中最大的社会主义国家,对世界社会主义运动负有不可推卸的重大历史责任。中国生态环境问题的当下解决,已经走出了一条既不同于当下资本主义社会的生态治理之路,也不同于以往苏联社会主义模式的生态治理之路,而是一条既遵循科学社会主义原则又合乎中国实际的生态治理新路。习近平生态文明思想,在指导建设美丽中国的过程中取得了举世瞩目的成就,大大提升了社会主义在当今世界的影响力,充分证明了科学社会主义的真理性,为世界社会主义发展做出了巨大

① Ben Agger, *Western Marxism: An Introduction*. Santa Monica: Goodyear, 1979, p.2.

② Ben Agger, *Western Marxism: An Introduction*. Santa Monica: Goodyear, 1979, p.274.

③《十八大以来重要文献选编》(上),北京:中央文献出版社,2014 年,第 46 页。

贡献。

最后,必须始终坚持马克思主义之于生态文明建设的指导地位,也有利于彰显马克思主义的科学性和生命力。面对当代日益严重的生态危机,一些人认为马克思恩格斯不仅存在生态问题上的理论空场,而且其历史唯物主义本身还具有反生态性。据此,他们认为马克思主义在当今时代已经失去了现实性,对当今时代不再具有解释力。①阿格尔强有力地回应了这种错误观点,他在《西方马克思主义导论》一书的引言中写道:"本书认为马克思主义不是一件陈列在东欧和中欧自然历史博物馆内的文物。相反,它认为马克思主义可能关系到美洲工人和北美大学学生的生活;非极权主义的马克思主义像自由民主一样可以为北美所接受。它认为,马克思主义是一个与无论是在办公室还是在工厂都不能支配其劳动过程和劳动产品,而仅仅是雇佣劳动者的工人紧密相关的充满生机的理论体系。"②从这段话看,我们至少可以得出马克思主义充满生机、与世界各地人们的生活紧密相关、没有过时的观点。包括阿格尔生态马克思主义思想在内的生态马克思主义理论,虽然存在一些与马克思主义基本原理不相符合、现实道路带有乌托邦色彩的缺陷,但它对生态环境问题独特的研究视角和富有说服力的学理分析,不仅对彰显马克思主义的时代意义和促进中国的生态文明建设发挥了不可小视的作用。③

这也启示我们,一个生活在北美发达资本主义社会中的学者尚能如此坚信马克思主义,并利用马克思主义来分析当代资本主义生态危机等现实问题,生活在社会主义社会的中国学者更应该去真信、真懂、真用马克思主义,以很好地显示马克思主义的科学性和生命力。这正如习近平总书记所说的那样:"马克思主义尽管诞生在一个半多世纪之前,但历史和现实都证明它是科学的理论,迄今依然有着强大生命力。马克思主义深刻揭示了自然界、人类社会、人类思维发展的普遍规律,为人类社会发展进步指明了方向;马克思主义坚持实现人民解放、维护人民利益的立场,以实现人的自由而全面的发展和全人类解放为己任,反映了人类对理想社会的美好憧憬;马克思主义揭示了事物的本质、内在联系及发展规律,是'伟大的认识工具',是人们观察世界、分析问题的有力思想武器;马克思主义具有鲜明的实践品格,不仅致力于科学'解释世界',而且致力于积极'改变世界'。在人

---

① 王传发、陈学明主编:《马克思主义生态理论概论》,北京:人民出版社,2020年,第146页。

② Ben Agger, *Western Marxism: An Introduction*. Santa Monica: Goodyear, 1979, p.1.

③ 王传发、陈学明主编:《马克思主义生态理论概论》,北京:人民出版社,2020年,第148页。

类思想史上,还没有一种理论像马克思主义那样对人类文明进步产生了如此广泛而巨大的影响。"①

面对当代全球生态环境现实,必须坚持马克思主义生态理论。所谓马克思主义生态理论,就是在坚持或应用马克思主义基本立场的基础上而形成的关于理解和论述人与自然环境之间复杂关系的理论,主要包括经典马克思主义生态理论、生态马克思主义的生态理论、当代中国马克思主义的生态理论。②当代中国马克思主义的生态理论,不但显示了中国政府有能力运用马克思主义来解决中国的生态环境问题,也回击了世界上一些人所认为的马克思主义是反生态的谬论。作为我们党不懈探索生态文明建设的理论升华和实践结晶的习近平生态文明思想,是人类文明发展史上的一次重大理论创新和思想变革,③不仅持续彰显着马克思主义的巨大力量,也持续彰显着马克思主义生态理论的巨大生命力。

三、不断发展中国化的马克思主义生态理论

作为中国化马克思主义理论不可或缺组成部分的中国化的马克思主义生态理论,也必须与时俱进。阿格尔关于发展北美生态马克思主义需要吸收其他有益思想资源,启示我们建设美丽中国必须不断发展中国化的马克思主义生态理论,尤其是不断发展习近平生态文明思想。马克思主义的基本原理普遍地适用于世界各国无产阶级和全人类的解放运动,但同时,各国共产党、其他工人阶级政党和人民群众在实际运用马克思主义的基本原理时,必须结合本国的实际和时代特点,将之具体化,才能取得实践的成功。也就是说,马克思主义在自身的发展过程中,必须具体化、本土化、民族化,从而不断地发展自身。这不仅关系到各国用马克思主义作指导的具体实践成功与否,也关系到马克思主义的前途。

阿格尔积极尝试把马克思主义在北美加以具体化,他在 20 世纪 70 年代提出"生态马克思主义"时就明确写道:"虽然这是一本不带偏见地介绍理论和历史材料的教科书,但它也是一本关于马克思主义前途的书。因此,运用过去的材料,对之进行新的综合,从而提出我们关于马克思主义前途的论点,就是我们义不容辞的责任了。特别重要的是,我们将涉及北美人的马克思主义观点。在前面探讨马克思主义理论家的过程中,已经隐含了对

① 习近平:《在哲学社会科学工作座谈会上的讲话》,《人民日报》2016 年 5 月 19 日。

② 王传发、陈学明主编:《马克思主义生态理论概论》,北京:人民出版社,2020 年,第 3—4 页。

③ 《习近平生态文明思想学习纲要》,北京:人民出版社,2022 年,第 8 页。

他们著作以欧洲为中心的特征的批判。这里的论证是以下述设想为依据的，即西方的资本主义已处于严重困境，一种适当的危机理论，同时对政治学、经济学和生态学领域都起作用的理论，会试图了解社会主义革命的可能性。但我们的论证并非分析了各种危机理论就结束了，而是要致力于提出一种适合于北美情况、能促进激进行动的新意识和新观点。"①由此可见，阿格尔的生态马克思主义思想，意在让马克思主义能够在北美生根结果，而不是让北美人对之误解或抛弃。

作为北美化的马克思主义生态理论，阿格尔生态马克思主义思想启示我们必须发展中国化的马克思主义生态理论，因为这不仅关乎中国化马克思主义的前途，也关乎整个马克思主义的前途。俄国十月革命一声炮响，在把马克思列宁主义送到了中国的同时，也为中国提出了一个如何把马克思列宁主义运用到中国革命实际的历史课题。在中国共产党成立之初，由于对马克思主义理解不深、对中国实际认识不足等主客观原因，一度把马克思主义教条化，用现成的公式去裁剪中国革命的实际，多次犯下了"左"倾或右倾的严重错误。经过多年的思考，毛泽东在 1938 年 10 月召开的中共六届六中全会上，首次提出了"马克思主义中国化"的重大命题。他说："共产党员是国际主义的马克思主义者，但是马克思主义必须和我国的特点相结合并通过一定的民族形式才能实现。马克思列宁主义的伟大力量，就在于它是和各个国家具体的实践相联系的。对于中国共产党来说，就是要学会把马克思列宁主义的理论应用于中国的具体的环境。"②需要强调的是，阿格尔不是把马克思主义当作现成的教条或公式来生硬地"裁剪"北美活生生的经济社会现实，而是根据当代北美资本主义社会的实际来发展马克思主义。阿格尔的这种做法在总体上是合乎马克思主义理论要求的。发展中国化的马克思主义生态理论，需要深入挖掘包括经典马克思主义和西方马克思主义等在内丰富的生态思想，最终提出具有中国特色的马克思主义生态理论，以更好地指导生态文明建设。

首先，深入挖掘马克思主义，尤其是马克思恩格斯的生态思想宝藏。如同其他生态马克思主义者，阿格尔在提出自己的生态马克思主义思想时，也始终立足解读马克思恩格斯著作的相关思想。运用大段摘录马克思恩格斯著作的原文，再加以解释说明的方式，阿格尔夹叙夹议地提出了自己的一些生态理论。这突出地表现在他的《西方马克思主义导论》一书中。简要

---

① Ben Agger, *Western Marxism: An Introduction*. Santa Monica: Goodyear, 1979, p.269.

② 《中共中央文件选集》(第 11 册)，北京：中共中央党校出版社，1991 年，第 658 页。

地说,阿格尔在阐述马克思的社会主义解放观时重点解读了马克思的异化思想,强调人与自然之间的对立可以通过社会主义和共产主义来解决。为此,他用了近 15 页的篇幅原文摘录了马克思《1844 年经济学哲学手稿》一文中关于异化的特征、表现、扬弃等方面的相关论述;在解读马克思的辩证法时,阿格尔用了近 5 页的篇幅重点摘录了马克思恩格斯合著的《德意志意识形态》一文中的有关马克思恩格斯关于消除意识形态对人的欺骗性而让人获得解放的段落;在解读马克思的革命实践观时,阿格尔摘录了马克思《关于费尔巴哈的提纲》的原文;在解读马克思的革命的共产主义理论时,阿格尔摘录了《共产党宣言》中关于资产阶级出现与发展的大段原文;在解读马克思关于资本主义内在矛盾的理论时,阿格尔又用了近 20 页的篇幅重点摘录了《资本论》第一卷的原文。笔者在此不厌其烦的枚举阿格尔解读马克思恩格斯生态思想的做法,主要目的不是说阿格尔的这种做法完全正确或无可挑剔,而是说我们也应像阿格尔那样深入挖掘马克思恩格斯的生态思想,通过诠释经典、激活经典来理解现实,从而为解决当下的生态问题提供理论支撑和有益思路。

马克思和恩格斯所论述的生态问题,从纵向的时间维度看,涉及了人类社会发展所关联到的原始社会、奴隶社会、封建社会、资本主义社会、社会主义、共产主义社会;从横向的领域维度看,涉及人类社会的经济、政治、文化、社会、自然等各个领域;从方法上看,是辩证的唯物主义、历史的唯物主义、实践的唯物主义。马克思和恩格斯的生态思想,已经引起了国内外诸多马克思主义者的高度关注和深入研究。[①]国内外学者比较集中地关注了《1844 年经济学哲学手稿》《关于费尔巴哈的提纲》《英国工人阶级状况》《政治经济学批判大纲》《德意志意识形态》《共产党宣言》《资本论》《反杜林论》《自然辩证法》《家庭、私有制和国家的起源》等篇章。在对马克思恩格斯丰富生态思想的解读上,主要关注马克思恩格斯生态思想上的自然观、经济观、社会观、伦理观、治理观。[②]简要地说,这些思想主要包括:自然对人的

---

① 在国内,主要有周义澄的《自然理论与时代:对马克思主义哲学的一个思考》(1988)、解保军的《马克思自然观的生态哲学意蕴:"红"与"绿"结合的理论先声》(2002)、张秀芹的《马克思生态哲学思想及其当代意义》、杜秀娟的《马克思主义生态哲学思想历史发展研究》(2011)等。在国外,除了本文已经探讨的阿格尔的诸多著作外,还主要有莱易斯的《自然的控制》(1972)和《满足的极限》(1976)、奥康纳的《自然的理由》(1997)、柏克特的《马克思和自然:一种红与绿的观点》(1999)、福斯特的《马克思的生态学》(2000)和《生态革命》(2009),等等。

② 杜秀娟:《马克思主义生态哲学思想历史发展研究》,北京:北京师范大学出版社,2011 年,第 36—67 页。

优先地位;人与自然的统一;人是自然的产物,靠自然生活;人对自然的改造与利用;人与自然之间的物质变换;人口与自然资源之间的关系;可持续性发展;尊重自然,善待自然的必要性;资本主义环境问题的社会性;资本主义环境危机的不可根治性;人与自然在共产主义社会的"和解"等。马克思恩格斯的生态思想是一座无与伦比的生态思想富矿,值得我们去开挖。这些思想至今仍然闪烁着真理的光辉,为我们在生态问题日益严重的今天提供了一条清晰地认识和解决问题的基本线索,不仅对于我们对生态问题的理论研究,而且对于我们具体的生态实践都具有重要的指导意义。

其次,注重整合融通"马""中""西"三种生态思想资源。理论整合,往往是理论创新的重要方式。阿格尔生态马克思主义思想的一个十分明显的特征,就是通过整合相关的理论资源而进行的。比如,在《西方马克思主义导论》(1979)中最初提出自己的生态马克思主义思想时,阿格尔就整合了哈贝马斯、米利班德、奥康纳、莱易斯等人的合法性危机理论、国家积累危机理论、国家财政危机理论、生态危机理论,整合了布雷弗曼、马尔库塞、霍克海默和阿多诺等人对资本主义社会官僚主义、异化消费、社会支配的批判。在《批判社会理论导论》中,阿格尔还专门对作为一种研究方法的理论整合(或可称为理论综合)做了说明。在阿格尔看来,理论综合可以分为强综合和弱综合两种方式。所谓的弱综合,就是只指出不同理论视角的共同特征,以便把这些相关理论视为同一类理论。所谓强综合,就是借用各种理论视角,把它们融合在一起,建立一个更好的理论。①

阿格尔生态马克思主义思想中所蕴含的这种理论整合的方法,启示我们在发展中国化的马克思主义生态理论时,要注重整合融通马克思主义生态思想(简称"马")、中国优秀传统文化中的生态思想("中")、西方思想中有益的生态思想(简称"西")这三种生态思想资源。正如习近平总书记所指出的:"哲学社会科学的现实形态,是古往今来各种知识、观念、理论、方法等融通生成的结果。"②因此,我们要善于融通以下三种主要的生态思想资源:一是马克思主义的生态思想资源,这既包括马克思主义基本原理中蕴含的生态思想,也包括中国化马克思主义和国外马克思主义中的生态思想。二是中华优秀传统生态文化的资源,这是中国特色生态理论发展十分宝贵、不可多得的思想资源。三是国外哲学社会科学中的生态思想资源,包括世界所有国家生态思想取得的积极成果,这可以成为中国特色生态理论

---

① Ben Agger, *Critical Social Theories: An Introduction*. Boulder: Westview Press, 1998, p.3.

② 习近平:《在哲学社会科学工作座谈会上的讲话》,《人民日报》2016年5月19日。

的有益滋养。

　　要坚持古为今用、洋为中用,融通各种资源,不断推进知识创新、理论创新、方法创新。在整合融通"马""中""西"三种生态思想资源时,我们还要注意做到以"马"为理论灵魂,以"中"为理论本源,以"西"为理论借鉴。这里的主要问题是,要坚持以马克思主义为指导。我国是一个发展中国家,在进行建设美丽中国时既要总结自身改革开放与现代化建设的经验教训,也要汲取世界上其他国家在生态文明建设进程中的经验教训。而对这些经验教训的总结与吸收,都离不开马克思主义的指导。"作为社会主义国家,我国是以马克思主义作为自己指导思想的,当然应该比任何其他国家都更多地致力于对国外马克思主义的探索,以确保我国的精神生活始终站在马克思主义理论的制高点上。"①而对于中国自身传统文化中的生态思想和西方思潮中的生态思想,既不能全盘肯定,也不能全盘否定,而是要科学的分析,辩证地看待。"我们要坚持不忘本来、吸收外来、面向未来,既向内看、深入研究关系国计民生的重大课题,又向外看、积极探索关系人类前途命运的重大问题;既向前看、准确判断中国特色社会主义发展趋势,又向后看、善于继承和弘扬中华优秀传统文化精华。"②

　　最后,着重发展中国化的马克思主义生态理论。理论的生命力和影响力,在很大程度上都源于理论的创新性。"马克思主义中国化取得了重大成果,但还远未结束。我国哲学社会科学的一项重要任务就是继续推进马克思主义中国化、时代化、大众化,继续发展21世纪马克思主义、当代中国马克思主义。"③因此,必须不断地发展中国化的马克思主义生态理论。阿格尔生态马克思主义思想,之所以能够引起许多学者的积极关注,与该思想的创新性、北美化有着极为密切的关系。阿格尔在提出自己的生态马克思主义思想时就明确指出,自己的生态马克思主义思想是建立在对当代哲学的欧洲中心主义倾向批判的基础上,进而让它成为北美的马克思主义。这样马克思主义不是北美人们所疏远的,而是容易为他们所接受。这样,阿格尔的生态马克思主义,就把马克思主义北美化了。④更为重要的是,阿格尔不仅仅局限在理论创新本身,还注重与之相关的术语创新。阿格尔首创的术语,除了众所周知的"生态马克思主义"外,还有被学界接受的"快速资本主

---

　　①　参见俞吾金、陈学明、吴晓明为《当代国外马克思主义研究丛书》合写的"总序"。

　　②　习近平:《在哲学社会科学工作座谈会上的讲话》,《人民日报》2016年5月19日。

　　③　习近平:《在哲学社会科学工作座谈会上的讲话》,《人民日报》2016年5月19日。

　　④　Ben Agger, *Western Marxism:An Introduction*. Santa Monica:Goodyear,1979,p.276.

义""舒缓现代性"等。阿格尔生态马克思主义思想,在这方面启示我们:在建设美丽中国的过程中,要着重提出中国化的马克思主义生态理论。思想和概念,都是对具体实践的理论抽象与概括。毫无疑问,对不同的实践加以理论化的过程中,首先要考虑到运用已有的规范概念和思想资源,但这绝不意味着我们完全要墨守成规,不能越现存学术雷池半步。创造必要的新概念、新视角以构建新理论,既是实践发展的产物,也是理论创新的内在要求。

中国化的马克思主义生态理论,必须不断创新,才能始终保持自身的生命力。正如习近平总书记指出,"理论的生命力在于创新。创新是哲学社会科学发展的永恒主题,也是社会发展、实践深化、历史前进对哲学社会科学的必然要求。社会总是在发展的,新情况新问题总是层出不穷的,其中有一些可以凭老经验、用老办法来应对和解决,同时也有不少是老经验、老办法不能应对和解决的。如果不能及时研究、提出、运用新思想、新理念、新办法,理论就会苍白无力,哲学社会科学就会'肌无力'。哲学社会科学创新可大可小,揭示一条规律是创新,提出一种学说是创新,阐明一个道理是创新,创造一种解决问题的办法也是创新"①。

提出原创性的中国马克思主义生态理论,一定要紧扣我国仍然处于社会主义初级阶段、是一个发展中国家的具体国情,绝不能简单套用别国的现成理论和学术概念。习近平总书记也指出:"我们的哲学社会科学有没有中国特色,归根到底要看有没有主体性、原创性。跟在别人后面亦步亦趋,不仅难以形成中国特色哲学社会科学,而且解决不了我国的实际问题。……只有以我国实际为研究起点,提出具有主体性、原创性的理论观点,构建具有自身特质的学科体系、学术体系、话语体系,我国哲学社会科学才能形成自己的特色和优势。"②新时代中国特色社会主义,更需要体现这个时代特征的由中国学者提出原创性的中国化的马克思主义生态理论。

第四节　创建简约健康的生态社会

建设生态文明,关涉人们的日常生活,需要全社会的共同努力和每个公民的自觉参与。阿格尔在探讨当代资本主义生态危机的成因与出路时不仅积极思考了生态环境问题与过度生产、官僚政治、文化霸权之间的内在

---

① 习近平:《在哲学社会科学工作座谈会上的讲话》,《人民日报》2016 年 5 月 19 日。

② 习近平:《在哲学社会科学工作座谈会上的讲话》,《人民日报》2016 年 5 月 19 日。

联系,也积极反思了生态环境问题形成与解决的社会基础。阿格尔对当代资本主义社会日常生活中普遍存在的异化消费、暴饮暴食、久坐少动等不良生活方式的生态批判、对简约适度生活方式的提倡和培育公民生态意识等相关论述,启示我们加快形成绿色消费等健康生活方式、营造平等正义的社会环境、提升广大群众的生态素养,以建设简约、健康的生态社会。

一、倡导绿色消费等良好生活方式

现实生活中很多生态环境问题的出现,大都与人们的生活方式紧密相关。我们需要更多关注人们日常生活实践的绿化,以日常生活实践为中心,以绿化生活为目标,更加细致地再造日常生活基础设施、重构日常生活机会与空间、设置方便有效的日常生活引导,以推动深层次的、本质性的绿色社会建设。否则,社会表面的变革将会因为深层的原因而延滞、失灵甚至颠覆。①因此,要解决生态环境问题、保护生态环境、建设生态文明,必须改变社会上各种不良的生活方式,形成涉及衣、食、住、行、用等日常生活行为的绿色健康的生活方式。阿格尔对当代资本主义社会生活方式中异化消费、暴饮暴食、久坐少动等现象的反思,为我们充分认识绿色生活方式的重要性,改造习以为常的日常生活,加快形成绿色健康的生活方式提供了启示。

首先,摒弃异化消费,倡导适度消费。学界已经广泛注意到,阿格尔生态马克思主义思想的一个鲜明特点,就是系统地分析了很多马克思主义者所忽视的异化消费现象,阐述了异化消费的基本内涵、主要成因、本质特点、严重危害和变革路径。如前文所述,在阿格尔看来,当代西方资本主义社会广泛存在的异化消费,是指人们为了补偿自己那种单调乏味的、非创造性的、常常是报酬不足的劳动而致力于获取大量商品进行过度消费的行为;异化消费既源于当代资本主义社会借助于意识形态欺骗、文化工业蛊惑、虚假需求诱引来误导人们进行过度消费,以延缓其经济危机、获取更多的利润、维持政治统治的合法性、转移人们的视线、实现对人们的巧妙支配,也源于广大消费者"自由"的错误选择;异化消费实质上只是虚假需求的虚假满足、虚假幸福的虚假体验、虚假自由的虚假实现,而不是真实需求的真正满足、真实幸福的真实体验、真实自由的真实实现;异化消费虽然满足了消费者的虚假需求,缓解了消费者的身心压力,悬置了消费者的生活烦忧,但它治标不治本,是健康生活的腐蚀剂;用提供有意义的、非异化的、

① 潘家华等主编:《美丽中国:新中国 70 年 70 人论生态文明建设》,北京:中国环境出版集团,2019 年,第 433 页。

小规模的、民主管理的生产者联合体的劳动的办法,来克服异化消费。①阿格尔的这些看法,启示我们建设美丽中国必须关注人民群众日常生活中的消费问题,引导人们树立正确的消费观,进行合理消费。

建设美丽中国,不可忽视人民群众的日常消费问题。生态文明,从合理消费的角度看,就是要强调“消之有度,费之有节”,既要避免暴殄天物的过度消费,也要避免困于温饱的低度消费。毫无疑问,我们在建设社会主义生态文明、实现共同富裕的过程中,重点不是反对老百姓的一般消费,而是防止一些人的奢侈消费和过度消费。习近平总书记2014年6月在中央财经领导小组第六次会议上指出,改革开放以来,人民生活水平大幅度提高,同时奢侈浪费之风也开始起来了,特别是“土豪”式的生活方式,纵欲而无节制。有的人觉得住上大别墅、开上豪华车,一掷千金,醉生梦死,人生价值就实现了。②面对这种奢侈炫耀、浪费无度的消费行为,习近平总书记强调务必对之加以制约。为此,习近平总书记提出,要倡导简约适度、绿色低碳的生活方式,反对奢侈浪费和不合理消费。③

在经济社会高质量发展阶段,全社会加快形成绿色消费的价值观念和生活方式越来越重要、紧迫而艰巨。在经济高质量发展阶段,要构建新发展格局。坚持扩大内需、更多依托国内消费市场。扩大居民消费,提升消费层次,满足人民群众个性化多样化的消费,势在必行。在这种经济发展大背景下,既要刺激人们进行消费,又要引导人们合理消费。因此,必须把扩大消费同改善人们生活品质结合起来,以质量品牌为重点,促进消费向绿色、健康、安全发展。④因此,我们就要把推动形成绿色消费的生活方式摆在更加突出的位置,在全社会牢固树立勤俭节约的消费观,树立勤俭节约就是增加资源、减少污染、保护环境、造福人类的理念,推动消费方式和生活方式向简约适度、绿色低碳、文明健康的方向转变,拒绝奢华和浪费。⑤中国科学院研究报告显示,我国居民消费产生的碳排放量约占全社会总量的53%。⑥这个数据直观地告诉我们,如果不加快实现消费方式的绿色转型,不仅会延误经济的高质量发展,也会延误生态文明建设的步伐。

其次,克制暴饮暴食,进行合理餐饮。民以食为天,饮食是日常生活中

---

① Ben Agger, *Western Marxism: An Introduction.* Santa Monica: Goodyear, 1979, p.272.

② 习近平:《论坚持人与自然和谐共生》,北京:中央文献出版社,2022年,第78页。

③ 习近平:《论坚持人与自然和谐共生》,北京:中央文献出版社,2022年,第16页。

④ 《习近平经济思想学习纲要》,北京:人民出版社,2022年,第57页。

⑤ 《习近平生态文明思想学习纲要》,北京:人民出版社,2022年,第94页。

⑥ 郎竞宁:《让绿色低碳消费成为全民风尚》,《经济日报》2022年10月13日。

司空见惯的事情。阿格尔不仅在一般意义上分析了异化消费,也在特殊意义上分析了作为异化消费具体形式的暴饮暴食。阿格尔在这方面的论述,虽发轫于 20 世纪七八十年代,系统化于 21 世纪初,但目前学界对之评介的成果相对较少。概括地说,阿格尔认为,暴饮暴食是当代西方资本主义社会中普遍存在的现象,这可以从欧美国家里因过度饮食而导致人群中肥胖者占有很高比例上得到确证;①暴饮暴食既源于当代资本主义社会的商家利用各种广告诱导人们多吃多喝,诸如麦当劳之类的各种快餐馆供应方便快捷的食物、众多酒吧为消费者提供品种多样的酒水和消费环境,②也源于很多消费者或因时间很紧张,或因做饭技术很差而宁愿选择外出就餐时很容易胡吃海喝;暴饮暴食,实质上当代资本主义社会把人们的身体动员起来并加以殖民化,消费者却没有深刻地认识到身体遭受异化的危险;③暴饮暴食不仅过量耗费了来自自然界的食物,助推了生态危机,也造成身体因营养过剩而患上肥胖、高血脂、高胆固醇等疾病,导致身体不能很好地进行体验自然和生态审美;④必须克制暴饮暴食,少吃营养较多的以粮食喂养的各种肉类,⑤而多吃生态上较少浪费的非肉类的蛋白质,比如花茎甘蓝、米饭、豆类等,以减少不必要的热量摄入,⑥保持人们有机身体的健康,保护作为人的无机身体的自然,使得自己与他人和自然和谐相处。⑦阿格尔的这些看法,启示我们在建设美丽中国的过程中要积极引导人们养成合理的餐饮习惯。

暴饮暴食的现象,也绝非只是西方发达资本主义社会才有。不可否认的事实是,改革开放以来,我国广大人民群众的温饱问题得以逐步解决,人民生活水平不断提高,在达到小康水平后,生活相对更加富裕。毋庸讳言,

---

① Ben Agger (with S.A McDaniel),*Social Problems Through Conflict and Order*. Toronto:Addison-Wesley,1982,p.268.

② Ben Agger,*Body Problems:Running and Living Long in Fast-Food Society*. London:Routledge,2011,p.6.

③ Ben Agger,*Speeding Up Fast Capitalism:Cultures,Jobs,Families,Schools,Bodies*. Boulder:Paradigm Publishers,2004,p.152.

④ Ben Agger,*Speeding Up Fast Capitalism:Cultures,Jobs,Families,Schools,Bodies*. Boulder:Paradigm Publishers,2004,p.158.

⑤ Ben Agger,*Western Marxism:An Introduction*. Santa Monica:Goodyear,1979,p.323.

⑥ Ben Agger,*Body Problems:Running and Living Long in Fast-Food Society*. London:Routledge,2011,p.9.

⑦ Ben Agger,*Speeding Up Fast Capitalism:Cultures,Jobs,Families,Schools,Bodies*.Boulder:Paradigm Publishers,2004,p.152.

与此同时也出现了餐饮浪费和暴饮暴食等问题。把暴饮暴食现象放到全球化的背景下,有助于我们更好地理解它。全球化和麦当劳化是一种冷酷无情的过程,横扫了那些看似无法渗透的制度和世界各个国家和地区。当下,经济全球化、餐饮,乃至社会的麦当劳化已经成为世界潮流。而且这种影响还会继续扩大。①有城市生活经历的中国人,也完全可以在国内感受到这种影响。暴饮暴食,不仅带来了一定的健康风险,也带来了餐饮浪费和环境公害。根据 2019 年国际医学杂志《柳叶刀》发布的数据,中国有 9000 万肥胖者,其中将近 80% 属于重度肥胖,居全球首位。超重和肥胖是全球引起死亡的第五大风险。②因此,控制能量摄入、合理饮食,对于我国很多人来说,实属刻不容缓。"有人做过调查估算,全国每年在餐桌上浪费的食物高达两千亿元,相当于两亿多人一年的口粮。"③尽管"光盘"活动进展较好,但因社会上还残存着讲面子、摆排场的陋习而造成餐桌上的浪费仍不容忽视。过度餐饮不仅需要耗费大量的食材,也会产生大量的垃圾,其中的很多垃圾不可降解,已经成为环境公害。

合理饮食,积极作为。应该承认,作为一种社会现象的饮食,对于很多人来说受制于社会环境和生活条件,并不能完全取决于自己的主观意愿,但这也并不意味着个人在进行合理饮食上无能为力、无所作为。要积极纠正不良的饮食习气,养成健康的饮食习惯。为此,在日常生活中尽力定时定量进餐,既不暴饮暴食,也不盲目节食;不挑食、不偏食,更不可盲目追求山珍海味,既要改变那种认为吃得贵、吃得好、吃得多就是吃得健康、吃得有身份的错误观念,也要改变那种常年钟情快餐、偏爱外卖、随便将就的饮食习惯;把营养健康知识融入日常饮食之中。当然,对于公务餐饮中的大吃大喝也要坚决制止。为此,要加强立法,强化监督,采取有效措施,建立长效机制。④就餐饮而言,以良好的党风政风带动整个社会风气的好转,也十分必要。

最后,尽量减少久坐,多做运动。21 世纪初,阿格尔十分感兴趣于迅猛发展的互联网信息技术对当今西方资本主义社会中文化、工作、家庭、教育和身体的重要影响。他发现资本主义社会的生活节奏越来越快,注意到人们的工作时间越来越长,久坐少动成为很多人工作和娱乐的常态。这不仅

---

① [美]乔治·瑞泽尔:《汉堡统治世界?!:社会的麦当劳化》,姚伟等译,北京:中国人民大学出版社,2013 年,第 1 页。

② 陈颐:《科学认识肥胖》,《经济日报》2019 年 5 月 20 日。

③ 习近平:《论坚持人与自然和谐共生》,北京:中央文献出版社,2022 年,第 172 页。

④ 《习近平生态文明思想学习纲要》,北京:人民出版社,2022 年,第 95 页。

是一个重要的生活方式问题，也是一个涉及大众身体健康的社会问题，应该引起人们的高度重视。①为此，阿格尔在 2011 年出版了一本专著《身体问题：快餐社会中的跑步与长寿》，系统讨论了作为生活方式的久坐少动对身体造成的严重危害，呼吁人们尽可能地减少久坐的工作、休闲以及对驾车代步的依赖，多参加诸如跑步之类的体育运动，以保持身体的健康，发现日常生存的本真意义。阿格尔不仅分析了久坐少动的工作原因，也分析了久坐少动的休闲原因。从工作的角度看，当代资本主义社会中众多家庭开支较大，需要人们花费大量时间去完成久坐的工作；与信息技术相融合的诸多工作，极易诱导人们因紧盯电脑而久坐少动；各种电子化信息化的工作方便了人们工作间隙的在线交往，容易延长坐而不动的时间；更重要的是资本主义千方百计让人们久坐少动地"一直工作"。从休闲的角度看，在信息技术和娱乐技术都很发达的今天，一个繁忙、孤独、高离婚率的社会，让很多人倾向于登录一些免费网站或需要提供个人资料的收费网站在线娱乐、在线交友。②越来越多的在线休闲，导致越来越多不分男女老少的人们久坐不动。阿格尔还注意到，普遍存在的驾车代步现象在方便人们远足的同时，也导致人们过度依赖汽车，减少了步行锻炼。久坐少动的生活方式，严重的损耗了身体的健康，人们必须通过多运动来改变它。在阿格尔看来，运动不仅是能量的消耗，也是一种寻求身心合一的有益交流。他呼吁人们不但要有健康的身体，还要用健康的身体去体验自然。③这是因为，健康的身体不能疏离其周遭的自然，人们需要通过身体的感性与外部自然相连。因此，我国各级党委和政府一定要"把人民健康放在优先发展的战略地位"④，促进广大人民群众以健康体魄共建共享美丽中国。

　　久坐办公、久坐看书、久坐休闲等各种久坐少动的生活方式，在我们的日常生活中也越来越常见。越来越多的国内外科学研究和医疗实践表明，久坐少动会严重影响身体健康，长期体力活动不足极易增加颈椎病、椎间盘突出、骨关节炎、肥胖、糖尿病、心血管病、肛肠疾病、老年痴呆症等疾病，甚至癌症发生的风险。在中国科协科普官方平台《科普中国》2019 年 4 月 1

①　Ben Agger, *Body Problems*: *Running and Living Long in Fast-Food Society*. London: Routledge, 2011, p.1.

②　Ben Agger, *Oversharing*: *Presentations of Self in the Internet Age*. New York: Routledge.2012, p.28.

③　Ben Agger, *Body Problems*: *Running and Living Long in Fast-Food Society*. London: Routledge, 2011, p.54.

④　《习近平关于社会主义社会建设论述摘编》，北京：中央文献出版社，2017 年，第 101 页。

日刊登的文章《久坐会增加早死风险是真的吗》认为，久坐真的会增加死亡风险。该文指出，久坐早已被世界卫生组织列为致疾致死的十大杀手之一；久坐会使 2 型糖尿病风险增加 88%，心脏病风险增加 14%，肺癌风险增加 27%，肠癌风险增加 30%，子宫癌风险增加 28%。[①]这些数据表明了久坐少动这种生活方式的严重危害性，这不仅关系到健康中国的建设，也关系到美丽中国的建设。如果像马克思所说的"忧心忡忡的、贫穷的人对最美丽的景色都没有什么感觉"[②]，那么没有健康体魄、疾病缠身的人，就不能很好地投身于火热的美丽中国建设实践中去，不能真切地体验美丽中国的各种美丽风景。

　　日常生活固然是久坐少动的存在空间，但其中处处也有改变久坐少动的诸多机会。2020 年世界卫生组织新发布的《关于身体运动和久坐行为指南》强调，每个人不论年龄和能力，都可以进行各种有利于自我身体健康的适当活动。因此，每个年龄段的人和各种健康状况的人，都应该坚持天天运动，根据自身实际确定合适的运动强度和运动时间。一般认为，对于成年人来说，每周至少进行累计 5 个小时左右的中等程度的有氧运动，儿童和青少年应达到平均每天 1 个小时左右的运动。人们不仅可以进行做家务、居家体操等室内运动，也可以尽量多做户外运动。登山、跑步、骑行、散步等户外运动，都是很好的有氧运动项目，既可以锻炼身体，又可以在大自然中陶冶情操。人们在户外运动中接触自然，有利于创造同人的本质和自然界本质的全部丰富性相适应的感觉，实现人的本质的对象化。因此，走进自然，去创造马克思所说的"具有丰富、全面而深刻的感觉的人"[③]，对于美丽中国建设来说意义重大而深远，绝不可忽视。这也意味着，实现健康中国与美丽中国的互融共进意义重大而深远。

二、营造平等正义的社会环境

　　生态文明建设，也是人们在社会中通过社会环境接受生态教化的社会化过程。毫无疑问，不平等、不公正、不和谐的社会环境，不利于生态文明建设。阿格尔批判了当代资本主义社会不是平等、正义的社会，认为这种不能保证人与人之间平等的社会必然不能保证人与自然的平等，从而不利于生态环境改善和人与自然的和谐共生，需要对之加以变革以走向平等正义的

---

① 《久坐会增加早死风险是真的吗》，《科普中国》2019 年 4 月 1 日。

② 《马克思恩格斯文集》(第一卷)，北京：人民出版社，2009 年，第 192 页。

③ 《马克思恩格斯文集》(第一卷)，北京：人民出版社，2009 年，第 192 页。

社会。阿格尔对不能真正做到平等正义的当代资本主义社会的生态批判和对生态社会主义的期望,启示我们必须营造美丽中国建设所需要的平等正义的社会环境。

在批判资本主义社会的等级制支配和构想生态社会主义的解放愿景时,已经暗含了阿格尔对资本主义社会中各种不平等、非正义现象的深切痛恨和对未来社会主义会实现各种平等、正义的热切期望。生态社会主义社会中的这些社会平等,炸毁了以往资本主义社会中存在的"在男人与女人、资本与劳动、白人与有色人种、异性恋与同性恋、第一世界与第三世界、社会与自然之间的致命等级制"①,从而不仅解放了作为被压迫者的妇女、劳动、有色人种、同性恋、第三世界和自然,也解放了作为压迫者的男人、资本、白人、异性恋、第三世界和社会。简单地说,阿格尔的社会平等观,就是要消除当代资本主义社会中各种不平等的等级制,就是要追求人与人之间的平等、人与社会之间的平等、人与自然之间的平等。

在阿格尔那里,社会平等涉及人与人之间的平等,主要表现为男女平等和种族平等。他认为,一些女权主义理论已经很好地揭示了男女平等,甚至异性恋者同性恋者平等这一问题。"女权主义理论认为,性别劳动分工是男女之间严重的性别不平等所在,把家庭加以了问题框架化及政治化。同样,女权主义者认为家庭形式的存在不是单一的,而是多元的,包括从单亲家庭到同性恋家庭。事实上,她们认为,所谓的那种丈夫在外赚取工资而妻子呆在家里的核心家庭,在美国不是普遍现象,这就迫使我们改变研究家庭的概念及方式,承认人们私密生活行为的丰富多样性。"②至于种族平等,在生态社会主义是完全可以实现的。在一个没有种族、性别和阶级严格区分的社会中,白色和黑色,就不再是歧视与不平等的所指。在一个没有种族主义的社会中,种族就和性别一样,不再是一个与歧视相关的理论范畴。③

社会平等也涉及人与社会之间的平等。阿格尔在20世纪70年代末就认为,当时苏联事态的发展使得像马尔库塞这样的思想家们确信,如果社会主义变革不以人人平等参与社会事务的管理为出发点,并创造出一种不需要等级制支配的组织形式,那么这种社会主义革命就没有必要了。马尔库塞的"新敏感性",意味着可以创造出社会主义的阶级激进主义新形式,

① Ben Agger, *Gender, Culture and Power: Toward a Feminist Postmodern Critical Theory*. Westport, CT: Praeger Publishers, 1993, p.4.

② Ben Agger, *Critical Social Theories: An Introduction*. Boulder: Westview Press, 1998, p.174.

③ Ben Agger, *Postponing the Postmodern: Sociological Practices, Selves and Theories*. Lanham, MD: Rowman & Littlefield, 2002, p.127.

而不给人类加上沉重的官僚主义义务。这样,马尔库塞回到了马克思关于社会主义是男女和睦地共同工作、民主组织起来的思想。①阿格尔在 21 世纪初依然认为,生态社会主义会重新把人视为万物的尺度,人们可以重塑政治和公共领域。换句话说就是,人们既不破坏自我最深处的内心,也不回避自我有序进入公共领域而成为社会贡献者的责任。②

　　社会平等还涉及人与自然之间的平等。阿格尔认为,在生态社会主义里,人们会把自然当作一个平等的朋友和伙伴,而不是一个任人宰割的他者;在与自然进行生产交往的时候,积极与之实现平等对话,顺应自然发展的规律。阿格尔说:"那种社会主义的及女权主义的伦理具有以下一些特征:它涉及对他者的尊重与关怀;涉及马尔库塞所说的'满足之合理性';涉及人性与非人自然的新型关系——这种伦理约束我们对环境的态度。"③之所以如此,是因为生态社会主义伦理要求人们,不能再像资本主义社会那样把自然视为人的他者,必须也可以做到这一点。虽然阿格尔社会平等思想的主色调是强烈反对二元主义的等级制支配,但是这绝不意味着他否认合理的等级制关系、权威和差异。就等级制关系、权威、差异而言,要把它区分出合理的与不合理的这两种情况,而不能泛泛而论,相互混淆。阿格尔赞同马尔库塞关于"理性权威"本身不是一种支配形式的看法,因为马尔库塞不想对飞行员和脑外科医生的权威提出非难,因为基本的压抑而非额外的压抑,是成熟的理性和负责任的权威所必须的。就像马尔库塞所说的那样,成熟文明的功能取决于大量协调的安排,而这些协调转过来又必定支撑着已经被承认的和可以被承认的权威,等级关系本身并非不自由。④同样,在生态社会主义里,依然存在着各种差异,但是这些差异不会被用来作为建构不平等关系的事实依据。相反,这些真正的差异,恰恰是社会平等的具体表现。

　　阿格尔关于社会平等和社会正义的看法,启示我们要重视并打牢生态文明建设的社会公平正义基础,社会主义价值观和社会主义伦理观必须也

① ［美］本·阿格尔:《西方马克思主义概论》,慎之等译,北京:中国人民大学出版社,1991年,第 361 页。

② Ben Agger,*Speeding Up Fast Capitalism:Cultures,Jobs,Families,Schools,Bodies*.Boulder:Paradigm Publishers,2004,p.167.

③ Ben Agger,*The Discourse of Domination:From the Frankfurt School to Postmodernism*.Evanston:Northwestern University Press,1992,p.273.

④ ［美］本·阿格尔:《西方马克思主义概论》,慎之等译,北京:中国人民大学出版社,1991年,第 373 页。

可以体现出对自然的尊重,为社会主义生态文明建设凝聚有力的价值支撑和伦理支持。公平正义是中国特色社会主义的内在要求,①也是生态文明建设的重要社会价值保障。习近平总书记指出,"如果不能创造更加公平的社会环境,甚至导致更多不公平,改革就失去意义,也不可能持续"②。党的十八大以来,我们党始终强调"在全体人民共同奋斗、经济社会发展的基础上,加紧建设对保障社会公平正义具有重大作用的制度,逐步建立以权利公平、机会公平、规则公平为主要内容的社会公平保障体系,努力营造公平的社会环境,保证人民平等参与、平等发展的权利"③。这也意味着,在我国经济社会发展水平逐步提高的前提下,必须更好地促进人与人、人与社会、人与自然之间的平等权利。如果我们把注重"解决社会公平正义问题"④的共享发展的主体加以拓展,使之包括大自然的话,那么生态环境的不断改善,也是大自然应该享有的社会权利。

经过四十多年的改革开放,我国取得了巨大的社会进步,但也必须看到,"社会上还存在大量有违公平正义的现象。特别是随着我国经济社会发展水平和人民生活水平不断提高,人民群众的公平意识、民主意识、权利意识不断增强,对社会不公问题反映越来越强烈"⑤。造成大量有违公平正义现象的原因,主要与社会公平正义的物质基础还不够坚实、社会公平正义的制度体系还不够健全、社会公平正义的保障体系还不够完善有关。因此,建设新时代中国特色社会主义的和谐社会,务必积极维护社会公平正义,保证人人平等参与、平等发展的各项权利,保障环境正义和环境法治的有效实现,从而助推美丽中国建设。当然,社会公平正义的实现,最终还要立足坚实的物质基础。

三、提升广大群众的生态素养

生态文明建设,依靠人人参与、人人尽责。建设美丽中国,更需要我国广大群众的自觉参与、主动尽责。阿格尔认为,当代资本主义社会所造成的额外压抑借助于异化的生产劳动、疯长的文化工业、遭毁的日常生活、迷茫的大众自我,已经渗透到社会大众的人格之中,削弱了社会大众的生态意

---

① 《十八大以来重要文献选编》(上册),北京:中央文献出版社,2014年,第78页。
② 《十八大以来重要文献选编》(上册),北京:中央文献出版社,2014年,第553页。
③ 《十八大以来重要文献选编》(上册),北京:中央文献出版社,2014年,第552页。
④ 《十八大以来重要文献选编》(中册),北京:中央文献出版社,2016年,第827页。
⑤ 《十八大以来重要文献选编》(上册),北京:中央文献出版社,2014年,第552页。

识、生态感性和生态理性,需要塑造全面发展、自我管理的新人。①为此,必须改变工作、家庭、学校对社会大众的误导,以实现人与自然的完全和谐一致。阿格尔的这些观点启示我们,通过提高就业质量、建设和谐家庭、强化学校教育来促进人的全面发展,从而提升人民群众的生态素养。

首先,提高就业质量,实现幸福劳动。马克思关于异化劳动及其扬弃的思想,揭示了劳动不仅是人与自然之间的生产交往活动,创造了社会财富,也是劳动者生命本质的外化活动,型塑了劳动者的感性和理性。异化的劳动者,无法深刻地感知人与自然、人与社会之间的复杂关系。马克思的异化劳动思想对阿格尔影响颇深,始终伴随着其生态马克思主义思想的发展。阿格尔指出,生态马克思主义强调,当代资本主义社会的异化劳动,不仅导致劳动者在劳动中缺乏自我表达的自由和意图,②不能从生产劳动中获得幸福和满足,也导致劳动者逐渐变得越来越柔弱并依附于消费行为,从而把贯注危害自然的异化消费作为满足的唯一源泉,③进而导致异化劳动和异化消费对生态环境造成双重破坏。阿格尔还注意到,二战以来,当代资本主义社会的节奏日益加快,引起人们就业和工作的加速和变化。这主要体现在三个方面:一是出现了电子工作,人们可以在家里利用计算机和电话进行工作;二是工作时间的变化,人们在工作上比以往花费更多的时间;三是与白领专业工作相比,低端服务工作日益增加。④就业和工作的这些加速和变化,虽然表面上增加了被不良学者和政府鼓吹为真正工作而实为普通、乏味、低薪的"麦当劳工作"⑤,但实际上消解了工作和家庭的应有边界,延长了劳动者的工作时间。这意味着人们异化劳动的形式尽管有所改变,异化劳动本身非但没有消除,反而有所加剧。阿格尔也指出,劳动只有在社会主义和共产主义社会中才有可能是非异化的,人们才有机会合理地安排劳动的时间,⑥让劳动融合生产性和创造性,让劳动者体验到劳动的快乐和幸福。

---

① Ben Agger,*The Discourse of Domination:From the Frankfurt School to Postmodernism*.Evanston:Northwestern University Press,1992,p.91.

② Ben Agger,*Western Marxism:An Introduction*.Santa Monica:Goodyear,1979,p.321.

③ Ben Agger,*Western Marxism:An Introduction*.Santa Monica:Goodyear,1979,p.322.

④ Ben Agger,*Speeding Up Fast Capitalism:Cultures,Jobs,Families,Schools,Bodies*.Boulder:Paradigm Publishers,2004,p.62.

⑤ Ben Agger,*Speeding Up Fast Capitalism:Cultures,Jobs,Families,Schools,Bodies*.Boulder:Paradigm Publishers,2004,p.73.

⑥ Ben Agger,*Texting Toward Utopia:Kids,Writing,Resistance*.Boulder:Paradigm Publishers,2013.p.117.

阿格尔关于劳动、就业、工作的这些看法启示我们，社会应尽力为人民群众提供优质的就业岗位，提高人民群众的就业质量，积极促进劳动者在工作中实现幸福的劳动。优质的就业和幸福的劳动，既可以增强就业者"对国家和社会的认同"①，也可以增强社会的稳定和活力，还可以增强劳动者工作的获得感、幸福感，以及对劳动的热爱，从而以和谐的就业关系、劳动关系、工作关系带动人与人、人与社会、人与自然的和谐。更重要的是，通过充满创造性、自主性的劳动，劳动者可以成为自由而全面发展的人，实现自身的身心健康与和谐。马克思早就指出："对社会主义的人来说，整个所谓世界历史不外是人通过人的劳动而诞生的过程，是自然界对人来说的生成过程，所以关于他通过自身而诞生、关于他的形成过程，他有直观的、无可辩驳的证明。"②由此可见，以幸福劳动来提升人民群众的生态素养，不仅是社会文明建设的题中应有之义，也是生态文明建设的重要社会基础。

其次，建设和谐家庭，注重家教家风。作为社会细胞的家庭，"不只是人们身体的住处，更是人们心灵的归宿"③。长期从事社会学教学、科研的阿格尔，在21世纪初的多部社会学专著或合著中均论及家庭问题。其中的专著《快速资本主义的再加速：文化、工作、家庭、学校和身体》(2004)和合著《快节奏的家庭，虚拟的孩子：关于家庭和教育的虚拟社会学》(2007)，则较为集中地探讨了当代资本主义社会的家庭、家教等问题。在阿格尔看来，当代资本主义社会的快速发展，正在迅速地改变着家庭界域的社会划分、家庭类型的基本种类、家庭成员的生活方式。快速资本主义消解了家庭、工作、学校之间的空间边界和功能边界，导致家庭本应是父母子女相处、提供一日三餐、进行休息放松的私人空间，却日益成为信息高速公路上的一个小站和商品生产的工作场所，强制性地殖民化了家庭生活、孩子成长和时间安排。④快节奏的家庭不是父母子女之间充满亲情的生活共同体，家庭成员之间的交流对话日益被成员各自的原子化生活和电子化休闲所取代。在快节奏的家庭中，孩子们的时间也被各种家庭作业剥夺了，泯灭了他们孩提时期应有的天真和乐趣。孩子们之所以学会了区分、分类、排斥和贴标签，

---

①《习近平关于社会主义社会建设论述摘编》，北京：中央文献出版社，2017年，第68页。

②《马克思恩格斯文集》(第一卷)，北京：人民出版社，2009年，第196页。

③《习近平谈治国理政》(第二卷)，北京：外文出版社，2017年，第355页。

④ Ben Agger, *Speeding Up Fast Capitalism: Cultures, Jobs, Families, Schools, Bodies.* Boulder: Paradigm Publishers, 2004, p.84.

是因为他们看到自己父母和文化偶像是这样做的。^①快节奏的家庭环境,让孩子们如同其父母一样因整个社会支配的塑造而人格残缺,成为和自然一样遭受支配的新型他者。^②如此家庭环境,既不利于绿色家庭的构建,也不利于培育健全的生态人格。这启示我们,建设美丽中国,必须创建文明家庭、绿色家庭,培养家庭成员健全的生态人格。

　　和谐文明的家庭,是生态文明建设的重要基点,也是培育健全生态人格的重要场所。幸福的家庭、严格的家教、优良的家风,不但关乎国家发展、民族进步、社会和谐,也关乎孩子健康成长、父母老有所养。习近平总书记关于注重家庭家教家风的重要论述,强调了父母和家长要通过言传身教,帮助孩子塑造美好心灵,培育和践行社会主义核心价值观,成长为对国家和人民有用的人。^③美丽中国建设,需要中国千千万万个家庭自觉行动,将绿色生活理念融入家庭家教家风建设。目前全国多地都在积极深化绿色家庭、文明家庭的创建活动,倡导争做绿色家庭的实践者。很多家庭已经积极行动起来,自觉节能节水节纸、减少白色垃圾、低碳消费、低碳出行。对于在家庭生活中的孩子来说,其绿色家庭生活的良好习惯受益于良好的家庭家教家风。一个对高碳消费乐此不疲的家庭,加之痴迷高碳消费的家教家风,难以培养出崇尚艰苦朴素、简约生存、低碳消费的孩子。生态文明建设,要从生活在千家万户的娃娃抓起,让少年儿童在保护环境方面"发挥小主人作用"^④。

　　最后,深化教育改革,加强生态文明教育。如上文所述,长期从事高等教育教学科研的阿格尔,不仅在 21 世纪初的多部社会学专著或合著中探析了家庭问题,也剖析了与家庭相关的教育问题。阿格尔指出,在当代资本主义社会中,人们从孩提时代开始,就受教于工具合理性,知道如何为考试而学习和交家庭作业,以便获得很好的成绩,为长大后更舒适的成人生活铺平道路。他们必须把大学之前的课堂内外的所有行为,都看作指向大学入学教育和"成功"的成人时期。孩子们的课外时间不再是与邻居的孩子们在一起玩耍,而是被家长、老师、辅导员和活动指导者安排得满满的。很多考试的成绩单都是为公民身份评定等级,但是很高的考试成绩大多意味着

───────────

① Ben Agger, *Speeding Up Fast Capitalism: Cultures, Jobs, Families, Schools, Bodies*. Boulder: Paradigm Publishers, 2004, p.101.

② Ben Agger, *Speeding Up Fast Capitalism: Cultures, Jobs, Families, Schools, Bodies*. Boulder: Paradigm Publishers, 2004, p.104.

③ 《习近平谈治国理政》(第二卷),北京:外文出版社,2017 年,第 353—355 页。

④ 《习近平生态文明思想学习纲要》,北京:人民出版社,2022 年,第 116 页。

成绩获得者知识上的僵化。①随着家庭作业,尤其是事实导向、任务导向的家庭作业的增多,青少年学生的学习动机和求知欲大大衰落,取而代之的是注重于细节、记忆、准时、顺从和整洁,甚至有很多青少年学生视学校为监狱、视学习为坐牢,②厌学情绪强烈。批量化教育和标准化考试,反映了千篇一律的教育态度,从而表现出教育和课程的福特主义模式,这种模式只有单一的固定课程及相应的标准化考试。③大学的扩张及其模糊的办学宗旨,④进一步导致很多学生长于死记硬背,短于批判性思考和创造性写作,难以培养出全面发展的大学生和高素质的公民。阿格尔呼吁积极变革当代资本主义社会异化的教育制度,注重因材施教,培养追求民主、包容、平等、自由的受教育者,⑤因为只有这样的受教育者,作为在校学生和未来的公民才会善待他人和自然⑥。这启示我们,必须深化教育改革,加强生态教育,培养全面发展的时代新人以促进生态文明建设。

　　加强生态文明宣传教育,是我国各级各类学校教育的题中应有之义,必须放在整个学校教育的大背景下来持续推进。教育是所有国家和社会维护其政治统治、社会稳定、培养人才的基本途径之一。必须认识到,"教育的失败是一种根本性失败"⑦。习近平总书记指出,"目前,我们的教育总体上符合我国国情、适应经济社会发展需要,但也存在一些突出的问题和短板,特别是教育的压力普遍前移,学前教育、基础教育普遍存在超前教育、过度教育现象,既有损于学生身心健康,也加重家庭经济和精神负担;高等教育经历了量的快速扩张,质的提升矛盾越来越突出;教育重知识、轻素质状况尚未得到根本扭转,教风、学风亟待进一步净化;党对教育领域的领导和党

---

① Ben Agger, *Speeding Up Fast Capitalism: Cultures, Jobs, Families, Schools, Bodies*. Boulder: Paradigm Publishers, 2004, p.135.

② Ben Agger, *Texting Toward Utopia: Kids, Writing, Resistance*. Boulder: Paradigm Publishers, 2013. p.139.

③ Ben Agger, *Speeding Up Fast Capitalism: Cultures, Jobs, Families, Schools, Bodies*. Boulder: Paradigm Publishers, 2004, p.161.

④ Ben Agger, *Speeding Up Fast Capitalism: Cultures, Jobs, Families, Schools, Bodies*. Boulder: Paradigm Publishers, 2004, p.34.

⑤ Ben Agger & Beth Anne Shelton, *Fast Families, Virtual Children: A Critical Sociology of Families and Schooling*. Boulder: Paradigm Publishers, 2007, p.157.

⑥ Ben Agger, *Texting Toward Utopia: Kids, Writing, Resistance*. Boulder: Paradigm Publishers, 2013. p.191.

⑦ 《十九大以来重要文献选编》(上册),北京:中央文献出版社,2019年,第647页。

的建设、思想政治工作亟待加强"①。我们培养的是中国特色社会主义事业的建设者和接班人,就学校教育而言,生态文明的相关知识逐步进教材进课堂进头脑,学生的生态意识总体增强,绿色学校创建取得初步成效,但也存在生态文明教育体制机制有待完善、生态文明教育课程体系不健全、②大中小学的生态文明教育一体化效果尚不明显等不足。要解决这些问题,就必须深化学校生态文明教育体制改革。在迈向教育强国的新征程中,凸显生态文明教育的重要价值,统筹大中小学的生态文明教育。

当然,除了接受社会家庭学校等外在教育之外,大众自我也要加强自我教育,提升自己的生态素养,健全自己的生态人格。阿格尔关于新感性和新理性的论述给我们的启示是,大众自我要自觉培养自己的生态感性和生态理性。个人是嵌入在自然和社会之中的,感性是生态实践的第一战场,大众自我要在自然和社会中培养丰富、全面而深刻的感性。只有通过与自然、社会的互动,才能成为真正的人。人类存在的一个独特之处在于,有能力从事超越性活动,把自己的意志在自然和社会上留下印迹。③大众自我还要培养自己的生态理性,提高自己的生态反思力和生态自省力。

总而言之,阿格尔生态马克思主义思想因其坚持马克思主义的基本立场,探讨了全球化现代化语境下当代资本主义经济社会的生产生活方式的生态弊病,构想了摆脱当代资本主义生态危机的生态社会主义。阿格尔的这些看法为我们在适度生产、民主对话、生态文化、绿色生活等诸多层面提供了可资借鉴的重要启示。当然,我们也必须认识到,阿格尔所理解的马克思主义、所生活的北美社会环境、所面对的当代资本主义生态危机等诸多方面,与建设美丽中国所处的相应境遇存在不可忽视的差异,有些方面甚至是本质性的区别。这意味着,我们必须恰如其分地看待阿格尔生态马克思主义思想之于建设美丽中国的启示价值,既要避免因没有充分研究阿格尔生态马克思主义思想而低估其借鉴意义,也要避免因研究者对阿格尔生态马克思主义思想价值的人为拔高而高估其借鉴意义。对于建设美丽中国而言,我们还需要对其它发挥一定历史性作用的各种"浅绿""深绿""红绿"的思想资源加以广泛关注、批判分析、合理借鉴。如果我们把视野从建设美丽中国扩展到、联系到建设美丽世界,那么还需要对整个人类与自然和谐相处的命运共同体建设加以更持久的思考。

---

① 《习近平谈治国理政》(第三卷),北京:外文出版社,2020年,第347页。

② 蒋笃君、田慧:《我国生态文明教育的内涵、现状与创新》,《学习与探索》2021年第1期。

③ Ben Agger, *The Discourse of Domination: From the Frankfurt School to Postmodernism*. Evanston: Northwestern University Press, 1992, p.126.

参考文献

一、中文文献

（一）中文著作

1.《马克思恩格斯文集》(第一—十卷)，北京：人民出版社，2009 年。

2.《马克思恩格斯选集》(第一—四卷)，北京：人民出版社，2012 年。

3.《马克思恩格斯全集》(第 13 卷)，北京：人民出版社，1962 年。

4.《马克思恩格斯全集》(第 26 卷)，北京：人民出版社，1973 年。

5.《马克思恩格斯全集》(第 46 卷)，北京：人民出版社，1980 年。

6.马克思：《资本论》(第 1—3 卷)，北京：人民出版社，1975 年。

7.《列宁选集》(第一—四卷)，北京：人民出版社，1972 年。

8.《列宁专题文集》(第 1—5 卷)，北京：人民出版社，2009 年。

9.《列宁全集》(第 31 卷)，北京：人民出版社，1958 年。

10.《列宁全集》(第 36 卷)，北京：人民出版社，1985 年。

11.《毛泽东选集》(第一—四卷)，北京：人民出版社，1991 年。

12.《毛泽东文集》(第一—八卷)，北京：人民出版社，1999 年。

13.《邓小平文选》(第一—三卷)，北京：人民出版社，1994 年。

14.《江泽民文选》(第一—三卷)，北京：人民出版社，2006 年。

15.《胡锦涛文选》(第一—三卷)，北京：人民出版社，2016 年。

16.《习近平谈治国理政》，北京：外文出版社，2014 年。

17.《习近平谈治国理政》(第二卷)，北京：外文出版社，2017 年。

18.《习近平谈治国理政》(第三卷)，北京：外文出版社，2020 年。

19.《习近平谈治国理政》(第四卷)，北京：外文出版社，2022 年。

20.《习近平关于社会主义生态文明建设论述摘编》，北京：中央文献出版社，2017 年。

21.《习近平关于社会主义经济建设论述摘编》，北京：中央文献出版社，2017 年。

22.《习近平关于社会主义政治建设论述摘编》，北京：中央文献出版社，2017 年。

23.《习近平关于社会主义文化建设论述摘编》，北京：中央文献出版社,2017 年。

24.《习近平关于社会主义社会建设论述摘编》，北京：中央文献出版社,2017 年。

25.习近平：《论坚持人与自然和谐共生》,北京：中央文献出版社,2022 年。

26.《党的二十大报告辅导读本》,北京：人民出版社,2022 年。

27.《习近平生态文明思想学习纲要》,北京：人民出版社,2022 年。

28.《习近平经济思想学习纲要》,北京：人民出版社,2022 年。

29.《习近平法治思想学习纲要》,北京：人民出版社,2021 年。

30.《习近平外交思想学习纲要》,北京：人民出版社,2021 年。

31.《十八大以来重要文献选编》(上),北京：中央文献出版社,2014 年。

32.《十八大以来重要文献选编》(中),北京：中央文献出版社,2016 年。

33.《十八大以来重要文献选编》(下),北京：中央文献出版社,2018 年。

34.《十九大以来重要文献选编》(上),北京：中央文献出版社,2019 年。

35.《十九大以来重要文献选编》(中),北京：中央文献出版社,2021 年。

36.《中共中央文件选集》(第 11 册),北京：中共中央党校出版社,1991 年。

37.[美]本·阿格尔：《西方马克思主义概论》,慎之等译,北京：中国人民大学出版社,1991 年。

38.[美]本·阿格：《作为批评理论的文化研究》,张喜华译,开封：河南大学出版社,2010 年。

39.[英]保罗·塔格特：《民粹主义》,袁明旭译,长春：吉林人民出版社,2005 年。

40.[英]彼得·桑德斯：《资本主义——一项社会审视》,张浩译,长春：吉林人民出版社,2005 年。

41.[美]伯特尔·奥尔曼：《辩证法的舞蹈：马克思方法的步骤》,田世锭等译,北京：高等教育出版社,2006 年。

42.曹沛霖、陈明明、唐亚林：《比较政治制度》,北京：高等教育出版社,2005 年。

43.曹荣湘：《生态治理》,北京：中央编译出版社,2015 年。

44.陈学明：《生态文明论》,重庆：重庆出版社,2008 年。

45.陈学明、王凤才：《西方马克思主义前沿问题二十讲》,上海：复旦大学出版社,2008 年。

46.陈学明：《谁是罪魁祸首：追寻生态危机的根源》,北京：人民出版社,2012年。

47.陈学明、马拥军:《走进马克思:苏东剧变后西方四大思想家的思想轨迹》,北京:东方出版社,2002年。

48.[美]C. T.葛德塞尔:《为官僚制正名:一场公共行政的辩论》,张怡译,上海:复旦大学出版社,2007年。

49.[美]丹尼尔·A.科尔曼,《生态政治:建设一个绿色社会》,梅俊杰译,上海:上海译文出版社,2006年。

50.[美]道格拉斯·凯尔纳、斯蒂文·贝斯特:《后现代理论:批判性的质疑》,张志斌译,北京:中央编译出版社,2004年。

51.[英]戴维·毕瑟姆:《官僚制》,韩志明等译,长春:吉林人民出版社,2005年。

52.[美]戴维·佩珀:《生态社会主义:从深生态学到社会正义》,刘颖译,济南:山东大学出版社,2005年。

53.[英]E.F.舒马赫:《小的是美好的》,虞鸿钧等译,北京:商务印书馆,1985年。

54.方世南:《马克思环境思想与环境友好型社会研究》,上海:三联书店,2014年。

55.[美]菲利普·克莱顿、贾斯廷·海因泽克:《有机马克思主义》,孟献丽等译,北京:人民出版社,2015年。

56.盖光:《生态境域中人的生存问题》,北京:人民出版社,2013年。

57.郭剑仁:《生态地批判——福斯特的生态马克思主义思想研究》,北京:人民出版社,2008年。

58.[德]哈特穆特·罗萨:《新异化的诞生:社会加速批判理论大纲》,郑作彧译,上海:上海人民出版社,2018年。

59.[美]赫伯特·马尔库塞:《工业社会和新左派》,任立编译,北京:商务印书馆,1982年。

60.[美]赫伯特·马尔库塞:《现代文明与人的困境——马尔库塞文集》,李小兵译,上海:上海三联书店,1989年。

61.[美]赫伯特·马尔库塞:《单向度的人——发达工业社会意识形态研究》,刘继译,上海:上海译文出版社,1989年。

62.[美]赫伯特·马尔库塞:《爱欲与文明:对弗洛伊德思想的哲学探讨》,黄勇等译,上海:上海译文出版社,2008年。

63.[美]赫伯特·马尔库塞:《理性和革命:黑格尔和社会理论的兴起》,程志民译,上海:上海人民出版社,2007年。

64.[美]赫伯特·马尔库塞:《审美之维:马尔库塞美学论著集》,李小兵译,上海:三联书店,1989年。

65.[美]赫尔曼·E.戴利:《稳态经济新论》,季曦等译,北京:中国人民大学出版社,2020年。

66.[美]赫尔曼·E.戴利、乔舒亚·法利:《生态经济学:原理和应用》(第2版),金志农等译,北京:中国人民大学出版社,2014年。

67.郇庆治:《当代西方生态资本主义理论》,北京:北京大学出版社,2015年。

68.郇庆治:《文明转型视野下的环境政治》,北京:北京大学出版社,2018年。

69.黄承梁:《生态文明简明知识读本》,北京:中国环境科学出版社,2010年。

70.梁从诫主编:《2005年:中国环境的危局与突围》,北京:社会科学文献出版社,2006年。

71.李宁:《美丽中国建设视域下的阿格尔异化消费理论》,北京:中国戏剧出版社,2021年。

72.李宏伟:《马克思主义生态观与当代中国实践》,北京:人民出版社,2015年。

73.李世书:《生态文化·生态意识与生态文明建设》,北京:社会科学文献出版社,2021年。

74.林红:《民粹主义:概念、理论与实证》,北京:中央编译出版社,2007年。

75.刘仁胜:《生态马克思主义概论》,北京:中央编译出版社,2007年。

76.[法]路易·阿尔都塞:《保卫马克思》,顾良译,北京:商务印书馆,2006年。

77.[法]罗尔夫·魏格豪斯:《法兰克福学派:历史、理论及政治影响》,孟登迎等译,上海:上海人民出版社,2010年。

78.[德]马克斯·霍克海默、西奥多·阿道尔诺:《启蒙辩证法:哲学片段》,敬渠东等译,上海:上海人民出版社,2006年。

79.[德]马克斯·霍克海默:《批判理论》,李小兵等译,重庆:重庆出版社,1989年。

80.[美]马丁·杰:《法兰克福学派史》,单世联译,广州:广东人民出版社,1996年。

81.《马尔库塞文集》(1—6卷),高海青等译,北京:人民出版社,2019年。

82.[美]默里·布克金:《自由生态学:等级制的出现与消解》,郇庆治译,济南:山东大学出版社,2008年。

83.倪瑞华:《英国生态学马克思主义研究》:北京:人民出版社,2011年。

84.潘家华等主编:《美丽中国:新中国70年70人论生态文明建设》,北京:中国环境出版集团,2019年。

85.[英]佩里·安德森:《西方马克思主义探讨》,高銛等译,北京:人民出版社,1981年。

86.[英]佩里·安德森:《当代西方马克思主义》,余文烈译,北京:东方出版社,1989年。

87.[英]乔纳森·休斯:《生态与历史唯物主义》,张晓琼等译,南京:江苏人民出版社,2011年。

88.[美]乔治·瑞泽尔:《汉堡统治世界:社会的麦当劳化》,姚伟等译,北京:中国人民大学出版社,2013年。

89.[美]乔尔·科威尔:《自然的敌人:资本主义的终结还是世界的毁灭》,杨燕飞等译,北京:中国人民大学出版社,2015年。

90.[印度]萨拉·萨卡:《生态社会主义还是生态资本主义》,张淑兰译,济南:山东大学出版社,2007年。

91.申治安:《通往平等对话的共同体:本·阿格尔"快速资本主义"思想研究》,北京:知识产权出版社,2020年。

92.[美]斯蒂芬·贝斯特、道格拉斯·凯尔纳:《后现代转向》,陈刚等译,南京:南京大学出版社,2002年。

93.[美]史蒂芬·布隆那:《重申启蒙:论一种积极参与的政治》,殷杲译,南京:江苏人民出版社,2006年。

94.唐兴霖:《公共行政学:历史与思想》,广州:中山大学出版社,2000年。

95.陶良虎、刘光远、肖卫康:《美丽中国:生态文明建设的理论与实践》,北京:人民出版社,2014年。

96.[美]托马斯·麦卡锡:《哈贝马斯的批判理论》,王江涛译,上海:华东师范大学出版社,2010年。

97.王传发、陈学明主编:《马克思主义生态理论概论》,北京:人民出版社,2020年。

98.王春益:《生态文明与美丽中国梦》,北京:社会科学文献出版社,2014年。

99.王凤才:《蔑视与反抗:霍耐特承认理论与法兰克福学派批判理论的"政治伦理转向"》,重庆:重庆出版社,2008年。

100.王沪宁:《政治的逻辑:马克思主义政治学原理》,上海:上海人民出版社,2004 年。

101.王雨辰:《生态批判与绿色乌托邦:生态马克思主义理论研究》,北京:人民出版社,2009 年。

102.王雨辰:《生态马克思主义与生态文明研究》,北京:人民出版社,2015 年。

103.王雨辰:《国外马克思主义生态观研究》,武汉:崇文书局,2020 年。

104.[加拿大]威廉·莱易斯:《自然的控制》,岳长龄等译,重庆:重庆出版社,2007 年。

105.[加拿大]威廉·莱斯:《满足的限度》,李永学译,北京:商务印书馆,2016 年。

106.魏宏森:《系统论》,北京:清华大学出版社,1995 年。

107. 吴宁:《生态学马克思主义思想简论》, 北京: 中国环境出版社,2015 年。

108.[德]西奥多·阿多诺:《否定的辩证法》,张峰译,上海:上海人民出版社,2020 年。

109.解保军:《生态学马克思主义名著导读》,哈尔滨:哈尔滨工业大学,2014 年。

110.解保军:《生态资本主义批判》,北京:中国环境科学出版社,2015 年。

111.徐崇温:《西方马克思主义理论研究》,海口:海南出版社,2000 年。

112.徐艳梅:《生态马克思主义研究》,北京:社会科学文献出版社,2007 年。

113.[法]雅克·德里达:《马克思的幽灵》,何一译,北京:中国人民大学出版社,2008 年。

114.颜岩:《批判的社会理论及其当代重建》,北京:人民出版社,2007 年。

115.杨东平主编:《中国环境发展报告(2009)》,北京:社会科学文献出版社,2009 年。

116.[德]尤尔根·哈贝马斯:《公共领域的结构转型》,曹卫东等译,上海:学林出版社,1999 年。

117.[德]尤尔根·哈贝马斯:《作为意识形态的科学与技术》,李黎译,上海:学林出版社,1999 年。

118.[德]尤尔根·哈贝马斯:《合法化危机》,刘北成等译,上海:上海人民出版社,2000 年。

119.尤西林主编:《美学原理》(第二版),北京:高等教育出版社,2018 年。

120.余谋昌、雷毅、杨通进主编:《环境伦理学》(第二版),北京:高等教育出版社,2019年。

121.俞吾金:《意识形态论》(修订版),北京:人民出版社,2009年。

122.俞吾金:《现代性现象学:与西方马克思主义者的对话》,上海:上海社会科学院出版社,2002年。

123.俞吾金、陈学明:《国外马克思主义哲学流派新编·西方马克思主义卷》,上海:复旦大学出版社,2002年。

124.[美]约翰·贝拉米·福斯特:《生态危机与资本主义》,耿建新等译,上海:上海译文出版社,2006年。

125.[美]约翰·贝拉米·福斯特:《马克思的生态学:唯物主义与自然》,刘仁胜等译,北京:高等教育出版社,2006年。

126.[美]约翰·贝拉米·福斯特:《生态革命:与地球和平相处》,刘仁胜等译,北京:人民出版社,2015年。

127.[美]詹姆斯·奥康纳:《自然的理由:生态马克思主义研究》,唐正东等译,南京:南京大学出版社,2003年。

128.曾刚:《我国生态文明思想的科学基础与路径选择》,北京:人民出版社,2018年。

129.曾繁仁:《生态美学导论》,北京:商务印书馆,2010年。

130.曾建平:《消费方式生态化:从异化到回归》,长沙:湖南师范大学出版社,2015年。

131.曾文婷:《"生态马克思主义"研究》,重庆:重庆出版社,2008年。

132.张一兵:《资本主义理解史》(第1-6卷),南京:江苏人民出版社,2009年。

133.张云飞:《生态文明:建设美丽中国的创新抉择》,长沙:湖南教育出版社,2014年。

134.张云飞、李娜:《开创社会主义生态文明新时代》,北京:中国人民大学出版社,2017年。

135.赵鼎新:《社会与政治运动讲义》,北京:社会科学文献出版社,2006年。

136.周穗明:《20世纪末西方新马克思主义》,北京:学习出版社,2008年。

(二)中文论文

1.包庆德:《评阿格尔生态学马克思主义异化消费理论》,《马克思主义研究》2012年第4期。

2.包庆德:《评阿格尔生态学马克思主义若干基本问题》,《中国社会科学院研究生院学报》2014年第5期。

3.曹淑芹:《生态社会主义的出路——评阿格尔的资本主义社会变革战略》,《内蒙古社会科学》(汉文版)1999年第4期。

4.常宴会:《消费模式的绿色转向——本·阿格尔生态学马克思主义理论的启示》,《河海大学学报》(哲学社会科学版)2013年第9期。

5.陈吉宁:《为建设美丽中国筑牢环境基石》,《求是》2015年第14期。

6.陈学明:《资本逻辑与生态危机》,《中国社会科学》2012年第11期。

7.陈学明、毛勒堂:《美好生活的核心是劳动的幸福》,《上海师范大学学报》(哲学社会科学版)2018年第6期。

8.陈学明:《中国的生态文明建设会创造一种人类文明新形态》,《江西师范大学学报》(哲学社会科学版)2022年第1期。

9.陈艺文:《论生态马克思主义理论构建的路径差异——以帕森斯与阿格尔为例》,《中国地质大学学报》(社会科学版)2020年第5期。

10.程波、钟谟智:《生态学马克思主义的生态经济思想研究》,《自然辩证法研究》2019年第10期。

11.崔文奎:《人的满足最终在于创造性的生产劳动——生态马克思主义者本·阿格尔的一个重要思想》,《山西大学学报》(哲学社会科学版)2008年第1期。

12.方世南:《以整体性思维推进生态治理现代化》,《山东社会科学》2016年第6期。

13.冯留建、韩丽雯:《坚持人与自然和谐共生　建设美丽中国》,《人民论坛》2017年第34期。

14.高海艳:《生态马克思主义的科技伦理思想》,《江汉论坛》2011年第3期。

15.高宇:《本·阿格尔的生态学马克思主义理论及其当代启示》,《中共山西省委党校学报》2018年第3期。

16.郭剑仁:《奥康纳学术共同体和福斯特学术共同体论战的几个焦点问题》,《马克思主义与现实》2011年第5期。

17.韩秋红:《生态学马克思主义解放理论批判》,《马克思主义研究》2021年第2期。

18.何萍:《加拿大马克思主义哲学发展的多元路向——论本·阿格尔、马里奥·本格和凯·尼尔森的哲学》,《当代国外马克思主义评论》2001年第10期。

19.何萍:《生态马克思主义的理论困境与出路》,《国外社会科学》2010年第1期。

20.何跃:《走进人类中心主义还是走出人类中心主义——基于对生态马克思主义与建设性后现代主义自然观的比较分析》,《自然辩证法研究》2011年第6期。

21.洪大用:《科学理解生态文明　努力建设美丽中国》,《中国高等教育》2013年第19期。

22.洪莹:《生态马克思主义的理论内涵及其启示》,《山东社会科学》2011年第1期。

23.郇庆治:《从批判理论到生态马克思主义:对马尔库塞、莱斯和阿格尔的分析》,《江西师范大学学报》(哲学社会科学版)2014年第6期。

24.郇庆治:《习近平生态文明思想中的传统文化元素》,《福建师范大学学报》(哲学社会科学版)2019年第6期。

25.郇庆治:《生态马克思主义的中国化:意涵、进路及其限度》,《中国地质大学学报》(社会科学版)2019年第4期。

26.郇庆治:《论习近平生态文明思想的马克思主义生态学基础》,《武汉大学学报》(哲学社会科学版)2022年第4期。

27.黄娟、汪宗田:《美丽中国梦及其实现——兼论生态文明建设:道路、理论与制度的统一》,《理论月刊》2014年第2期。

28.冀术明:《论阿格尔的"生态马克思主义"及其借鉴意义》,《攀登》2007年第5期。

29.蒋笃君、田慧:《我国生态文明教育的内涵、现状与创新》,《学习与探索》2021年第1期。

30.金瑶梅:《论美丽中国的五重维度》,《思想理论教育》2018年第7期。

31.金元浦:《批判理论的再兴:西方马克思主义批判理论家及其理论》,《国外理论动态》2003年第10期。

32.李宏伟、宁悦:《习近平生态文明思想的内在逻辑及原创性贡献》,《新疆师范大学学报》(哲学社会科学版)2023年第1期。

33.李建华、蔡尚伟:《"美丽中国"的科学内涵及其战略意义》,《四川大学学报》(哲学社会科学版)2013年第5期。

34.李凌波、苏百义:《本·阿格尔生态批判理论的三个维度与当代价值》,《西安石油大学学报》(社会科学版)2022年第6期。

35.李宁、戴艳军:《阿格尔异化消费理论的生态价值》,《山东社会科学》2019年第8期。

36.李富君:《生态危机及其变革策略——本·阿格尔的生态马克思主义思想评析》,《郑州大学学报》(哲学社会科学版)2008年第3期。

37.李淑文、刘婷:《当代马克思主义生态美学及其对美丽中国建设的启示》,《环境保护》2018年第19期。

38.马驰:《区分两种不同的后现代主义——本·阿格文化研究给我们的启迪》,《上海大学学报(社会科学版)》2011年第3期。

39.梅学兵:《历史的辩证法和现实的乌托邦——评本·阿格尔的社会主义观》,《延安大学学报》2011年第2期。

40.穆艳杰、郭杰:《以生态文明建设为基础 努力建设美丽中国》,《社会科学战线》2013年第2期。

41.秦书生:《习近平关于建设美丽中国的理论阐释与实践要求》,《党的文献》2018年第5期。

42.秦书生、胡楠:《美丽中国建设的内涵分析与实践要求——关于习近平美丽中国建设重要论述的思辨》,《环境保护》2018年第10期。

43.邱耕田、李宏伟:《适度发展与生态文明建设》,《天津社会科学》2014年第6期。

44.申治安:《溯源考流、整合重建、辩难驳责——本·阿格尔对西方马克思主义发展所做的积极探索》,《理论月刊》2012年第3期。

45.申治安:《论阿格尔对哈贝马斯交往理论的重建》,《求索》2012年第11期。

46.申治安、王平:《阿格尔对当代资本主义的多维度批判》,《毛泽东邓小平理论研究》2012年第2期。

47.史慕华:《新时代美丽中国的科学意涵及实现路径》,《长白学刊》2019年第5期。

48.孙天蕾:《论阿格尔的"生态危机理论"对马克思主义的坚持》,《河南师范大学学报》(哲学社会科学版)2016年第2期。

49.孙天蕾:《生态学马克思主义对人与自然的探究与启示》,《山东师范大学学报》(人文社会科学版)2017年第5期。

50.唐正东:《历史规律的辩证性质——马克思文本的呈现方式》,《中国社会科学》2021年第10期。

51.万军、王金南、李新、秦昌波、强烨、苏洁琼:《2035年美丽中国建设目标及路径机制研究》,《中国环境管理》2021年第5期。

52.万俊人:《美丽中国的哲学智慧与行动意义》,《中国社会科学》2013年第5期。

53.王格芳:《本·阿格尔的"生态马克思主义"理论探析》,《山东师范大学学报》(人文社会科学版)2009 年第 3 期。

54.王金南:《全面开启人与自然和谐共生的美丽中国建设新征程——为美丽中国建设专题作序》,《中国环境管理》2022 年第 6 期。

55.王平:《资本主义批判:生态社会主义的新视野》,《上海交通大学学报》(哲学社会科学版)2007 年第 5 期。

56.王平、申治安:《变革当代资本主义社会何以可能——本·阿格尔生态马克思主义的视域》,《理论探讨》2012 年第 2 期。

57.王欢、吴永忠:《阿格尔异化消费理论及其对我国生态文明建设的启示》,《北京化工大学学报》(社会科学版)2013 年第 3 期。

58.王晓广:《生态文明视域下的美丽中国建设》,《北京师范大学学报》(社会科学版)2013 年第 2 期。

59.王雨辰:《评本·阿格尔对西方马克思主义的研究》,《社会科学动态》1998 年第 4 期。

60.王雨辰:《生态辩证法与解放的乌托邦——评本·阿格尔的生态马克思主义理论》,《武汉大学学报(人文科学版)》2006 年第 2 期。

61.王雨辰:《以历史唯物主义为基础的生态文明理论何以可能? ——从生态马克思主义的视角看》,《哲学研究》2010 年第 12 期。

62.王雨辰:《论生态马克思主义与我国的生态文明理论研究》,《马克思主义研究》2011 年第 3 期。

63.王雨辰:《虚假需要,异化消费与生态危机:论生态学马克思主义的需要理论及其当代价值》,《贵州大学学报》2019 年第 3 期。

64.吴文盛:《美丽中国理论研究综述:内涵解析、思想渊源与评价理论》,《当代经济管理》2019 年第 12 期。

65.吴志成、吴宁:《人类命运共同体思想论析》,《世界经济与政治》2018 年第 3 期。

66.夏东民、罗健:《"美丽中国"内涵的哲学思考》,《河南社会科学》2014 年第 6 期。

67.徐延彬:《习近平生态文明思想是美丽中国建设的根本遵循》,《红旗文稿》2022 年第 20 期。

68.闫柳君:《绿色发展理念探析:立足于本·阿格尔生态学马克思主义视域》,《资源节约与环保》,2017 年第 9 期。

69.颜岩:《第三代批判理论家与批判社会理论》,《国外理论动态》2009 年第 7 期。

70.杨美勤、唐鸣:《治理行动体系:生态治理现代化的困境及应对》,《学术论坛》,2016 年第 10 期。

71.杨立华、刘宏福:《绿色治理:建设美丽中国的必由之路》,《中国行政管理》2014 年第 11 期。

72.杨卫军:《从可持续发展到建设美丽中国:党的生态文明建设思想的演进与实现路径》,《探索》2013 年第 4 期。

73.俞可平:《现代化进程中的民粹主义》,《战略与管理》1997 年第 1 期。

74.喻思南:《美丽中国的美学内涵与审美意蕴》,《人民论坛》2022 年第 2 期。

75.余维海:《当代马克思主义的生态学转向及其意蕴》,《北方论丛》2011 年第 1 期。

76.袁秋兰、盖军静:《资本主义生态危机的根源及其出路——本·阿格尔的"生态危机理论"评述》,《哈尔滨学院学报》2011 年第 4 期。

77.徐琴:《论生态马克思主义对当代资本主义的批判》,《马克思主义与现实》2010 年第 6 期。

78.张高丽:《大力推进生态文明 努力建设美丽中国》,《求是》2013 年第 24 期。

79.张红岭:《生态马克思主义的核心问题及其对我们的启示—— 一个批判的视角》,《浙江社会科学》2011 年第 2 期。

80. 张乐民:《奥康纳与阿格尔的生态危机理论比较探析》,《理论月刊》2012 年第 10 期。

81.张云飞:《统筹推进"美丽中国"建设和"健康中国"建设——基于防控新型冠状病毒感染肺炎疫情阻击战的思考》,《福建师范大学学报》(哲学社会科学版)2020 年第 2 期。

82.赵卯生、杨晓芳:《马克思主义的重建与人的解放——阿格尔建构生态马克思主义旨趣探析》,《中国人民大学学报》2010 年第 5 期。

83.赵卯生:《生态危机下人的解放——阿格尔生态马克思主义理论评析》,《国外社会科学》2011 年第 1 期。

84.赵卯生、杨晓芳:《阿格尔建构生态马克思主义的四重维度》,《马克思主义研究》2011 年第 8 期。

85.赵卯生:《阿格尔"人的满足最终在于生产活动而不在于消费活动"理论评析》,《学术界》2021 年第 7 期。

86.赵睿夫:《本·阿格尔生态思想及其对新时代中国生态文明建设的启示》,《鄱阳湖学刊》2018 年第 3 期。

87.曾文婷:《西方马克思主义视野中的生态社会主义——评生态马克思主义的社会主义愿景》,《武汉大学学报》(人文科学版) 2010 年第 2 期。

88.郑湘萍:《生态学马克思主义的幸福观与幸福中国建设》,《前沿》2012 年第 17 期。

89.周光迅、郑玥《从建设生态浙江到建设美丽中国——习近平生态文明思想的发展历程及启示》,《自然辩证法研究》2017 年第 7 期。

90.祝小茗:《刍论建设美丽中国的五重维度》,《中央社会主义学院学报》2013 年第 4 期。

二、英文文献

(一)英文著作

1.Ben Agger, *Western Marxism：An Introduction*. Santa Monica：Goodyear, 1979.

2.Ben Agger (with S. A. McDaniel), *Social Problems through Conflict and Orderl*. Toronto：Addison-Wesley, 1982.

3.Ben Agger, *Socio（onto)logy：A Disciplinary Reading*. Champaign：University of Illinois Press, 1989.

4.Ben Agger, *Fast Capitalism：A Critical Theory of Significance*. Champaign：University of Illinois Press, 1989.

5.Ben Agger, *Reading Science：A Literary, Political and Sociological Analysis*. Dix Hills, NY：General Hall, 1989.

6.Ben Agger, *The Decline of Discourse：Reading, Writing and Resistance in Postmodern Capitalism*. London/Philadelphia：Falmer Press, 1990.

7.Ben Agger, *A Critical Theory of Public Life：Knowledge, Discourse and Politics in an Age of Decline*. London/ Philadelphia：Falmer Press, 1991.

8.Ben Agger, *The Discourse of Domination：From the Frankfurt School to Postmodernism*. Evanston：Northwestern University Press, 1992.

9.Ben Agger, *Cultural Studies as Critical Theory*. London/Philadelphia：Falmer Press, 1992.

10.Ben Agger, *Gender, Culture and Power：Toward a Feminist Postmodern Critical Theory*. Westport, CT：Praeger Publishers, 1993.

11.Ben Agger, *Critical Social Theories：An Introduction*. Boulder：Westview Press, 1998.

12.Ben Agger, *Public Sociology：From Social Facts to Literary Acts*. Lanham, MD: Rowman and Littlefield, 2000.

13.Ben Agger, *Postponing the Postmodern: Sociological Practices, Selves and Theories.* Lanham, MD: Rowman & Littlefield, 2002.

14.Ben Agger, *The Virtual Self: A Contemporary Sociology.* Boston: Blackwell, 2004.

15.Ben Agger, *Speeding Up Fast Capitalism: Cultures, Jobs, Families, Schools, Bodies.* Boulder: Paradigm Publishers, 2004.

16.Ben Agger & Beth Anne Shelton, *Fast Families, Virtual Children: A Critical Sociology of Families and Schooling.* Boulder: Paradigm Publishers, 2007.

17.Ben Agger (with Timothy W. Luke), *There is a Gunman on Campus: Tragedy and Terror at Virginia Tech.* Lanham, MD: Rowman & Littlefield, 2008.

18.Ben Agger, *The Sixties at 40: Leaders and Activists Remember & Look Forward.* Boulder: Paradigm Publishers, 2009.

19.Ben Agger, *Body Problems: Running and Living Long in Fast -Food Society.* London: Routledge, 2010.

20.Ben Agger, *Texting Toward Utopia: Kids, Writing, Resistance.* Boulder: Paradigm Publishers, 2013.

21.Critchley Simon, *A Companion to continental philosophy.* Boston: Blackwell, 1998.

22.Joel Kovel, *The Enemy of Nature: the End of Capitalism or the End of the World?* New York: Zed Books, 2002.

23.John O'Neill, *Civic Capitalism: the State of Childhood.* Toronto: University of Toronto Press, 2004.

24.John O'Neill, *For Marx against Althusser and Other Essays,* Center for Advanced Research in Phenomenology & University Press of America, 1982.

25.Jurgen Habermas, *Theory of Communicative Action.* Boston: Beacon Press, 1984.

26.Martin Jay, *Marxism and Totality.* Berkeley: University of California Press, 1984.

27.Michael Ryan, *Marxism and Deconstruction: A Critical Articulation.* Baltimore: the Johns Hopkins University Press, 1982.

28.Paul Connerton, *The Tragedy of Enlightenment: An Essay on the*

Frankfurt School. London：Cambridge University Press，1980.

29.Phil Slater，*Origin and significance of the Frankfurt School：a Marxist perspective*，Routledge & K. Paul，1977.

30.Robert O'Brien，*Contesting Global Governance：Multilateral Economic Institutions and Global Social Movements.* London：Cambridge University Press，2000.

31.Russell Jacoby，*Dialectic of defeat：contours of Western Marxism.* London：Cambridge University Press，1981.

32.Todd Gitlin，*The sixties：years of hope，days of rage.* New York：Bantam Books，1987.

　(二)英文论文

1.Ben Agger，Invisible Politics：Critique of Empirical Urbanism，*Polity*，Vol. 6，No.4.

2.Ben Agger，Marcuse and Habermas on New Science，*Polity*，Vol.9，No.2.

3.Ben Agger，Dialectical Sensibility I：Critical Theory，Scientism and Empiricism，*Canadian Journal of Political and Social Theory*，Vol.1，No.1.

4.Ben Agger，Dialectical Sensibility II：Towards a New Intellectuality，*Canadian Journal of Political and Social Theory*，Vol.1，No.2.

5.Ben Agger，The Growing Relevance of Marcuse's Dialectic of Individual and Class，*Dialectical Anthropology*，Vol.4，No.2.

6.Ben Agger，Work and Authority in Marcuse and Habermas，*Human Studies*，Vol.2.

7.Ben Agger，Bourgeois Marxism，*Canadian Journal of Political and Social Theory*，Vol.4，No.1.

8.Ben Agger，A Critical Theory of Dialogue，*Humanities in Society*，Vol. 3，No.1.

9.Ben Agger，Marcuse's Freudian Marxism，*Dialectical Anthropology*，Vol. 6，No.4.

10.Ben Agger，The Dialectic of Desire：The Holocaust，Monopoly Capitalism and Radical Anamnesis，*Dialectical Anthropology*，Vol.8，No.1–2.

11.Ben Agger，Marxism "or" the Frankfurt School?，*Philosophy of the Social Sciences*，Vol.13，No.3.

12.Ben Agger，Left–Wing Scholarship：Current Contradictions of Academic Production，(with Allan Rachlin)，*Humanities in Society*，Vol.6，No.2–3.

13.Ben Agger,Marcuse's Aesthetic Politics:Ideology-Critique and Social-ist Ontology,*Dialectical Anthropology*,Vol.12,No.3.

14.Ben Agger,Do Books Write Authors?:A Study of Disciplinary Hegemo-ny,*Teaching Sociology*,Vol.17,No.3.

15.Ben Agger,Marcuse's One-Dimensionality:Ideological and Socio-His-torical Context,*Dialectical Anthropology*,Vol.14,No.4.

16.Ben Agger,Is Wright Wrong (or Should Burawoy be Buried)?:Re-flections on the Crisis of the "Crisis of Marxism",*Berkeley Journal of Sociology*,Vol.33.

17.Ben Agger,Critical Theory,Poststructuralism and Postmodernism,*An-nual Review of Sociology*,Vol.17.

18.Ben Agger,The Micro-Macro Non-Problem:The Parsonianization of American Sociological Theory,*Human Studies*,Vol.14.

19.Ben Agger,Are Authors Authored? Cultural Politics and Literary Agency in the Age of the Internet,*Democracy and Nature*,Volume 7,No.1.

20.Ben Agger,Postponing the Postmodern,*Cultural Studies*,No.1.

21.Ben Agger,Books Author Authors,But Reading Writes:A Social Theory of the Text,*Current Perspectives in Social Theory*,No.20.

22.Ben Agger,Sociological Writing in the Wake of Postmodernism,*Cultural Studies*,2002,Novmeber.

23.Ben Agger,Politics in Postmodernity:The Diaspora of Politics and the Homelessness of Political and Social Theory,with Tim Luke,*Theoretical Direc-tions in Political Sociology for the 21st Century*,Volume 11.

24.Ben Agger,Why Theorize? *Current Perspectives in Social Theory*,Vol. 11.

25.Andrew Wernick,Critical Theory and Practice:A Response to Ben Ag-ger,*Canadian Journal of Political and Social Theory*,Vol.3,No.1.

26.Bernd Baldus,Review,*The Canadian Journal of Sociology*,Vol.24,No.3.

27.Charles.C.Lemert,Review,*The American Journal of Sociology*,Vol. 100,No.2.

28.Dennis Forcese,Review,*The Canadian Journal of Sociology*,Vol.9,No.3.

29.James O'Connor. Capitalism,Nature,Socialism:a Theoretical Introd-uction,*Capitalism Nature Socialism*,Vol.1,No.1.

30.John W. Murphy,Review,*Social Forces*,Vol.68,No.4.

31.Joseph W.Schneider, Review, *Contemporary Sociology*, Vol.21, No.6.

32.Jurgen Habermas, Modernity versus Postmodernity, *New German Critique*, 1981, No.22(winter).

33.Lawrence E. hazelrigg, Review, *Social Forces*, Vol.70, No.2.

34.Lewis A.Coser, *Contemporary Sociology*, Vol.24, No.6.

35.Mark Wardell, Review, *Contemporary Sociology*, Vol.20, No.2.

36.Norman.K.Denzin, Review, *Social Forces*, Vol.70, No.4.

37.Peter.K.Manning.Review, *Contemporary Sociology*, Vol.19, No.6.

后　记

本书作为国家社科基金后期资助项目《本·阿格尔生态马克思主义思想及其建设美丽中国启示研究》的最终成果，是在我的博士学位论文《当代资本主义批判与绿色解放之路——本·阿格尔生态学马克思主义思想研究》基础上形成的。2012 年 5 月顺利通过学位论文答辩后，我打算持续关注阿格尔生态(学)马克思主义思想的进展，力求在整体把握阿格尔学术思想、研读其原著、借鉴学界研究成果的基础上，系统而全面地梳理阿格尔生态马克思主义思想，思考该思想对建设美丽中国的现实启示。在这项学术研究推进的过程中，受本人视网膜脱落修复手术后的妨碍和新冠肺炎疫情的干扰等多种原因，我越来越深切感受到这项工作的难度远远超出当初的设想。

开弓没有回头箭，事事虽难不能退。我在 2018 年申请了国家社科基金后期资助项目《本·阿格尔生态马克思主义思想及其建设美丽中国启示研究》，有幸获准立项。这也让我认识到，自己还要根据专家们的宝贵建议，修改完善现有的申报成果，不辜负专家们的学术期望。为此，本人从接到立项证书之后，经过再三思考，决定在完成以下四项重点工作的基础上修改现有申报成果：一是重读阿格尔的英文原著，以便更加全面地理解阿格尔的整体学术思想，更加系统地梳理其生态马克思主义思想；二是阅读了十卷本的《马克思恩格斯文集》，深入理解马克思、恩格斯的唯物生态观和生态辩证法，从而运用马克思主义的立场、观点、方法来准确地评价阿格尔生态马克思主义思想的理论得失；三是着重阅读了法兰克福学派的相关著作，尤其是马尔库塞的相关篇目，以便更加深刻地了解阿格尔是如何在重建批判理论的基础上不断发展其生态马克思主义思想的；四是研读了关于美丽中国及其建设的文献，以期在习近平生态文明思想的指导下思索阿格尔生态马克思主义思想之于美丽中国建设的具体启示。虽一直努力完成当初的计划，项目也已经结项，但我深知本书还有很多欠缺。

本书的面世，得益于诸多师友的支持和帮助。感谢我的博士学位论文指导教师，上海交通大学马克思主义学院的王平教授。王老师不仅精心指导我顺利地完成了博士阶段的学业，也时刻关心我在毕业后的工作和学习。我每次申报国家社科基金项目，都得到了王老师的无私帮助。这也激励我不断追求学术进步,带好自己的学生。

感谢与本书直接相关的国家社科基金后期资助项目匿名评审专家。10位匿名评审专家在评审我申报的项目时提出了积极评价、中肯意见和修改建议。这些学术评语为该项目立项结项、完善研究成果、形成最终书稿提供了可靠的学术保证。

感谢天津人民出版社和本书的责任编辑佐拉。佐拉每次和我电话沟通书稿出版事宜时,总是热情而专业地回答我提出的各种问题,体现了优良的职业素养和高尚的敬业精神。正是佐拉和她所在团队的辛勤劳动,拙著才得以出版。

最后,在项目研究和本书写作过程中,参考了学界的相关研究成果,得到了各种形式的帮助,在此致以我最诚挚的谢意。

申治安

2024 年 2 月